国家林业和草原局普通高等教育"十三五"规划教材

中国传统家具文化

牛晓霆◎主编　　李　坚◎主审

中国林业出版社
China Forestry Publishing House

内 容 简 介

　　中国传统家具经历了原始社会的萌芽，夏商、春秋、秦汉低矮家具的发展，魏晋、隋唐高型家具的过渡，五代两宋垂足而坐家具的基本定型，又经过了几百年的完善，到了明清时期达到了历史的顶峰，创造了精美绝伦的明清家具。中国传统家具是一种在尊重天然木材材性的基础上，以匠师高超的木作手艺为技术手段，将古代人的审美意识和主流思想物化呈现的艺术形式。

　　本教材主要从中国传统家具的用材、结构、造型、工艺、纹饰 5 个方面进行编写。本教材立足于中国家具行业发展需求及人才需求，适合于艺术设计、产品设计、家具设计与工程专业方向的学生使用。同时，本书也可作为中国古代家具爱好者、家具设计师等社会大众的科普读物。

图书在版编目（CIP）数据

中国传统家具文化 / 牛晓霆主编. — 北京：中国
林业出版社，2022.1（2025.5重印）
国家林业和草原局普通高等教育"十三五"规划教材
ISBN 978-7-5219-1495-5

Ⅰ.①中…　Ⅱ.①牛…　Ⅲ.①家具—文化—中国—古代　Ⅳ.①TS666.202

中国版本图书馆 CIP 数据核字（2021）第 278840 号

策划、责任编辑：田夏青
责任校对：苏　梅
封面设计：东安嘉文
————————————

出版发行　中国林业出版社
　　　　　（100009，北京市西城区刘海胡同 7 号，电话010-83223120）
电子邮箱：cfphzbs@163.com
网　　址：www.cfph.net
印　　刷：北京盛通印刷股份有限公司
版　　次：2022年1月第1版
印　　次：2025年5月第2次印刷
开　　本：850mm×1168mm　1/16
印　　张：19.75
字　　数：576千字
定　　价：88.00元

序

  中国传统家具有着几千年的悠久历史，作为满足人们日常生活需求的功能性的物质载体，其不仅蕴含着千百年来中华优秀传统文化的深邃，而且承载着古代造物先哲们尚象制器的匠心。

  本教材以历史的沿革为主线，在前人研究的学术成果的基础上，以独特的视角，对中国传统家具文化进行了系统的整理与研究。

  我相信本教材的问世对弘扬中国传统家具文化及相关教学科研等方面都将起到积极的传承和弘扬作用。并期待未来有更多的研究成果问世，不懈地为中国传统家具行业的发展作出贡献。

院士

前　言

  中国传统家具有悠久的历史，蕴含着人类几千年灿烂的文化，经过不断地完善和发展，逐渐形成了一种工艺精湛、耐人寻味的东方家具体系，在世界家具发展史上占有十分重要的地位。它经历了原始社会的萌芽，夏商、春秋、秦汉低矮家具的发展，魏晋、隋唐高型家具的过渡，五代两宋垂足而坐家具的基本定型，又经过了几百年的完善，到明清时期达到了历史的顶峰，创造了精美绝伦的明清家具。尤其是明嘉靖到清康熙这一时期的经典家具，用材考究、造型简练、轮廓舒展、比例适宜、尺度科学、结构严谨、做工精美、装饰适度、手法多样，具有独特的风格特征和艺术魅力，被业界称为"明式家具风格"。其不仅对中国传统家具的发展产生过深远的影响，而且对西方现代家具设计体系的形成起到过非常重要的促进作用。

  中国传统家具是一种在尊重天然木材材性的基础上，以匠师高超的木作手艺为技术手段，将古代人的审美意识和主流思想物化呈现的艺术形式。它不是虚无的形式语言，而是融合了木作经验和人文精神的有意义的造型形式。其用材有硬木与柴木之分，表面髹饰又有漆饰与蜡饰之别。其中，硬木家具多水磨烫蜡，常以木纹塑型取胜，而柴木家具则多披麻刮灰髹漆（这里尤指素漆），常以漆色断纹取胜。二者相较，技艺各有千秋，造型视觉美感亦各有妙处。

  中国传统家具所蕴含的审美意识和文化内涵以物化的状态主要体现在用材、结构、造型、工艺、纹饰5个方面的艺术形式中。这五者互为有无，相互依存，最终实现了家具"实用"和"观赏"两种功能的完美融合。"实用"功能主要体现了古代匠师对于木材材性的巧妙运用，通过榫卯结构的交叉梳理，形成木构框架，展现器物坐、靠、卧、承、藏的空间功能。"观赏"功能则主要体现了古代匠师或使用者"尚象制器""以器载道"的造物理念，以符号的形式语言将各时期主流文化和审美意识注入，体现器物可观可赏的功能。

  本教材由东北林业大学牛晓霆任主编，黑龙江科技大学郭伟任副主编，由中国工程院院士李坚主审，内容共分为8章，第1章由东北林业大学于加栋、牛晓霆编写，第2章由东北林业大学邓春雨、牛晓霆编写，第3章由东北林业大学龚娇、牛晓霆编写，第4章由东北林业大学邱阳、牛晓霆编写，第5章由黑龙江科技大学郭伟、东北林业大学龚娇编写，第6章由东北林业大学王友好、牛晓霆编写，第7章由黑龙江科技大学郭伟、东北林业大学王友好编写，第8章由东北林业大学蒋昊霖、牛晓霆编写。

本教材立足于中国家具行业发展需求及人才需求，适合艺术设计、产品设计、家具设计与工程专业方向的学生使用。同时，本教材对于中国古代家具爱好者、红木家具发烧友、家具设计师等社会大众也是一部不错的科普读物。由于水平所限，对书中错误和不足之处，敬请不吝指正。

牛晓霆

2021 年 7 月

目　录

第 1 章

商周时期的
家具文化

在我国漫长的原始社会时期，生产力水平低下，社会发展较为缓慢。夏商周时期是中华文明的滥觞，生产力的提高使得产品出现了剩余，氏族的部落首领利用权力占有剩余产品，私有制和阶级随之产生。我国的历史进程便由各部族林立分散的原始公社制转向了奴隶制社会。夏商周时期的物质文化和精神文化都有了较大的进步。这一时期的物质文明是建立在使用木石骨蚌工具进行集体劳动之上的，农业生产力的进步使得手工业部门进一步细化。商周时期的青铜冶炼、制陶、制玉、造车，漆木工艺和建筑较之以往都有了较大进步。

在思想文化领域，由于先民对自然理性的认识程度尚低，人们的思想活动受神权和原始宗教的影响较多。这一时期巫文化盛行，具体表现为夏商时期的巫史合一、巫政合一；西周时期崇尚礼乐、巫史分离。在思想文化领域"巫""史""祝""卜"等人物成了我国第一批知识分子和思想家。《礼记·表记》记载："殷人尊神，率民以事神，先鬼而后礼。"奴隶主为了维护奴隶制，便在整个社会营造威严、神秘的氛围，统治者沉迷于对天地、祖先、鬼神的祭祀。这种具有巫术性质的祭祀仪规逐渐秩序化，即表现为神秘力量的秩序化、祖先崇拜观念的秩序化、祭祀占卜中知识的秩序化。这一时期的家具同工艺技术、礼制思想同步发展，家具作为祭祀活动中道器一体的礼器更多体现人与天地、人与先祖、人与人的关系。家具多用庄重稳定的直线、规整对称的造型、狞厉威严的纹饰将政治等级制度生活化、艺术化，整体传递出一种沉雄、狞厉、庄尊、瑰丽、稚拙、雄奇之感。

西周统治者将殷商"残民以事神"的思想转化为"敬天保民"的思想，并将萌生于商代的宗法政治意识形态改造为一种完备的宗法奴隶制的政治体制。如《论语·为政》中的"周因于殷礼，所损益，可知也"，就是说周代的礼乐制度是因袭殷商传统，并结合西周的时代特点而形成。相较于前代，西周更加重视"德"和"礼"，《尚书·泰誓上》言："天矜于民，民之所欲，天必从之。"西周以"民之声""民之欲"来重新定义"天命"。西周建立了以礼仪制度为核心的分封制、宗法制、井田制、礼乐制，维系了周天子的统治，所以，更

加注重家具社会教化作用。家具的使用遵循更加严格的等级秩序，更多地体现"礼治"的要求。家具的材质、造型、装饰、数量，以及使用均有固定的规格，成为礼仪制度的表述工具。这些家具造型精巧，形体规整，纹饰古朴典雅，繁密精细，跨越历史的长河向我们展现出在"礼"影响下的社会风貌。

1.1　以席为中心的生活方式

席是我国最为古老的家具之一，《易·系辞下》记载："上古穴居而野处，后世圣人易之以宫室。"《礼记·礼运》记载："昔者先王未有宫室，冬则居营窟，夏则居橧巢。"郑玄注："寒则累土，暑则聚柴薪居其上。"上古时代先民的生活环境较为恶劣，人们居住在低矮地穴，或者在树上筑巢，由于房屋较为矮小，人们更习惯于在地上坐卧。同时由于居室内需要一定的器物来满足防潮驱虫、保暖纳凉的需求，人们便在地面铺设树叶、兽皮、干草等材料，并且以树桩、石块等为坐墩。这些洞穴的铺设物就充当了原始家具的角色。随着编织、结绳、制陶、磨石技术的不断发展，人们逐渐学会了将草叶、兽皮等连缀起来使用，原始的席就是在这样的环境下随着技术的进步逐渐发展起来的。

在距今7000多年以前的山东北辛文化中就发现了印有席纹的陶片（图1-1）。目前发现最早编织席的实物出土于浙江河姆渡遗址，多采用二横二纵斜向纹样的编织手法（图1-2）和以四条、五条或者六条篾条为一组，或斜向交叉，或呈十字形垂直交叉的手法编织而成。该遗址还出土了芦苇编织物残片（图1-3）。当时的席子除了用于覆盖茅屋屋顶以及分隔房间外，还用于室内的铺陈坐卧。半坡遗址的居室中已经有了土台、土炕

图1-1　北辛遗址出土的印有席纹的陶片

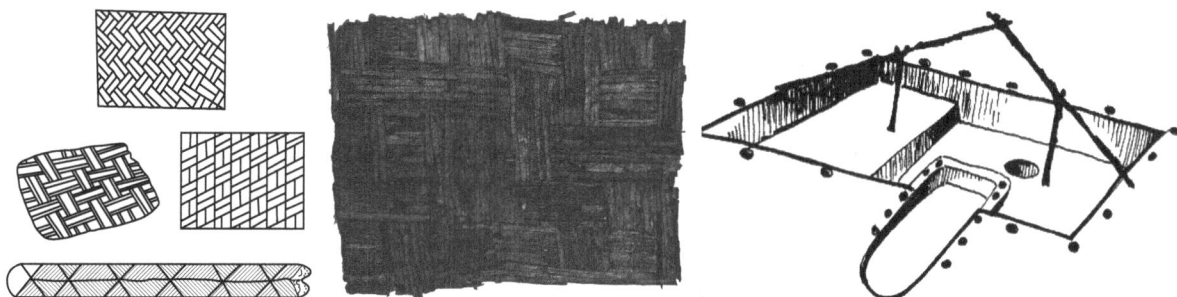

图 1-2　河姆渡遗址出土的席纹和　图 1-3　河姆渡遗址出土的芦苇编织物残片　图 1-4　西安半坡遗址出土的土台、土炕
纺织纹

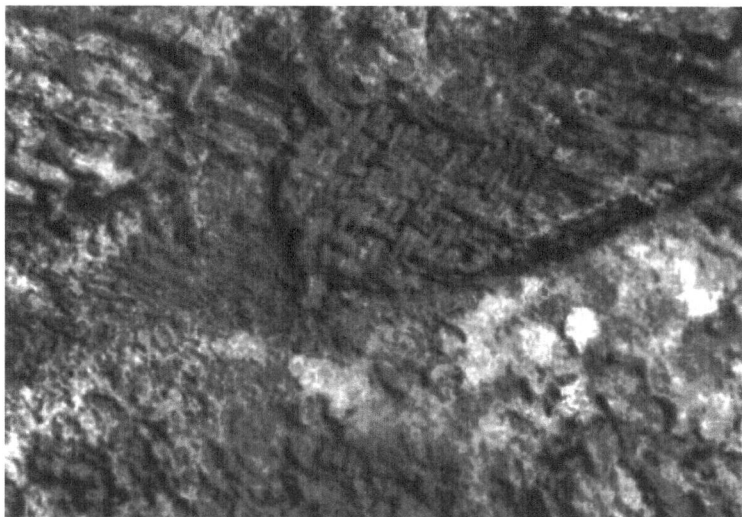

图 1-5　殷墟妇好墓二经二纬织物遗迹

图 1-6　殷墟妇好墓一经二纬织物遗迹

（图 1-4）的原始形象，人们可以直接将席铺设在土台上使用。

在距今约 5000 年的浙江吴兴钱山漾遗址中出土了一批竹编席，这种席用细致刮磨的竹条，通过一经一纬、二经二纬、多经多纬的人字形等不同样式进行编织。晋代王嘉在《拾遗记·轩辕黄帝》中说黄帝："诏使百辟群臣受德教者，先列珪玉于兰蒲席上，燃沉榆之香，春杂宝为屑，以沉榆之胶和之为泥，以涂地，分别尊卑华戎之位也。"黄帝为了诏令诸臣接受德行教育时，将珪玉排列在香草编的席上，点燃木材制作的香料，将各种珍宝的碎屑以树胶涂在地面上，以辨别尊卑。《韩非子·十过》记载："舜禅天下而传之于禹，禹作为祭器，墨漆其外，而朱画其内，缦帛为茵，蒋席颇缘，觞酌有采而樽俎有饰。"舜将王位禅让给禹，禹为了祈求上天和祖先的保佑制作了一批祭祀用的礼器，这些礼器里面用红色的漆描绘精美的花纹，外面涂刷黑漆。

商周时期席的制作工艺进一步发展，席的装饰花色、编织形式（图 1-5、图 1-6）进一步地丰富，毡、毯、褥广泛出现。《六韬》记载："桀纣之时，妇女坐以文绮之席，衣以绫纨之衣。"到了周穆王时期有了"紫罗文褥"的记载，说明这一时期的席更加讲究美观。随着生活品质的提高，席经历了由简至繁的发展历程。夏商周时期席的种类、装饰、材质使用规范体现着层次分明的社会等级，与烦琐的礼仪规范相联系，维系着社会秩序。

1.1.1　席的种类

商周时期席的种类繁多，在材质、装饰、使用等方面各有特点。从席的制作的精良程度来看，有制作精巧细致的簟席，色彩艳丽华美的缫席，以及不饰边、不绘彩且较为粗糙的普通蒲席、莞席、竹席和灯草席，还有用茅草编织而成的"荐席"。《尚书·顾命》记载："西序东向，敷重丰席，画纯，雕玉仍几。"郑玄注云："丰席，刮冻竹席，丰，言茂美也，刮冻竹席即刮摩精制之竹席。"丰席是制作精良的席，其制作材料并不局限，只要经过特殊美化加工的席都可以称为"丰席"。其中由植物材料编织的席有"荇席""藤席""箔席""苫子""蕟席""荻席""苇席""萑席"等。苇席如《仪礼·士丧记》记载："幂用苇席，北面，左衽，带用靲，贺之，结于后。"萑席是芦类植物制成的席，《仪礼·公食大夫礼》记载了"上大夫蒲筵加萑席。其纯，皆如下大夫纯。"簟席是用细篾编织的方纹竹席，《礼记·丧大记》："君以簟席，大夫以蒲席，士以苇席。"这说明簟席是规格较高的席。另外还有一种由禾秆编织而成叫作"藁"的席，如《礼记·礼器》记载："礼也者，反本修古，不忘其初者也……莞簟之安，而稿鞂之设。是故，"先王之制礼也。"古人将莞席、簟席这种品质较高的席同质朴的稿鞂席相对比，虽今人坐着安适的席子，但是祭天时仍然用品质较为粗劣的席子，以此来提醒人们要"反本修古，不忘初心"，在锦衣玉食之时，不忘先王曾茹毛饮血。《通典·郊天上》记载："梁武帝即位，南郊为坛……器以陶匏素俎，席用藁秸。"再如《史记·范雎传》记载有应侯席藁请罪的故事，说明这种席也用于谢罪忏悔。藁席相对于其他五席，材料较为低级，舒适感较低；由动物材料制作的席有"熊席"，如《仪礼·乡射礼》记载："君射于境，则虎中，龙游。大夫，兕中……士，鹿中。"在乡射礼中不同等级的人士所用的靶心材质各不相同，以各类兽皮为主。由此可以推测由动物皮、毛制作的席不局限于熊皮一种材料。《尚书·顾命》记载："狄设黼扆，缀衣。牖间南向，敷重篾席，黼纯，华玉仍几。西序东向，敷重厎席，缀纯，文贝仍几。东序西向，敷重丰席，画纯，雕玉仍几。西夹南向，敷重筍席，玄纷纯，漆仍几。"康王即位仪式所使用的席是"绘有黑白相间丝织花边的双层竹席""缀以彩色花边双层的细竹篾席""画云气纹双层的莞席""装饰以黑丝绳连缀花边的双层青竹席"。古籍记载，商周时期的席主要有莞席、缫席、次席、蒲席、熊席等品种。这些不同种类的席在后世的墓葬中也时有出土。商周时期人们已经根据不同的时令物候在席的使用上有所考究。如李善注引张俨《席赋》中记载："席为冬设，簟为夏施。"冬天所设之席是质感温和

的草席或者动物皮毛制作的熊席，而夏日所设的簟席指的是用竹子等材料编织而成的凉席。商周时期天子、诸侯、士大夫等多用簟席、缫席、次席、熊席、苇席等品质优良的席，而普通百姓多用荇席、箔席、茅席、芦席等。

1. 莞席

莞席是用莞草编织的席。这种席在编织上相对粗糙，《诗经·小雅·斯干》："下莞上簟，乃安斯寝。"莞席以麻线为经，莞草为纬，四周用青绢包边。如马王堆汉墓出土的锦缘莞席（图1-7），以53根麻线为经，莞草为纬。长220厘米、宽82厘米。

2. 缫席

"缫"可引申为五彩丝绳，或者圭、璋等玉器材质的垫子。《周礼·春官·司几筵》："加缫席画纯。"郑玄注："缫席，削蒲蒻展之，编以五采，若今合欢矣。"缫席既指经过装饰后，做工精美、色彩艳丽的席，也指用蒲草染色后编织成花纹的席或蒲草编织成花纹或者五彩丝线夹于蒲草之中编成的席，常常铺在莞席上供人使用。

3. 次席

次席又可称为"桃枝席，"次席的次就是竹，《周礼·春官·司几筵》："次席黼纯。"郑玄注："次席，桃枝席，有次列成文者。"孔颖达在《尚书·顾命》疏中说篾席与次席是同一种席，都是用桃枝和竹编织而成的席。贾公彦疏："郑亦见汉世以桃枝竹为席，次第行列，有成其文章。"《仪礼·士丧礼》记载："床笫，夷衾，馔于西坫南。""笫"就是竹席的意思，在丧礼中竹席、敛被等器物，要陈放在西坫之南。如信阳楚墓出土的人字纹样竹席（图1-8），初出土为青黄色，其宽度1米左右，用宽4厘米的粗绢包边，以免散脱。再如包山楚墓出土的竹席（图1-9）也采用绢包边，其编织方法采用的是三上三下人字纹。

4. 蒲席

《说文解字》记载："蒲，水草也，可以作席。"蒲席是由生长在池泽的水草编织而成的草席（图1-10），此席顺滑柔和而不油腻，体感凉爽而不刺骨，其编织手法多采用二经一纬平编，边缘用绢包边3～4厘米。《仪礼·乡射礼》记载："蒲筵，缁布纯，西序之席，北上。"射礼中所用的蒲席要用黑布缀边，在仪式中西序前的席位，以北为尊。再如《礼记·礼器》记载："大圭不琢，大羹不和，

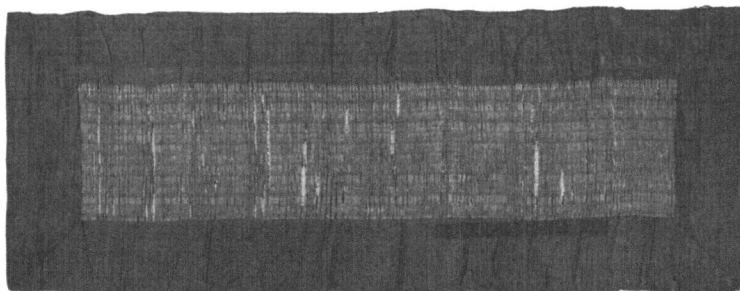

图 1-7　马王堆一号墓的锦缘莞席

图 1-8　信阳楚墓的竹席

图 1-9　包山楚墓的竹席编织纹样

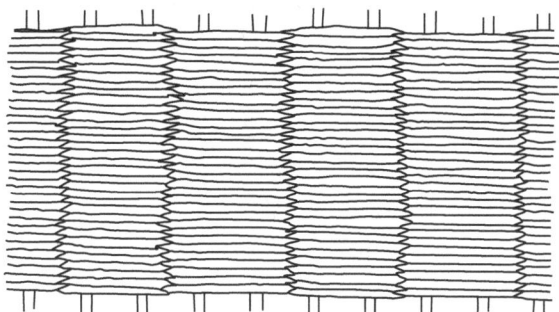

图 1-10　包山楚墓的蒲席编织纹样

图 1-11　汉代石刻画像中的熊席

图 1-12　禅席

大路素而越席。"这里的"越席"也是用蒲草编织而成较为质朴的席子。在周礼的规定下，有时候"礼"以纹饰繁缛为贵，如"天子龙衮，诸侯黼，大夫黻，士玄衣纁裳。"有时候器物又以素者为贵，又如天子祭日月时所用的圭，不加任何纹饰；所用的肉汁，不加调料；祭天用的大车，朴素无华，仅在上面铺一层蒲席。

5. 熊席

熊席（图 1-11）是用熊皮或者其他兽皮制成的席，《周礼·春官·司几筵》记载："甸役则设熊席，右漆几。"熊席可以用来抵御寒冷，天子出征出猎时多用此席。《仪礼·乡射礼》记载，"凡侯：天子熊侯，白质；诸侯麋侯，赤质……"射礼中天子的箭靶用熊皮装饰；诸侯的箭靶用麋皮装饰，由此可以推测当时所用的"熊席"其材质并不局限于熊皮，可能还有其他动物的皮所做的席。《吕氏春秋·似顺论·分职》记载，"卫灵公曰：'天寒乎？'宛春曰：'公衣狐裘，坐熊席，陬隅有灶，是以不寒'。"《西京杂记》："绿熊席，席毛长二尺余，人眠而拥毛自蔽，望之不能见，坐则没膝中。"熊席在商周时期运用得较多，保暖效果突出。

魏晋时期，随着民族融合和佛教的传入，出现了专门为僧侣禅修而用的禅席（图 1-12）。

1.1.2　席的功能

1.坐卧功能

先民在祖先崇拜和自然崇拜的影响下，祭祀时向天地曲下双膝，向祖先牌位祷告。随着时间的推移这种仪式逐渐生活化，并逐渐形成了席地而坐的坐式。李济先生在《跪坐、蹲踞与箕踞——殷墟石刻研究之一》一文中认为除直立身体之外，人类放置身体的方法可以分为四个阶段，第一个阶段是箕踞坐，即下肢放置无定，以臀部承受身体重量。第二个阶段是蹲踞，即下肢屈折，以两足承重。第三个阶段是跪坐，即以小腿和脚趾承重，臀部贴在脚上。第四个阶段是高坐，即垂足而坐。

在高型家具出现之前，商周时期人们在席上的"跪坐"法可以分为三种，即"坐""跪""跽"。双膝屈而着地，臀股贴于脚后跟，称为"坐"，也可称为跪坐、正坐、端坐。如安阳殷墟妇好墓出土的跪坐玉人（图 1-13）就是"跪坐"姿势。再如三星堆遗址出土的铜树上的跪坐人像（图 1-14），表现的是跪坐的巫师祭祀神树、神山以通天通神的情形；双膝屈而着地，臀股与脚后跟保持一定的距离，但小于 90 度，这种坐法称为"跪"，如汉景帝阳陵出土的彩绘女俑（图 1-15），双股与双脚保持一定的距离；臀股与脚后跟夹角等于 90 度，腰部挺直，大腿与上身在一条线上，两膝贴席而脚后跟不贴臀，此称为"跽"。

当对别人表示敬意时多用"跽"坐，如《史记·范雎蔡泽列传》记载："秦王屏左右，宫中虚无人，秦王跽而请曰……"尚秉注"秦王跽而请曰"中的"跽"是"长跪"，即"跽"的意思。这里指秦王真心想向范雎请教，多次不由自主地在座位上直起腰来，以表示敬意和关注。《释名·释姿容》："跽，忌也，见所敬忌，不敢自安也。"毕沅注："古人危坐乃跪也，故管宁坐榻，当膝处皆穿。"而"正襟危坐"中的"危坐"不仅指端正地坐着。《史记·日者列传》："猎缨正襟危坐。"危，高耸，引申为"端正"。上身高耸，表示大腿与上身在一条线上。

先民采用这类"跪坐"法，膝盖长久接触地面，又因为受寒受潮难免会感到不适。尽管从新石器时期先民就开始对居室的地面进行主观加工，如用火烤，或者涂饰以白灰。但为了长久坐卧，还需要在地面铺设物品，以缓解膝部的不适感。作为人们实际生活中早期的家具，席就是这样随着先民跪坐的生活方式发展起来的。席一经出现，其材质、形制、尺寸等因素就开始受到具体生活环境的制约与影响，满足了先民日常生活基本需求，起到了便于坐卧且保暖防潮、纳凉驱虫的作用，成为日常生活中重要的器物。

2.名分象征

商周时期作为一个等级、名分制度森严的时代，器物的使用必须遵循规定，不得僭越，周礼规定"天子之席三重，诸侯二重"。因此，席在功能的另一方面就是"与其位"，即通过席的不同材质、色彩形制、花饰以及数量来划分社会等级，席

图 1-13　殷墟妇好墓的跪坐玉人

图 1-14　三星堆二号祭祀坑的铜树上的跪坐人像

图 1-15　汉阳陵汉墓的彩绘女俑

在的使用上要依地位身份而定，天子待诸侯"莞筵纷纯，加缫席画纯"。天子待诸侯卿大夫则布群居之席，"蒲筵常淄布纯，加萑席寻玄帛纯，皆卷自末。"天子若宴请自己的臣、卿等，则单设席而不设群居之席。

小故事：曾子换席

曾子重病在床（图 1-16），其友人和儿子坐在一边侍奉，有童子看到曾子躺的席，问道："这美丽又光滑，这是大夫用的席吗？"友人听到后说："闭嘴……"曾子听到疲惫地说："唉！这美丽又光滑的竹席，是季孙赐给我的，我还没有来得及换掉。"因为按照周礼的规定只有大夫才可以用这种竹席，即"大夫之箦"，但是曾子并不是大夫。曾子坚持要换掉此席，"君子之爱人也以德也，细人之爱人也以姑息。吾何求哉？吾得正而毙焉斯已矣。"最后曾子坚持换席，但尚未换好，他就去世了。（见《礼记》）

3. 职位称呼

古代还有把职位称为席的，《后汉书·宣秉传》记载："建武元年，拜御史中丞，光武特诏御史中丞与司隶校尉、尚书令会同并专席而坐，故京师号曰'三独坐'。"又如唐代姚合写的《和门下李相饯西蜀相公》："计日归台席，还听长乐钟。"《资治通鉴·唐敬宗宝历元年》："奇章公甫离台席，方镇重宰相，所以尊朝廷也。"胡三省注："宰相之位，取象三台，故曰台席。"古代三公取象三台，因而称

图 1-16　曾子换席

三公宰相的职位为台席。

4. 计量单位

筵（图 1-17）还是周代建筑面积的计算单位。如《周礼·冬官·考工记》有："周人明堂，度九尺之筵，东西九筵，南北七筵，堂崇一筵，五室，凡室二筵。室中度以几，堂上度以筵，宫中度以寻，野度以步，涂度以轨……"周朝将筵作为计量单位来规划建筑的面积，每筵长九尺。周朝王宫的主体建筑称为明堂，是天子用来举行朝会、庆典、赏赐、选官、养生、祭祀等活动的地方。其建筑外形为上圆下方，以象征天圆地方。明堂东西长九筵，南北深七筵，建筑的台基高一筵。有五室，其中每室的长宽都是二筵。而室内又可以根据陈放的几、案为尺度，如几案长约三尺。

1.1.3　席的使用

席在使用时需要严格地遵循礼制的规范，如《论语·乡党篇》记载："席不正，不坐。""君赐食，必正席，先尝之。"席的铺陈、尺寸、装饰以及使用都有详细的规定。

设席时席与筵（图 1-18）要同设。大而较粗糙的称为"筵"，常铺设在下面；小而精巧的，多铺设于上面称为"席"。若铺设的席不止两层，则把最底下的"席"称为筵。《周礼·春官宗伯·序官·司几筵》郑玄注："筵亦席也。铺陈曰筵，藉之曰席。"贾公彦疏曰："设席之法，先设者皆言筵，后加者为席。"设筵或席时要根据时令和生活情形而有所不同，莞、簟同设时，莞席要在下；莞、蒲、萑、蒲同设时，蒲席在下；荐、席同设时，荐在下。

主人在为客人设席时，如《礼记·曲礼上》记载："奉席如桥衡，请席何乡，请衽何趾。席南乡北乡，以西方为上；东乡西乡，以南方为上。"主人要双手捧着席，在铺设之前为了向客人表达敬意，主人要询问客人席的朝向，若南北向铺席，则坐在东面的方向为尊位，若东西向铺，则坐北朝南为尊。

客人登席时如《礼记·玉藻》记载："席上亦然。端行，颐溜如矢。"人们在庙堂之中入席或者退席时要直身而行，头稍俯，面颊如屋檐般斜下，走的路线要如箭一般直。古人所坐之席在空间上可

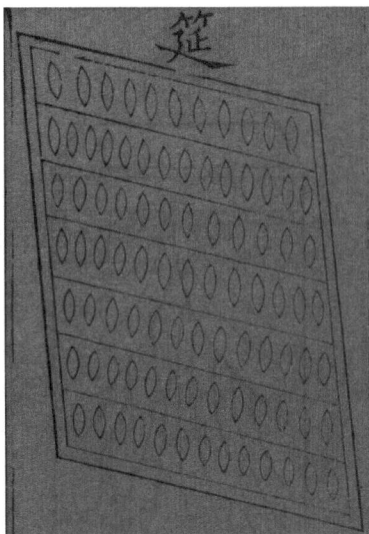

图1-17 《新定三礼图》中的筵　　图1-18 席与筵

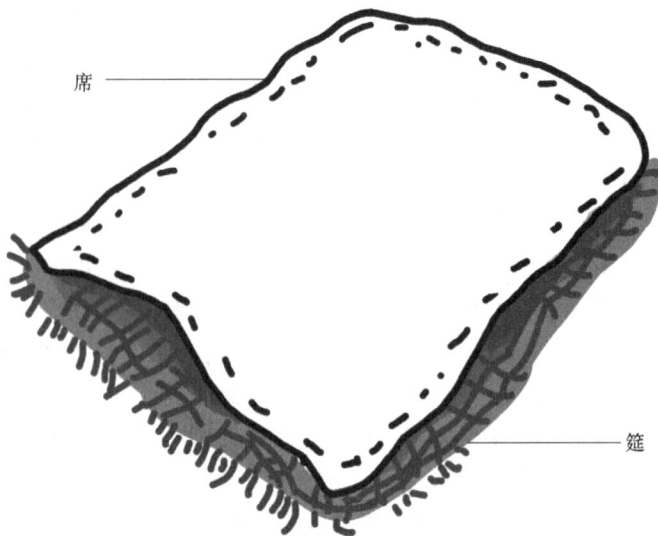

以分为上下、前后，人们在入席时必须从席的后方登入，不得由前方径直而上，若从前方升席，则称为躐席。《礼记·曲礼上》也记载："毋践屦，毋踏席，抠衣趋隅，必慎唯诺。"客人在入席时不可以踩踏到主人的鞋子，不要跨过别人的坐席，要提起衣裳步小而快地走到席角落处落座。

宾客坐席时如《礼记·玉藻》记载："侍坐则必退席；不退，则必引而去君之党。登席不由前，为躐席。徒坐不尽席尺。读书、食，则齐，豆去席尺。"臣子与君同坐时，必须退坐在君旁边的席上，若不退坐在旁边的席上，就必须退到君所亲近的人后面去。在登席时不得从席前面跨过去，而应该从后面入席，否则就是失礼。无事坐席时，身体要离席前一尺左右，读书、进食时需要同席的前沿齐平，而放置食物的器皿要放在距离席前一尺的位置。《礼记·曲礼上》记载："虚坐尽后，食坐尽前。"虚坐是非饮食之坐法，可以表示尊敬主人。《礼记·乡饮酒义》记载："啐酒，成礼也，于席末。言是席之正，非专为饮食也，为行礼也，此所以贵礼而贱财也。"在席间宴饮时，宾客抿一口酒表示接受了主人的献酒之礼，感谢主人的盛情款待，在尝酒时宾客要移到席的西端，这是为了表示设此席的正途是为了行礼，而非饮食之用，以此体现主客都重视礼仪操守而轻视物质财富。

《礼记·郊特牲》曰："天地合而后万物兴焉。夫昏礼，万世之始也。"古时男子行冠礼后，才方可娶妻。古人认为迎亲有阳往阴来之意，所以仪式多在黄昏阴阳交接之时进行，故称："士昏礼"，即今日之"婚礼"。《仪礼·士昏礼》："质明，赞见妇于舅姑。席于阼，舅即席。席于房外，南面，姑即席。"天将亮时，赞者告诉公婆，新娘前来拜见。于是赞者要在主阶为公公设主人之席；在房户外西朝南面为婆婆设内主之席。"若舅姑既没，则妇入三月，乃奠菜。席于庙奥，东面，右几。席于北方，南面。"若公婆已经故亡，新娘在过门的三个月里，要设筵祭祀，在宗庙的西南角为公婆朝东设席，且在席的右面要设一小几。以此来拜见公婆的亡灵。

席多为矩形，长席可坐数人，短席仅可坐一人。而席形制的长短、坐者的寡众与礼仪制度的影响下人与人的关系密切相关。在周礼的规范下，人的社会关系在器物上得以外化彰显，席在使用上便有了单席、连席、对席、专席之分。

1. 单席

单席（图1-19）又可称为"独坐"。此席是为长者尊者所设的席，以表示对他们的尊敬。《仪礼·乡饮酒礼》记载："众宾之席皆不属焉。"这里的"不属"就是不相连，即宾客所坐的都是单席。同时单席又可以理解为与"重席"相对应单层的席子，如《礼记·礼器》记载："鬼神之祭单席。"即指在祭祀鬼神的时候只用一重席子。

2. 连席

连席（图1-20）是多人在席上列坐的用席方法。《仪礼·公食大夫礼》中有"司宫具几与蒲筵常，缁布纯，加萑席寻玄帛纯"。司宫要准备漆几

图1-19　唐代孙位《高逸图》中的单席

图1-20　山东沂南北寨汉墓画像石击鼗鼓图中的连席

以及一丈六尺的蒲席，席的边缘要用黑布包起来，加的席是崔席，八尺长，边缘缀以玄黑色的帛。"常"与"寻"为古代的度量单位，八尺为寻，倍寻为常，即一丈六尺。下铺一丈六尺的蒲席，上加八尺的崔席，则可能就是群居之连席。《礼记·曲礼》记载："为人子者，居不主奥，坐不中席。"《礼记·曲礼上》："群居五人，则长辈必异席。"贾公彦注："古者地敷席而容四人，四人则推长者居席端。若有五人会，应一人别席，因推长者一人为异席也。"四人列坐时，以席边为尊位，因此长者应该居于席端，若有五人列坐，则应该推长者坐于单席。连席上所坐的人身份地位不能差别太大，否则尊贵之人会认为这是对他的亵渎。

3. 对席

对席（图1-21）又称"合席"，这种席是为古人讲话、讲学或者祭祀宴饮等活动而设的。《礼记·曲礼上》："若非饮食之客，则布席，席间函丈。"非饮食之客就是来讲问之客，此时要布置对席，而且两席之间要有一定的距离，以便于交流。《礼记·文王世子》记载："凡侍坐于大司成者，远近间三席。"这里的"三席"孔疏："席制广三尺三寸三分之一，三席则函一丈，可以指画而问也。"

4. 专席

专席是给有病或者有丧事的人设置的，如《礼记·曲礼上》记载："有忧者侧席而坐。有丧者专席而坐。"在古代如果某人有疾病或者在服丧，为了表示对主人的尊敬和彰显自己的品行，应该自觉地坐在旁边的专席上。

《周礼·春官宗伯·司几筵》记载："司几筵掌五几五席之名物，辨其用与其位。"周礼将席和几各分为五种，并且设置有专门掌管五席和五几的官吏负责设几敷席。商周时期的礼仪活动中，席和几多是互相搭配使用的。《周礼·春官宗伯·司几筵》记载："凡丧事，设苇席。右素几，其柏席用崔。"又如《仪礼·士虞礼》记载："席设于尊西北，东面。几在南。""布席于室中，东面，右几。"《仪礼·士昏礼》记载："主人筵于户西，西上，右几。"《礼仪·少牢馈食礼》记载："司宫筵于奥，祝设几于筵上，右之。"商周时期人们认为屋室的西南角是神位所在，因此司宫在室的西南角为神设席，席要朝东而设，且巫祝要将供神凭靠的几靠南侧陈放在席上。

此外席在使用上还有"加席"和"重席"的礼法，此礼法是为了向客人表达敬意，显示客人尊贵的身份，以符合礼数。《仪礼·乡射礼》："大夫西阶上拜，进受爵，反位。主人大夫之右拜送。大夫辞加席，主人对，不去加席。"在乡射礼尊者入门的

图1-21　《文姬归汉图》中的对席

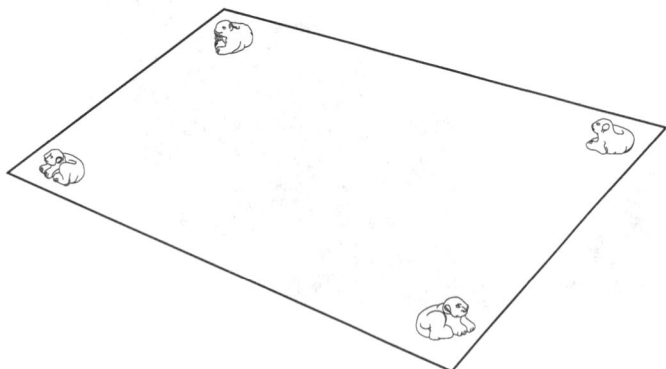

图 1-22　镇在席上的使用情形

图 1-23　满城汉墓的错金银豹镇

礼仪中，大夫在西阶之上拜谢主人，然后向前接过酒爵，回到原来的位置上。主人为大夫设两重席，大夫请求撤去一席。但主人坚持不肯撤席。《仪礼·公食大夫礼》记载："宾坐，遂卷加席，公不辞。"使者将加在席上的另一重席卷起来，表示不敢享此隆重的礼数。

古代的席子随用随设，不用时多卷起来，这样在铺设时往往难以铺平，于是产生了镇，它和席配合使用，四个为一组置于席的四角（图 1-22），可以避免人在起身落座时卷折席角。《广雅·释诂》云："镇，重也。"其质地较为坚硬，多用铜、石或者铁制成。铜镇的装饰手法，有鎏金、错金银、镶嵌贝壳等。从出土的镇的实物来看，镇的造型以动物形象居多，有虎形、豹形、鹿形、羊形、熊形、龟形，此处还有山形等。《楚辞·九歌》："锵鸣兮琳琅，瑶席兮玉镇。"便是指用玉石制成的镇。镇通常用铜制作，如安徽寿县出土的错银卧牛青铜镇，满

城汉墓出土的错金银豹镇（图 1-23），镇体内部灌铅以增加重量，器身以金银错的手法饰以梅花状的豹斑，眼睛以红色黏合剂嵌以玛瑙，使得豹眼呈红色，整体形象十分生动。再如辽宁新金汉墓出土的贝壳鹿镇，出于镇"压席"这一功能性的考量，而在贝壳中注砂以增大重量。

商周时期距今已经非常遥远，所留存的家具实物不多见。文献所记载的事件、礼仪、景观以及生活环境和思想情感等方面的信息，又常常是考古材料所难以保存的。通过合理地使用这些文献材料，美术史家可以重构出特定的视觉环境，使孤立的艺术作品成为社会生活的有机部分。传世的文献记载了大量与家具相关的内容，从字里行间我们可以"重构"出商周时期家具具体的使用场景，因此《周礼》《礼记》《仪礼》及其他相关文献就成了我们学习商周时期家具文化的重要资料，商周时期关于席使用的文献记载见表 1-1。

表 1-1　"三礼"中关于席使用的文献记载

出处	文献	应用场景	备注
《仪礼·士虞礼》	"升，入设于几东席上，东缩"	设馔神	东缩：自西向东放置，以西为上
《仪礼·士昏礼》	"主人彻几，改筵，东上"	士昏礼中为醴使者	彻几：撤去纳采时供神的几，另换一几，供宾客使用
《仪礼·士虞礼》	"祝免，澡葛绖带，布席于室中，东面，右几"	祭祀先祖	免：通"絻"，丧服名
《礼记·曲礼上》	"侍坐于所尊敬，毋余席"	与尊者同坐	

（续）

出处	文献	应用场景	备注
《礼记·曲礼上》	"男女不杂坐……父子不同席"	日常生活	
《礼记·昏义》	"子承命以迎，主人筵几于庙，而拜迎于门外"	婚礼	
《仪礼·既夕礼》	"抗木横三缩二，加抗席三。加茵，用疏布。淄翦有幅，亦缩二横三"	丧葬重席	抗木：架棺椁的大木，三条横放，两条竖放，此为一重。抗木上再加抗席 茵：垫在棺底的粗布，也是三条横放，两条竖放为一重
《礼记·内则》	"夫不在，敛枕箧簟席，襡器而藏之"	家庭生活	
《礼记·少仪》	"泛扫曰扫，扫席前曰拚，拚席不以鬣，执箕膺揲"	会客	拚：除秽 鬣：扫帚 膺：胸 揲：箕舌
《仪礼·士冠礼》	"蒲筵二，在南"	士冠礼中陈设器物	
《仪礼·士冠礼》	"主人之赞者筵于东序，少北，西面"	士冠礼	筵：为动词，即铺席 少北：即"稍北"，东序为主人之位，稍北表示为人子者不敢正居主位
《仪礼·士丧礼》	"奠席在馔北，敛席在其东"	丧礼中陈设大敛用品	
《仪礼·士虞礼》	"祝反，入，彻，设于西北隅，如其设也。几在南，厞用席。祝荐席，彻入于房。祝自执其俎出。赞阖牖户"	丧礼完成送宾	厞用席：在室内的西北角用席围隔，以求幽静。"厞"是指室角的隐蔽处
《仪礼·乡饮酒礼》	"主人实爵介之席前，西南面献介"	乡饮酒礼中主人献酒	
《仪礼·乡饮酒礼》	"介升席自北方，设折俎"	乡饮酒礼中主人献酒	
《仪礼·乡射礼》	"乃宾席，南面，东上。众宾之席，继而西。席主人于阼上，西面"	射礼设置靶场器物	
《仪礼·燕礼》	"小臣设公席于阼阶上，西乡，设加席……公升，即位于席，西乡"	燕礼中君臣即位	
《仪礼·聘礼》	"有司筵几于室中"	聘礼的临行告庙仪式	
《仪礼·聘礼》	"几筵既设，摈者出请命"	会客	摈：通"傧"，接待宾客
《仪礼·燕礼》	"司宫筵宾于户西，东上，无加席也"	燕礼陈设器物	
《仪礼·燕礼》	"宾升席，坐祭酒，遂奠于荐东。主人降复位。宾降筵西，东南面立"	宴饮中主人酬宾	
《仪礼·燕礼》	"席工于西阶上，少东。乐正先升，北面立于其西"	设乐工之席	

（续）

出处	文献	应用场景	备注
《仪礼·大射仪》	"小臣设公席于阼阶上，西乡。司宫设宾席于户西，南面，有加席。卿席宾东，东上。小卿宾西，东上"	射礼中准备宴席	阼：东阶，君王以东为尊
《仪礼·大射仪》	"射人告具于公。公升，即位于席，西乡"	射礼中迎接宾客	
《仪礼·特牲馈食礼》	"筵对席，佐食分簋铏"	宴饮	
《仪礼·少牢馈食礼》	"主人献祝，设席南面。祝拜于席上，坐受"	宴饮中主人向祝献酒	
《仪礼·聘礼》	"唯大聘有几筵"	聘礼中设席	
《仪礼·乡饮酒礼》	"乃席宾、主人、介。众宾之席皆不属焉"	宴饮中陈设席位	席：铺席。宾的席位在室的窗前；主人的席位在阼阶之上，面朝西；介的席位在西阶之上，面朝东
《仪礼·公食大夫礼》	"宰夫设筵，加席、几。无尊。"	陈设器具	

参考：①陈成国（点校）.周礼·仪礼·礼记 [M].长沙：岳麓书社，1989.②彭林（译注）.仪礼 [M].北京：中华书局，2011.③胡平生，张萌（译注）.礼记 [M].北京：中华书局，2017.

1.2　礼仪制度下的生活方式

中国素享"礼仪之邦"的美誉，中华民族不仅创造了极其辉煌灿烂的物质文明，更创造出了享誉世界、绚丽多彩的精神文明。《说文解字》中对礼的解释是"礼，履也，所以事神致福也"，即祭祀神灵以祈福。"礼"源于早期的祭祀仪式规矩，后来统治者利用人们对鬼神的敬畏之情，垄断巫术祭祀活动，并进一步将其改造为日常的礼仪规范。"礼"与"乐"相辅相成，是中华民族进入文明社会的夏夷独造。"乐者为同，礼者为异。同则相亲，异则相敬。乐胜则流，礼胜则离。""乐者为同"是指统治阶级通过"乐"潜移默化地感化百姓，以求得臣民对主流社会价值的认同；"礼者为异"则指针对社会生活诸多方面的差异，推行礼制使人与人之间尊卑有序，以求得社会的稳定、和谐。具体来说，这一时期的礼乐制度同个人的道德修养和日常生活密切相关，大到君主祭祀天地、朝会宴飨，小到个人的衣食住行、婚丧嫁娶，社会生活的大小方面都有规范可循。《国语·鲁语展禽论祀爰居》记载："夫祀，国之大节也。而节，政之所成也，故慎制祀以为国典。""礼"不仅体现了个人的道德修养，还体现着社会的法律和道德的要求。礼器是礼治的物质象征，如各种容器、乐器、家具器物通过材质、装饰、铭文、功能等因素以体现礼。"三礼"等文献大致出现于青铜时代晚期，是一些试图恢复早期礼仪程序和制度的礼学家所编撰的。这些文献向我们展现了商周时期在"礼"的指导下中国的社会风貌、风俗习惯，还记载了礼仪思想影响下家具所承载的文化内涵，礼仪制度对家具不同使用情形的规范，礼制下人们围绕低矮型家具形成的尊卑有序的家具布局。总的来说，"礼"规定了家具的政治性和社会性；家具体现了礼的核心思想——尊卑等级观念。

在高型家具出现之前，席、几、俎、案、斧依是当时人们生活中非常重要的家具。这些家具可供人坐卧、凭靠、载牲或承放食物、酒器，挡风，遮挡视线，同时还是"礼"的物质载体，可以用来标识身份，区分等级，明尊卑、别贵贱，为奴隶制度的核心制度——宗法制服务。这一时期家具的造型、装饰、陈设及使用等方面，无不浸透着礼制思想的种种特征。家具实际上代表了等级、地位、名分的秩序，必须严格按照等级和地位规定来使用，不可僭越。

1.2.1 几

商周时期的几（图1-24）在形式上同案类似，一般将形式和案相似又小于案的家具统称为几。

1. 几的材质

从原始社会进入夏商周时期后，几的材料也在不断变化发展，其材质有木、石、陶、铜、漆木等。特别到了周代，社会生活的各个方面都受到礼的影响，几的材质对应着不同的等级。《周礼·春官宗伯·司几筵》记载："司几筵掌五几五席之名物，辨其用与其位。"郑玄注："五几乃是玉几、雕几、彤几、漆几、素几五种。"

（1）玉几

玉几在五几中的等级最高，是天子独享之物。这种几是镶嵌着玉片的漆几。《仪礼·觐礼》中有："天子设斧依于户牖之间，左右几。"郑玄注："此几，玉几也。"实物玉几如信阳二号楚墓出土的嵌玉漆几（图1-25），几周身嵌以多块白玉，漆和玉以不同色彩和面积的对比，使几身更加丰富。玉几是天子至高无上权力和尊严的象征，如《尚书·周书·顾命》中记载："成王将崩，命召公、毕公率诸侯相康王……王乃洮颒水，相被冕服，凭玉几。"周成王病重向群臣作遗诏时，仍然要洗手洗脸，戴上王冠，披上朝服，凭靠着玉几，以显示天子的地位和尊严。总的来说，无论从使用对象还是从材质装饰的角度，玉几都是五几中等级最高的一种。

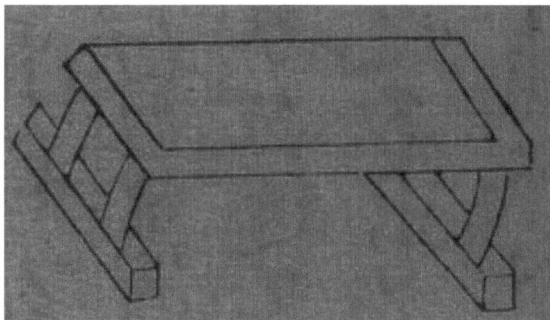

图1-24 《新定三礼图》中的几

（2）雕几

雕几的"雕"，即雕刻。雕几，就是雕刻着精美花纹的漆几。如河南信阳长观台一号楚墓的雕花几（图1-26、图1-27），几面雕刻以繁复的纹饰，几足为栅形直足，几的两边各有四根并列布置的圆柱形腿足。另外有的同类型的几，其腿足也以栅形加斜撑足。从雕几的具体使用来看，如孔氏注"雕，刻镂，此养国老飨之坐"。还有"筵国宾于牖前，亦如之，左彤几"。郑玄在此注云："国宾老臣也，在国宾之中有诸侯来朝，亦有孤卿大夫来聘，若朝者皆用雕几，若聘者皆用彤几。"雕几的等级仅次于玉几，专为年迈老臣或者诸侯卿大夫所用，具有较高的礼节性。

（3）彤几

彤几（图1-28）意指红色漆几，用红色花纹装饰几身。如曾侯乙墓出土的丹漆彤几，造型简洁，漆面光亮，颇具现代感。

（4）漆几

漆几的"漆"在这里并非指用漆髹饰几身，古代的不言色皆指黑色，因此漆几多指黑色的几。《仪礼·聘礼》记载："宾进，讶受几于筵前，东面俟。公壹拜送。宾以几辟，北面设几，不降，阶上

图1-25 信阳二号楚墓的嵌玉漆几　图1-26 信阳长观台一号楚墓的雕花几　图1-27 信阳长观台一号楚墓的雕花几几面

答再拜稽首。"来朝觐的使者在席前迎受漆几时，要朝东等候国君，国君在向使者行拜礼之后，送上漆几，使者持几避让，表示不敢当国君之礼，然后朝北放下漆几，并在西阶之上行再拜叩首之礼作答。马王堆汉墓出土的漆几（图1-29），通体髹黑漆，以红色、灰绿色花纹为饰，几面和两侧为云纹，几足为几爪纹。几整体由几面、足和足座三部分以透榫接合而成，几面中间略微向下弯曲，两端稍微狭似梭形。

（5）素几

素几（图1-30）是以白色涂几或者以白色花纹装饰的几。在先秦古文献中，素色常指白色。《论语·吴语》："素甲。"韦昭注："素甲，白甲。"《周礼·春官·巾车》："素车"郑玄注："素车，以白土垩车也。"《说文解字》："垩，白涂也。"《礼记·玉藻》："年不顺成，则天子素服，乘素车，食无乐。"《仪礼·士虞礼》："素几，苇席，在西序下。"在士虞礼中陈设牲肉、酒器的时候，要将素色的几和苇席陈设于西序之下。

2. 几的形制

在高型桌案流行之前，几是对形体呈"几"形承具的泛称。作为放置器物的承具，庋物几的形制与俎、案大致相同。而供人凭靠的凭几，其特点是面窄、高足，以适合人凭靠，腿足多向外张出。由于凭几多贴身使用，因此在制作和装饰时需多考虑工艺性，其加工合理，结构匀称，样式也十分丰富，如几面有平面板和弧面板之分；几足的形式有倒T形、人字形对足、双足、多足、H形板状足等形式。

3. 几的功能

商周时期的几，从功能上看主要分为两种。第一种是用于盛放物品的"庋物几"，其同俎、案一样是从最原始的木板、石板逐渐发展而来的，其出现时间约在商代以前。第二种几称为"凭几"，其既具有凭靠作用，又是象征着等级秩序的器物。在席地而坐的坐姿下，为避免久坐乏累，于是出现了用于凭靠的凭几。且凭几在使用上体现了社会生活中的诸多礼仪要求。如成都百花潭中学战国墓出土的燕射水陆攻战纹铜壶上的依几执翣图（图1-31），图中一尊者凭几而坐，一卑者为其执翣拂风。《礼记·曲礼》称："大夫七十而致仕，若不得谢，则必赐之几杖。"《周礼·春官·司几筵》玄郑注："王与族人燕，年稚者为之设筵而已，老者加之以几。"为了体现尊老之礼，古时有为老者加几的习俗，而且在为长者进几杖时，还要拂去尘土以示尊敬，即"进几杖者抚之"。《仪礼·聘礼》："公升侧受几于序端，宰夫内拂几三，奉两端以进。公东南向，外拂几三，卒，振袂，中摄之，进，西乡。"《仪礼士昏礼》："主人彻几，改筵，东上……主人拂几授校，拜送，宾以几辟，北面设于坐。"士昏礼中完成祭神仪式后，主人要撤换掉堂上的几，并把席头朝东，主人拂擦供宾客用的席几，再执几的中部授以宾客，然后行拜送礼。宾客接住几的足，微微转身，表示不敢当主人之礼，然后面向北将几设置在坐位左面，再向主人表以答谢。其中的"彻几"是指撤去纳采时供神使用的几；"改筵"与之同理。由此可知，在授几时，卑者要以双手持几的两端，尊者要以两手持几的中间，如安徽马鞍山东吴朱然墓出土的漆案上就有"卑者受几图"（图1-32），卑者跪于地上，双手持几的两端；拂几时，卑者向尊者要向内拂几，尊者于卑者则向外拂几。《仪礼·士昏礼》记载："妇乘以几，姆加景，乃驱。"这里的几是婚礼迎亲环节专为新娘设的用于登车的矮几。

图1-28　曾侯乙墓的丹漆彤几　图1-29　马王堆汉墓的漆几　图1-30　包山楚墓的素几

图 1-31　成都百花潭中学战国墓的燕射水陆攻战纹铜壶上的依几执翥图

图 1-32　安徽马鞍山东吴朱然墓的漆案上的"卑者受几图"

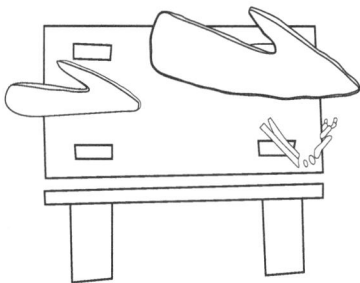

图 1-33　山西襄汾陶寺墓地的木俎

在礼仪思想的影响下，凭几不仅是用来凭靠身体，求得舒适的器物，还体现了尊老爱老之道，遵循尊卑有序的等级秩序。

1.2.2　俎

俎作为商周时期重要的家具，是后世几、案等家具的雏形。商周时期的俎主要有两种：第一种俎是随着人类狩猎生活而产生的，用于切割肉食的"垫具"，亦可称为"砧板"。随着祭祀活动日渐频繁，第二种俎随之发展起来，即统治阶级在祭祀时承放牺牲的礼俎。《说文解字·且部》记载："俎，礼俎也。"这种用于祭祀活动的俎常被作为沟通天地先祖的礼器，其制作精美，使用规则纷繁复杂，不同的人在俎的材质和数量上也有所区别。

1.俎的材质

从出土中的文物以及文献资料中，我们可以了解到，从原始社会到商周时期，俎的材料有：木材、石材、青铜等。如山西襄汾陶寺墓地出土了一批木质的案、俎、豆、盘等器物，从出土的木俎（图 1-33）来看，木俎的台面是一块厚木板，两端各设榫眼，下接板状足，其形制同信阳楚墓的陶俎模型相似，而俎面的透榫做法同信阳墓的漆俎相同。板材和榫卯的制作经历了先将原木削出来大样，用石刀等工具进行精细加工，然后在木板的边部起榫眼或者嵌槽然后将其拼装，最后打磨或者上色的工序。同一遗址出土的一些形体较圆的木器上，甚至可以看到制陶工艺的轮旋方式对木质家具的影响。

（1）石俎

石制的俎如河南安阳大司空村商代墓出土的商代石俎（图 1-34）。其俎面为长方形，四周有高于面心的拦水线，下有四足，前后的两足间呈壶门状。俎正面的腿足雕有兽面纹和云雷纹。

（2）漆俎

随着先进生产工具的普及，商周时期的先民已经能够在木胎上雕刻出细密流畅的线条。漆器的制胎工艺也有所突破，能够制作出来形式各异，精巧细致的漆器，同时漆器的数量和品种有了显著的增加，如出现了用于祭祀的漆俎。《辞源》所总结："俎，礼器，古祭祀燕享，用以荐牲者，以木为器而漆饰之。"陕西长安张家坡遗址出土的西周漆俎（图 1-35）其俎面呈浅盘状的长方形，四足方座髹以褐色漆，并镶嵌着精美华丽的螺钿。

（3）青铜俎

商周时期的青铜俎较多地应用于祭祀活动。如纽约大都会博物馆所藏的商代青铜方鼎及俎形顶盖，俎面刻有铭文（图 1-36、图 1-37），腿足装饰有饕餮纹，造型威严大方。其铭文十分耐人寻味，自商代前期开始，青铜礼器的器身便开始出现零星的刻画铭文，现在多被认定为是族徽。这类铭文的图画性较强，刻于器物上显著的位置，具有一定的装饰性。商末的青铜铭文开始出现叙事性的内容。如妇好墓出土的青铜器，多件青铜器有庙号

图 1-34　河南安阳大司空村商代墓的石俎

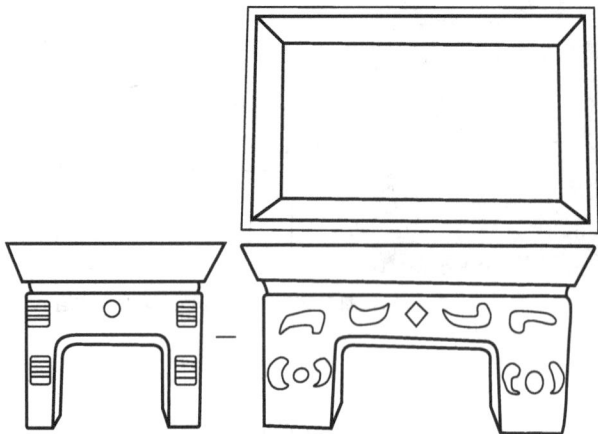

图1-35　陕西长安张家坡西周墓的漆俎

图1-36　商代青铜方鼎及俎形顶盖

图1-37　刻有铭文的俎形顶盖

图1-38　殷墟青铜器
上的铭文"后母辛"

图1-39　殷墟青铜器上的
铭文"妇好"

"后母辛"（图1-38）、"妇好"（图1-39）。这类庙号铭文所强调的是被纪念者，而铸造器物的生者则隐而不彰。到了西周时期则出现了大量的铭文，以记录西周时期的政治、社会、礼仪等信息，而铸造该礼器的目的多写在铭文的结尾处，即贡献给逝去的先祖，并将此礼器留给家族的后人，因此多以"子子孙孙永宝用"结尾。

2. 俎的形制

商周时期的俎造型规整对称，庄重稳定。从其俎面来看，有平面、凹面之分，足形有四足和板状足之分。古籍记载："俎形似小凳，上横长方形板面，中央微凹，横板下两端有立足。"从其描述可看出俎的造型同后世的凳子相似，但是中间微微凹陷，可能是为防止俎面所承之物掉落撒溅所设。

从宋人聂崇义著的《新定三礼图》中所绘制俎的形象来看，早期的俎在夏商周三代经历了梡俎、嶡俎、椇俎、房俎等不同的形制。如《礼记·明堂位》记载："俎，有虞氏以梡，夏后氏以嶡，殷以椇，周以房俎。"说明俎在远古的有虞氏部落就已经存在。其最初的形态是虞氏时期的梡俎（图1-40），如《礼记·明堂位》孔颖达疏云："虞俎名梡，形四足如案。"即郑玄所说："断木为四足而已。"其俎面为长方形木板，板面两端各凿两个排眼，下安四根立木柱。与虞俎相比，夏代的嶡俎（图1-41）就进步在俎的两腿之间各加一根横枨。中间加横木曰"嶡"，这种做法既增加了足部的稳定性，又起到了较好的装饰效果。商代的俎也叫椇，椇本是一种枝条弯曲的树，椇俎（图1-42）是一种曲足形的俎，因其腿弯曲成椇木形状而得名。这种俎是在前代俎的基础上把腿做成曲线形，使俎从视觉上具美观性。周代的房俎（图1-43）在造型结构上有了较大进步。俎的四足不直接落地，而是放于足下的横枨上，下端形成一个空间，似房子样式。

辽宁义县花儿楼出土的饕餮纹铜铃板足俎（图1-44），高14.3厘米、长30.3厘米、宽17.7厘

图1-40　梡俎

图1-41　厥俎

图1-42　椇俎

图1-43　房俎

图1-44　饕餮纹铜铃板足俎

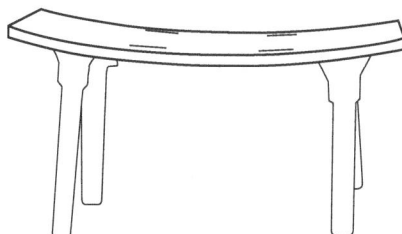

图1-45　直足青铜俎

米。俎面如同长方形的浅盘，上宽下窄，四壁斜收，两面立板式的承足中央各作一个尖拱形成壶门装饰，遂成四足，上饰兽面纹。俎面下有两个半环鼻，鼻下系链，链下有两个空顶铜铃铛，铃铛上也有花饰。

西周时期的直足青铜俎（图1-45）造型简洁流畅，结构合理，装饰较少，以简洁的四条圆柱形的腿足支撑略弯曲的俎面。直腿足和曲俎面形成对比曲直的对比，变化中透着稳定大方、庄重的美感。

3. 俎的功能

俎的功能可以分为两大类，一类是作为切割肉食的砧板，可称为"用器""养器"或"燕器"；另一类是"礼俎"，即祭祀活动中的礼仪用具，可以称为"礼器""祭器"。商周时期祭祀活动非常重要，俎的象征意义高于实用目的，"燕"古时通"宴"即日常生活中摆宴席，即饮食之礼。古时饮食之礼有飨礼、食礼、燕礼，其中燕礼的礼节最轻，设宴于正寝；飨礼是最为隆重的饮食仪式，设宴于朝，有饭有酒，多番献酒，不醉不休；食礼则以饭为礼，故孔颖达疏曰："食礼者，有饭有殽，虽设酒而不饮。""用器"，如河南淅川下寺楚墓出土的铜俎（图1-46），俎面中间凹陷，俎面在云雷纹的地子上镂空作矩纹，四边饰以细小的蟠虺纹，下凹的俎面是为了更好地承放牲肉，而镂空纹饰可以滤出肉汁。此装饰繁杂的"雕俎"将实用性同装饰

性完美融合。

礼俎是充当沟通天地祖先的礼器，如作为祭祀活动用的饕餮纹铜铃板足俎。俎上的青铜铃铛可能是为营造出神秘威严的氛围而设的，从该俎似乎可以看出商代已经开始将同政治兴衰密切联系的"礼"和"乐"同列并举。《礼记·乐记》云："诗言其志也，歌咏其声也，舞动其容也，三者本于心，然后乐器从之。"不难想象当铜铃板足俎上陈以牲肉，俎下铃声响起，祭祀者身体舞动，口中念念有词，燎祭的烟雾腾天，会是怎样一种空灵、悠远、神秘的场景。

祭礼的前半部分是人与神的祭礼，后半部分便是人与人之间的欢宴。在乡饮酒礼中，礼俎十分尊贵，只有将堂上的"礼俎"撤下后，方可进行宴

图1-46　河南淅川下寺楚墓的铜俎

图1-47　西周青铜匕　图1-48　铜壶的宴飨图上的陈鼎设俎画面

饮。《仪礼·乡饮酒礼》记载："主人曰：'请坐于宾'，宾辞以俎。主人请彻俎，宾许。"祭神结束后，主人请宾客落座，宾客以堂上有俎而不敢落座，撤俎后，宾客方可坐下。

商周时期人们祭祀或者宴请宾客时，俎上所承放的牲肉也十分讲究，如左丘明在《臧僖伯谏观鱼》记曰："鸟兽之肉不登于俎。"不符合礼数的物品不可放在上面，其中牛、羊、豕三牲之俎最为重要，称为"太牢"，只有君王、诸侯祭祀才会用。一般的祭祀多用羊、豕，称为"少牢"。《仪礼·乡射礼》记载："俎由东壁，自西阶升。宾俎：脊、胁、肩、肺。主人俎：脊、胁、臂、肺。肺皆离。皆右体也。进腠。"射礼中放在俎上的牲肉，要从东壁端进来，再从西阶端上堂，其中端给来宾的俎上有：脊骨、肋骨、肩、肺。端给主人的俎上有：脊骨、肋骨、臂、肺。肺要用刀划成块，但不要于切断。所陈在俎上的牲肉要用右侧一半，俎上的骨要朝前摆放。射礼中报靶者的俎上有：折断的脊骨、肋骨、肺、前腿；《礼记·祭统》记载："凡为俎者，以骨为主，骨有贵贱。殷人贵髀，周人贵肩，凡前贵于后。"商人以髀为贵，多用于祭祀鬼神，周人以肩为贵，多用于款待宾客，周人用优质的牲肉来招待客人，这说明中国人热情好客的传统，从周代就已经养成了。

商周时期的俎、鼎、匕在祭祀、宴飨时往往是配合使用的，甚至有的器物是鼎俎合一的。且鼎、俎所陈放的牲体及器物的数量也有一定的规范。《周礼·天官·内饔》记载："王举，则陈其鼎俎，以牲体实之。"《仪礼·士昏礼》记载"匕俎同设"，在行礼时要用匕（图1-47）将烹煮的牲肉取出来放入鼎中，此过程称为"升"；将鼎中煮好的牲肉用匕分离出来，然后陈于俎上，此过程称为"载"。《仪礼·有司彻》记载："司马

缩奠俎于羊湇俎南，乃载于羊俎，卒载俎，缩执俎以降。"上述的"载于俎"和"载俎"是指将鼎中的牲肉陈放在俎上。

成都百花潭中学战国墓出土铜壶的宴飨图上就有陈鼎设俎的画面（图1-48），鼎旁跪坐的两人，一人手臂前伸持匕，一人双手持板足式的俎。上述所说的俎鼎一体的器物，如北京琉璃河西周燕国墓葬出土的圉方鼎（图1-49），若将该鼎的盖翻过来，俨然是一件板足式的铜俎，盖顶的抓手为俎的板形足。

周礼规定不同等级的人使用俎的数量不同，以多者为尊，不得僭越。《仪礼·公食大夫礼》："上大夫八豆、八簋、六铏、九俎，鱼腊皆二俎。"国君以食礼款待作为上大夫身份的使者时，要用八个豆，八个簋，六个铏，九个俎，鱼和腊肉各一份。《周礼·天官·膳夫》记载："王日一举，鼎十有二，物皆有俎。"周天子吃饭要设置九个俎，以显示其地位的尊贵。从祭祀活动中鼎和俎数量的关系来看，如《礼记·郊特牲》记载："鼎俎奇而笾豆偶，

图1-49　北京琉璃河西周燕国墓葬的圉方鼎

阴阳之义也。"有一鼎配一俎,三鼎配有三俎,五鼎配有五俎,七鼎配有七俎,九鼎配有九俎的不同规格,所设的鼎和俎都以奇数为佳。

古语云:"人君不可不知分俎之事也。"商周时期的割牲分俎的活动是非常重要的,因为这是维系尊卑等级关系的重要仪式,天子也尤其要谨记于心,并且以实际行动捍卫礼仪制度。关于俎的其他用法在三礼文献中有详细的记载(表1-2)。

表1-2　中关于俎的使用的记载

出处	文献	使用场景	备注
《仪礼·特牲馈食礼》	"执事之俎,陈于阶间,二列,北上。盛两敦,陈于西堂,藉用萑,几席陈于西堂,如初"	祭祀前的陈设	
《仪礼·特牲馈食礼》	"宾出,主人送于门外,再拜。佐食彻阼俎。堂下俎毕出"	礼毕撤俎	
《仪礼·特牲馈食礼》	"佐食上利执羊俎,下利执豕俎,司士三人执鱼、腊、肤、俎,序升自西阶,相,从入。设俎,羊在豆东,豕亚其北,鱼在羊东,腊在豕东,特肤当俎北端"	祭祀	
《仪礼·少牢馈食礼》	"宾长羞牢肝,用俎,缩执俎,肝亦缩,进末,盐在右"	祭祀	
《仪礼·有司彻》	"二俎皆设于二鼎西,亦西缩。雍人合执二俎,陈于羊俎西,并,皆西缩;覆二疏匕于其上,皆缩俎,西枋"	祭祀中陈俎设鼎	
《仪礼·有司彻》	"卒升。宾长设羊俎于豆南,宾降"	祭祀中为来宾之长设俎	
《仪礼·有司彻》	"次宾羞羊燔,缩执俎,缩一燔于俎上,盐在右"	祭祀	
《仪礼·有司彻》	"长宾设羊俎于豆西"	祭祀	
《仪礼·有司彻》	"司士缩奠俎于羊俎南,横载于羊俎,卒,乃缩执俎以降"	祭祀	
《仪礼·有司彻》	"佐食取一俎于堂下,以入,奠于羊俎东"	祭祀	
《仪礼·士昏礼》	"举者盥出,除幂,举鼎入,陈于阼阶南,西面,北上。匕俎同设。北面载,执而俟……赞者设酱于席前,菹醢在其北。俎入,设于豆东。鱼次。腊特于俎北"	新娘到夫家成婚	
《仪礼·乡射礼》	"获者执其荐,使人执俎从之,辟设于乏南"	射礼	辟设于乏南:将荐、俎迁设于乏的南面
《仪礼·乡射礼》	"主人取俎,还授弟子。弟子受俎,降自西阶,以东。主人降自阼阶,西面立"	撤俎	降:从高处往下走
《仪礼·燕礼》	"唯公与宾有俎"		
《仪礼·公食大夫礼》	"鱼七,缩俎,寝右。肠、胃七,同俎。伦肤七。肠、胃、肤,皆横诸俎,垂之"	俎上放置鼎食	缩俎:《仪礼·公食大夫礼》:"鱼七,缩俎寝右。"贾公彦疏:"缩,纵也。鱼横向放在俎上。"
《仪礼·乡射礼》	"司马正升自西阶,东楹指东,北面告于公,请彻俎,公许"		
《礼记·曲礼上》	"凡祭于公者,必自彻其俎"		
《礼记·少仪》	"取俎,进俎,不坐"	祭祀陈设牲肉	
《礼记·少仪》	"凡羞有俎者,则于俎内祭"		

（续）

出处	文献	使用场景	备注
《礼记·少仪》	"有折俎不坐。未步爵，不尝羞"	宴饮	凡是有折俎的时候，都不能坐着饮酒，只有将折俎撤下，才可坐饮

参考：①陈成国（点校）.周礼·仪礼·礼记 [M].长沙：岳麓书社，1989.②彭林（译注）.仪礼 [M].北京：中华书局，2011.③胡平生，张萌（译注）.礼记 [M].北京：中华书局，2017.

1.2.3　案

原始社会时日用器物多直接放在地上，后来先民在日常的生活中逐渐发明了带矮足的承托用具，即石质、陶质或者木质的案。从案与几的关系来看，《说文·木部》释案为"几属"，在案的萌芽时期案与几在形制上相似；从俎和案的关系来看，俎是作为礼、祭之具，为死者而设，案作为承食具主要为生者而设。

1. 案的材质

在一定的历史时期，案的材质可能随着工具的发展和榫卯技艺的进步逐渐由石质、陶质转化为木质。石质的案如安阳殷墟侯家庄 1004 号大墓出土的雕花石案（图 1-50），此案造型规整，稳定古朴，案的正面雕以对称的纹样。而木案的重量更轻，装饰更加精美，如福建崇安县武夷山白岩洞墓中发现的龟形木案（图 1-51），此案模仿龟的形态制成，龟身扁圆呈浅盘状，很好地将实用性和艺术性相融合，体现的可能是先民的图腾崇拜。进入青铜时代后，由于冶铜技术和漆木工艺的进步，出现了漆木或者漆木加青铜配件的案。殷墟出土的嵌蚌鱼漆木案（图 1-52），案面镶嵌以各种贝蚌。陕西张家坡西周井叔墓有一件铜足漆案（图 1-53、图 1-54），

案面长 130 厘米、宽 40 厘米、厚 6.5 厘米，案面为髹以黑地红绘漆的长方形木胎，器面髹以黑漆，案面四边及案面中央又各有一周长方形红漆，案的侧面又饰以红漆窃曲纹。案下装有四个铜兽蹄足，足外侧饰以精美勾云纹。

2. 案的形制

商周时期的案在形制上非常丰富，有大小之分，方圆之别。《周礼·考工记·玉人》记载："案十有二寸。"相较于几，案面较宽，高度较矮，案的这种矮足宽面形制主要是为了便于放置物品。后世文献还记载有床前所设的器物"桯"，其尺寸上比案更阔大，考古活动中有相应的出土器物与之相印证。

山西襄汾县陶寺龙山文化遗址出土了大量彩绘木器，主要有俎、案、盘、匣、豆等家具。其中案有彩绘长方形木案和彩绘圆形木案。彩绘长方形案（图 1-55），长 99.5 厘米、宽 38 厘米、高 17.5 厘米，用木板经凿斫成器，案面和案足外侧在红彩地上用白彩绘边框图案。案上放置酒器一件，表明该木案是用以陈放酒器，可能为商周铜禁的祖形。长方形案再如信阳长台关七号楚墓出土的漆木案（图 1-56），案长 135 厘米、宽 60 厘米。腿足为 4 个较为矮小敦实的兽蹄足。案面用窄板条抹起，四角包铜，装饰红地黑绘的 21 个排列

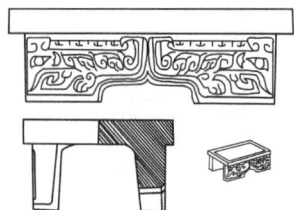

图 1-50　殷墟侯家庄 1004 号大墓的雕花石案　图 1-51　龟形木案

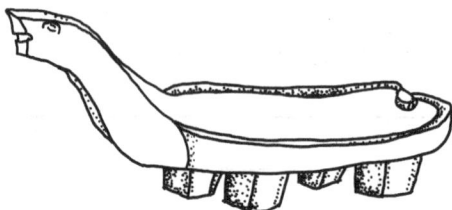

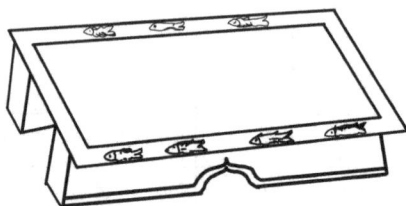

图 1-52　嵌蚌鱼漆木案

图1-53　陕西张家坡西周井叔墓的铜足漆案

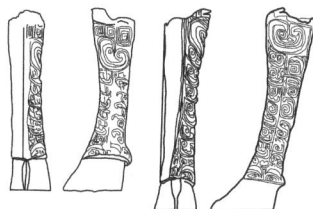

图1-54　陕西张家坡西周井叔墓的
铜足漆案的腿足

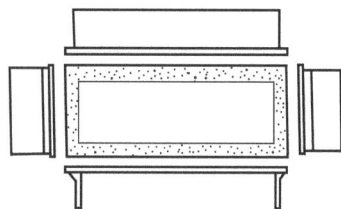

图1-55　陶寺墓地的长案

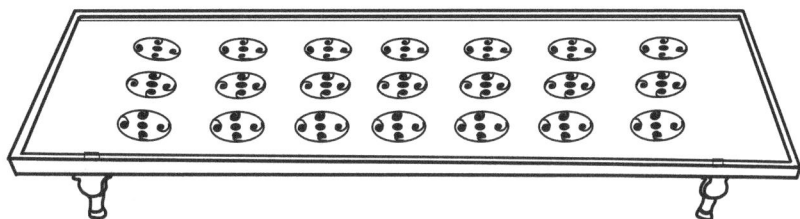

图1-56　信阳长台关七号楚墓的漆木案

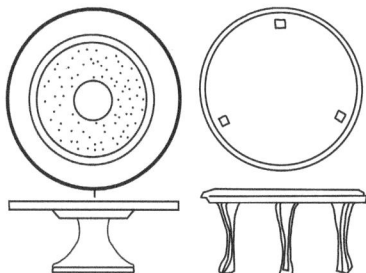

图1-57　陶寺墓地
的圆案

图1-58　湖北江陵
雨台山楚墓的圆形
三足案

规整的圆形涡纹纹样。圆形涡纹寓装饰于实用性之中，可以作为规范食具摆放的标识，这种规范的意识可体现出礼仪思想渗透到了社会生活的方方面面。《说文解字》："木圜，圜案也。"陶寺遗址的彩绘圆形木案（图1-57），圆形台面，用3块木板拼合而成，案周起棱，俗称拦水线。案面下正中部有一高束腰喇叭状木座，以榫卯的形式与案面相连。这种圆形的案，再如湖北江陵雨台山楚墓的圆形三足案（图1-58），三足与案面相连，背面髹红漆。

《说文解字》记载："桯，牀前几。"王念孙注："桯之言经也，横经其前也，牀前长几谓之桯，犹牀边长木谓之桯。"桯与案在形制上相似，但是桯要比案更长。如包山二号楚墓出土的食桯（图1-59），整体髹以黑漆，长接近2米、宽85.4厘米、高13.6厘米。桯面用两块木板拼合而成，四周做边抹。面板与马蹄形铜足以燕尾槽和槽内楔进的楔子相连。

四周的抹起是案和桯形制的特色，一方面它具有加固、围拦，并将大小板材拼接的作用；另一方面其又可以美化案、桯的形体，使得台面有大小、线面的对比，增加了稳定感和视觉的丰富性，实现了功能性与审美性统一。

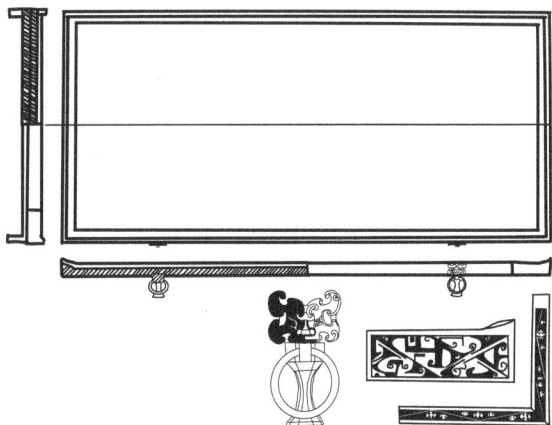

图1-59　包山二号楚墓的食桯

3. 案的功能

商周时期的案是放置食品、玉圭、杂物的承托器具，如《仪礼·聘礼》记载："所以朝天子，圭与缫皆九寸。"这里的"缫"就是垫在玉器底下的木板，用熟皮革包裹，末端装饰有五彩的丝带。

1.2.4　禁、棜

禁、棜是先秦时期统治阶级在祭祀活动中用来盛放酒器的案形器。清人戴震云："案者，棜禁之属。"若是从案的形制、尺寸及其用途来看，禁或

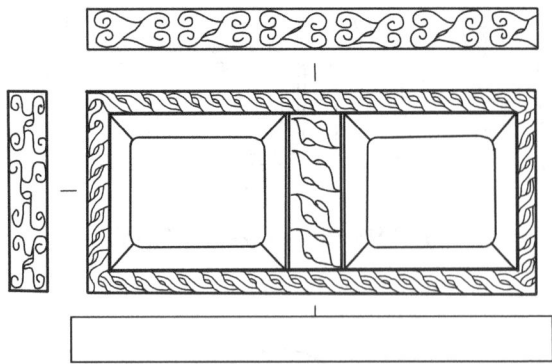

图1-60　湖北包山二号墓的漆木椸

椸与铜案类似。最早的铜禁可能为模仿木案的形制而铸造的。郑玄注《仪礼·士冠礼》："禁，承尊之器也，名之为禁者因为酒戒也。"由于使用情形和使用者身份的差异，这种陈放酒器的承具在形制和名称等方面有所不同。

1. 禁、椸的材质

禁、椸的材质并不局限于铜。西周由于礼制的需要，制造的铜器较多，而铜禁、椸往往体量较大，耗铜尤多。同时，这一时期漆木工艺这时有了长足的进步，因而，有足的漆木禁较多。春秋晚期到战国早期，铜禁、椸的铸造开始使用失蜡法和分铸的工艺，因此，可以制造出十分复杂精巧的形制。到了战国中期，铜禁、椸基本上被漆木禁、椸所代替，其形制厚实，多用髹漆和雕刻的工艺，有的禁面用漆工艺绘制出两个圆圈纹，保留了禁面上承酒的圆形口座的形态。无足的漆木椸常髹漆彩绘加雕刻，甚至镶嵌石片。如湖北包山二号墓出土的漆木椸（图1-60），长92.4厘米、宽40.4厘米、厚8厘米，中间用两个长方形槽围起来两个同椸面等高的长方形台，通体髹黑漆，在椸面四周及中间绘以白色纹饰，且侧面也以勾连云纹为饰。

2. 禁、椸的形制

古籍文献中将放置酒器的承具称为禁、椸或者斯禁，其形制多为长方形，细分则有足的称为"禁"（图1-61），无足的称为"椸"或者"斯禁"（图1-62）。《集韵·去声·御韵》记载："椸，承樽器，如案无足。"《礼记·玉藻》记载："大夫侧尊用椸，士侧事用禁。"郑玄注："椸，斯禁也，无足，有似于椸，是以言椸。"又《礼记·礼器》郑玄注："禁，所以瓵者，如今方案，椭长，局足，高三寸。"瓵是陶制的酒器，而局足是指曲足。

禁和椸从功能来说本同为承放酒具的器物，但是受礼仪制度的影响，而在名称和形制上不同。《礼记·礼器》："有以下为贵者；至敬不坛，扫地而祭。天子诸侯之尊废禁，大夫、士椸禁。此以下为贵也。"有时祭祀以下为尊，如天子祭天，不在祭坛上进行，而是在坛下扫地而祭。天子诸侯设尊不需要用禁，大夫、士的尊要放在椸禁上。《仪礼·特牲馈食礼》曰："壶椸禁馔于东序。"贾公彦疏曰："椸之与禁，因物立名，是以大夫尊以厌饫为名，士卑以禁戒为称，复以有足无足立名。至祭，则去其足名为椸，禁不为神戒也。"此外，在祭神时，陈放祭品要用无足之"椸"，而不能将其称为斯禁或禁，这是因为要尊神祭神，就不得为神设戒。

（1）椸

无足禁称为"椸""斯禁"，是士大夫一级的贵族所用，多为铜质和木质。

《仪礼·乡饮酒礼》："尊两壶于房户间，斯禁；有玄酒，在西。"郑玄注："斯禁，禁切地而无足者。""斯禁"就是无腿足的椸。陕西宝鸡石鼓山西周墓就出土了一大一小两件青铜夔纹椸，大铜椸（图1-63），长94.5厘米，宽45厘米，高24.5厘米，平面，中空无底，椸边沿部为素面，正中饰

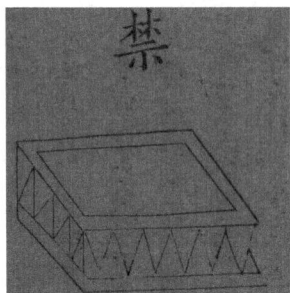

图1-61　《新定三礼图》中的"禁"　图1-62　《新定三礼图》中的"椸"

图1-63　陕西宝鸡石鼓山西周墓的青铜椸

以直棱纹，直棱纹的四周饰以雷纹作底的夔龙纹长方形边框，扉棱两侧饰以头部相对的夔龙纹两组，夔龙昂首，阔嘴，圆目，曲尾。两边还各设头部像凤鸟的夔龙纹一组。椸顶部饰以雷纹作地的夔龙纹边框。各个椸面的相接相交之处，都有加强筋以求稳固。小铜椸（图 1-64），高 10.3 厘米、长 17.4 厘米、宽 14.4 厘米，椸面上有椭圆形的凸起，椸顶面以夔龙纹作长方形边框，青铜椸身的竖直面饰双回头夔龙纹、竖立式夔龙纹、头部相对的凤鸟纹。大铜椸在出土时，上面还陈放提梁卣、户彝、户卣、斗等器物（图 1-65）。

　　另外陕西宝鸡斗鸡台戴家湾也先后出土了两件青铜椸。一件现藏于纽约大都会博物馆（图 1-66），另一件藏于天津博物馆（图 1-67）。后者长 126 厘米、宽 46 厘米、高 23 厘米，椸面有 3 个凸起椭圆形的口座，为承尊之用，前后共有 16 个长方形孔洞，该铜椸周壁饰以夔龙纹和蝉纹，器表有椭圆形的口座（图 1-68、图 1-69）。纽约大都会博物馆所藏的夔纹铜椸被称为"端方铜禁"，体量相对

稍小，长 87.6 厘米、宽 46、高 18.7 厘米，椸顶素面无圆形的口座和纹饰，整体器型也是扁平的立体长方形，立面装饰以夔龙纹（图 1-70）。出土时座面尚陈有青铜器组合（图 1-71），其中的一尊卣称为"鼎卣"（图 1-72）。其器型分为上下两个部分，下面为中空的方座，此"方座"也可以看作是方椸（图 1-73），也是用于承放酒樽。与此承卣方椸相似的器物还有《殷周青铜器通论》中的所提及的告田觚（图 1-74），上面部分所承器物的盖为牛首形，下面为承器的方椸，方椸的中央有凸起的圆口，用以嵌放酒器，四壁以直棱纹为饰，且装饰有首部对向的夔龙纹，在夔龙纹的中间有一兽面纹。同时这种青铜方椸也可以与盛放饭食的簋、簠相搭配。簋是古代的盛食器，如《周礼·地官·舍人》："凡祭祀，共簠簋，实之，陈之。"郑玄注曰："方曰簠，圆曰簋，盛黍稷稻粱器。"铜鼎和簋常配合使用，且簋多以偶数出现，如"天子九鼎八簋，诸侯七鼎六簋，大夫五鼎四簋……"。现藏周原博物馆的西周中期的瘭簋（图 1-75），下面的方椸四壁有

图 1-64　陕西宝鸡石鼓山西周墓的小铜椸

图 1-65　陕西宝鸡石鼓山西周墓葬内器物出土情形

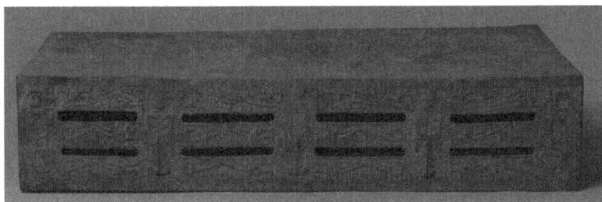
图 1-66　陕西宝鸡斗鸡台的西周夔纹青铜椸

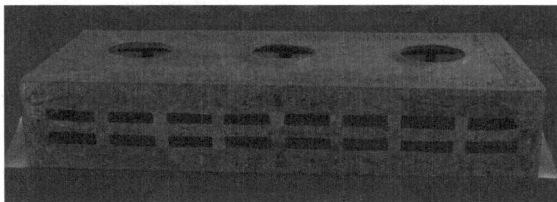
图 1-67　陕西宝鸡斗鸡台的西周早期夔纹青铜椸

图 1-68　西周青铜椸上的夔龙纹

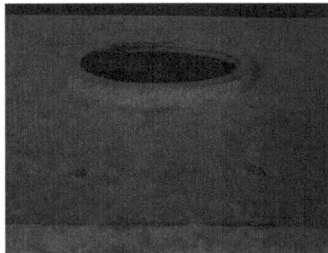
图 1-69　西周青铜椸上的椭圆形口座

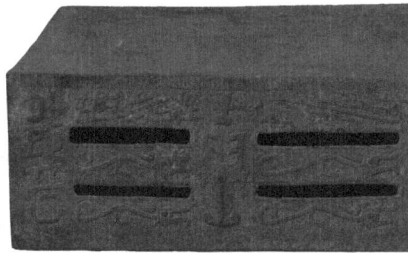
图 1-70　陕西斗鸡台西周夔纹铜椸上的纹样

图1-71 西周青铜器组合

图1-72 纽约大都会博物馆藏
的西周早期青铜鸟纹鼎卣

图1-73 纽约大都会博物馆藏的西周早期青铜
鸟纹鼎卣的方棜

图1-74 告田觥

图1-75 痎簋

图1-76 陕西宝鸡石鼓山西周墓葬一号铜棜的棜面装饰

图1-77 "无轮之舆"

图1-78 湖北天星观二号墓战国漆木棜

图1-79 弗利尔美术馆藏的
西周时期合铸的簋与禁

方形孔洞，可能因为"禁切地而无足"，所以设孔当作把手方便以移动，同时有利于减小器物的整体重量，该孔洞还可以使得规整的器物竖面出现虚实的对比，打破呆板的感觉。

《仪礼·特牲馈食礼》记载："棜在其南，南顺实兽于其上。"郑玄在此注曰："棜之制如今大木舆矣，上有四周，下无足。兽，腊也。"郑玄说棜是用来放干肉的承具，而"上有四周"是指棜顶面的框形装饰带（图1-76）。《急就篇》卷三颜师古注："著轮曰车，无轮曰舆。"棜到了汉代已经不多见，因此郑玄便用汉时形制狭长似棜的"无轮之舆"（图1-77）来解释棜的形象。

长方形板面的木棜，其棜面雕刻成两个方框，框内有圆形刻纹。如湖北天星观二号墓战国漆木棜（图1-78），棜面划分为两个长方形，中间有上述的圆形纹样。棜通体髹以黑漆，仅用红漆在棜面边缘以及两个框分界带饰有连续的卷云纹。

（2）禁

商周的禁为承放酒具的有足器，多为士一级的下层贵族使用。有足禁的实物不多见，但是西周早期的一种有足有座的铜簋，与文献中对有足禁的描述相似，如弗利尔美术馆藏的西周时期合铸的簋与禁（图1-79）。此铜簋下面方座的足形式为方形短足，座上承簋。

图 1-80　湖北随州曾侯乙墓出土的 战国铜禁

图 1-81　湖北随州曾侯乙墓出土的战国铜禁和酒器

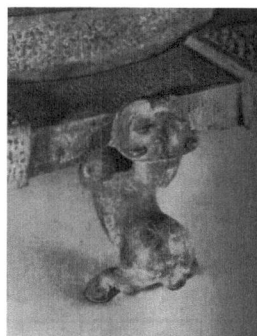

图 1-82　湖北随州曾侯乙墓 出土的战国铜禁的兽形足

有足禁多为兽形足，如淅川下寺春秋曾侯乙墓出土的战国铜禁（图 1-80 至图 1-82），此禁以四兽为足，兽口和前肢衔托禁板，后足用力蹬地，形成 S 形"局足"形式，形象生动活泼，制作精良。从使用上来看，此禁在出土时上面尚放置一对酒器，酒器体型硕大，制作精美，铜禁长 117 厘米、宽 53.4 厘米、高 13.2 厘米。禁面和侧面的方形和曲尺形凸起部分为浮雕的蟠螭纹，其他部分则为平雕的多体蟠螭纹，且有两个并列的圆座以承放酒器。同一墓葬出土的透雕漆木禁（图 1-83），其禁面由整块厚木雕成，四角有包角和雕刻，足为兽状，其上或彩绘或雕刻，足下安一横跗。

河南安阳殷墟妇好墓还出土了一件炊蒸器，称为妇好三联铜甗（图 1-84）。其高 68 厘米、长 103.7 厘米、宽 27 厘米。上面是盛食物的甑，下部是煮水的鬲，中间以箅相通，以蒸熟食物。甗最早见于商早期，沿用至汉晋时期。铜甗有连体分体之分，连体甗流行于商周；分体甗在商代出现，流行于春秋战国时期。上述长方形六腿足的甗架如同长方形的案，案面有 3 个侈领圈形灶孔，用以置甑。腿上端装饰以简化的兽面纹或素面，甗面有 3 个凸起的圆口座，用以嵌放铜甑。从该三联甗的长方形甗架可以看到后世桌、案的原始造型。

禁和棜作为特定历史时期承放酒器的家具，已经很久远了。但是该类器物所体现的造型、工艺特征依然影响着后世的生活观念与家具形式。如后世的"外翻马蹄"可以将其看作是对禁的"局足"形式的发展与改良。禁的方框式跗逐渐发展为后世家具的托泥形式。

3. 禁的功能

禁是后世家具箱、柜、橱的原始形式，可以

图 1-83　透雕漆木禁

图 1-84　妇好三联铜甗

看作是如今家具的台。《礼记·礼器》中记载："天子、诸侯之尊废禁，大夫、士棜禁。"相对于俎、鼎这种盛放牲体的礼器，棜和禁的地位较低，可能是因为棜或禁是用于承放酒器。青铜禁或者棜在使用时，如《仪礼·特牲馈食礼》记载："壶、棜禁，馔于东序，南顺，覆两壶焉，盖在南。"在举行礼仪活动时要以"斯禁"承双壶双酒于显处。其中禁是承具，壶或尊缶是盛酒的容器，勺是把取壶内酒的器具。上述场景多见于战国时期的刻纹铜器，如故宫博物院藏的一件战国宴乐渔猎功战纹铜壶（图 1-85）。铜壶上有执勺抱酒图，纹饰右侧设一禁，禁上有酒器，一女子左手持觚，右手持勺从酒器抱酒。再如镇江谏壁镇东周墓出土的刻纹铜盘（图 1-86）、刻纹铜鉴（图 1-87）上都有禁的使用画面，前者画面中有一重檐建筑，堂中设禁，禁上置酒器，两人围绕酒器举觚对饮。后者画面中有宴乐和射侯图，左侧高台下悬有磬，中间的建筑似为四阿式顶，檐角长挑，双柱承梁，柱顶有方形拱，建筑设有台阶沟通上下。堂中设一禁，置有一对酒器，禁左面一人端坐饮酒，另一人弯腰垂手面向饮者。禁右侧一人正张弓欲射，台下两人设鼎烹食。

商代崇尚神明，商王在祭祀活动中用酒量大，

图1-85　故宫博物院藏的战国宴乐渔猎攻战纹铜壶（局部）

图1-86　镇江谏壁镇东周墓的刻纹铜盘

图1-87　镇江谏壁镇东周墓的刻纹铜鉴

酗酒之风盛行，沉湎于饮酒作乐，最后导致国家破亡。周人鉴于此，周公训诫康叔，让他在殷地卫国发布《酒诰》，规定饮酒要有度，群臣百姓不得沉湎于饮酒，只有在重大的祭祀、宴飨、孝敬长辈时才可以有节制地饮酒。《宾之初筵》记载的："凡此饮酒，或醉或否。既立之监，或佐之史。彼醉不臧，不醉反耻。"就是说醉后不失态是很重要的。再如《左传·庄公二十二年》记载："酒以成礼，不继以淫，义也。"为此，周礼还设置了酒正、酒人等官职，以监督酒的使用。

从酒器来看，商周时期的青铜酒器可以分为饮酒器、容酒器、调酒器、温酒器和底座等六大类，宴饮中所使用的饮酒器在商代晚期数量和种类达到高峰，但是西周早期则只存在五种。而以祭祀为主要用途的容酒器受到禁酒令的影响较小，数量变化不大。

青铜方椸除了陈放酒器外，周代中后期还多在上面放置食器。《说文解字》："簋，黍稷方器也。"在椸上设方簋是这一时期非常普遍的形式。与商代流行觚、爵、卣、觯等酒器相比，周一改商代"重酒组合"，而形成以鼎、簋为核心的"重食组合"。这种轻酒重食的倾向从侧面反映了周人"敬天保民"的思想，更加重视民生、关心农事、敬奉祖先。由对神的虔诚无上，而转向对"民以食为天"的"民"的关注，突出了器物的实用功能，是

周人对此前宗教思想、礼制规范整理与升华的集中体现。

总的来说，放置酒器的禁和椸与商周之际礼乐制度的改革与建设密切相关。周人"制礼作乐"，对商代的祭祀仪式进行全面的改革，形成了西周成熟的礼乐制度。周代统治者将饮酒的行为纳入礼节仪式，禁和椸这类家具作为"酒以成礼"观念的"建设者"也为我们考察商周之际的思想文化变革提供了材料。

1.2.5　斧依

斧依（图1-88），又作黼依、斧扆，就是后世的屏风，是天子的独享之物。《仪礼·觐礼》云："天子设斧依于户牖之间，左右几。"户牖之间为堂上尊贵之处，天子将绘有斧纹的屏风设在室的户牖之间，不仅用来挡风或遮挡视线，且代表着权力和地位，是天子的象征。

1. 斧依的材质
根据《新定三礼图》中斧依的形象可以推测，商周时期的斧依是以木为框架，裱以帛质的敷面，上面饰以斧纹图案。这一时期漆木家具初步发展，但是漆木斧依在考古活动中尚未发现。马王堆汉墓出土的五彩画屏风与上述的斧依形象相似（图1-89），整体为长方形，下有足承托，正面髹红

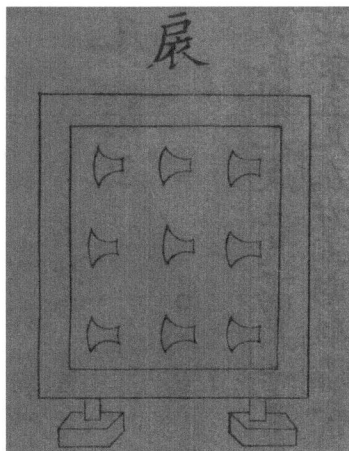

图 1-88　《新定三礼图》中的"斧依"　　图 1-89　马王堆汉墓的五彩画屏风

图 1-90　《新定三礼图》中的"乏"

图 1-91　浙江余姚反山遗址 12 号墓的玉钺

图 1-92　商代青铜钺

漆，以浅绿色油彩为饰，背面黑漆地，绘红、绿、灰的云纹和龙纹，屏风一面的边缘髹以黑地红绘的菱形图案，中间以红漆地点以白色，绿色等彩绘，另一面以黑漆地绘制多彩的龙纹等，装饰华美，用色大胆，清新脱俗。

2. 斧依的形制

从《新定三礼图》中所绘的斧依可以了解到，商周时期的斧依的形制趋向于朴素，大致可以分为上下两个部分。下有两腿足，腿足下的木方似右世的托泥竖向支撑上部的长方形屏面，竖直角度上有恰当的收分，以保持整体的稳定性。斧依上面的长方形屏面的形式像竖立放置的框架嵌板的桌面形式，但其面心裱以帛。《新定三礼图》中所绘的"乏"（图 1-90）与斧依的形制类似。"乏"高七尺，材质为皮革，饰以髹漆，同样用于遮蔽。后世的屏风在周代斧依的基础上不断发展演化，产生了座屏、插屏、折屏、挂屏、炕屏及桌屏等不同形制。

3. 斧依的功能

斧依的实用性和象征性功能是与器物装饰、空间陈设紧密地联系在一起的，可以满足基本的挡风陈设和分隔视线的作用，同时还是象征天子权力的礼器。《释名·释床帐》："屏风，言可以屏障风也。"《周礼·冬官·考工记》："白与黑谓之黼。"黼是按其色调描绘的。而"斧依"是按其所装饰的图案而称呼的，斧依上的斧纹近刃处画白色，其余部分为黑色。所画之斧没有手柄，寓意设而不用。该纹样不仅体现天子的威严和仁德，还是权力的集中体现。"斧""钺"是象征着权力的礼器。如浙江余姚反山遗址 12 号墓中出土的良渚文化玉钺（图 1-91），作为统治者的权杖，帮助统治者实现了王权、军权集于一人的统治。到了商代，石质、玉质的钺被青铜钺（图 1-92）代替，如《史记·殷本纪》记载："汤自把钺，以伐昆吾，遂伐桀。"不同时期不同材质的钺的形制都同斧依上的斧纹相似。

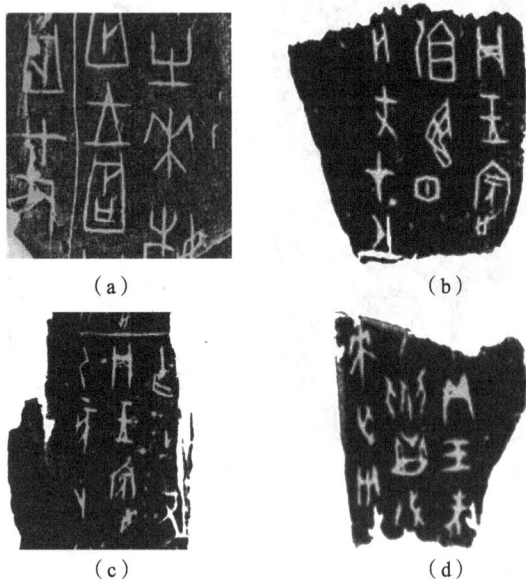

(a)　　　　　(b)

(c)　　　　　(d)

图1-93　甲骨文中"王"字形的变化

图1-94　《毛诗·小雅·鹿鸣之什》中的王家祭典场景

甲骨文中代表最高权力的"王"字描绘的是刃口朝下的钺或斧的形态。随着甲骨文的演化"王"由斧刃朝下的形式，逐渐过渡到"一贯三为王"的"王"字（图1-93）。

汉代王充的《论衡·书虚》记载："户牖之间曰扆，南面之坐位也。负南面乡坐，扆在后也。"斧扆在使用时摆放和朝向非常讲究。早期多放置于床后或者床侧，可以用于挡风或分隔视线。《礼记·明堂位》中记载："天子负斧扆，南乡而立。"斧扆置于天子后方，天子位于斧扆前面向南而立。先秦时期的家具多简便轻巧，布置灵活，临时性的陈设较多。斧扆作为一种"准建筑形式"，在不同的使用情形中，可以将抽象的空间转化成具体的地点，根据需要随时"扆"出一个"尊位"。由此地点就是可以被界定、掌握和获取的。这便赋予了斧扆强烈的政治属性。周礼规定在祭祀或者庆典中，不同级别的官员要在明堂中围绕斧扆南向而立，以天子为中心形成内环，四夷的首领要在仪式场所外构成外环，这种格局与商周时期的人们对于天下的认知一致。即大邑商是天下之中，四夷为四方，天的中央有象征着始基意味的"帝"，而四方又各有辅佐"帝"的神祇。天子所处之地是中央，象征着四夷的四方围绕"天"出入旋转。如马和之在《毛诗·小雅·鹿鸣之什》所绘制的王家祭典场景（图1-94），统治者背对

斧扆，面向众宾。天子"负斧扆"接受臣官百姓的朝拜，斧扆的作用就是将天子的权威覆盖于明堂这一具体地点。这种仪式化的场所同时又是象征着"中国"的伟大地理与政治实体的缩影。而君主的权威与尊严是社会秩序的保证，一旦动摇社会就会发生混乱。在这种朝拜典礼中，天子与斧扆实际上实现了"统一"。另外有学者认为边框的作用可以将文本从上下文中凸显出来，并对上下文进行等级的排列，而斧扆作为一种基本的边框形式将天子同外界作了区分。斧扆的边框连同其装饰的斧纹便将天子威严的仪容定格，进一步确认其至高无上的地位，这就强化了框内的天子与同框外的百官臣民之间的等级关系，明确了"君君臣臣"的人伦秩序，维护了礼仪制度下社会的安定。

另外周天子在室外进行祭祀、射礼等活动时，背后也要"设皇邸"，且需要"以凤皇羽饰之"，如《周礼·天官·掌次》记载："王大旅上帝，则张毡案，设皇邸。"郑注："张毡案，以毡为牀于幄中。"贾疏曰："此增成司农义，言后版者，谓为大方版于后坐，画为斧文。""皇"是一种染色的羽毛饰物，皇邸是用鸟羽装饰华丽的屏风。斧扆多陈设于室内，而皇邸是天子在室外举行郊祭、射礼等礼仪活动时在搭建的帐中设置的。

周礼规定每年春秋各地都要举行乡射礼和大

射礼。乡射礼是州长在春、秋两季在民间同民众习射之礼，在此礼之前要先行乡饮酒礼。大射礼是诸侯与群臣习射之礼，要先行燕礼。古时举办射礼不仅是竞赛，《礼记》中讲，端正身体，心无旁骛，才有可能射中靶心，万一射不中，不可以埋怨靶不对，而是要反躬自问。在这种活动中百姓可以观盛德、司礼乐、正志行，以成己立德，提高自身修养。

在户外举行射礼时报靶的人需要用一种皮质的屏风遮蔽身体来保证自身安全，这种用于防身的器物称为"容"或"防"，《尔雅·释宫》："容谓之防。"郭注："形如今林头小曲屏，唱射者所以自防隐。"《仪礼·大射礼》记载："设乏西十、北十。乏、凡乏用革。"《周礼·春官·车仆》曰："大射，共三乏。"《周礼·夏官·射人》："王以六耦射三侯，三获三容。""乏"这种用于户外射礼的"屏风"由室内转移到了室外。

1.3　神秘色彩的青铜文化

青铜文化是生产力发展到一定阶段的产物，青铜材料是人类的一项伟大的发明。《说文解字》里记载："铜，赤金也。从金同声。"青铜是将锡和铜等化学元素按照一定比例混合而制成的合金制品，夏商周时期的青铜器含有少量的锡，因此其色彩泛青，同时由于古代青铜器历经千百年，表面产生了青灰或绿色的锈蚀，所以才被现在的人们直观地称为"青铜"。就目前考古发现和研究来看，最早的铜器出土于仰韶文化半坡类型的姜寨遗址中。青铜器真正发展成熟的标志是夏代二里头文化时期。到了商周时期青铜器无论在工艺技术还是艺术价值上都达到了相当高的水平。青铜矿藏的开采和青铜材料的冶炼技术，器物装饰工艺的进步为青铜家具的发展提供了物质技术条件。这一时期的青铜材料较多的用于非生产性的礼仪用具和武器车器，或者用于龟占的青铜钻刀等小器物。

"国之大事，在祀与戎"，商朝是一个崇尚武力，敬神崇祖的奴隶制国家，商代社会自上而下营造出一种诡异、神秘的氛围，使得青铜器在造型装饰等方面透露着威严，狞厉神秘的色彩，商周统治者通过使用这些礼器进行祭祀，以表达对于天地先祖的崇敬，这些祭祀活动成为国家政治生活国家生活的重要组成部分。《礼记·祭统》记载："凡治人之道，莫急于礼；礼有五经，莫重于祭。"强烈的宗教和政治属性使得青铜礼器更具神秘色彩。

西周统治者依然信奉天地祖灵的神秘力量，但"事鬼神而远之"，吸取商亡教训将"残民以事神"的思想淡化，并主张"敬天保民"。进一步提出了"德"和"礼"的价值观念和行为规范。他们认为除了作为终极依据的"天"的意志之外，人性也是合理的依据，周人将对宗教的关注转向对现世生活的关注，青铜家具开始向人间化、世俗化、理性化方向发展。此前器物上受心中超自然力量所"胁迫"的装饰意欲，逐渐被理性的设计意识所代替。受到"中剖为二，相接化一"哲学思想的影响，青铜家具等礼器在造型和装饰上多采用对称规整的造型，布局严谨而精巧。

1.3.1　青铜家具的纹饰艺术

商周时期的青铜纹饰，具有强烈的时代风格，青铜家具的纹饰，是时代精神的直观展现，它超越了青铜器的物质性，是其灵魂所在。纹饰在《辞海》中解释为："器物上装饰花纹的总称。"《周易·系辞》云："形而上者谓之道，形而下者谓之器。""形"和"道"是器物的表象和本质的关系。形而上的"形"可理解为家具的形制与纹饰，形而上的"道"可以理解为家具在造型和装饰时要体现的精神内核，即礼仪规范之道。商周的青铜器物"因器施纹""因时施纹"，纹饰不仅与青铜器的造型密切相关，而且器物纹饰的变化往往反映着社会观念和风俗习惯的变化。商代青铜纹饰是祭祀仪式的符号标记，不同于原始彩陶纹饰的生动活泼，具有浓厚的神秘主义色彩。这些纹饰充满血与火的蛮荒印记，都在突出地指向一种无限深远的神秘力量，呈现出一种神秘的威力和狞厉的美。沉着坚实的器物造型配以深沉的铸造纹样，突出了商人"有虔秉钺，如火热烈"的精神和"尊神重鬼"的思想信仰，是统治阶级维护统治的纽带。西周流行简洁、疏朗的窃曲纹、环带纹等具有理性主义成分的几何纹样，逐渐从商代的庄严神秘走向现实化、理性化、人间化、世俗化。

1. 青铜家具纹饰的作用

青铜家具的纹饰与功能紧密相连，因为"一切赋形最初总是出于实用目的，但赋形一经发生，即同时包含突破实用目的之狭隘范围的倾向。"家具及其他器物纹饰的实用功能主要有：加固器物、拿取时防滑、便于开启、指示的作用。随着人类社会的发展，器物的象征意义逐渐加强，青铜家具上的纹饰也不自觉地拥有了记录人们情感的功能。各类纹饰从物质领域进入了精神领域，成为各种器物在装饰上必不可少的元素，成为社会生活的重要组成部分并记录着那个时代人们对于自然和社会生活的认知。

2. 青铜家具纹饰的类型

商周时期的纹样按照类型可分为神异动物纹样类，如饕餮纹、龙纹、凤纹；写实动物类纹样，如蝉纹、虎纹、象纹、犀纹、鹿纹、牛纹、羊纹、猪纹、鸟纹、鸮纹、蚕纹、龟纹、蛙纹等；几何类纹样，如云雷纹、重环纹、圆涡纹、鱼鳞纹、四瓣花纹等；还有少量的花草纹，如柿蒂纹、蕉叶纹。

商周时期的家具装饰以神异动物纹样为特色，该类纹样是将现实世界的动物形象进行主观处理，集多种动物形象为一体的幻想动物纹样。这类神异动物纹寓神秘庄重于统一、对称、均衡的形式中，是玉或巫觋交通天地的视觉传播工具，成为古代神性说、图腾说、祖先说、巫术说的载体，体现了"尊鬼重神"的思想特征，具有代表鬼神祖先形象、充当祭祀牺牲、象征特权身份的目的。这类神异动物纹样是原始宗教理念同审美情感的完美融合，是艺术化了的图腾，在器身上多为主体装饰纹样。

（1）饕餮纹

商周时期的各种纹饰，给人印象最深刻的是饕餮纹（图1-95），其往往装饰于器物上的重点位置。这种纹饰实际上是一种兽面纹，而"饕餮"一词是由不同种动物纹样按照一定的排列规范构成。人们整合了羊或牛角以表尊贵，牛耳意为善辨、蛇身神秘、鹰爪勇武、鸟羽善飞等。"饕餮纹"其名源自《吕氏春秋·先识览》中对周鼎的描绘："周鼎著饕餮，有首无身，食人未咽，害及其身，以言报更也。"古代文献中关于"饕餮"的记载主要包括两个方面，一是指上古时代部落的名称，如《吕氏春秋·恃君览》记载："雁门之北，鹰隼，所鸷，须窥之国，饕餮、穷奇之地，叔逆之所，儋耳之居，多无君；此四方之无君者也。"二是指食人的怪兽，如《神异经西南荒经》："饕餮、兽名、身如牛人面目在肋下，食人。"

商代流行的饕餮纹，可以从良渚文化的神人兽面纹（图1-96）、夏代绿松石镶嵌兽面纹（图1-97）等器物的兽面纹看到其发展的脉络。良渚文化的神人兽面纹，上部分为头戴放射状宽大羽冠的神人纹，下部分为兽面纹，其以粗细深浅不同的弦纹和目纹组成，两眼之间隆起的方块似鼻梁，口内有的纹样有獠牙，有的无獠牙。兽面纹两侧有弯曲的双腿，爪尖锐利具有咄咄逼人之势。整个纹样将神人纹与兽面纹有机结合在一起，以浅平雕阴线细刻的技法应用于玉器上，传递出神秘、深沉、狞厉、雄壮之感，可以大体将其看作是饕餮纹的先导。二里头遗址出土的铜牌，器表以绿松石排列成兽面纹，以绿松石作轴线，象征动物的中脊和

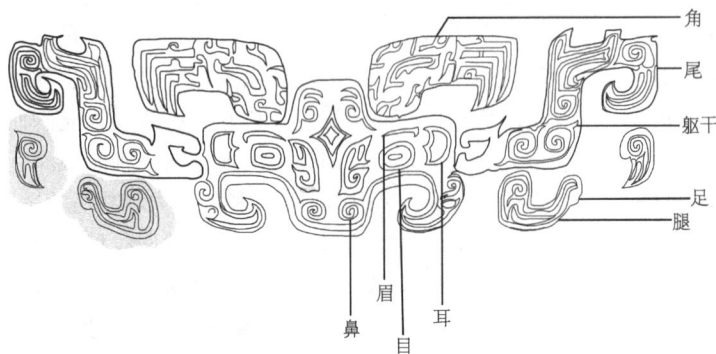

图1-95　饕餮纹构成示意图

（角、尾、躯干、足、腿、鼻、眉、目、耳）

图1-96　良渚文化的神人兽面纹

图 1-97　夏代绿松石镶嵌兽面纹牌饰

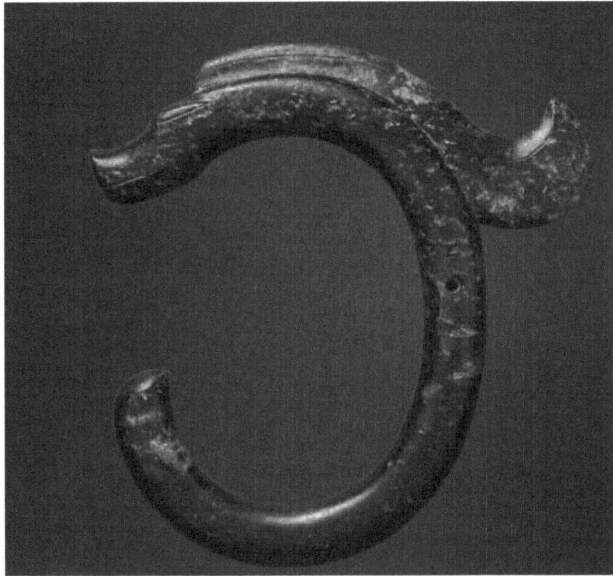

图 1-98　红山文化的玉龙

鼻梁。但是商代兽面纹多采用横向展体的构图方式，而二里头遗址的青铜牌饰主要采用纵向的排列方式，身体和眼睛呈上下分布。总的来说，兽面纹在良渚文化、二里头文化等时期器物上的应用，都为商周青铜器物兽面纹的发展奠定了坚实的基础。

商代早、中期的饕餮纹较为抽象，形体横长，线条刚劲有力且粗细变化有序，多呈带状饰于器物的颈、腹处，很少有空白、地纹。根据纹饰构成的特点，可以分为连体饕餮纹和独立饕餮纹。商代后期饕餮纹进一步综合了多种动物形象的特征，不再是简单的带状构图，而是更为繁缛、精美甚至采用"三层花"的形式，有的部分采用高浮雕的技法构成半立状。还出现了无明确整体轮廓的解体饕餮纹。西周早期的饕餮纹不如商代威严神秘，呈现出简化的趋势，逐渐抽象化、更具装饰意趣。在与其他纹样的组合上，由商代晚期的与夔龙纹组合到与鸟纹组合，西周晚期饕餮纹则失去原来的主导地位。

三代青铜器物上的饕餮纹，与社会生活密切相关且有着明显的阶段性特征，夏九鼎的兽面纹样具有"知神奸"的作用，而商代狞厉威严的兽面纹是为了显示神鬼的权威，以强化王权，即"昭帝功"；西周的兽面纹更为世俗化，具有"明鉴戒"的功能。

饕餮纹是人类从蛮荒时代走向文明时代的见证，随着文明的演进，饕餮纹在保留原始情感的同时也在记录着商周时期社会的思想文化。

（2）龙纹

龙是中华民族的象征（图 1-98），在商周时期青铜器上的纹饰中，龙纹十分重要，流行时间较长。《管子·水地》记载："龙生于水，被五色而游，故神。欲小则化如蚕蠋，欲大则函于天下，欲尚则凌于云气，欲下则入于深泉；变化无日，上下无时，谓之神。"由此可知龙是生于深水而又能飞于云天，变化无穷具有玄妙力量的神物。在商周时期龙纹成为青铜艺术所表现的主题之一。

新石器时代的龙以堆塑、摆塑为特色，如河南濮阳西水坡仰韶文化遗址出土的"濮阳龙"（图 1-99），用蚌壳摆塑而成，昂首、屈身，头朝北、尾朝南。

古代文献关于龙的观点主要有三种：一是将龙与人混为一体，如关于伏羲氏、女娲、黄帝等传说；二是将龙视为具有神力的神兽，如《梦辞天问》有"应龙向画，河海向历"，即龙兽以尾引导大禹治水；三是将龙视为圣人驾驭的神灵。

古人根据龙的不同形式对龙进行了界定，如《广雅·释鱼》："有鳞曰蛟龙，有翼曰应龙，有角曰虬龙，无角曰螭龙。"按照传统的称谓可以将龙纹分为夔龙纹、蟠龙纹、顾龙纹、蛟龙纹等。商周青铜器上的龙纹装饰形式多样，有线刻、浮雕、半浮雕、镂雕等手法。

图 1-99　河南濮阳西水坡仰韶文化遗址的"濮阳龙"

图 1-100　殷墟出土器物上的夔龙纹

图 1-101　蟠龙纹

图 1-102　顾龙纹

图 1-103　西周晚期颂壶上的蛟龙纹

夔龙纹（图 1-100）在商代前期出现，在青铜器上分布灵活，既作器物的主体纹饰，又可作次要纹样饰于足圈等部位。《山海经·大荒东经》："其上有兽，状如牛，苍身而无角，一足，出入水则必风雨。其光如日月，其声如雷，其名曰夔。"《说文解字》："夔，神也，如龙，一足。"《庄子·秋水》："夔谓蚿曰：吾以一足趻踔而行。"宋代学者根据上述"一足""如龙"的特征，将其命名为"夔龙"，商周时期的先民在描述物象时习惯用侧视的方式，所以纹饰中的"一足"可能是两足侧视的形象。夔龙纹的身躯伸直或弯曲，皆张口，有冠或角，两唇外卷或一上卷一内翻。早期的夔龙纹其身体的各个部分多用勾云纹表示，形象似蛇体。商代后期造型丰富，用线细腻有兽形夔龙纹、鸟形夔龙纹、蛇形夔龙纹、变形夔龙纹等，形象多变，具有偶然性。西周时期的夔龙纹仅用线条塑形，以精细线条刻画。西周晚期多流行较为抽象的夔龙纹、形体似方形，逐渐向几何化演变。

蟠龙纹（图 1-101）是身躯以龙头为中心盘曲而成的圆形龙纹，周围常饰以其他纹样，在商代后期较为流行，这种纹样多用于盘等水器的底面装饰，有的也用于器盖上。

顾龙纹（图 1-102）指作回首状的龙纹，也可以将其称为"回首龙纹"，多流行于西周中期，这种纹饰多两两相背，以中轴对称的形式，呈带状分布于器颈等部位。

蛟龙纹，也称交龙纹，初见于西周晚期，流行于春秋战国时期。这种纹样常以两条龙或多条龙互相交绕构成，主要有两种样式，一为交绕的龙分布于器表作为主纹；二为由交绕的小龙组成单元纹样，然后构成带状装饰。如《释名·释兵》："交龙为析，析，倚也。画作两龙相倚也。"一龙上升，一龙下覆，相互交绕，而成交龙。如西周晚期的颂壶（图 1-103），器物的口沿饰以环带纹，器腹饰以蛟龙纹，足部缀以垂鳞纹。

龙纹的造型在不同时期有着不同的特征和思想内涵。史前龙纹的产生与图腾崇拜密切相关，是史前社会超自然力量的象征，是氏族的庇护神，具有强烈的凝聚力和向心力。商周时期的龙纹其内涵包括四个方面：第一，继承了史前的图腾崇拜，图腾意识；第二，王族、圣人意识，即象征着身份、地位、权力的标志；第三，龙纹还象征着祥瑞意识，将龙看作是吉祥、幸福的载体；第四，龙纹还代表着神的意识。一指雷雨之神，如《淮南子·星形之川》有"土龙致雨"的故事，二指青铜器上的龙纹有助巫觋通天之神。

图 1-104　父已方鼎　图 1-105　师汤父鼎上的大鸟纹　图 1-106　父乙簋上的长尾鸟纹
上的小鸟纹

（3）凤鸟纹

凤鸟和龙构成了我国主流传统文化的"龙凤文化"。凤鸟纹在商周青铜器的装饰题材中有重要位置。

古籍文献关于凤鸟的记载主要分为三类，第一类是对其形象的描绘，如《山海经·南山经》："有鸟焉，其状如鸡，五采而文，名曰凤皇，首文曰德，翼文曰义，背文曰礼，膺文曰仁，腹文曰信。是鸟也，饮食自然，自歌自舞，见则天下安宁。"《大荒西经》："有五采鸟三名，一曰皇鸟，一曰鸾鸟，一曰凤鸟。"后来古人将雄者称凤，雌者称呼皇。第二类是关于凤鸟崇拜的记载，太昊和少昊均以鸟为图腾，居于东方商人与周人都将鸟与祖先加以联系，进而进行崇拜。《诗经·商颂·玄鸟》："天命玄鸟，降而生商。"《国语·周语》："周之兴也，鸑鷟鸣于岐山。"第三类是关于凤鸟象征意义的记载，可以分为两个方面，一方面是祥瑞的征兆，蔡邕《琴操》曰："周成王时，天下大治，凤皇来舞于庭。"另一方面还可以用来象征圣人，《庄子·内篇》："孔子适楚，楚狂接舆游其门曰'凤兮凤兮，何如德之衰也，来世不可待，往世不可追也。'"后人因此将盛德称为"凤德"，在孔子面对诸侯征战的局面时感叹："凤鸟不至，河不出图，吾已矣夫。"在后世封建社会将这种盛德的观念和龙相对，演绎为皇后的代称。

青铜器物上的凤鸟纹大约出现于商代中期，盛行于商代后期，西周中期开始走向没落。商代青铜器上的凤鸟纹饰主要有圆雕式和平面纹饰两种，平面纹饰有小鸟纹（图 1-104）、大鸟纹（图 1-105）和长尾鸟纹（图 1-106）。小鸟纹和长尾鸟纹多以带状作辅助装饰，而大鸟纹多以方块形作为主体装饰。如芝加哥美术馆藏的凤纹壶（图 1-107），凤鸟纹在器表布局大方，纹饰在分布和数量上与器物的造型完美融合。

西周早中期的凤鸟纹中，小鸟纹继承了商代的基本形式，而大鸟纹则以趋向于华丽的冠羽和尾羽为最显著特色。凤鸟纹作为古人集各种飞禽特征而创作的神异动物之一，在史前社会反映着古人图腾崇拜的思想。进入文明社会之后凤鸟成为政治意识和民族意识的产物，成为吉祥愿望和优良德行的征兆。

（4）象纹

象纹作为青铜器物上的装饰主要流行于商代后期至西周前期。象在史前时期就已被古人当作艺术创作的素材了，如在长江中游的石家河文化就发现了象的圆雕陶塑造型。舜曾以象为耕，如《太平御览》八一引《帝王世纪》："舜葬苍梧九疑山之阳，是为陵零，谓之纪市，在今营道下，有群象为之耕"。《吕氏春秋·古乐篇》记载："商人服象，为虐于东夷。"商代王室不但用象耕种而且用其祭祀，如殷墟卜辞中就有用象祭祀的内容。

象纹作为青铜器物上的纹饰可以大体分为两类，第一类是写实性的雕塑装饰，即象尊，其上加以如涡纹曲线纹等辅助纹饰，多见于商代和西周早期。第二类是将象的整体或部分作为装饰母体的平面纹饰。

商周青铜器物上的象纹同夔龙纹一样也多采用侧面描写的手法，以突出象长鼻的特点。商代象纹开始广泛地运用于尊、瓢、簋、卣等礼器上，如商代后期的友尊（图 1-108、图 1-109），器腹装饰以 9 只长鼻高卷、相逐而行的大象，以云纹为地，其象身还饰以线刻。西周的象纹（图 1-110）虽刻画简单但是象的特征突出。

商代的象纹具有图腾崇拜的意义，到了西周象纹虽仍在发挥祭祀功能，但是其图腾意义开始淡薄，纹样开始抽象变形，大大减弱了象纹沉重威严的神秘主义色彩。

（5）虎纹

商周时期的虎纹多作倒"U"字形，口部张开，上卷尾。目前发现最早的虎纹形象是河南濮阳

图 1-107　芝加哥美术馆藏
的凤纹壶

图 1-108　商代后期的友尊

图 1-109　商代后期友尊上的象纹

图 1-110　小双桥青铜构件上的象纹和虎纹

图 1-111　后母戊方鼎上的虎纹

图 1-112　战国早期曾姬壶上
的虎形器耳

西水坡仰韶文化遗址的蚌壳摆塑虎，此虎为侧面健步行走的形象。二里头文化时期的虎纹造型已经被运用到青铜牌饰的刻画上，如虎面兽面纹、虎首龙纹。商周时期青铜器的虎纹装饰已经非常普遍了，主要有两种形式，即平面线刻的虎纹和浮雕、圆雕的虎形饰。线刻虎纹的表现形式主要有：一是正面刻画的形式；二是侧面刻画形式，如郑州小双桥遗址青铜构件上的虎纹（图 1-110），即"龙虎搏象图"；三是虎食人的形式，如殷墟后母戊大方鼎的鼎耳所饰的虎纹呈欲吞人首状（图 1-111）。雕塑性的虎纹形象如战国早期的曾姬壶上的虎形器耳（图 1-112），青铜器物上的虎纹其意义一方面指巫觋祭祀之用；另一方面在甲骨文中多以虎为地名，如"虎方"等。因此，这可能也具有图腾崇拜的意义。

（6）蝉纹

蝉居高食露，有清洁淡雅之态，在古人心中是圣洁而神秘的灵物，体现了古人对于生命的感悟。

《史记·屈原贾生列传》记载："蝉蜕于浊秽，以浮游尘埃之外，不获世之滋垢。"蝉生命历程的幻化体现了古人对复活和永生的愿望。商周时期的蝉纹（图 1-113）又有饮食清洁之意，后世郭璞在《蝉

图 1-113　青铜器物上的蝉纹

图 1-114　云雷纹

图 1-115　玉簋上的云雷纹

图 1-116　台北故宫博物院藏的西周凤纹方座簋

赞》云:“虫之清洁，可贵惟蝉，潜蜕弃秽，饮露恒鲜。”蝉纹多流行于商代后期和西周时期，可分为两足、四足、无足、变形蝉纹四类。多以二方连续的形式呈带状分布，或者多呈垂叶三角状，腹部以节状条纹表示体节，多以云雷纹为地纹装饰。

几何形纹饰在商周时期青铜纹饰中很大比重。这种类型的纹饰可以追溯到新石器时代的陶纹，同时也是青铜器纹饰较早出现的形式，如二里头文化铜器上简单的连珠纹。几何形纹饰是对现实事物的概括与凝练。商周时期的几何纹饰，从形式上看是抽象的，但是其表现的内容是具体的。可以分为对自然物的模仿和对人造物的模仿，其中，云纹、雷纹等纹饰是对自然现象的再现；直棱纹、瓦纹是对人造物品形象的提炼；窃曲纹、环带纹、鳞纹等是对虫鱼鸟兽躯体形象的描述；而涡纹则是人们对于自然规律认识的视觉表达。总的来看，这一时期青铜器物上的几何纹饰常常用来作底纹衬托主体，很少用来当作主纹。

（7）云雷纹

云雷纹是一种以连续的或圆或方的回旋形线条构成的纹饰（图 1-114、图 1-115）。一般将圆形的回旋线条的纹饰称为云纹；将方折形的回旋线条纹饰称为雷纹。如《说文解字》记载:“云，山川之气。从雨，云像云回转形。”青铜器物上的纹饰常采用主纹和地纹相结合的方式布局，其可以独立组成大面积的装饰带，饰于器腹，又以饕餮纹等纹样为主纹，以云雷纹作为地纹。主纹和地纹在线条的粗细上有所区分。主纹地纹的相互配合形成合理的装饰布局，丰富中体现秩序感，产生致密饱满的艺术效果。

（8）直棱纹

直棱纹是由一系列竖条状直线组成的纹饰，粗细变化得当。该纹饰多流行于商代后期和西周时期，在流行的初期多在簋、卣、觯等器物上做主体纹饰，以粗线为主，西周时期的直棱纹应用范围有所扩大，多用于鼎、尊、爵、觚等器物上，如台北故宫博物院藏的西周早期的凤纹方座簋上的直棱纹（图 1-116），与凤纹相搭配，具有稳重肃穆之感。

（9）窃曲纹

窃曲纹的形式复杂，如《吕氏春秋 · 适威篇》记载:“周鼎有窃曲，状甚长，上下皆曲，以见极之败也。”但共同的特征是图案的母题为卷曲的细长条纹，此纹样开始流行于西周晚期，主要有两种图案结构，即横向的“S”和“C”形。如西周窃曲纹簋（图 1-117），口沿饰以窃曲纹饰带，圈足饰以垂鳞纹。窃曲纹卷曲的条状形式是取自于夔龙纹、顾龙纹身躯的形式，并且借鉴了长尾鸟纹的造型，但是其布局不局限于上述形式。随着西周窃曲纹的流行，商周神秘狞厉的动物纹样逐渐解体，使得青铜纹样走上抽象化和几何化的道路，在青铜纹样发展史上具有重要作用。

（10）涡纹

涡纹也称圆涡纹（图 1-118），其形态近似水涡。纹样的突出特征为在圆形的微凸曲面上沿边饰有数条旋转状的弧线，旋转的中心有一圆圈。在马家窑彩陶文化中就有大量的涡纹作为陶器上的装饰。涡纹在青铜器上出现于商代前期；商代中、后期和西周早期涡纹十分流行，这一时期的涡纹有的以多个纹饰横向连接成带状，有的与其他纹饰相间组合成装饰带，如西周涡纹牺耳罍（图 1-119），器身较为素洁，仅以多个涡纹组成环带状为饰。

（11）鳞纹

鳞纹是以“U”形为单元而组成的纹样，纹样的构成主要有两种形式：第一种为垂鳞纹（图 1-120），成多重竖立排列，多作为主体纹样装

图1-117　西周窃曲纹簋

图1-118　信阳楚墓案残片上的涡纹

图1-119　西周涡纹牺
耳罍

图1-120　垂鳞纹

图1-121　垂鳞纹壶

图1-122　横鳞纹

饰于器腹，似鱼鳞形式，如垂鳞纹壶（图1-121）；第二种为横鳞纹（图1-122），是用单个的鳞片作横向排列，饰于器口沿或圈足，多作为辅助装饰纹样。

3. 青铜家具纹饰的工艺

商周时期青铜家具的纹饰丰富多彩，纹饰与造型的完美融合，加强了器物的艺术效果，增添了青铜家具独特的魅力，由于"工艺技术对工艺美术的造型、色彩、装饰等都有直接的影响。"青铜材料的冶炼技术和器物的铸造、装饰工艺成为青铜纹饰发挥其独特艺术魅力的前提，各种工艺技术的大发展为商周时期灿烂的青铜文化奠定了物质技术基础。

（1）冶炼工艺

青铜是人类早期使用的合金之一，中国古代的青铜主要是指含有铜锡铅等成分的合金。先民最早使用的铜为自然的红铜，其硬度较低，可以直接捶打成器。红铜材料的发现，可能是先民在寻找合适的石器时，意外发现自然铜这种材料不像其他石料一样易碎，经过捶打后可以被拉长、延展，并且有悦目的光泽。若将其放在火上烧制，甚至可以熔为可以流动的铜水，凝固后随容器形成一定的形状。但是自然铜毕竟是少量的，而自然界中作为铜矿的孔雀石却有大量分布且有着独特的色彩，常常被人们采集来当作装饰品。孔雀石被先民偶然地投入火中，还原成红铜，这种情况重复多次后，人们逐渐掌握了用孔雀石和木炭来冶炼红铜的

技术。

人类使用红铜的时间较为短暂，而且多用来打造一些小型器物，这是因为红铜硬度较低，不易打造大型器物和锋利的兵器。如甘肃武威皇娘娘台齐家文化遗址中出土了一批红铜器，只有小型的刀、锥、凿等工具。而青铜较之于红铜有着显著的优势：第一，青铜由于入锡，其熔点低于红铜，便于冶炼；第二，青铜的硬度大于红铜，而且在铸造器物时，可以根据不同的需求，增减锡的多少，以铸造不同用途的器物；第三，青铜铸造过程中，不易出现沙眼。当人们认识到青铜材料的优势后，便逐渐开始从铜锡共生的铜锡矿中提炼青铜，并有意识地从锡矿中提炼锡以不同的比量与铜混合以铸造不同用途的青铜器物。如《考工记》中就有关于不同青铜器物铜锡配比的"金六齐"的概念（表1-3），《周礼·天官·亨人》："亨人掌共鼎镬，以给水，火之齐。"郑玄注："齐，多少之量。"清代段玉裁《说文解字注》："今人药剂字，乃《周礼》之齐字也。"即《周礼》中的"齐"应该是今日"剂"的意思，指铜锡不同的比例。妇好墓出土的青铜礼器，平均含铜80.48%，含锡16.14%。湖北江陵出土的春秋晚期的越王勾践剑含铜80.3%、含锡18.8%。以上器物的铜锡配比都与《考工记》中"金六齐"大体相当。随着人们对青铜材性认识的深入，先民在冶炼中将青铜材料的性能发挥到了新高度，为灿烂的青铜文化铸造了坚实的物质基础。

表 1-3 《周礼·考工记》中各种青铜器的合金比例

器物名	原文	铜占比 /%	锡占比 /%
钟鼎之齐	六分其金而锡居一	85.71	14.29
斧斤之齐	五分其金而锡居一	83.33	16.67
戈戟之齐	四分其金而锡居一	80.00	20.00
大刃之齐	三分其金而锡居一	75.00	25.00
削杀矢之齐	五分其金而锡居一	71.43	28.57
鉴燧之齐	金锡半	50.00	50.00

（信息来源：朱凤瀚：《古代中国青铜器》，南开大学出版社，1995.）

（2）铸造工艺

商周时期的青铜铸造工艺主要有块范法和失蜡法。

①块范法

块范法（图 1-123）其流程如下：第一步是用调制好的泥制作欲铸器物的模范，如洛阳北窑出土的陶范（图 1-124），模范适度阴干后在范上刻花纹，对于较为复杂的花纹，可在素胎起稿后再进行刻画；高于模面的花纹用泥在堆塑后刻，然后用火烘烤使其坚硬。第二步是翻制外范，就是将夹有细沙和细碎之物茎干的泥片，连续按在泥模上，以脱出来器物外廓，待泥片半干，根据需要将泥片分割成几块，从模上取下，并将其阴干、烘烤，使其坚硬，以制成外范。第三步是制作内范，或称内芯，内范是将泥模削减一定的厚度而成的，而泥模削减的厚度就是要铸造的青铜器的厚度。第四步是合范，就是将上述制好的内范和外范组合好，外面用绳索捆绑固定后包上厚泥，并且留出来"浇口"和"冒口"以浇入青铜熔液和排除范内空气，然后放置在特定温度、湿度环境下阴干。最后是浇筑阶段，就是将熔化的青铜熔液从"浇口"浇入，待熔

液冷却后拆下内外范、芯，取出铸件。

去除陶范后需要对铸件进行修整，如《荀子·强国篇》记载："形范正，金锡美，工冶巧，火齐得，剖刑而莫邪已，然而不剥脱，不砥厉，则不可以断绳。剥脱之砥厉之，则劙盘盂刎牛马忽焉耳。"这里记录的是青铜剑铸造后需要进行加工使其锋利，几乎所有的青铜器物在铸造完成后都要对器身及其纹饰进行錾、错、凿、打磨等修整，消除过多的毛刺、飞边，使纹饰更加清晰。另外在合范的过程中可能会出现范缝（图 1-125），古人便将这多余的部分进行细致的加工，将其制成优美的扉棱。

简单的器物可一次成型，即浑铸法。商代后期，由于青铜器形制更加复杂，分铸法便开始流行。就是先铸好青铜器的附件，然后把这些附件放置在合范的相应位置进行浇铸，使器身和附件熔铸在一起。如后母戊方鼎，就是先铸造好两件鼎耳，然后将鼎耳与鼎身合铸在一起。这种工艺可以提高生产效率，解决复杂器型的铸造问题，使器物造型走向多样化，装饰走向立体化。

以分铸法将各个部位相互连接为一体的方法，主要有铸合法和焊接法两种工艺。

铸合法就是先将器物的不同部分先用机械锁合的方式连接在一起，然后浇铸铜液，使其互相结合为一体。具体有榫卯和铆接两种方式。榫卯式的连接法是在要接铸件的地方先铸接榫，在接榫处安放铸造附件用的块范，然后使芯范包住榫，再进行浇铸使得附件与器身相结合。如殷墟妇好墓出土的方罍（图 1-126）肩部的装饰与罍肩就是以榫卯式的连接法相结合的。

铆接式（图 1-127、图 1-128）一般针对的是壁较薄的铸件，因为器壁较薄，铸件若加铸在上面很容易折断，所以需要在器壁上预先铸孔洞。在

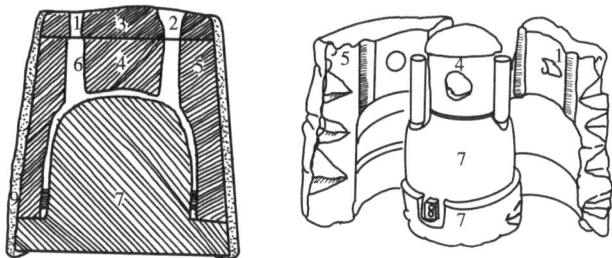

1. 气孔；2. 浇口；3. 浇口范；4. 顶范；5. 腹范；6. 鼎；
7. 鼎腹泥范和底范；8. 鼎耳泥范；9. 草拌泥

图 1-123 圆鼎范结构示意图

图 1-124 洛阳北窑的陶范

1. 罍体；2. 兽头；3. 泥范

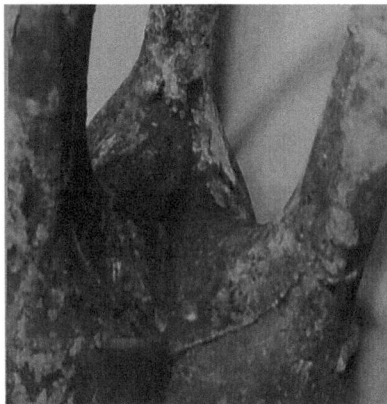

图 1-125 陶范法铸造青铜后器物留下的范缝

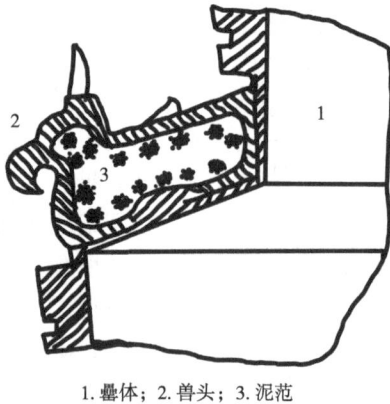

1. 罍体；2. 兽头；3. 泥范

图 1-126 殷墟妇好墓方罍榫卯式铸合示意图

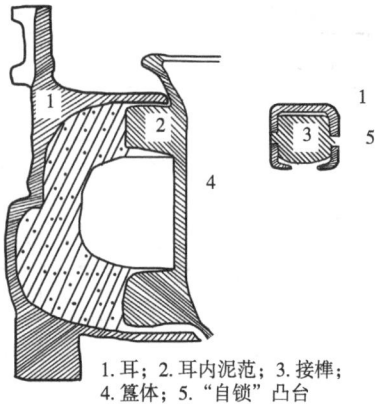

1. 耳；2. 耳内泥范；3. 接榫；
4. 簋体；5. "自锁"凸台

图 1-127 宝鸡弓鱼国的簋器身与铸件铆接式铸法示意图

图 1-128 淅川下寺春秋楚墓中鼎腰部的卯孔

图 1-129 禁兽足细部的焊接

图 1-130 湖南岳阳凤形嘴山 1 号春秋墓的"慍儿"铜盏

其上制耳范，在器内壁制圆形铆钉状的范，熔铜流入孔洞进入壁内，圆形铆钉冷凝后便与耳范合为一体。

焊接工艺是利用焊接熔剂将器物的诸多部分连接在一起的工艺。这一技术在春秋中晚期普遍应用。如河南淅川下寺一号楚墓出土的禁兽足细部的焊接（图 1-129），就是焊接在器身上的。

②失蜡法

到了春秋战国时期，又发明了失蜡法，即失蜡溶模工艺。先在泥范上涂上一层掺有动植物材料的黄蜡，将黄蜡制成要铸造的青铜器的模型。然后在蜡上雕以精美的纹饰，在蜡模上涂以精心配制的泥浆，逐渐增加泥的厚度，以形成泥制的外范，并预留出浇铸口和出蜡口。然后在泥外范上涂耐火材料，阴干后焙烧成半陶质。加热烘烤，使内外范之间的蜡流出，形成型腔。最后从浇铸口注入青铜熔液。冷却后拆下内外范就成为一件精美的青铜器。

以蜡为模，便于精雕细琢，所以可以铸造出造型结构复杂、纹饰华美、玲珑剔透的器物。如淅川

下寺春秋楚墓出土的春秋铜禁，器身结构复杂，整体是由 24 块失蜡模铸和两块普通泥范浇铸而成，禁四周是用饰有卷曲勾连纹装饰的铜梗组成，禁体四壁及其下边留有榫头 12 个，以便于将用失蜡法所铸的 12 个怪兽以焊接的方式连接在器身上。

集各种工艺于一身的器物，如 1986 年湖南岳阳凤形嘴山 1 号春秋墓出土的"慍儿"铜盏（图 1-130），此器使用了失蜡法、块范法、分铸法铸接工艺。由四组形态相同的盘蛇组成的立体透空结构部分为失蜡法所制，后来由块范法浇铸成器。盖内和器内壁有铭文"慍儿自乍铸其盏盂"。

（3）装饰工艺

青铜的装饰工艺主要是指对于器物表面和其他质料附属物进行修饰的工艺。主要有镶嵌、金银错、髹漆等工艺。

①镶嵌

镶嵌是指在青铜器物上运用绿松石、金银丝、蚌壳、骨石等材料在器身装饰成各种纹饰或文字的工艺。这种工艺是两种具体方法的统称，包括

"镶"与"嵌"两种不同的装饰手法。"镶"不需要在器表挖槽，可直接用胶将纹样贴在器物表或用木框将纹样卡住。而"嵌"需要根据纹样的形状在器表挖槽，然后将要嵌的材料蘸胶后放入凹坑内，待干后以粉料填平不足之处，最后进行修整。这种工艺可以使器物产生不同材质、线面的对比，丰富器身内容，使人产生不同的观感。

商周青铜器物的镶嵌工艺主要有镶嵌绿松石、镶嵌金银、镶嵌红铜等。就目前所掌握的资料来看，镶嵌绿松石是最早出现的青铜装饰工艺，且多用于镶嵌武器或小型的饰物，如二里头遗址绿松石镶嵌兽面纹牌饰（图 1-131），由于器物上所镶嵌的石片非常规整且小巧，所以在打造这类器物时不仅要求一定的青铜铸造技术，而且需要高超的玉石加工技术。除了绿松石之外，其他宝石也可以用来装饰青铜器，如孔雀石、琉璃、玛瑙等，如陕县后川出土的铜钫，镶嵌以孔雀石。

②金银错

金银不但有良好的延展性，而且还具有悦目的色泽，因此先民也较多地将其作为青铜器表面装饰材料，在青铜器上镶嵌金银以构成各种纹饰。如《诗经·小雅·鹤鸣》所记载："它山之石，可以为错。"即"金银错"装饰工艺，这种工艺约始于春秋时期，盛行于战国至西汉。其基本工艺流程是：先在器表铸浅凹的纹饰，然后按照预铸的纹饰用工具錾刻出底面不平整的浅槽，然后在槽内嵌入金银质的丝或片，用错石磨错至与青铜器表相平，最后用木炭加清水进一步打磨光亮，如辉县固围村出土的衡末饰（图 1-132），器表错金为饰，绘以精巧细致的龙纹，龙身相互交绕，线条流畅，生动形象。

红铜就是纯铜，具有红色的金属光泽，延展性较强，所以也可以用来装饰青铜器。这种工艺在春秋晚期到战国时期广泛流行于列国。如河南淅川下寺二号楚墓出土的镶嵌红铜的浴缶（图 1-133），器表用红铜镶嵌流畅的兽纹和涡纹。

③髹漆

漆器色泽明亮，光彩夺目，具有防腐、耐酸、耐碱的特性。在青铜器上髹漆可以使色彩更加多彩，而且可以防止青铜生锈，具有很高的使用价值和审美价值。从河姆渡时期到良渚文化、陶寺文化、二里头文化，髹以红、黑、褐、白等色彩的漆器深得古人喜爱。

到了殷商时期，这种色彩鲜艳的材料也被先民用来装饰青铜器，但是西周与春秋铜器很少有铜器髹漆的情况。战国的铜器髹漆工艺有了较大的进步，主要有三种技法：第一种是与错金银的技法相结合，錾槽内既嵌金银又填漆，或在不嵌金银的地方填漆，以烘托主纹；第二种是用漆直接构成主纹，如广东肇庆北岭战国墓出土的髹漆纹铜罍（图 1-134），细纹错银，粗线填黑漆；第三种是直接在铜器上用漆彩绘纹饰，这种技法流行于汉代。如河南三门峡五号墓出土的方罍顶面上的黑色光亮物质可能为漆绘纹饰。

4. 青铜家具纹饰的应用

商周青铜家具纹样营造了诡异庄重的氛围，具有强烈的神秘主义和原始的抽象主义，体现出生命的韵律和人们对世界的情感体验，是商周时期家具的重要构成要素，对当时家具的形式和风格的形成有着重要意义。家具纹样较多地运用主观色彩浓厚的动物纹为媒介，将人的意愿和天地鬼神联

图 1-131　二里头遗址绿松石镶嵌兽面纹牌饰　　图 1-132　辉县固围村的衡末饰　　图 1-133　淅川下寺二号楚墓中镶嵌红铜的浴缶

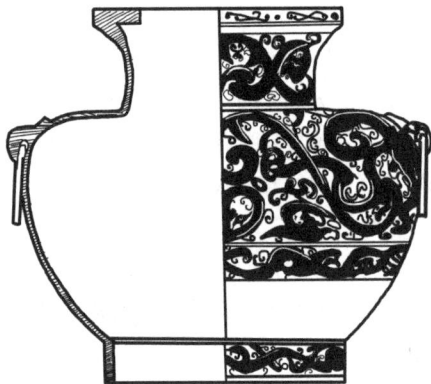

图 1-134　广东肇庆北岭战国墓的髹漆纹铜罍

图 1-135　饕餮蝉纹铜俎

图 1-136　铜俎侧面装饰的饕餮纹

图 1-137　商代早期饕餮纹

图 1-138　殷墟早期饕餮纹

图 1-139　殷墟中晚期装饰纹样

系在一起。兽面纹正面形象的广泛使用强化了人的视觉感受和心理反应，渲染了威严庄重的氛围。同时家具上主纹和地纹的配合使用，使刚直与柔和，粗犷与灵婉相得益彰，突出了商代家具狞厉和雄奇的特点。西周家具的纹样在周代礼的思想影响下体现出秩序美、韵律美、节奏美，符合周代礼制的观念。

商代晚期的饕餮蝉纹铜俎（图 1-135），俎侧面装饰有饕餮纹（图 1-136），在俎面上装饰有蝉纹图案，俎面翘起部位有夔龙纹装饰。俎的板状足面上以浅浮雕的形式施以饕餮纹装饰纹样。

周代夔纹装饰的家具如陕西宝鸡石鼓山西周墓铜禁，其主要用作放置酒器，禁立面上面雕刻的夔龙纹，纹样造型细长，首尾相接，并作二方连续纹样装饰，纹样的走势与器身结构相契合，给人的视线以稳定和厚重感。

在青铜时代漫长的历史时期，随着社会生活的变革，与人们审美意识的转变，青铜家具的纹饰相应地呈现出不同的时代风貌。从殷商到西周时期，青铜器纹饰演变大体可以分为四个阶段。

第一阶段的纹饰（图 1-137）以郑州二里岗文化为代表，这时的纹饰画面构造相对简单，风格粗犷、简练，纹饰的组织上以中心对称的单独适合纹样为主。花纹多用单层的线条表现，无明显的地纹，多以饕餮纹和几何的圆圈纹、弦纹、涡纹、云雷纹为主，整体形象古朴肃穆。

第二阶段的纹饰（图 1-138）以河南安阳殷墟的武丁时期为代表，这时的青铜器物变得高大厚重，其纹样也逐渐复杂，纹饰的组织更加多样，有适合纹样、独立纹样和连续纹样三种，在装饰上形成了以"三层花"为代表的繁丽、精细的风格。饕餮纹也变得更加细致、繁密。

第三阶段的纹饰（图 1-139）相对于前期显得更加繁丽、精细异常。多种类型的饕餮纹、夔龙纹等纹样装饰于整个青铜器的器身。这时期的纹样更加突出多重性，以底纹加凸起纹再加饰阴文而成。饕餮纹和夔纹的变化更加丰富，鸟纹和蝉纹在这个时期开始流行。纹样开始呈现出几何化的倾向。

第四阶段是西周时期，这一时期的青铜纹样（图 1-140）不同于商代繁盛期纹样的华丽，纹样更为抽象化，图案化，倾向于质朴素雅，形成了严格的秩序感和鲜明的节奏感。在纹饰设计上二方连续和四方连续的装饰方法逐渐增多。虽然纹样仍然以动物纹为主，但随着兽面纹、夔龙纹等进一步简化，人物纹和几何纹样逐渐发展起来。特别是到了

图 1-140　西周中期至春秋中期的青铜纹样

穆王时期，早期常见的蝉纹、蚕纹、象纹等写实纹样几乎绝迹，曾经繁复的饕餮纹更加简朴，逐渐由器物的视觉主体部分退到足部等次要位置。西周中期以顾龙纹、鸟纹中的长卷尾鸟纹和大鸟纹形式以及窃曲纹的兴起为主要特征。西周晚期相较于前一个时期华丽的大鸟纹趋向于素雅、质朴，窃曲纹发展到高峰，重环纹、波带纹、瓦纹成为这一时代的鲜明特征。总的来说，这一时期青铜纹样的神秘色彩减弱，反映了商人崇尚神鬼观念的衰落和周人敬天保民"德"和"礼"概念的强化。

商代的纹饰主要以动物为媒介来表达人与天的关系，加入了较多的主观色彩，以威严狞厉的神异动物纹饰为特色。纹饰正面律的使用加强了作为祭祀用的青铜礼器的威严气氛。主纹、底纹的配合使用是商代器物纹饰的一大特点，具有饱满的艺术效果。周代的家具纹样不如殷商盛庞华丽，受礼的思想影响，体现出秩序美、韵律美、节奏美，体现了周代艺术的严整性，符合周礼的需求。

1.3.2　青铜家具的巫文化

巫文化是中国文化的底色，对中国数千年的物质、精神生活都产生了广泛而深远的影响。"巫"字一般认为是以幻想的方式与神灵沟通而为职业的人。《说文解字》对"巫"的解释为："能齐肃事神明者，在男曰觋，在女曰巫。"我国西南楚地，湖泽棋布、云蒸霞蔚、素有巫鬼文化传统，巴蜀地区巫风炽盛，巫师交通天地，如此的地理环境和富于想象力的民族便孕育了具有神秘色彩的巫文化。《说文解字》："壬，位北方也。阴极阳生，故《易》曰：'龙战于野。'战者，接也。像人裹妊之形。承亥壬以子，生之叙也。与巫同意。"华强先生在《甲骨文比较研究》一书中认为"壬"字是甲骨文"巫"字的字根，上下两横分别表示天、地，中间的竖表示沟通天地的人。另外张光直先生认为"巫"字是由两个"工"（图 1-141、图 1-142）字交叉组合而成。由"工"可联想到"矩""环矩为圆，合矩为方"，矩是古时木匠用来画方圆以打造器物营建宫室的工具，这些人在当时既是匠师又富有智慧。同时又是操"矩"测天地者，以交通天地人间，祈福禳灾而席不暇暖。

先民在同自然的斗争中逐渐产生了巫文化，如

马林诺夫斯基在《巫术、科学、宗教与神话》中认为的："巫术是在理智的经验中没有出路，于是借着仪式与信仰逃避到超自然的领域去。"夏商周时期是我国文明发展的童年时期，先民在各种困境下多是无能为力的，内心的恐惧和敬畏之情逐渐氤氲生出对自然、神明以及祖先的信仰和各种繁杂的宗教祭祀活动，其旨在祈福、禳灾、致敬追远，并强化族群或者民族的认同，以增进文化凝聚力，宣示权威与正统，维护社会秩序。

在巫的世界观影响下，人们认为世界可以分为天地人神等不同层次，生存的一项重要任务就是同天地沟通以求得同天地的指引，因为人们坚信顺着天的指引，人们的生活将摆脱混沌、未知和各种危险。而承担沟通天地这一职责的就是"巫"（图 1-143）。《山海经·大荒西经》记载"十巫升降"，这里的"升降"是指巫师在进行"通灵""降神"，"通灵"是指"向天陈情"，"降神"指"代天言说"。通灵是指巫师将自己的灵魂转移到另一个世界，以同超验力量沟通。而"降神"是指由被鬼神附体的巫师充当超验力量在现实世界的"代理人"。如《诗经·楚辞》中有"神具醉止，皇尸载

图 1-141　甲骨文中的　图 1-142　甲骨文中的"工"字
"巫"字

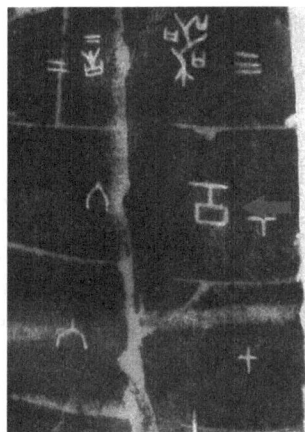

起。钟鼓送尸，神保聿归。"这里的"皇尸"就是指被鬼神"附身"的巫，人们将巫师作法时的一系列诡异的行为看作是鬼神先祖等超验力量来到了现实世界中，不禁顶礼膜拜。

巫文化在三代发展历程可以用"尊天命""事鬼神""崇礼乐"概括。夏代是"巫政合一"的时代，如《国语·鲁语下》记载："昔禹致群神于会稽山"；《山海经·海外西经》记载，"大乐之野，夏后启于此儛九代，乘两龙，云盖三层，左手操翳，右手操环，佩玉璜"。这时不但平民百姓是巫术的忠实崇拜者，而且夏代的首领禹也是大巫。商代巫文化的发展达到了新高度，巫术活动逐渐被君主所垄断，同后世的"政教合一"理念类似，商王不但是政治领袖，同时也是群巫之首，如《国语·楚语下》中记载的"绝地天通"的神话传说，就是说颛顼切断平民百姓同天地沟通的状态，终止了"民神杂糅""家为巫史"的混乱局面。君王剥夺了普通巫师和神明沟通的权利，而由君王本人或者其指派的巫师进行各种巫术活动，并通过各种祭祀仪式强化君王在人世间的权威。

小故事：据《太平御览》卷八十三引《帝王世纪》记载，时年大旱，颗粒无收，商汤为了求雨（图1-144），亲自"斋戒剪发断爪，以己为牲，祷于桑林之社"。《吕氏春秋·顺民》也记载了"汤以身祷于桑林"的故事。在商汤为民祈福的故事中，汤的身份既是首领又是大巫，他通过实施各种对自己的刑罚，祈愿上天能够下雨，以解救苦难中的人民。

周代是尊德尚礼的时代，鬼神色彩开始逐渐淡化，西周铭文中关于巫的记载已经很少了，

"德""仁"的概念逐渐成为这一时期礼乐秩序的依据。西周时期随着社会的进步，职业的分工日趋明朗，掌握沟通天地的巫、史、祝、卜等人也开始逐渐分化，如《礼记·曲礼下》天子任命的官员有：大宰、大宗、大史、大祝、大士、大卜，这些人可以说是中国有文字以来最早的思想家。有以祭祀仪式沟通天地人神，用蓍草、龟占的方法传递神的旨意的"巫"；懂得"山川之号，高祖之主，宗庙之事"的"祝"；将人的愿望和王的行为记录下来以印证神的旨意且传于后世的"史"，《礼记·玉藻》记载："动则左史书之，言则右史书之。""史"负责在王的周围记录王的言行、负责祭祀仪式时文字的记录，管理策令典籍，甚至还要精通天文历算，推算吉凶。

春秋战国时期在礼崩乐坏、天子失官、学在四夷的大背景下，三代掌握通天权力的巫祝等知识分子随着周王室的衰微和诸侯国逐渐强盛而进一步分化。章太炎释"儒"在古文字中本来写作"需"，而"需"就是三代时期参与求雨祭祀等活动的巫。孔子及其弟子继承了巫文化中具有较高理性色彩的思想，称为"君子儒"，另外依然坚持以祈禳卜筮为业的巫者称为"小人儒"。同时《汉书·艺文志》记载："道家者流，盖出于史官，历记成败、存亡、祸福，古今之道。然后知秉要执本。清虚以自守，卑弱以自持，君人南面之术也。"这说明道家也是源于古代执掌史事记载和星历占卜的史官，他们在巫文化的影响下在从事巫术活动中逐渐地体悟了宇宙奥秘，得到了关于"道"的理论，并由此衍生出来了一套关于宇宙、自然、社会、人的知识。

商周时期巫文化的"厌胜巫术"是一种用根据厌胜原理制成的一种器物来压制鬼邪、趋吉避凶的

图1-143 瑟首的巫师戏蛇图

图1-144 商汤祈雨

方法，商周的青铜家具从其材料、造型、纹饰、色彩等方面无不受巫文化的影响，在厌胜巫术的影响下，这一时期宗庙祭祀用的青铜家具便具有了绝地天通、意达鬼神、御邪避凶的作用。

1. 巫文化影响下的家具材料

巫文化是商周时期人们认识世界、改造世界的世界观和方法论，商周时期的巫术与现代意义上的科学都强烈刺激着人们去探索未知世界。先民对于青铜材料的获取活动，如果我们不以"先入为主"或者"有罪论"的眼光看待先民的这些创造性活动，则巫术观念指引下的青铜冶炼术对于我们理解巫文化具有重要意义。

在万物有灵的观念指导下，先民认为，天地万物都是崇拜对象，而一切矿石都来自大地母亲的身体。青铜冶炼活动就是将禁锢在顽石里的"精灵"释放出来。如此青铜家具就成了巫术活动的结晶。青铜家具不同于先民曾使用的石、木、骨等自然既有材料打造的器物，因为青铜材料需要巫师将特定的石头进行加热熔为液态后，将其浇注到模具中冷却成为各种器物。这种材料本身就体现了将自然世界加以转化的神秘力量，而掌握这神秘力量的就是从事祭祀巫术活动的巫。艾利亚德在其著作《熔炉与坩埚》中就讨论了金属冶炼和加工技术背后所隐藏的巫术观念，他认为："被人类的初民完全神话化的黄金，和在大自然中沉睡了成千上万年的金矿相比，虽然在物质上属于同类，但观念上却截然不同。"因而青铜冶炼活动就是人们在超验力量指导下进行的创造性实践，以此获得的材料在先民眼中具有神秘力量，是上天恩赐。因此这种材料不是制造用于生产劳动的农具，而是将其铸造为能够沟通天地、整顿人间秩序、象征身份的礼器，如青铜的鼎、俎、禁等器物。

2. 巫文化影响下的家具造型

造型艺术的意境可以通过物象的形制体现出来，方形的垂直线和平行线，在视觉上具有整齐、稳重、端庄的美感，具有庄重肃穆的意义。自然界中的物体大多归纳为近似的圆形，或者不规则的形状，而鲜有方形的事物。方形较多的存在于人类的意识之中，而这种意识就发源于原始的巫术思维。方形的概念今人用而不知，在早期却是先民在巫文化指导下对世界认识的重要结论。

《管子·内业》："乃能戴大圜而履大方。"先民对于天地的认识即是天圆地方。《尚书·武成》："诞膺天命，以抚方夏。"就是说这一时期人们将中国的名字称为"方夏"。《管子·轻重乙》："辟方都二，为之有道乎。"这里将古时国家的首都称为方都。《荀子·天霸》："乡方略……而天下莫之敢当"荀子在这里将治国理政的谋略称为方略。商周青铜器的造型是在史前陶器形制的基础上发展来的，这一时期方形器物普遍出现，许多器物在保留圆形造型的同时，也体现出方形的器物形制特点（图 1-145、图 1-146），立体构图和各种形式都由圆渐方，方中带圆。这些方形的器物，各个部位的比例协调，重心牢牢落在理想的位置上，形成的庄严、敦厚的效果恰恰与商人在祭祀活动所追求的神圣的氛围相适应，传递出他们对鬼神的崇敬与信仰。这些青铜家具方形的体面构成关系，体现了原始的巫术思维对家具整体造型的影响。

方形也成了古人造型艺术的基本形状。在建筑的营建法则中，其平面的布局讲究方正。活人的住所叫作房屋，是方形的。死人的坟墓称为方上。同时宇宙、天地、社会的秩序也可以用"方"的概念进行阐释。作为空间的宇宙，在先民看来也是有序规范的，即天方地圆，地有四极八方，四方又各有神祇。中央高于四方，四方环绕于天地，四方又与四季相连，即"春与东、夏与南、秋与西、冬与北"。四方又各有其色，即"东方青、南方赤、西方白、北方黑"。根据四季物候的轮转变化，商人又将四方之风叫作：劦、微、彝、隩（图 1-147），如此以体现春生、夏长、秋收、冬藏的意义。

中国文化强调天人合一，正因为天地都如此的秩序井然，那么在人间问题的处理上也应该体现出秩序。这种秩序通过繁杂的具有巫术色彩的仪式活动将人间复杂的现象表现出来，而这种象征仪规一旦被人们接受，那么它就起到了整理人间秩序的作用。如天子祭四方时要以与春夏秋冬相对应的四郊为祭。天子出行也要模仿天地四方的秩序，如"前朱乌而后玄武，左青龙而右白虎"；"进退有度，左右有局，各司其局"。如此，天子便同天地一样，拥有了在人间不言而喻的权威和统治的合理性。同时古人认为在这种天地有序的深层意识的影响下，万事万物包括人类社会及个体的人都与天地宇宙有相似的结构，这也就给了人们一种行为依据，即人们应当按照天人一体的思维来处理事物，遵循天

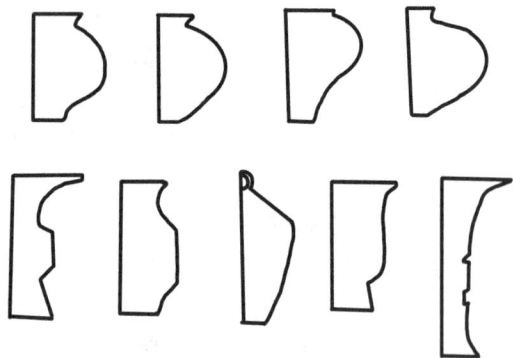

图1-145　陶器、青铜器的线型特点　　　图1-146　陶器、青铜器的造型特点　　　图1-147　契刻有"四方之风"的甲骨

理，不得逆天而行。

3. 巫文化影响下的家具装饰

殷商时期的家具装饰具有强烈的巫术色彩，这一时期器物的纹样以动物纹为主，体现了原始的动物崇拜或图腾崇拜。如学者艾兰在《龟之谜——商代神话、祭祀、艺术和宇宙观研究》中认为商代青铜装饰是神灵世界的语言，通过这些纹样可以穿越活人跟死人的界限。在自然界残酷的生存环境中，人们将这些纹样视为生存的筹码并加以崇拜。世界各地大量的洞穴岩画和雕塑向我们证明巫文化早在狩猎的石器时代就已经产生了。由于狩猎活动与动物息息相关，同时作为食物的动物又与人类的生存关系密切，于是伴随着狩猎，活动先民逐渐形成了对动物的崇拜。正如恩格斯所言："人在自己的发展中得到了其他实体的支持，但这些实体不是高级的实体，不是天使，而是低级的实体，是动物，由此便产生了动物崇拜。"张光直先生在《商周神话与美术中所见人与动物关系之演变》一文中认为："在商周之早期，神话中动物的功能，是发挥在人的世界与祖先及神的世界之沟通……在古代的中国，作为与死去的祖先之沟通的占卜术，是靠动物骨骼的助力而行的。"青铜器在当时是用于祖先崇拜的仪式，因此这些铜器上铸刻着作为人的世界与祖先及神的世界之沟通的媒介的神话性的动物花纹。一些学者认为仰韶文化和马家窑几何纹样可能是由鱼纹、鸟纹、蛙纹演变而来，而且这些几何纹样是不同氏族部落的图腾，如李泽厚先生指出："在后世看来似乎只是美观、装饰而无具体含义和内容的几何纹样，其实在当年却具有非常重要的内容和含义，即具有严重的原始巫术礼仪的图腾含义。"于是铸刻着动物纹饰的青铜家具就成了巫术活动中交通天地的媒介工具。

人类在原始的狩猎活动中，个体难以获取猎物，因此需要群体的合作才能成功。在原始社会语言相对不成熟的情况下，为了相互配合，人们在围追猎物前进行需要互相的肢体模仿以保证成功率。先民只看到了狩猎前进行模仿活动所产生的效益，却无法真正理解狩猎成功的原因，于是人们对于这种模仿活动产生了神秘感，即认为模仿活动具有巫术力量。这种模仿思维不断进化成熟，并逐渐由此衍生了其他巫术思维如"接触的方式"和"回避的方式"（图1-148）。

绘画与雕刻作为一种模仿巫术为人们提供了行使巫术活动的形式，人们将动物的形象呈现在地上、岩壁上、器皿上或者后世用于祭祀的青铜礼器上。青铜器上的纹样经过历史的发展更加抽象、繁杂、精美，但是其巫术色彩依然浓厚，是巫术祭祀活动中沟通天地鬼神，象征王权的符号。

人们在巫文化图腾思想的影响下，也较多地将各种动物形象装饰在不同的器物上。面对变幻莫测的自然界，早期的人们稍有不慎就可能葬身兽口，但同时又要以动物为食。在巫术思维的影响下，人们认为只要对动物进行顶礼膜拜就可以消除动物的威胁，在这种恐惧与以此获益相纠缠的情感中，人们开始将个人的安危与氏族的兴衰寄托在能产生护佑作用的动物形象身上。这就导致了某一氏族将特定的动物作为氏族的图腾而进行供奉。经过长期的发展，这些动物图腾的形式更加繁复，所表达的意义更加丰富，凝练为人们对于社会生活不同的认识，并被装饰在家具等器物上。

如凉山州博物馆藏的战国蛇蛙铜俎（图1-149），俎长44.5厘米，宽16.8厘米，高16.4厘米，俎面

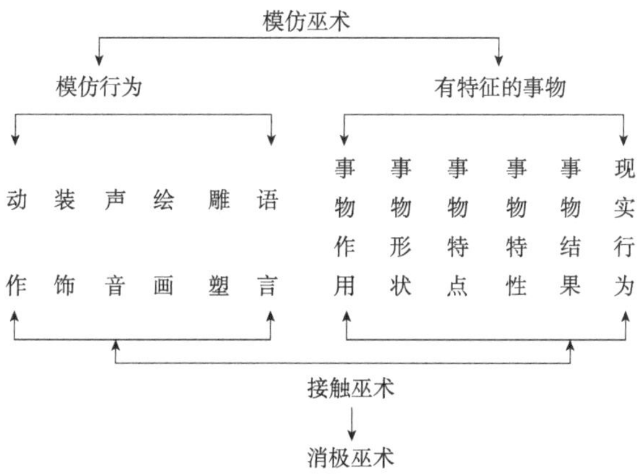

图1-148　古代巫术文化图示

图1-149　凉山州博物馆藏的战国蛇蛙铜俎

为长方形，上饰圆雕式的两蛇，彼此相背于俎的两端，蛇口中含有鱼，蛇身在俎中以凸起的阳线表现，俎面的四周有头尾相连的 32 只立体蹲坐的蛙。俎足铸有鱼纹。从此俎的形制装饰来看，其造型烦琐，从实用的角度来看，俎面凸起的圆雕动物，十分妨碍俎的盛放功能。装饰的动物形象，与古人信奉的万物有灵的思想相契合，因此推测此俎是巫术祭祀活动的法器。

在巫文化的影响下，先民对于色彩的认识逐渐清晰起来，并逐渐发展为后世中国传统的色彩理论体系。从旧石器时代山顶洞人将大量赤铁矿粉撒于尸体旁边来看，此行为已不仅仅是因为鲜艳夺目的红色对动物有生理反应的吸引，而是开始有巫术礼仪的符号意义。如新石器时期河姆渡遗址出土了目前考古发现最早的漆器碗，漆碗饰以黑红两色，如此强烈的视觉对比，强化了巫术活动炽热的氛围。

进入文明社会后，黑红两色依然是三代器物的主流色彩，如《说文解字》中有许多关于色彩的字词，其中黑色出现的频率最高。这一时期漆器初步发展，漆器色泽明亮，光彩夺目，漆木家具受到巫文化的影响，在设色上以黑红色为主。如《韩非子》中对于漆器的描写"墨染其外，而朱画其内"。1978 年，在江苏常州距今 6000 年前的马家浜文化遗址中，出土一件喇叭形器，其上端涂成黑色，下端涂以暗红色，体现了先民对于红黑两色的追求。再如1987 年浙江余杭瑶山良渚文化的祭坛遗址上，发现了不少朱红色的小型漆器的残片。

早期的黑色颜料有青腹，如《山海经·南山经》记载："又东三百里，曰青丘之山，其阳多玉，其阴多青腹。"这里所指的青腹即石墨。其中"青"在古代多指黑色。而红色的颜料有赭、丹粟等，《山海经·北山经》记载："又西二百五十里，曰少阳之山，其上多玉，其下多赤银，酸水出焉，而东流注于汾水，其中多美赭。""赭"字的原意是指草木稀疏，岩土裸露在水边的小石山，此山呈红色，因而赭可以作为红色的颜料。"丹粟"见《山海经·南山经》记载："西南流注于赤水，其中多白玉，多丹粟。"丹粟是指颗粒如同小米状的丹砂，或称为朱砂，其可以用作颜料，后用作药品，如《尚书·梓材》："若作室家，既勤垣墉，惟其涂塈茨。若作梓材，既勤朴斫。惟其涂丹腹。"这里的丹腹就是朱砂。如《抱朴子·内篇·仙药》记载："仙药之上者丹砂，次则黄金，次则白银。"丹粟也可用于方术炼丹，甚至后世的道家从丹砂中提炼水银。

对于黑色的崇尚无疑也与当时流行思想相关。早期的人类改造自然的力量弱小，先民在无数暗夜中对生存感到恐惧和无能为力，久而久之，黑色就成了先民对世界复杂朦胧的认识。如凯保罗和麦克丹尼尔所言："黑，是一般语言中最早出现的色名之一。"《山海经·大荒东经》记载："有黑齿之国，帝俊生黑齿，姜姓，黍食，使四鸟。"《逸周书·王会》："周成王时，有黑齿国人贡献白鹿白马。"《楚辞·招魂》："雕题黑齿，得人肉以祀，以其骨为醢些。"20 世纪美国纽约大学对殷墟出土的甲骨片上残存的黑色和红色的颜料进行分析，结果发现，黑色的颜料是碳素单质。

红色对于先民有着特殊的吸引力，因为红色是希望、朝气和生命的象征。人们不仅利用火获得美食和温暖并驱赶野兽，同时先民崇尚的红色与血液幻想有关。红色总是与生命息息相关，幼子或者幼兽伴随着母体的血液而诞生，战争和祭牲活动中都会出现大量的血液。如史书记载，商周之间进行的牧野之战造成了"血流浮杵，赤地千里"的惨烈场面，生命的活力与红色产生了微妙的联系，因此人们会在死者身上涂以红色，希望使死者起死回生。另外二里头宫殿遗址中的玉器和青铜器都用埋在朱砂中。这可能与先民认为红色有驱邪降福的意义有关。血红的色彩华贵醒目，与太阳同辉，能在人的情感上触发出无比迷人的力量，红色便在先民的心中成为生命、希望和平安的象征，被赋予以吉祥、避害的功用。如后世楚地流行的招魂巫术活动，受交感巫术原理的影响，人们常在棺内陈放以黑底红绘装饰的漆器，漆器上象征着生命意义的灵动飘逸的黑地红纹是古人对于生命玄妙神秘的情感表达。后世楚地的漆器也受巫文化影响，器物的色彩神秘而又充满艳丽的生气。《招魂》中描写了象征着楚人骨子里热情浪漫的红色，表露出了楚人对于自然生命的热爱，用充满节奏韵律的红色追求现实生命的永恒与自由，这是楚人在巫文化影响下对生命情感的真实演绎。在东方艺术中，红色一直都是象征着民族昌盛的主色调，至今中国百姓仍然保留着贴红、挂红的习惯。

4. 巫文化影响下的家具使用

商周时期人们席地跪坐，不仅受到了低矮型家具形制的影响，而且由于巫文化强调人对天地万物的崇敬，这种情感又强化了人们席地跪坐的生活方式。从原始社会到商周时期，先民在同自然斗争的过程中逐渐意识到了人类力量的渺小，对自然的恐惧以及对上天祖灵的崇敬使得人们在面临困境的时候经常弯下双膝盖，虔诚祷告，顶礼膜拜。这种跪坐的形象与三星堆2号祭祀坑中出土的铜顶尊跪坐人像相似（图1-150），该青铜尊由三部分构成，下面为山形的基座，中部为一名跪坐的青铜俑，铜俑虔诚地头顶铜尊，毂觫不已。另外该遗址3号祭祀坑也出土了一件铜顶尊跪坐人像，通高115厘米，整体由上下两部分构成，上面为一件青铜大口尊，其尊口沿内侧饰有短柱，肩部焊有龙形装饰；下部为一呈跪姿势双手持物的人物形象，这类铜顶尊跪坐人像充分表现了商代蜀地青铜器独特的神秘感，生动再现了商代巫术祭祀的隆重场景，传递了空灵

神秘的气氛。

这种祭祀场景在甲骨文的形象中也有体现，如甲骨文卜辞中的"既""祝"（图1-151）等字的字体形象可以体现出人们席地跪坐的坐姿。另外弗瑞尔美术馆珍藏的一件青铜斝（图1-152），其器型形象与甲骨文席地跪坐的形象相联系起来，我们就可以了解到当时人们的跪坐方式与器物形制之间的关系。此斝顶盖的俨然是一件形象怪诞神秘的面具，由于这件青铜斝的高度较低，青铜斝盖的面具形象朝向上方。当巫师在进行祭祀活动时，若是想要近距离地正视面具，便需要像甲骨文"即"字的字体形象一样席地跪坐，虔诚地低头凝神注视面具。祭祀者同上述低头祈祷的形象还可以从反山墓葬出土的一件玉璜（图1-153）与所佩者之间的互动推测出来。这件玉璜上装饰了一个倒置的兽面纹，独特的装饰方位暗示了此璜的观者正是其佩戴者。当他虔诚地席地跪坐，低头与璜上的兽面四目相对时，他可能会看到一个"镜像"中已经变形或者神秘化了的自己。或是将兽面看为"客体"作为交通天地的媒介。无论如何，此玉璜的兽面纹或许可以助巫师意达于四方，同天地、祖灵、鬼神沟通而获得通天智慧，以保佑百姓之福祉。

图1-150　三星堆铜顶尊跪坐人像

图 1-151　甲骨　图 1-152　青铜斛
文中的"既"字

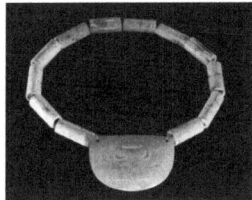

图 1-153　反山墓葬的玉
项饰

上述青铜斛的面具形象也与后世具有强烈巫术色彩的傩戏面具相似。傩戏发源于原始的巫文化，脱胎于古老的巫术祭祀活动，如《论语·乡党》记载："乡人傩，朝服而立于阼阶。"乡人在跳傩戏的时候，孔子穿着上朝的衣服，站在东面的台阶上，以此来表达对于这种傩戏活动的尊敬。这体现了孔子也许相信鬼神的存在，只是采取"存而不论"的态度。

巫术活动是程式化和仪式化生活方式的集中展现，从巫术活动中家具的使用可以看出人们席地跪坐的习惯，而日常生活中人们在使用家具时势必也是与这种礼仪坐姿相统一的。

李泽厚先生在《巫史传统》中说："巫的特质在中国大传统中以理性的形式坚固保存，延续下来，成了解中国思想和文化的钥匙所在。"巫文化是人类社会早期一种充满神秘主义色彩的人类文明，是人类认识世界的原始智慧，是人类原始的知识体系，是中国传统文化的最早开端，商周时期的巫术活动激发和呈现了先民的原始共同体情感，加强了部族之间的联系。

商周时期的青铜家具在巫文化的影响下，在材料、造型、装饰等方面都有其独特的魅力，成为后世家具的蓝图，从各个方面影响着中国传统家具的发展。从巫文化的思想传承来看，"小传统"的巫文化逐渐演变为民间的占卜活动；"大传统"的巫术活动由祭祀天地先祖的仪式逐渐演变为精英文化的礼乐制度。后世的"礼"将巫文化的神秘色彩加以剔除，用更加理性的方式代替烦琐的仪式，周公"制礼作乐"完成了由"巫"向"礼"的蜕变，而孔子又"归礼于仁"。巫史文化的传承就是这样一个逐渐理性化而又包含情感的过程。巫文化不仅成为阴阳说、老庄思想、屈原诗歌的滥觞，甚至还影响了中医、宗教、文字、乐舞等方面，极大地丰富了华夏民族的哲学、科技和艺术，极大地推动了华夏民族的成长。

5. 青铜家具的纪念碑性

商周时期的青铜家具不仅具有沟通天地、祭祀祈福的巫术色彩。同时它与人类社会也密切相关，与"世俗的"政治、社会事件或人物有关，是商周时期乃至于后世重要的政治性纪念物之一，即可将其看作象征着王朝合法性的"纪念碑"。相传伏羲铸神鼎一只，以此表示天下一统；黄帝铸鼎三只，以寓意天、地、人；大禹集天下之青铜，铸九鼎，象征九州。禹铸九鼎，铸鼎象物，将世间的魑魅魍魉以图画纹饰的形象呈现出来，此铸鼎的活动不仅具有巫事色彩，同时九鼎也被视为王权的象征。因此古人将觊觎政权称为"问鼎"，建立政权叫作"定鼎"。夏铸的九鼎作为中国王朝的肇始，我们可将其与后世诸多青铜器物看作现代意义上的"纪念碑"。从其形式与内容上来看，这些物质形态的"纪念碑"体现着其特殊的纪念意义，即"纪念碑性"。

罗越（M. Loehr）在《中国青铜时代的礼器》中认为，中国青铜器上的动物纹样是由几何纹样发展演变而来，是纯粹的装饰形式，与现实世界没有明显的关联，纹饰本身没有确切的含义，充其量只能含糊地影射现实，不具有任何宗教或者其他意识形态上的意义。但是我们认为青铜家具等礼器上的造型、纹饰等元素都是与特定的历史时期紧密组合在一起的，其所承载的社会意义重大。

"纪念碑性"是美国芝加哥大学教授巫鸿在其著作《中国古代艺术与建筑中的纪念碑性》中所讨论的概念，作者基于对"纪念碑"的物质属性的不断反思和解构，依托作者对于东西方艺术传统有无平行对应性的多年思考和总结，经过梳理和挖掘最终得出，尽管中国美术和建筑的形式各异，却都带有这类宏大的艺术性质，以其所共有的属性命名为"纪念碑性"。巫鸿在书中指出："首先，'纪念碑性'（Monumental）这个词，对应的是西方文化和艺术传统中带有强烈纪念性和象征性的事物。纪念碑通常与一些重要的宗教、政治、社会事件或人物有关，也可以指历史上一切带有纪念碑意义的事物的性质。"这里所指的纪念碑性，是超越狭义的纪念碑而泛指一切具有纪念碑意义的事物。巫鸿在书中将"纪念碑性"这一命题指向了中国古代艺术中具有明确的宗教、政治、社会功能的礼器，而认为中国早期艺术的一个重要特点是对于"器"的追求。

《礼记·郊特牲》记载："宗庙之器，可用也，而不可便其利也。所以交于神明者，不可以同于所安乐之义也。"古人对于"器"的追求又是和"礼"密切相关的，《礼记·祭统》记载："凡治人之道，莫急于礼；礼有五经，莫重于祭。"古代中国人在祭祀时经常使用如玉琮（图1-154）、玉璧（图1-155）、陶器（图1-156）、青铜器物等，这类器物就是超越实用性而存在的"昂贵"礼器。这些器物的纪念碑性通过其在材料、形制、使用等诸多方面的"昂贵性"得以彰显，"昂贵性"指非具有实用目的的巨大人力物力的投入，如此高昂成本所打造的器物就成为统治阶级社会地位和权力的象征。三代的青铜器物作为这一时代"贵重的"礼器，被古人用于传达在此之前陶器和玉器所承载的纪念碑性。

我们对于中国古代器物、建筑或者说对中国传统家具的理解要尽量避免纯粹形式主义的理论，而拒绝探讨文化和社会因素在家具形式中作用。因为家具的装饰纹样等元素势必具有社会、文化的意义，而不仅是由艺术发展的自身逻辑所决定的。青铜家具的纪念碑性就是从这一点出发，将家具的材质、形式、装饰等方面与同一历史时期的社会思想、流行风尚等社会意识进行对应，即巫鸿先生所表达的对艺术作品"原境"的重视。而"原境"既包括宏观的历史背景，也包括微观层面上在器物与周围环境之间原本的关系，这种关系包括家具与使用者的关系、家具与建筑的关系、不同家具组合使用时的关系等。将中国传统家具的学习同"纪念碑性"概念相联系，有助于我们深化对传统家具的认识，明确传统家具的时代性，更好地认识传统家具的材质、装饰、使用等诸多方面背后的价值和意义。

小故事：世界上的其他民族也不乏这种具有纪念碑性的器物，如在西非的阿善提王国有一样神圣的宝物——"金凳"，这是西非阿善提王国最神圣的象征，这座金凳包容着阿善提民族的灵魂，代表着王国的荣耀和权威，巫师警告说："金凳包容着国家的权力、光荣与福祉，如果被夺取或毁坏，则国家亦将瓦解。"这座金凳在王国具有纯粹的精神意义，不能接触地面，不可以供人使用，只有在国家盛大的庆典仪式上，国王才会向王国的人民展示金凳的神威。20世纪初，当英国总督向阿善提王国提出索取金凳这一无礼的要求时，国王忍无可忍，即使明知其国力与英国相差甚远，但是为了维护金凳的尊严，为了将这凝结着王国精神和权力的"纪念碑"传承下去，阿善提王国的子民奋起抗争用生命保护金凳。非洲国家的金凳与商周时期作为王权，神权象征、维系社会制度的礼器有相似的意义。

总的来说，商代的青铜家具多以主观色彩浓厚的神异动物纹样为主，此类纹样将人的意愿同天

图1-154　浙江余杭瑶山遗址的神人兽面纹玉琮

图1-155　良渚文化时期的玉璧

图1-156　大汶口文化的陶器

地鬼神相联系，其他纹样起到点缀陪衬的作用。运用了陶范法、分铸法、焊接法等工艺手段，在器表或镶嵌绿松石、红铜，或髹漆、错金银，其风格神秘、庄重、狞厉、繁缛。西周青铜家具多装饰以窃曲纹、环带纹等几何纹饰，神异动物纹不如前代繁盛。同时在工艺技术上较前代有了更多发展。商代巫政合一，青铜家具以庄严稳重的造型和大量的神异动物纹反映鬼神崇拜，体现出"崇神"的要求。周人以尊礼尚德代替了商的敬鬼事神，青铜家具的造型和装饰都从鬼神观念的束缚下解脱出来，具有理性、几何、秩序、朴实的特点，以符合周礼的要求。

1.4 甲骨文中家具的形态

汉字是以象形为基础的文字。甲骨文是中国已知的最古老的成熟文字。甲骨文源于新石器时期的契刻文字，如 1987 年在河南舞阳贾湖遗址发现的公元前 6000 年左右的刻符于石器、甲骨、兽骨的符号，遗址中有些契刻符号在形式上同甲骨文接近。到了新石器中晚期，契刻符号在刻画风格和造型特色上越来越接近甲骨文，如西安半坡遗址出土的公元前 4000 年前的刻画符号，以及山东莒县陵阳河出土的大口尊刻画陶文（图 1-157）。陶尊上所刻画的符号与农耕文明开端时先民的图腾崇拜和对时空的原始认识有紧密的联系。甲骨文最早出土于河南省安阳市殷墟，从刻以契文的甲骨材料上看，甲多为龟的腹甲；骨多为牛肩胛骨，个别为牛肋骨或腿骨，还有少数其他兽骨如鹿头骨、虎骨，甚至人头骨。

甲骨的卜辞大多是用来卜筮的，事无巨细都要用甲骨卜筮请示天地鬼神，来决定行动的吉凶可否。若"龟筮共违于人"，就算是统治者也不得逆天而行。在占卜之前甲骨要经过细致的修治才能使用，占卜时需要在凿坑处用火烧，因烧灼而形成的不同形状的裂纹（图 1-158）称为卜兆，古人以这种裂纹为"兆"可从中预判吉凶。进行这种占卜活动的巫师称为"贞人"，由他们根据卜兆来向神灵询问事情的吉凶可否，并将这些问事刻在卜兆旁边，即成为"卜辞"。一条完整的卜辞由前辞、问辞、占辞、验辞四部分组成（图 1-159），此占骨就契刻有一条完整的卜辞。前辞记录了占卜的时间和卜人："癸未日占卜，贞人殻问卦。""这十天有无灾祸"是命辞，是希望通过占卜解决的问题；"商王研判卜辞说有灾祸"是占辞，为此次占卜所作出的判断；"第三天乙酉日，祭祀时刮起北风"是验辞，为事后补充的。

商周时期人的思维更习惯于具象，而以象形为基础的汉字更强化了这一思维。主要作为卜筮的甲骨文客观上记录了商代的社会生活，通过剖析上古的甲骨文，我们可以了解到殷商时期先民的生活，如各种作为礼器的家具和各种建筑的形式，以及围绕这种器物所产生的生活方式。

1.4.1 甲骨文中原始家具的形态

《文心雕龙·练字》曰："心既托声于言，言亦寄形于字。"语言文字是将世界呈现在我们眼前的

图 1-157 大口尊上的刻画陶文　图 1-158 甲骨卜辞出现的裂纹　　　　　　　　　图 1-159 甲骨上结构完整的卜辞

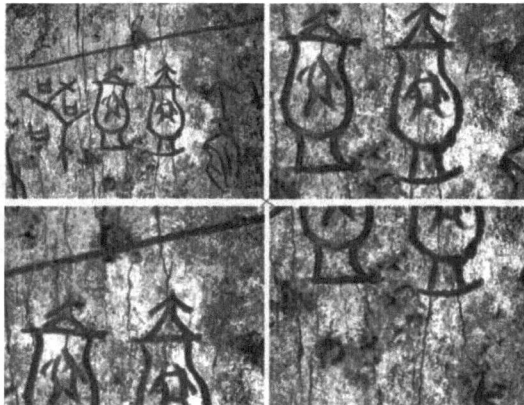

一套话语体系。中国的汉字自从甲骨文的时代到现在都没有发生过质的变化，依然在用类似的思维方式描述这个世界，这既使得今天中国人的思想世界不曾与现实世界的具体物象相分离，而且同先民看待万事万物的形象做到了一定程度上的趋同。甲骨文中大部分的文字是象形字和会意字，这就决定了我们可以根据甲骨文象形和会意的特征来瞥见原始家具象形及其相关事物的形态。

1. 家具和建筑材料

商周时期的家具和建筑广泛地使用木材。"木"字甲骨文作 ，是象形字。《说文解字》："木，冒也。冒地而生。东方之行。从中，下象其根。凡木之属皆从木。""故木受绳则直"指的是木工要在木材上用墨斗划黑线做标记，以便于加工。"林"字甲骨文作 ，是会意字。用两棵树以代表多株树木，以表示树木连片成林的意思。《说文解字》："林，平土有丛林曰林。从二木。凡林之属皆从林。""森"字作 ，是会意字，由三个木字组成。其本义是指繁密众多与树木高耸的样子。"柳"字甲骨文作 、为形声字，木为形，卯为声。"榆"字甲骨文写作 ，为形声字，木为形，俞为声。泛指榆科植物。"杉"字甲骨文写作 ，其形象与现代汉字的杉接近。

2. 席

"席"或"簟"在甲骨文中写作 ，外轮廓为近似长方形外框，内有 3 条 90 度交叉但是不出头的编织纹样，其形象与今日的席十分相似。"因"在甲骨文中写作 （图 1-160）。徐中舒先生在《甲骨文字典》认为" "像一个人仰卧于席垫之上的样子，本义指草席。

3. 床

《说文解字》："牀，安身之坐者。"段注："牀之制略同几，而庳于几，可坐，故曰安身之几坐。牀制同几，故有足有桄，牀可坐。"考古活动中尚未发现商周时期床的实物，但在甲骨文和金文中已经可以看到床的雏形。甲骨文中的一些字体的结构中有较为形象的对床的描绘，如梦、寐、疾等字（图 1-161）；金文中的床写作 。在构字上共分为上下两个部分，上面是"宀"可以理解为房屋，下面似带有床板和矮足的床。可以推测出这一时期床面和床足的结合方式已经运用了较为简单的榫卯结构，因为殷墟和湖北黄陂盘龙城商代大墓这类结构在髹漆棺椁和雕花木板都有所应用。

4. 俎

《说文解字》记载："俎，礼俎也。从半肉在且上。"郑玄注曰："半肉在且上（图 1-162）。"是在器物上切肉之意。甲骨文中的"俎"（图 1-163）通"宜"，"宜"是祭祀中的某种用牲法，如《甲骨文合集》："辛未贞，苯禾于河，燎三牢，沉三牛，宜牢。"卜辞中的"燎""沉""宜"其后紧跟牺牲，为不同的用牲之法，"燎三牢"是指用火烧三头用于祭祀的牛；"沉三牛"是将牺牲沉入水底，祭祀河神以祈祷获得好收成。可以推测若"宜"后接牺牲，则"宜"（俎）与"燎""沉"都是祭祀中的用牲法（图 1-164）。从一定程度上可以认为商周时期，随着祭祀活动日益频繁，"宜"这种祭祀用牲之法催生出了原始家具中的"礼俎"。

图 1-160　甲骨文中的"因"字

图 1-161　甲骨文中的"疾"字

图 1-162　甲骨文中的"且"字

图 1-163　甲骨文中的"俎"字

图1-164　甲骨文中的用牲法："燎""沉""宜"

图1-165　甲骨文中的"宀"字

图1-166　甲骨文中的"家"字

5. 几

甲骨文中的"几"写作 𠘨，为象形字，《说文解字》记载："几，踞几也。象形。"小篆"几"字像古人席地而坐时用来凭靠的器物之形。

6. 建筑及建筑构件

甲骨文中的建筑可以分为两大类，一类是地穴或者半地穴建筑，如宫、室、宅等；另一类是干栏式建筑，如京、高、余等。《博物志》云："南越巢居，北朔穴居，避寒暑也。"前一类多分布于淮河流域以南，后一类建筑多分布于黄土高原地区。

（1）宀

"宀"字在甲骨文中写作 ∧，其形体像人字形顶的房屋。《说文解字》："宀，交覆深屋也。"《甲骨文合集》有"东宀"的卜辞（图1-165）。

（2）家

《说文解字》曰："家，居也。从宀，豭省声。"甲骨文的"家"字写作 𡩟。《甲骨文合集》有"兹家"的卜辞（图1-166）。商周时期的家可以指居室，也可以作为宫室或者宗庙建筑的一部分。古时贵族会建立专门的宗庙用于祭祀，而百姓只能在家中祭拜。另外人们在由游牧生活逐渐转向农耕的定居生活过程中，首先在简易的屋内养牲畜（图1-167），随着农耕文明的进一步发展，食物的自给率提高，长期稳定的居住环境成为可能，后来人也选择定居于房屋中。

（3）亚

"亚"（图1-168）在甲骨文中写作"亚"，此字形像高级墓葬或寝庙的平面形态。如《甲骨文合集》记："父甲亚""入于多亚"。甲骨卜辞中的"二亚""三亚"可以看作多位祖先的集合庙寝。

（4）宙

《说文解字》："宙，舟舆所极、覆也。从宀，由声。"甲骨文的"宙"写作 𡩁，为形声字。此字与房屋有关，可以表示通贯整个房顶的大梁。而后来字意扩展到车、船等交通工具所能达到空间上极远的地方，进而引申为天空，如王勃《七夕赋》："霜凝碧宙，水莹丹霞。"到了秦汉时期有"上下四方谓之宇，古往今来谓之宙"的说法。

（5）室

"室"在甲骨文中写作 𡉚，"室"为居住、治事、宴饮、祭祀之所。《说文解字》："室，实也。从宀，至声。至，所止也。"室为会意兼形声字，可以分为上下两部分，上方为表示屋顶"宀"；下方为"至"字，既代表声旁，又代表止息之意。《尔雅·释宫》："宫谓之室，室谓之宫。"如《甲骨文合集释文》："南室"（图1-169）。

夏王朝主体建筑的世室是统治者祭先祖和施政的地方。《六韬·盈虚》："帝尧王天下之时……宫垣屋室不垩，甍桷椽楹不斫，茅茨偏庭不剪。"尧指派大禹营造的宫室，尚且朴实无华，围墙不涂白粉，梁柱不雕以图案，屋盖的茅草不需要刻意的修剪。这一时期王朝的宫室不矫揉造作以求奢华，天子爱民惜力，轻物重生以便使臣民不忘节俭。故后世春秋战国时期随着时代日益堕落和无序，大道不行，礼制秩序崩塌后，老庄等名家表现出尚古思想，主张回到朴素混沌的生活，提倡"绝圣弃智""绝巧弃利"。

甲骨文的"室"字还有另外一个字形，写作俞，此字形表现的是一个"重檐"的屋顶，《考工记》云："殷人重屋"。此字形可很好地印证商代重屋的形象，说明商代已经有了楼屋的存在。重屋的重是指双层建筑，上层为圆顶，覆盖五室。下层为方顶，覆盖四堂，称为四阿重屋，此重屋多采用干栏式结构，可在室内席地而坐。如二里头遗址和武汉盘龙城商代宫殿遗址中，檐柱的柱洞配以两个小柱洞，这小柱洞可能是干栏式建筑用来支撑木地板的永定柱遗存。

（6）宫

"宫"字在甲骨文中写作闾，为会意字。《说文解字》："宫，室也。从宀，省声。""宫"字上方是一个屋顶的形状，下方的口形像是互相环绕在一起的围子。甲骨文的"宫"本义指比较大的房屋或建筑群。如《甲骨文合集》有"我宫""右宫"（图1-170）。

宫是统治阶级享宴、祭祀、治事和居住之所。古代字书中"宫""室"常互用。《说文解字》："宫，室也，从宀，躳省声。"《释名·释宫室》："宫，穹也，屋见于垣上穹隆然也。室，实也，人物实满其中也。"后世由于周、汉礼制的确立和推行，于是宫、室这两个字成了各代皇家建筑物的称呼。

（7）宗

"宗"甲骨文写作宀，为会意字，是祖先的宗庙或者祭祀自然神祇的祭所。《说文解字》："宗，尊祖庙也，从宀，从示。"在甲骨文中其形象为房间内供有祖先牌位。后来引申为祖宗，又引申为宗族。如《甲骨文合集》："祖甲舊宗"（图1-171）。祭祀先王神主的宗庙如"大宗""小宗"。用于外祀的祭所如"秦宗""河宗"，这类用于郊祭的宗庙一般建于王邑的偏西处或北处，如"北宗""西宗"。如《甲骨文合集》："将河宗西"。商周时期以西为右，所以"西宗"也称为"右宗"。

（8）寝

"寝"字在甲骨文中写作寢，商周时期"寝"为居室，同时也是施政之所和放置祖先神物举行祭祀的场所。《甲骨文合集释文》记："西寝""东寝"（图1-172）。《诗·小雅·小宛》："奕奕寝庙。"孔颖达疏引《周礼》注云："前曰庙，后曰寝。"

（9）宅

甲骨文中的"宅"字写作宅，是会意兼形声字，宀为形，乇为声。《尔雅·释言》："宅，居也。"《释名·释宫室》："宅，择也，言择吉处而营之也。"《玉篇》："人之居舍曰宅。"宅的本义指身体寄托的地方，即居所，也可以用来指祭室。甲骨文中的"宅"字如《甲骨文合集》："洒宅"（图1-173）。

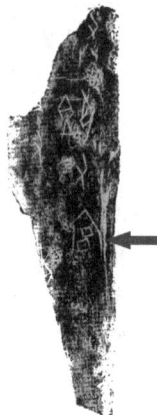

图1-167　东汉铅绿釉陶明器建筑模型　　图1-168　甲骨文中的"亚"字　图1-169　甲骨文中的　图1-170　甲骨
　　　　　　　　　　　　　　　　　　　　　　　　　　　　　　　　　"南室"　　　　文中的"宫"字

图 1-171　甲骨文中的 "宗" 字　　图 1-172　甲骨文中的 "寝" 字　　图 1-173　甲骨文中的 "宅" 字　　图 1-174　甲骨文中的 "京" 字

（10）京、高、余

甲骨文中的 "京" 字为象形字（图 1-174），写作命，此字结构像木架支承的干栏式建筑之形；甲骨文的 "高" 字写作高，"高" 字同重重叠叠的楼阁非常相似，其中间部分有城楼，最下方有一个 "口" 像建筑的门。而由高高在上又可以引申为地位、等级、崇高、尊重的意思。甲骨文中的 "余" 写作 "余"，其字形像原始社会先民用茅草搭建的巢居建筑。

甲骨文中关于建筑构件的字有：门、户等。"门" 字的甲骨文写作門，是象形字，从其甲骨文形体来看，上部是一条嵌入门枢的横木，以表门楣，下部为两扇门的形象，如《甲骨文合集释文》记："三门"（图 1-175）。

除了上述的两面坡形式的主体房屋外，在主体屋室的附近通常有单面坡屋顶的房屋。这种形式的建筑多用 "广" 字相关的字表示，如廊、庇、厢、廊、庋、库、庑等。古时的这些建筑都是只有一面墙，另外一部分用柱顶着单面坡顶式的檐廊。

总的来说，从甲骨文中与建筑相关的字体可以看出商周时期建筑的特征大体有：第一，建筑已经初步显示出了台基、屋身、屋顶的 "三段式" 结构；第二，这一时期建筑的构架已经采用了梁柱结合的框架结构；第三，单体建筑向群体格局的演化基本上已经形成，出现了院落的雏形，而殷商这种 "宫室" 建筑群落的有序组合可以看作是周代严格的礼仪制度的先声；第四，殷商建筑多为具有多重功能的宫室组合群落，是集居住、祭祀、行政为一体的。

图 1-175　甲骨文中的 "门" 字

1.4.2　从甲骨文看原始家具的功能

商周时期的原始家具有：席、俎、案、几、斧依等，其功能主要集中在供人坐卧、庋物、遮蔽等方面。《道德经》中记载："始制有名。" 语言文字作为一种符号构建了人们意识中的现实世界，可以呈现一个民族深层的思维和意识结构以及对事物的认知形象，我们可以通过甲骨文的字体形象推测殷商现实世界事物的形象，直观地感受到这一时期家具

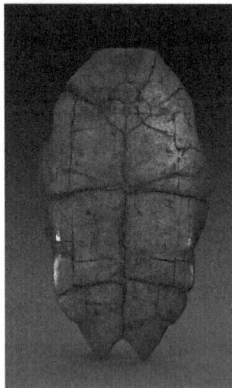

图 1-176　甲骨文中的　图 1-177　甲骨文中的"寐"字　　图 1-178　甲骨文中的"疟"字
"疾"字

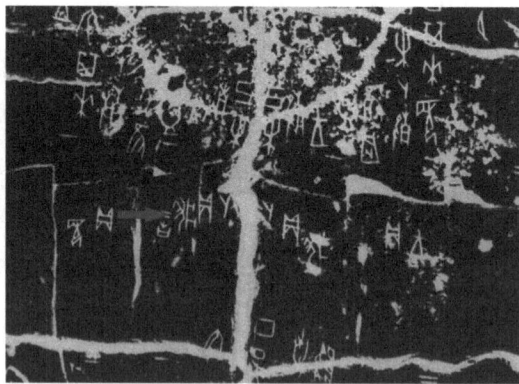

与人的关系，从字体形象及其相关因素窥见原始家具供人卧、坐以及承放物品的功能，和与之相关的其他社会生活的细节。

1. 卧

商周时期家具卧的功能可以从"梦""疾""卧"等甲骨文看出。

（1）梦

甲骨文中的"梦"字写作，字体形象像一人卧床而睡，手抚额头，在梦魇中惊慌不已。

（2）疾

"疾"为会意字，其甲骨文字体写作，左边像是床的形象，右边像是一个人的形象，生动地体现出了人卧在床上痛苦不已的形象。如天津博物馆王襄先生旧藏的甲骨（图 1-176），此卜骨所刻的卜辞记录了壬戌日贞人亘贞问商王牙齿患病是否会有大碍。

（3）寐

《说文解字》记载："夜寐，梦也。"甲骨文中的"寐"（图 1-177）写作，其形象为一人躺在床上入睡，上有屋顶遮蔽。

（4）疟

甲骨文中的"疟"写作（图 1-178），同"疾"相似体现了人患病后在床上的痛苦情形。

（5）跽

甲骨文的"跽"字写作，为形声字。跽的本义是长跪，即两股直立，再挺直上身。

2. 庋物

（1）商

"商"为会意字，甲骨文中的"商"写作，字体像是酒器摆放在几案等一类承具上（图 1-179），

进而表示将这酒赏赐给别人。所以其本意为奖赏，后世引申出买卖活动的意思。

（2）妆

甲骨文中的"妆"字写作，《说文解字》："妆，饰也。从女，爿声。""妆"字为形声字，甲骨文的"妆"（图 1-180）字的字体由两部分构成，右侧是席地跪坐梳妆打扮的人物形象，另一侧是一件竖立形象放置的承具，可以看作是商代的"梳妆桌"。从"妆"这个字，不仅可以看到人席地跪坐的形象，还可以据字意推测出原始家具的"庋物"功能。

（3）祝

从甲骨文"祝"字的字体可以窥见商代家具"庋物"的功能，"祝"字写作，为会意字。《说文解字》："祝，祭主赞词者。从示，从人。"甲骨文中祝的字形左面像是用于祭祀的俎或案，若为俎，则两点为滴下的肉汁；若为案，则可能为滴落的醴酒。字体右面像是跪坐在地上的巫，作张口仰面向天祈祷之势，口中礼念颂词祈求天地神明能降福于人间（图 1-181）。后来引申为人们向别人表达美好祝福，或者寺庙中司香火的人。

（4）浆

甲骨文的"浆"字写作，从字体可以看到殷商时期祭祀活动中在俎上分割牲肉的场景（图 1-182）。甲骨文的"浆"字左下角为几案形，右下角为"肉"形，字体上面的三个点表示切牲肉时溅起的血滴。

甲骨文不仅展现了奴隶制社会的生活风貌，而且反映了商周时期具以及建筑的形态，通过甲骨文的字体结构和会意方式展现了当时人们不同的生活场景，以及商周时期低矮型家具的形制特点。

   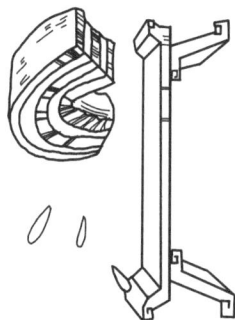

图 1-179 甲骨文中 "商"字的示意图　图 1-180 甲骨文中"妆"字 的示意图　图 1-181 甲骨文的"祝"字形象　图 1-182 甲骨文中"浆"字的示意图

思考题

1. 简述商周时期以席为中心的生活方式是如何产生的。

2. 商周时期席的使用对现今生活习俗的影响有哪些?

3. 简述商周时期的"礼"是如何影响家具的使用的。

4. 简述商周时期俎案类家具和后世桌案类家具的关系。

5. 商周时期的神异动物纹样体现了先民怎样的思想认知?

6. 简述商周时期的巫文化与春秋战国时期思想文化的关系。

7. 殷商时期的甲骨文体现了哪些家具或建筑类型?

8. 简述殷商时期的甲骨文如何体现出传统家具基本的使用功能。.

第 2 章

春秋战国时期的
家具文化

夏、商一直到春秋战国时期，我国正处于由奴隶社会向封建社会转变的过渡阶段。春秋战国时期更是出现了大变革，人们思想活泼，盛行讲学，出现了许多新学派、新思想，学派之间互相辩论，形成百家争鸣的文化盛世，带动了天文、历法、医学等科学技术的进步。与此同时，各具特色的民族、地域文化，其中也包括家具文化在这场大变革中碰撞交流，我国最早的文化传播运动由此拉开了帷幕。

"当旧的体制风烛残年而新制度渐趋上风之时，变革所带来的历史性空白恰好刺激了思想文化的扬弃，而当日变幻莫测尚未定型的思想格局则为思想家提供了创造的契机"。从大约公元前 16 世纪夏朝的建立，直到往后的 2000 多年，公元前 221 年秦始皇统一中国，这一历史时期是我国社会制度的转型和动荡时期，也正是我国酝酿文化和成型文化的时期。

春秋战国时期王室日益衰败，奴隶社会日趋崩溃瓦解，整个社会逐渐向封建社会制度进行大过渡和大转变。人们开始使用铁器，标志着社会生产力的显著提高。生产力的提高、生产关系的改变，大大促进了封建经济的发展，整个社会呈现出一片繁荣祥和的景象。手工业开始发达起来，冶铁业、工艺品制作在当时的社会占有重要的主导位置，精致华丽的漆器成了此时手工业的代表。铁器工具的使用、髹漆技术的广泛应用以及名工巧匠的不断出现，使得此时的家具在制作水平上显著提高，从而促使社会经济和手工业经济的大力发展，这些经济的发展也为家具的发展奠定了基础。

随着社会经济的高速发展，不同地域文化相互联系，社会上又出现了新的思想和新的文化艺术，这种诸子百家的文化环境，为后世家具的发展奠定了良好的文化氛围，促使这个时期的家具制作工艺发展到一个新阶段。家具种类方面虽然部分保留以前的一物多用、一物多名、形式单调、功能交杂的特点，但也逐渐出现了各种使用功能不同的家具，即坐卧类家具、置物类家具、储藏类家具、支架类家具、屏风类家具等，如案、几、俎、禁、箱、床、屏……

这一时期家具在制作工艺上采取了相对先进的技术，出现的漆木家具更是精美绝伦，但此时的家具总的来说呈低矮样式。

2.1 "礼崩乐坏"带来的思想解放

礼乐制度产生于周朝前期，对西周近三百年间社会秩序的稳定发挥过积极作用。"礼"指"周礼"，即五经里面的《礼》；"乐"指"庙堂之乐"。"礼崩乐坏"释义为孔老夫子感叹西周时期诸侯各国之间为了争霸日益征战讨伐而引起的社会混乱的现象，现可解释为伦理道德文化的日渐丧失而导致的人心不古、世风日下的现象。

《论语·阳货》记载"三年之丧，期已久矣。君子三年不为礼，礼必坏；三年不为乐，乐必崩"。解释为：服丧期为三年，时间太长了。君子三年不讲究礼仪，礼仪必定败坏；三年不演奏音乐，音乐就会荒废。即寓意着周朝的封建规章制度遭到极大的破坏，若长时间无人问津以及管理，会对社会制度和文化发展产生消极的影响，亟须良人出现对其改进。而"礼"也正是中国的古代社会规章制度和道德规范的约束。

春秋时期发生的"礼崩乐坏"现象，实质上就是我国从奴隶社会高度繁荣发展后逐渐趋向崩溃、瓦解、没落，最后被封建制度所取代的一个在政治、文化、生活等方面的反应。从音乐文化方面来说具有积极意义，"新乐"登上历史舞台，标志着我国歌舞伎乐时期的开始，中国的音乐形态由周王室所垄断的乐舞形态逐渐向歌舞伎乐形态演变。

2.1.1 文化大变革为新型家具的出现奠定了思想基础

春秋战国时期，王室衰败、诸侯争霸的现象直接导致生产关系发生了空前转变，奴隶主政权被推翻，劳动者挣脱了束缚的枷锁，成了部分有人身自由的农民或农奴，极大提高了劳动者们的积极性，生产力经济以前所未有的速度快速发展。铁器在此时得到广泛的应用，取代传统低效能的木、石、骨和蚌器等，为社会的经济发展带来了一场革命。快速提高了生产力的发展。铁器工具在家具制作中的使用，提高了加工的精度，缩短了家具的制作周期，使得木质家具的加工变得简便起来。由此开始，木家具在中国家具的历史舞台上走向辉煌。漆木家具大量出现，品种、造型、使用方式、制作工艺和装饰手法较之前的家具相比均发生了明显变化。正是由于这种形势，以席地而坐为特点的早期古典家具迈入了一个新的历史阶段。所以"礼崩乐坏"带来的等级制度的思想解放不仅对当时的礼乐制度产生了影响，也为后来新型家具的出现奠定了思想基础。

1. "礼崩乐坏"下的文化变革

"礼崩乐坏"发生的第一个时期在西周末期，此时的礼乐制度只是受到了局部的破坏，而到了春秋时期，破坏程度逐渐加深。周王的权力被削弱，诸侯国之间频繁爆发战争。社会矛盾加剧，违反和僭越法礼的事情层出不穷，礼的权威性受到严重挑战。虽然此时礼乐在一定程度上遭到了破坏，但并没有完全崩溃。礼乐制度经历了春秋的衰亡和动荡，整个礼乐体系已面目全非。从而失去了它的功能。社会制度等级之间的矛盾也在此时产生巨大的爆发。

由于周王朝实行分封制（图2-1），土地通常被作为奖励分给各诸侯，使得周朝王室实际控制的土地越来越少。诸侯国通过战争侵略、荒地开辟等多种手段扩大其占领领土。各国诸侯为了实力和权利的统一，他们逐渐走上了争夺霸权之路。率先行动

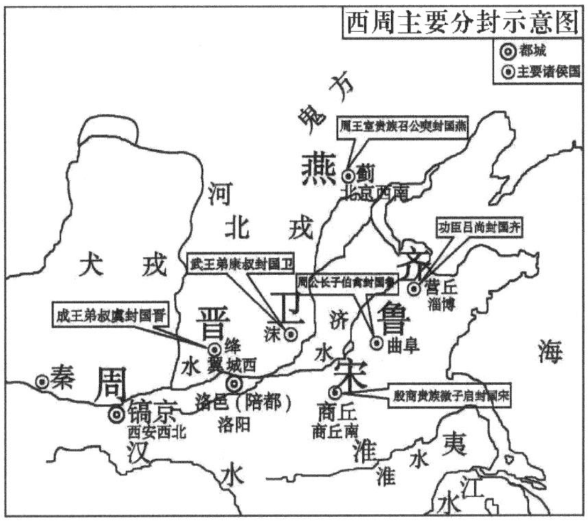

图 2-1　西周主要分封形势图

的是郑庄公，他首先向周王室的权威发出了挑战。他先是派人偷偷割了周王室的麦子，后又不再定期朝拜周天子。郑庄公的做法明显违反了《周礼》中对诸侯的规定：诸侯各国有义务向天子进贡。而在之后的"繻葛之战"中周王室又败北，从此周天子威信扫地，王室逐渐衰败。

周王室东迁后的很长一段时间里，都是与诸侯争夺霸权的时期并存的状态。一方面是国土面积日益增大的各个诸侯国间不仅征战、掠夺，也在议和与结盟；另一方面，周王室的统治者偏居一隅，勉强维持着王室尊严。中国的历史性质在这一时期发生了很大的转变，其内容涉及政治、经济、文学、法律等方面。首先，从现今大量的考古文物中可以看出，这一时期是商周青铜器时代向铁器过渡的时代，出土文物中不仅有大量青铜器，也有不少的铁器，从而得知这一时期的转变极大地促进了生产力以及手工业的高速发展，王室与诸侯的经济实力出现很大的差距，周室王权的逐渐衰落以及各诸侯国之间竞相称霸、吞并结盟，出现了春秋五霸与战国七雄的局面。其次文学方面出现"诸子百家，竞相争鸣"的现象，涌现了孔、孟、老、庄、墨、韩、荀等影响中国千年历史文化的思想家和哲学家，对于后世思想产生了巨大影响。

礼乐制度最为强盛的西周时期，礼、乐的出现都为当时的国家、社会以及人民带来了相当大的便利。随着王室的逐渐衰落，各诸侯国的势力不断增强，最终在春秋战国时期礼乐制度完全崩坏。

《礼记·祭统》曰："凡祭有四时：春祭曰礿，夏祭曰禘，秋祭曰尝，冬祭曰烝。"从祭品、礼器和用乐上来说，也有严格的等级区别和数量规定。《礼记·曲礼下》更是具体说："天子以牺牛，诸侯以肥牛，大夫以索牛，士以羊、豕。"牺牛，指毛色纯正的牛；肥牛，指肥美的牛；索牛，指临时挑选的牛。规格的由高到低，显示了不同等级之间不可僭越的宗法等级理念。

进入春秋以后，由于天子与诸侯、卿大夫之间势力的消长，西周时期原来代表贵族阶层的等级礼制的束缚力日渐减退，新生势力的崛起和政权的争夺，使得礼的僭越情况也越来越严重。天子的委曲求全，以及各个阶层贵族地位的浮沉，也使得一些王室或公室的贵族代表感到了天神地祇的不

可靠，因此也有意无意开始怠慢西周时期曾经极为严密的礼制。诸侯各国之间战争频仍，王纲解纽，随着各种新势力的崛起，致使原有的社会结构几近崩溃的边缘，礼制也遭到前所未有的破坏和崩溃。

礼乐制度的崩溃使周朝皇室不再拥有权威，各个诸侯国可以随意扩张领土。周王朝失去了对诸侯国的制约，原先统一的社会管理体制逐渐陷入混乱。而乐的破坏更为严重，可以说这是中国古代音乐史上的一次巨大浩劫。站在周礼倡导的道德仁义的角度来看，礼崩乐坏是一场悲剧，是一次历史发展进程的倒退，而从竞争发展的立场出发，礼崩乐坏的出现对于历史的整体进程却是十足的进步。礼乐制度的本质与自身的兴衰无关，而与社会环境密切相关。它在世界治理中蓬勃发展，在混乱时期崩溃。当世界和谐的时候，礼乐文明就会在社会上复兴和繁荣。

"礼"文化的下移与士阶层的崛起也有很大的关系，西周的礼制大多是为统治阶级和各个等级的贵族阶级制定的，士阶层的崛起和对政事的参与，使得士阶层有机会享用原属于统治阶级的礼乐文化；礼乐文化的下散，使一些周边少数民族也逐渐有了曾经专属于中原王朝的礼仪制度，礼的扩散和下移已成为先秦之礼发展与演变的必然趋势。人们对于礼的关注逐渐由其外部形式转向对其内部精义的考察和解释，力图探究礼的真义所在，并由此引发了战国时期诸子百家对于礼的辩论与阐述，促进了先秦礼学的形成与发展，奠定了中国古典文化的基韵。

士阶层作为贵族等级中地位最低、平民等级中地位最高的特殊阶层，本身就带有浓厚的民风民俗，且相对于上层贵族阶层而言，士阶层对于礼制的执行也未必像他们一样严格，更多地表现为礼、俗互融的状态，对礼的执行也比较灵活。

春秋时期的礼崩乐坏给诸侯国政治提出了两难悖论，诸侯国急需人才，而美德是人才成长的必要品格，正如《论语》提出的，"人而无信，不知其可也。大车无輗，小车无軏，其何以行之哉？"（《为政篇》）"其为人也孝弟，而好犯上者，鲜矣；不好犯上而好作乱者，未之有也。君子务本，本立而道生。孝弟也者，其为仁之本与？"（《学而篇》）美德本是社会成员安身立命的基础，但礼崩乐坏的

春秋时代，讲美德存在高昂的生存成本，短期生存竞争压力使得礼乐无法得到遵循，从而出现普遍的礼崩乐坏。是要成为痛苦的人，还是成为快乐的猪，这一问题在春秋时期也摆在了人们的面前。孔子的仁学是直接针对春秋时期的礼崩乐坏提出的革新，其仁学政治必须要对这一问题作出回答，但也必须经过一系列改革方案才可行。

时代的大变革，社会经济的繁荣，各国富强的需求必然导致技术和文化的高度发展，对于人们的生活产生了巨大影响，在当时人们面对着动荡的兼并局势，人们可以竞相为君主和强国做出一份贡献，"礼崩乐坏"的同时，也形成了人们言论自由的空前环境，对于生活产生了不可磨灭的影响。

2. 文化变革下新兴家具的萌芽

距今约4200~4500年的山西襄汾市陶庙龙山文化墓地出土的龙山文化家具是龙山文化时期的典型家具。在该墓地发现了大量彩绘木器，也就是漆器，其中主要的木制家具有俎和案。俎均为四足长方形，上面板较厚，近面板两端各凿出两个长方形榫眼，下安宽方足，俎上经常放有大型石厨刀和猪骨。案又分两类：一类为长方形或圆角长方形板状足案，出土时上面主要放有酒器和食器，也就是礼器；另一类为圆形台面独足式的案。所出土的家具样式形态虽然显得笨拙朴实，但也充分证实了我国漆木家具发展的历史悠久。

（1）几

几是古代人们坐时依凭的家具，专为尊者设之。

玉几是天子的专用器物，是最高的权利和地位的象征。如《尚书·周书·顾命》中记载，周成王临死前对群臣作遗诏时，要洗手洗面，换上冕服，凭依玉几，以显示周天王的地位和权力是至高无上的。雕几及以下则为诸侯及卿大夫所用。如《周礼·春官》中记载，天子朝见大臣的时候依据对象的不同而使用不同的几。如果是接见被朝见的人则提供雕几，如果是接见来访的人则提供彤几。此外，天子打猎时在其右边设漆几。几的使用除了象征着奴隶社会的等级制度外，作为依靠之物，还表示对老人的尊重。这在许多文章中都有记载，如《礼记·曲礼上》上称："大夫七十而致事，若不得谢，则必赐之几杖。""谋于长者，必操几杖以从之。""杖可以策身，几可以杖己，俱

是养尊者之物。"

春秋时期，出现了一位著名的木匠——鲁班。传说他发明了钻、刨、尺和墨桶。虽然当时人们的室内生活方式保持着跪姿，但是家具的制造和种类已经有了很大的发展。家具的使用不仅以床榻为中心，更加出现了漆绘的几、案等凭靠类家具。到春秋战国时期，几也可以放置器物，具有桌案的功能（图 2-2）。除了家具的种类有了新的发展，家具上的装饰纹样也越来越丰富多样，有彩绘龙纹、凤纹、云纹、涡纹等装饰纹样。这些出现在木面上的雕刻技术，反映出当时家具的制作技术和髹漆技术水平已经相当高超。

春秋战国时期的，几向上溯源也是从西周的几发展来的，这时期较具特色的"H"型几是比较直接的证明。几的两端各立一木板做腿足，是典型的板腿样式。这时期的几腿还有一个典型的特征就是腿的底端都连接一个拱形横枨。单腿与拱形横枨相连，侧面呈"工"字型，多腿与拱形横枨相连的，即形成了栅形足。如图 2-3、图 2-4 中可以看到这种腿型是春秋战国时期盛行的特色腿型，具有明显的时代特征。这一腿形不仅用在俎和几上，一些床和案等也广泛使用。

（2）俎

俎的面板为长方形木板，板面两端各凿两个榫眼，面板下安四根立木柱。夏代的蕨俎有了进步，在俎的两腿之间各加一根横枨，既增加了两足的牢固性，又起到了装饰效果。商代俎在前代俎的基础上把腿做成曲线形，使俎更具有美观性。值得一提的则是周代的"房俎"。在外观造型上有了很大的进步。俎的四腿不是直接落地，而是放于足下的横枨上，形如后世桌、案足下的托泥。

随着人类物质文明的进步，俎的形式也不断地改进和发展。总的来看，俎的表面有平面和凹面之分，足亦有四足和壁形足之别，因此其形制大体可以分为两类。一类是面板为平面的俎，如河南安阳商代石俎、殷墟小屯墓中的木俎及张家坡西周墓中的漆俎；另一类则是指面案为凹形的俎，如西周早期蝉纹铜俎、辽宁义县出土的西周早期的悬铃铜俎。

春秋战国时期的俎是继承了西周时期的俎发展而来的，因而俎大多还是箱板型结构（图 2-5）。至春秋较晚时期，甚至是到战国时期，楚式俎的风格才正式形成。春秋时期的俎形成了自己的特色腿形，即栅形直足漆俎（图 2-6）。这种腿形可以看作是从西周俎面板壶门镂空演变而来的。而到战国时期，栅形足成为主要的腿形样式（图 2-7）。这个腿形无论是在俎还是几上都是当时流行的腿形式样。

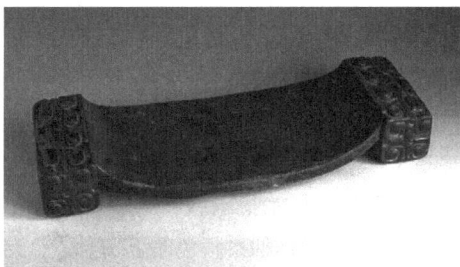
图 2-2　云纹漆几

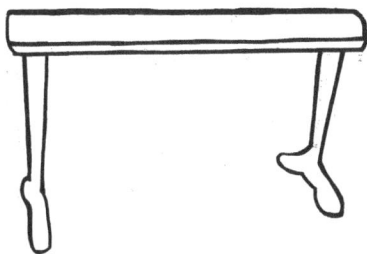
图 2-3　春秋几（a）

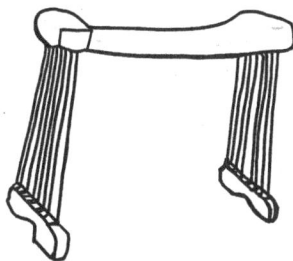
图 2-4　春秋几（b）

图 2-5　战国箱型俎

图 2-6　栅形直足漆俎

图 2-7　战国栅形足俎

（3）禁

禁是古人的祭祀礼仪用具，其与祭案和祭俎一样，蕴含着祭享、昭示死者的含义，是古代奴隶主贵族举行祭祀活动时盛放酒樽的礼器。其形式有方形、长方形箱式禁，长方形板式有足禁和长方形板式无足禁。

（4）斧依

斧依，也写作黼依，也就是后来的屏风。屏风在春秋战国时期已经得到了很好的发展和应用。

春秋战国时期的家具腿形以栅形足居多。栅形足由于底部的横枨，应该归为组合型腿。需要指出的是，横枨上的直腿和支杆，在当时已经是梁式木构架式样，可以看出当时在建筑房屋和修建棺椁中几乎成熟的木工技术，尤其是榫卯结构的出现，为家具的制造工艺创造优良的条件。

作为家具，屏不仅具有使用价值，而且具有欣赏价值。春秋战国时期开创了家具技术的新历史，家具的生产不再是单纯为了实用这一古老的功能，在实用的基础上更多的是让人拥有舒适的体验感和愉悦的欣赏感，陆续出现的装饰手法使春秋战国时期的家具更具价值。

2.1.2 "礼崩乐坏"影响下的家具纹饰艺术

"礼崩乐坏"现象的出现是社会的倒退，但对后世的更新换代和人类文明进步却有着积极的作用，从而影响着家具文化的发展，家具的纹饰艺术在经历一个礼崩乐坏时期后也产生了变化。

随着农业经济发展的地域性差异，西周以来的"井田制"开始瓦解，新兴的地主阶级由于经济力量的作用，逐步踏入历史舞台。这一新兴阶级对物质功能和审美功能的需求直接体现在家具的制作上，致使这一时期的家具有了新的特点，从成都出土的战国铜壶的图案中我们可以看到热火朝天的采桑画面（图2-8），图中绘有一男两女在桑树上采桑，以及整个采桑活动的情景，可见当时农业的发达。正是这种发达，才有了以后家具制作手工业的繁荣。

农业经济的整体高速发展为当时的手工业与商业的兴起奠定了扎实基础。以冶铸、制陶、木工建筑、纺织刺绣、制漆雕花为代表的手工业蓬勃发展，同时以城市为枢纽，以货币为媒介的商业迅速发展。西周时百工为官奴的状态在春秋战国时期被打破，出现了独立的技艺高超的手工业者，社会分工进一步细化。前面提到的鲁班便是其中的佼佼者，高超的技术不但使他得到大量的财产，而且把他推到了诸侯国之间争斗的风口浪尖。城市间繁荣的贸易活动为诸侯列国相互促进和交流提供了重要途径。

在建筑技术、编织技术以及彩绘工艺不断发展的历史背景下，我们的祖先把这些技术与家具制作相结合，创造出新的家具，形成了家具艺术。

此时此刻，我们用现代人的眼光欣赏当时处于家具艺术发展婴儿时期的作品，虽然有些粗糙，但那却是我国家具艺术发展史的起点与基石。因为有了它们，才有了后世富有艺术气息的家具、精美绝伦的纹饰图案以及源远流长的故事，显示着无穷的艺术魅力。

1. 家具纹饰类型的变化

史前时期，龙被视为祭祀、求雨的神灵，与星象相关，龙崇拜广泛存在，且多地出现了龙纹遗址，如湖北黄梅县的卵石摆塑龙、河南西水坡的摆塑龙、山西陶盘上的蟠龙纹（图2-9）等，古人通过想象把现实动物结合，形成了早期的龙的形象。夏民族视龙为保护神和祥瑞，贵族阶级以龙纹为饰。商文化在很大程度上沿袭了夏文化，商人将龙作为重要的纹饰。商代早期陶器、玉器上的龙纹已呈现出对称结构和抽象化特征，为后期龙纹造型的发展奠定了基础。商代中期龙纹蓄势待发，到商晚期达到鼎盛。周代在承袭商文化的基础上融合自身的政治、文化，形成了新的龙文化。

商周时期，人们开始把王权、神权与青铜器纹饰相结合，形成浪漫且独具特色的艺术元素，这

图2-8 成都的战国铜壶　　图2-9 山西陶盘上的蟠龙纹
上的图案

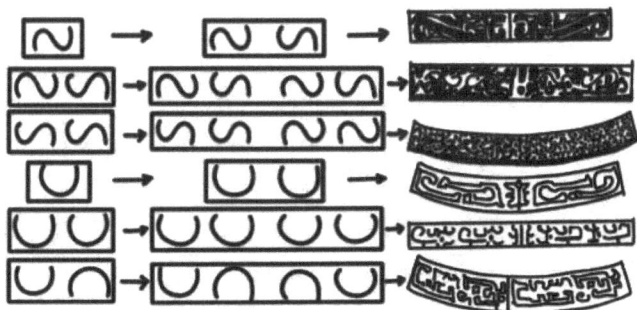
图 2-10　以 C 形和 S 形组成的龙纹

图 2-11　以涡旋状为骨架的圆形龙纹

二者的结合造就了我国古代早期文明极为神秘的艺术气息，在后来的十几个世纪一直延续着这样的做法。在纹饰图案的设计上也极为丰富多彩，可以分为几何纹、动物纹、植物纹等，具体图案以龙纹、凤纹、饕餮纹为主。这些纹饰不仅在当时非常盛行，还为后世中国文化与艺术的形成产生了深远的影响。

商代晚期到西周早期，条带状龙纹流行，龙纹形象写实与抽象并存，单元龙纹造型多为横向 C 形或 S 形（图 2-10），少数为涡旋状（图 2-11）和 W 形，外方正内曲折。相比之下，商晚期龙纹更端庄肃穆，西周早期更灵活简洁，并通过简化、拆解、抽象等方式变化。西周中晚期条带状龙纹出现新的表现形式，单元龙纹常为组合纹样，如两个 C 形上下交错、S 形与涡卷搭配，也有呈中心对称的横向 S 形，反复组合而成的条带状龙纹的秩序性和节奏感往往更强。

当时的青铜器，大体可分为生产工具、生活用具、符牌、镜鉴、兵器、礼乐器和车马器等，共 50 多类，每一种类又有多种形式。以铜容器来说，可分为食器、酒器、水器等；食器有鼎、鬲、簋、豆等；酒器有爵、斛、觯、尊等；水器有盘、匜、鉴和盂等。青铜器的制造原为实用，以后大多用于祭祀燕享，所以称为"礼器"。

春秋战国时期，纹饰图案在体裁上由造型独特的抽象主义逐渐演变为写实主义，衍生出金银错纹样和漆器装饰纹样两种纹样类型；更加流行狩猎纹、龙凤纹、蟠螭纹等纹饰图案。其中最具代表性的是描写人物行为的纹样，如描写人们采桑、渔猎、战斗场景的新装饰，表现出百姓安居乐业、辛勤劳作的生活状态。春秋战国时期纹饰图案新体裁、新样式的出现再加上其活泼、规整的特点，

体现出这一时期装饰艺术的独特之处和明显的地域特色。

2. 家具纹饰纹样的变迁

在春秋战国时期，中国的服饰文化发生了第一个变革，它涉及了方方面面，内容甚是宽广，面料、色彩、配套工艺、款式和服饰纹样都发生了很大变化。在商周时期，奴隶社会的装饰纹样以直线为主、弧线为辅，具有整齐划一、严肃庄重的美学特点，体现出奴隶主阶级政权森严的等级制度。春秋战国时期的服饰延续了这一特点，带有深刻的历史印记。

商周时期的装饰纹样造型更加强调夸张手法，如突出动物的头、角、眼、鼻、口、爪等部位；以几何图形为框架，确定的中轴线为基准，把图案镶嵌在几何图形之中。到了春秋战国时期，在封建奴隶制度的崩溃和社会思潮大活跃的影响下，装饰艺术发生很大转变。这一时期虽然沿用了商周时期几何框架和对称的构图手法，但是不会受到几何图形的约束，世人会根据创作意图打破束缚，使图形看上去更加灵活。风格变得活泼开放，主题从变形转为写实，轮廓线条出现弯曲自由，表达内容更加活泼生动。这一时期出现的植物纹把写实与变体相结合，成为最具时代特点的新题材。

（1）植物纹

以植物作装饰，在商代和西周的铜器上极为罕见，至春秋时才见有数例：安徽寿县出土的春秋铜壶和铜殷，用荷花作器盖图案；北京故宫博物院藏春秋莲鹤青铜方壶，壶盖亦用莲花做装饰，中立一鹤，作展翅飞翔状，造型精致生动。植物纹样至两汉时期才逐渐兴起。北京故宫博物院收藏的舞人纹经锦纹样，湖北江陵楚墓出土，图案为一个宽矩形排列成锯齿形的骨架，矩形内填充双龙、双凤

图 2-12　楚墓出土的凤鬶（音驼）麒麟舞人纹经锦纹样

图 2-13　殷、商周时期 饕餮纹

或类似的图案。长方形外的空间有八组图案，其中引人注目的是成对的舞者，他们头戴皇冠，垂着尾巴，穿着系着腰带的长袍，代表着楚国的巫术活动。在两条龙之间，气势恢宏的凤冠和凤翅构成了整个图案，犹如一个菱形骨架，使图案的布局饱满而不混乱，十分有序。这种布局在战国时期的刺绣中已经非常成熟了。它体现了战国时期龙、凤的特点，纤细、美丽，常与花、藤的枝蔓缠绕在一起（图 2-12）。

（2）动物纹样

动物纹样主要有饕餮纹、夔纹、龙纹、凤纹、鱼纹、龟纹、象纹、蝉纹、蚕纹等，其中变化形式最多的有饕餮纹、夔纹、龙纹、凤纹四种，他们经过夸张、变形的手法绘制后，有些已经变得很难识别，最典型的当属饕餮纹。

①饕餮纹

为一种图案化的兽面，故亦称兽面纹。首先采用饕餮纹这一名称的是宋代的《宣和博古图》。有关饕餮纹有种种论述，如《吕氏春秋·先时》："周鼎著饕餮，有首无身，食人未咽，害及其身，以言报更也。"《左传·文公十八年》："缙云氏有不才子，贪于饮食，冒于货贿。侵欲崇侈，不可盈厌；聚敛积实，不知纪极。不分孤寡，不恤穷匮。天下之民，以比三凶，谓之饕餮。"杜预注："贪财为饕，贪食为餮。"《闻一多全集·伏羲考》："以饕餮作纹，取其压胜之意（认为是战败部族的一种图腾纹），故用来压敌制胜，以矜功，以威敌。"从很多具体纹样的组成来看，饕餮纹横眉裂口，宽鼻瞪眼，有首无身，确像是以某种兽类的正面头像为基

本形而变化来的，但这一兽类为何物，具有何种含义，目前还缺乏足够确信的资料说明。现在所见到的饕餮纹已有近千种式样，构成各异，为这一时期纹饰中变化最多的一种。表现形式主要有双眉直立的；有眉作兽形的；有横目张口旁有夔纹的；有鼻、肩、口呈方形，中填云雷纹的；有巨眉大口的；有以变形云雷纹构成，双目突出的，也有的像正面的牛头形……组合多数以鼻为中心，作对称处理，皆成矩形，也有少数作平衡状，亦有组成方形和蕉叶形的。饕餮纹一般施于鼎的腹、腰部及口下，都在器物的主要部位。有占满整个器物的；有作带状构成的；有分段装饰的。通常在纹饰中间刻有云雷纹，或以云雷纹作底纹。饕餮纹在商后期和西周前期的铜器上，应用十分广泛，在殷的白陶和骨器等上面也常见到，可见当时十分风行（图 2-13）。

②夔纹

在形象的构成上近似龙形，一耳一足。古文献对夔有种种解释。《说文》："夔，神魖也，如龙一足。"《山海经·大荒东经》："有兽状如牛，苍身而无角，一足，名曰夔。"郭沫若认为，夔可能是从蛇演化出来的。夔纹在商和西周初期的铜器上用作装饰甚为普遍，多为侧面形。常施于簋、卣、尊、彝的口或足的边上和腰部。主要表现形式有张口卷尾，一耳一足的；有身作两歧的；有尾分双歧的；有两头一身的；也有以几何形组成变形夔纹的。商时期的夔身短，通行两头夔，作单独纹样的较多，西周时期的夔身长，变化多，通常为二方连续纹样：有两夔相对的，有两夔并列组合的，有构成仰叶形的，有依附饰于饕餮纹两侧的，等等（图 2-14）。

③龙纹

在商代的卜辞里已有很多龙字，龙是商人卜问的对象之一，是崇拜的百神之一。从商周青铜器上构成的龙形看，主要表现形式：有巨首生两角，身似蛇形，蟠曲如球状；有两身一头，头居中两身分列左右，有四足亦有无足；有双龙蟠绕一起的，有数龙蟠结构成的，等等。第一种见于殷代，后两种通行于春秋战国，其他流行于殷和西周初期。龙纹一般施于盘底、鼎口、尊、卣或壶上（图 2-15）。

④凤纹

凤在古代传说中为群鸟之长，是羽虫中的最美者，飞时百鸟随之，象征祥瑞。在商周青铜器上的

图 2-14　殷、商周时期　夔纹　图 2-15　殷、商周时期　龙纹　图 2-16　殷、商、春秋时期　凤纹　图 2-17　殷、商、春秋时期　鱼纹

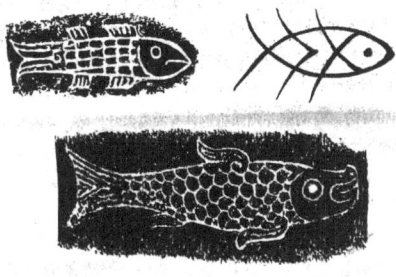

表现形式大多是侧面形，只一足；另有头回顾，冠不与首相连且羽翼飘举的；有头生长冠，垂尾的；有翼、尾作三重，冠向前绕的；有长颈、昂首、卷尾和翼向上举的；有冠、翼都向前身环绕的；有作跳跃飞翔状的，等等。在构成上，商时期的凤身较短，一般为垂尾，组成单独纹，有两凤相对的，连续纹较少见；西周时期凤身较长，尾多上卷，一般都是两凤相对，单独的较少见；春秋时期有两凤相对的，有作不规则排列的，构成较活泼。由凤纹组成的外形有圆、方、矩形等。多数施于卣和簋上，作为主纹，用云雷纹衬底。在少数殷或西周器上周身用凤纹作装饰，这是较特殊的一种手法（图 2-16）。

⑤鱼纹

鱼历来是人类的生活资料，人们亦喜爱对其进行艺术表现。仰韶文化时期，陕西西安半坡的居民，就将鱼画到陶盆内作为装饰。殷、周铜器鱼纹多施于铜盘内。其状为脊鳍腹鳍各二，结构匀齐严整，此为殷代鱼纹的特征；脊鳍一，腹鳍二，鳞样逼真，表现写实的鱼纹流行于春秋战国；有的运用几何形法构成，用线极简练，见于西周器（图 2-17）。

（3）几何形纹样

只有在西周后期和春秋前期的青铜器上是用几何纹来作为主纹的，在其他时期的器物上都是把几何纹当作底纹。在其他时期的青铜器上的几何形纹有云雷纹、鱼鳞纹、环带纹、重环纹、绳纹、圆圈和圆点纹等，其中云雷纹的应用最为广泛。

①云雷纹

《梦溪笔谈》：“礼书言罍画云雷之象，然莫知雷作何状。今祭器中画雷，有作鬼神伐鼓之象，此甚不经。余尝得一古铜罍，环其腹，皆有画，观之乃是云雷相间为饰。”云雷纹的形状主要有方圆两种，方者习称雷纹，圆者习称云纹。有一种像旋涡形的叫涡纹，回环返复的叫回纹。商周青铜器上的云雷纹，通常以螺旋形为基本形，多数组成二方连续纹，少数组成四方连续纹。一般施于器物颈、足、口沿部分，少数作主纹，大多只作底纹应用（图 2-18）。

②鱼鳞纹

西周后期及春秋时期铜器的流行纹饰。表现形式如鱼鳞排列，多数作二重、三重线构成，单线的较少见；多数为圆形，少数呈方形；也有的作垂鳞式，以粗线勾出，称细线鱼鳞纹（图 2-19）。

③环带纹

又称山云纹、盘云纹。如山之起伏，云绕其间。环带纹以波线为基础，双线相重作带状，多数上下填两环，成“❊”形，少数相间以兽纹，组成二方连续纹样图案，饰于簋和壶的腹部作主纹，也有的装饰于器物底部，还有二、三层相重作器物整个装饰的。环带纹通行于西周后期和春秋前期（图 2-20）。

④重环纹

西周后期盛行。基本形为矩形，一端为方形，一端为圆形，多数为双重线组合，亦有两个重环间隔有圆环纹，形成二方连续纹样，常见施于簋的足

图 2-18 商、西周、春秋时期 云雷纹   图 2-19 西周后期、春秋时期 鱼鳞纹 图 2-20 西周后期 环带纹

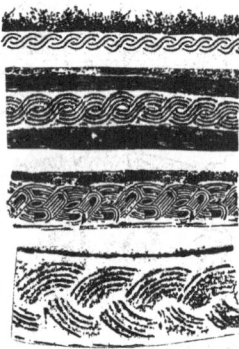

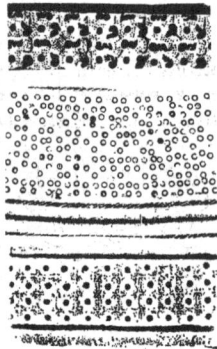

图 2-21 西周后期 重环纹   图 2-22 春秋战国时期 绳纹   图 2-23 春秋时期 圆圈、圆点、圈带纹   图 2-24 春秋时期 金银错纹样

部（图 2-21）。

⑤绳纹

组成形式有两重线相交组成；有三、四重线组结构成；有多重线相交组合。大多作为边纹装饰。通行于春秋战国时期（图 2-22）。

⑥圆圈和圆点纹

以圆圈、圆点等形成，通过疏密、间隔、多少的不同排列组成。大多作为器物的边带装饰，少数亦有作为主纹的。在各期器物上都能见到，而在春秋器上较常见（图 2-23）。

⑦金银错纹样

春秋后期创造的一种新装饰。多数运用几何形构成，通常以三角形折现（ΛΛΛ），斜线等间隔排列（////）和互交斜线为基础（×××），在应用各种圆涡线、斜线和直线，通过黑白、粗细和相互交错的意匠经营，组成金光闪亮的金银错图案。这种构成方法，和它的制作材料和技术互有关联，具有鲜明的时代特色（图 2-24）。

2.2　床榻的出现

根据历史文献记载和实物分析可知，我国对床的制作开始于殷商时期，在战国时期基本定型，但是按照床的功能能够追溯到远古时期。干草叶和兽皮可以起到防止潮湿与寒冷的作用，那时人们把草叶和兽皮做成坐具或卧具形状的席子，这种席子也就是最早的床榻。人们开始以席子为中心改变着生活方式，可以说席子的出现在一段时间内满足了人们的生活需求，也对后来床的功能和发展有着深刻的影响。床这个名词在文献中早有记载，其中《孟子万章》有"舜在床琴"一说。殷商时期的甲骨文上也记载着床的形状，图 2-25 中有卧床未睡的形象，有卧床休息的形象，有病亡在床上的形象，还有房屋中有床的场景。林义光在《文源》中说："考爿并有床象，实即床之古文。"由此可见，"爿"形则是古代床榻的形状（图 2-25）。查阅以上文献记载能够证明"床"在很早以前就存在并且广泛使用。在仰韶文化半坡遗址中，可以发现那时人们会在室内修筑高出地面的土台，这种土台可供人们坐卧，可见在母系氏族社会就出现了床的雏形。席具有即用即设的特点，所以在日常生活中被广泛使用，经过不断发展就演变成了床的另一种形态"榻"。而且席子还有尺寸灵活的特点，铺设的样式、大小、方向也显示着地位的尊卑之别。

到了春秋战国时期，思想更加开放，出现百家争鸣的局面。当时的经济与工艺水平都有着提高，

在这一时期，席已经无法满足上层社会的需求。而且席本身为竹、草、芦苇等有局限性的材料所制，同时，木匠工艺技术水平不断提高，其他配套家具如几、桌案等的尺寸不断加大，于是卧具尺寸也跟着增高，尺寸增大就会变得笨重，也就出现了位置固定的卧具"床"。但是床移动困难，而且低级官员和普通百姓无权使用，因此床在此时并未得到广泛的应用。为了解决人们的礼仪、宴会及会客等需求，出现了一种方便移动、比席要高一些又区别于床的家具——榻。

魏晋南北朝时期的生活方式仍是以席地而坐为主，所以用于席地而坐的铺设用具比汉代有进一步的发展。其中最流行的有席、筵、茵、毡、毯和褥等几类，而每一类又各有许多种，可以说品种已经相当齐备。

席和筵仍然是最常用的坐卧铺垫用具，"下筵上席"的陈设形式在当时非常流行。古人对席筵的铺设十分讲究，也非常的科学。因为筵是直接铺在地上的，所以要有防潮、防寒、保护席子等功能。筵的用料多为竹、苇类等，抗压、抗蛀蚀、抗踩踏的性能都要强于席子。在汉魏以后便称这种席为筵。如用于宴饮的"宴筵"和用于歌舞的"舞筵"（图 2-26）等。当筵单独使用时也叫作席。可以说筵是从席的不断发展中细分出来的。这一时期，席的编制手段也趋于多样化，有编的席、织的

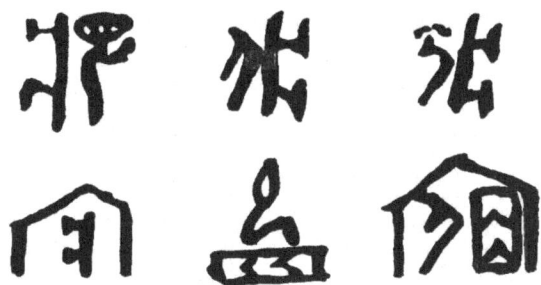

图 2-25　甲骨文中床的形象

图 2-26　舞筵

席，也有特制的羊皮席、虎皮席、貂皮席和熊席等动物席。编席有竹席、苇席、草席、藤席、象牙席等；织席有毛席、布席、锦席、丝席等。冬天时使用暖席，夏天时使用凉席。这一时期的席子纹样和图案已经相当精美，编织技术和装饰色彩也比汉代丰富，新品种、新技术层出不穷。当时十分流行的编席形式有"龙须席""赤皮席""赤花席""西王母席"等，织席有织毛席、织锦席、毡席等。外来文化影响下的棉席等在当时也是非常受欢迎的。在贵族之间，象牙席成为富有的象征。象牙席是用把象牙剥为的细薄的篾丝编织成的一种席，运用了一种极为复杂的编织工艺。

2.2.1　床与榻的艺术特色

在高型坐具普及之前，人们的日常生活中并没有对应相应的生活家具。因此，床这一家具成为室内主要的使用家具，所有的陈设和活动都是围绕床来进行的。除了起到多用途的作用外，还承担着多名称的现象。《释名·释床帐》："人所坐卧曰床。床，装也，所以自装载也。"《说文·木部》："床，安身之坐也。"《商君书》言："人君处匡床之上而天下治。"这一时期的床，包括两个含义，既是卧具，又是坐具。"载寝之床"说的就是卧具；"人君处匡床之上"则说的是坐具。匡床就是一种方形的、仅供一人独坐的小床。在唐代以前，不仅坐卧类家具称床，好多起居用具也可称床，如放火炉子的炉架叫火炉床，在放玉玺的桌子叫宝床，梳妆台叫梳洗床等。可以看出古代的"床"并不只是单一的"卧"形式。

从大量的出土实物得知，出土于春秋战国时期的漆木床、彩绘床等为后来汉代成为漆木家具的高峰期奠定了基础。又大又矮的床的形制，既满足人们席地而坐的习惯，又满足当时人们的需求。由此可以看出，当时的床已很普遍，而且制作水平已经相当高了。随着人们审美意识的增强，家具不仅有使用功能，还兼有欣赏价值（图2-27）。并且当时出现的床的内部结构——方格形栏杆也经常运用于之后建筑的门窗棂格上。

河南信阳长台关一处出土的战国漆绘围栏大木床是迄今为止出土的第一个床的形制，其为我们提供了真实又具体的床的形象（图2-28）。这件木床

长218厘米，宽139厘米，通高44厘米，床周围有可拆卸的格子栏杆，两侧的栏杆留有上下床的地方。床是用纵3根、横6根方木榫连接而成的长方框，上面摆着竹条铺着的床抽屉。床脚完全雕成对称的卷云状肩部，带有斗方支架，床下孔内插有方形柱榫。整个床的形象已经相当成熟，在接下来的2000多年时间里，床的整体形象除高度以外并没有发生太大变化，这主要是因为当时还是以跪坐为主的社会生活形态，所以整个床板的高度离地面只有19厘米。随床一同出土的还有竹席、竹木合制的空心枕头等。虽然是战国时期的产物，但其技艺已相当成熟。它的形状与现代的木质床形制大致相同。由此可见，床的形状至少在战国时期就已基本定型。

榻一词的古义是坐卧用具，可坐可卧，其中榻字的"木"字旁代表制作的材料是木头，而"昜"则有"低""下"之意。早期坐姿限性导致榻的形式都是低矮的。在古代席地而坐时期，坐站有相是一种礼貌的行为。《礼记·曲礼上》："坐毋箕。"就是要求人们在跪坐时，必须双膝着地，双足在后，把臀部压在足跟上。不要屈膝张足，如同簸箕一样，这就是所谓的"箕踞"。箕踞是一种对人轻视无礼的表现。《战国策·燕策二》："荆轲自知事不就，倚柱而笑，箕踞以骂。"记载了荆轲刺杀秦始皇，被秦王反击以后，荆轲箕踞，这

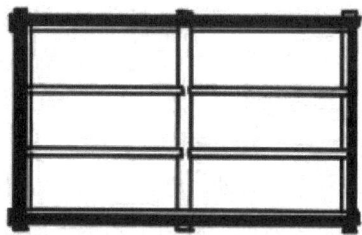

图2-27　战国漆绘围栏大木床方形栏杆

图2-28　1957年在河南信阳长台关的战国漆绘围栏大木床

正是对秦始皇的蔑视。因此，这种坐式规范和等级制度也成了汉代的榻不能高于膝盖高度的原因之一。

床和榻的产生和演变发展贯穿了中国家具的整个历史进程，并在发展过程中产生了各自不同的特点。然而，我们不能单一地把它们混为一谈。如果把床和榻的功能、形状、体积、装饰手法、陈设等综合考虑，就很容易区分两者的区别。床与榻的不同文化内涵体现在对床名称的诠释和梳理体系上。因此，关于床的争论不仅可以明确床和榻的概念，而且对我们研究当时的人文意识、家具形态以及它们之间的关系有着深远的意义。无论是对于传承传统文化，还是对现代家具的发展都起着至关重要的作用。同时，在这一时期也出现了"床前必设榻，榻前必设几"的生活方式。

2.2.2　床与榻的使用功能

春秋战国时期是我国历史上比较混乱的一个时期，各诸侯国为了争当"霸主"经常会发生征战。然而这并不影响人们当时思想的发展，"百家争鸣"这一现象其实就是这一时期的一次思想大爆发。由于此时的人们对《周礼》以及儒学思想十分推崇，因此人们认为日常生活中的生活方式应该符合"礼法"的要求，才更符合"以礼为尊"的时代背景。因此，"床"在这个时候实际上成了一个载体，与不懂礼仪的人划清了界限。也就是说，如果你不在床上睡觉，人们会认为是一种不合"礼仪"的行为。在这种思想的影响下，春秋战国时期的"床"，已经划入了床的家具，同时还兼有其他实用功能。例如，人们在写字、读书或者吃饭的时候，都会在床上放置小型几案。这种情况其实与现代社会中人们的生活方式有些类似，大概就是在床上放一个"床桌"，然后就可以读书或者吃饭了。

由此可见，床、榻发展到高型时期，虽然其造型相似甚至趋于一致，但是两者在使用功能和陈设上，仍有着明确的不同。其中榻更像是我们今时客厅中所摆放的沙发，在中心醒目的位置接待来访的客人；而床则退居到后面，功能类似于我们今天卧室中的床。此后，床和榻按照其自身的功能各自发展并达到了顶峰，如拔步床、罗汉床等。

2.3　髹漆家具中的浪漫楚文化

楚文化是春秋时期南方诸侯国楚国的物质文化和精神文化的总称，是华夏文明的重要组成部分。楚文化是从周代开始的区域文化，发展到春秋中期时已可以与中原文化相媲美。虽然楚文化是在江汉地区诞生和成长的，但是楚文化的主流不在江汉之间，所以能够看出在古代随着种族的不断迁徙，文化也随之而变化，文化的起源地域也会随之而变化。

楚人以凤为图腾，在楚人看来凤是至真、至善、至美的神鸟。楚人认为只有在凤的引导下，人的灵魂才能得以飞登九天，周游八极，自然出土的楚文物中凤的图案非常多。其实凤的原型是一种或者几种鸟，并不会那么美，由于楚人发挥自己的想象，将凤想象成自己喜欢或者是向往的理想型的样子，所以就有了很多凤的形象。楚人对凤的喜好不光体现在家具装饰上，也喜好用凤来自喻，在《史记·楚世家》记载的伍举与楚庄王的对话中，楚庄王将自己比作一只一鸣惊人、一飞冲天的凤鸟，在楚辞中屈原也多次以凤喻己，在这些资料中都有以凤喻己的记载。除了凤纹外，楚人还运用大量的想象思维创造了很多的生活故事，在神话故事中还将很多动物、植物进行了变形，楚画或者是家具的绘画上出现了动物合体、人兽合体的复合造型，这些绘画造型表现出奇特的同时也体现了楚文化的浪漫和神秘的色彩气息。

髹漆家具，顾名思义就是在家具上饰以天然漆来作装饰。春秋战国时期髹漆进一步发展，家具的装饰手法开始变得多样化，这一时期的髹漆家具主要有几、俎、案、床、架、座屏等。在不少出土的髹漆家具中底色皆为红色，其他的绘画装饰颜色为黑色，也就是红底黑漆，如在湖北荆门出土的战国楚墓黑漆折叠式活动床，湖南长沙黄土岭的朱漆绘漆案等都是用黑漆或者是红漆来进行装饰。另外除了红黑外，在家具上还有黄、蓝、绿、褐、银灰等其他的彩色，这些彩色相互搭配使用，但还是以红黑为主。在家具上所使用的漆和绘制图案色彩鲜亮

图 2-29　彩绘圆形漆豆

明艳，纹样线条细腻、婉转。

　　家具是社会的一种产物，是文化的载体，是一个历史时期的缩影和见证。这是我国古代绘画见证文化的一个途径。作为曾经辉煌灿烂的楚文化，无论是其文化内涵还是艺术的特点都必然会体现在楚人的髹漆家具中，也能看出楚人的风俗、文艺和信仰。髹漆家具中的图案可体现出楚人的喜好，如楚人崇尚太阳，崇尚赤色，崇尚火。在现在的荆州古城中还保留了"拜日崇火"这一习俗，髹漆家具中以赤色为底色也能说明楚人崇尚赤色（图 2-29）。在红色的丹漆上用黑色的漆来进行绘画，画的线条有直线也有曲线，直线和曲线相结合既有直线的流畅也有曲线的活泼。人们的审美获得提升，在注重家具实用性的基础上也逐渐倾向于中式家具的装饰性。髹漆与雕刻是当时家具装饰的主要手段，为家具艺术增添了光彩。家具的装饰水平也体现了家具主人的身份和地位的高低。此时的漆器已经取代了大部分青铜器，漆家具的种类有明显的增加，出现了很多之前没有出现过的漆家具品种，如漆木床、漆木架、漆木屏等，为后世汉代漆家具达到全盛时代揭开了序幕。

2.3.1　髹漆家具中浪漫的纹饰艺术

　　楚国的髹漆家具，通常以黑漆为底，红漆和其他各色漆描花。黑色的颜料是烟炱，红色的颜料主要是朱砂。黑漆和红漆最耐久，色调最典雅，

从出土的漆家具中可以看到，髹漆和彩绘是这一时期家具的首要特色，彩饰漆家具色彩艳丽，通常以黑色为底色配以红色彩绘图案，显得朴素而又华美。

　　1. 纹饰的类型

　　髹漆家具中的纹饰类型大致可以分为几何纹饰、动物纹饰和场景纹饰。而在这三种主要的纹饰类型中，还有很多细分出的纹饰类型。

　　（1）几何纹饰

　　几何纹饰的抽象性比较强，装饰性比较简单，以直线和折线表现出来，主要有菱形纹、方块纹、回纹和三角纹等。以点来划分的话，有点纹和目纹，以曲线表现的纹样则有云纹、雷纹、涡纹、斑纹、鳞纹、花瓣纹、S 形纹等。在河南光山县宝相寺上官岗黄君孟夫妇墓出土的漆器中有很多几何的纹样类型（图 2-30）。几何纹样中，我们选择在楚文化的髹漆家具中比较有代表性的纹样来进行说明。

　　①三角纹、回纹

　　在山西长治分水岭中出土了很多直线或折线的三角纹和回纹的漆器（图 2-31）。可以从漆器上非常清晰地看出纹样的样式，在三角纹中还有类似于回形纹样进行的装饰（图 2-32），形成了重叠的多种样式，丰富了纹样的类型也增加了美感。

　　②勾连、波形纹

　　山西长治分水岭出土的漆器中有很多绘有勾连纹和波形纹（图 2-33），这两种纹样是曲线中的勾连纹，呈现的是不间断的纹样，在漆器上非常简约，与波形纹相结合既有直线的流畅又有曲线的活泼，两种纹样相得益彰，相互媲美。

　　③涡纹

　　涡纹是属于曲线造型中的纹样，涡纹原先是太阳的象征，在春秋战国不断发展，在圆中间加了不同的纹样进行装饰，形成了不同的纹样（图 2-34），绘在漆家具中进行装饰，如在湖南湘乡牛形山 1 号墓出土的彩绘涡纹漆案（图 2-35），漆案上的纹样非常精美，可以说是漆家具中典型的涡纹，涡纹整齐绘在漆案的案面上（图 2-36）。

　　④云纹

　　云纹的类型非常之多，有卷云纹、流云纹、三角云纹、勾连云纹、蝶状云纹、花瓣云纹等纹样（图 2-37）。例如，在安徽寿县出土的春秋漆器中绘

图 2-30 春秋早期漆木器
（漆豆、漆盖、漆斗）残片
几何纹

图 2-31 春秋中期漆器 回纹、三角纹

图 2-32 春秋中期漆器 三角纹

图 2-33 春秋中期漆器 勾连、波形纹

图 2-34 涡纹系列

图 2-35 彩绘涡纹漆案

图 2-36 彩绘涡纹漆案局部

图 2-37 云纹系列

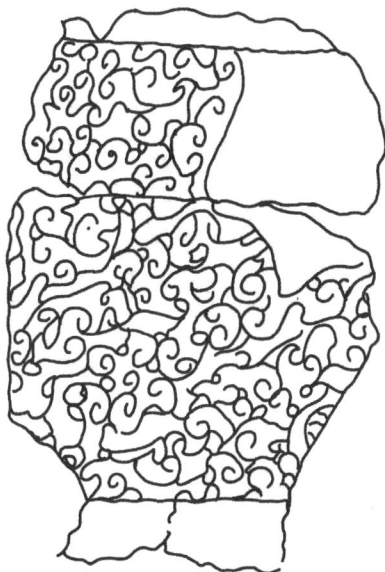

图 2-38 春秋漆器中的流云纹

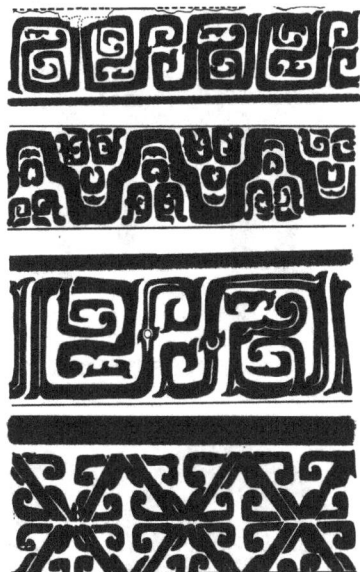

图 2-39 春秋早期漆器 窃曲纹、波线云纹

有流云纹（图 2-38），在漆器中可以看到流云纹的线条比较纤细，纹样乍看比较繁复，但是仔细观察会发现每条曲线都延伸的有规律。在春秋早期的漆器中还有波线云纹（图 2-39）的存在，此漆器上的波线云纹为连续不断的在波纹凸起到边缘的线，在凹的地方有回形卷云纹作为装饰，两种纹样相互结合。

另外在湖北枣阳九连墩 2 号墓出土的彩绘云纹

方柱形四足漆俎（图2-40）上带有云纹，俎上的云纹能非常清晰地看出是卷云纹，分布在俎面的四周。此俎的方形四足与凹形俎面榫卯相连接，整体上髹漆彩绘，造型简洁，可是说是楚式俎中非常精美的一件器物。还有在很多出土耳杯上绘有云纹，在湖南常德德山夕阳破1号墓出土的一件彩绘云凤纹漆方耳杯（图2-41），耳杯是古代用来盛酒或盛羹的器具，这件方耳杯上的云凤纹绘制在两侧的双耳和内外的沿下，而方耳杯的底色是红色，上层为黑色，红黑色相互叠色形成云凤纹，还有一件在湖北江陵（今荆州）雨山台297墓出土的彩绘云鸟纹漆方耳杯（图2-42），它和彩绘云凤纹漆方耳杯的造型一样，只不过是纹样不同。除了方耳杯外还有圆耳杯，在湖南长沙南站坡山1号墓出土的彩绘云纹漆圆耳杯（图2-43）和在湖北江陵（今荆州）马山1号楚墓出土的彩绘对凤漆圆耳杯、彩绘勾连云纹漆圆耳杯（图2-44）都精美绝伦，能在久远的年代下出土实属不易。

（2）动物纹饰

在商周时期，铜器上有非常多的蟠螭纹和蟠虺纹，在漆器上非常罕见，但大多是变形或者是简化后的纹样。这一时期的动物纹样主要有龙纹和凤纹，很多漆器上的纹样都是经过变形的纹样，纹样的造型奔放多姿，给人充分的美感。

①蟠虺纹

在春秋战国这一时期出现过很少的蟠虺纹，蟠虺纹在商周时期出现在青铜器上，但在春秋战国时期很少出现在漆器上。在山西长治分水岭出土漆器中蟠虺纹有所呈现（图2-45、图2-46），其相互缠绕，从整体上来看是S形。

②龙纹

在湖北江陵（今荆州）范家坡2号墓出土的彩绘龙凤纹漆案（图2-47），此案上的龙纹为龙的简约样式，主要由直线和曲线相结合形成，整体的形象为蛇形长身，在楚文化中龙纹多为蛟龙纹（图2-48）和多头纹等。

③凤纹

凤纹在楚国非常流行，一般的凤纹为站立或是飞舞状，或者是与其他的纹样相结合，如与龙、虎和花枝（图2-49）相映衬突出精美的凤纹，还有一些凤纹为简化的凤纹（图2-50、图2-51）。

在湖南长沙颜家岭乙35号墓出土的彩绘猎纹漆樽上有凤纹（图2-52），此漆樽上的凤纹是变形的凤纹，在漆樽上呈现一反一正的形象，在凤纹的

图2-40 彩绘云纹方柱形四足漆俎　　图2-41 彩绘云凤纹漆方耳杯　　图2-42 彩绘云鸟纹漆方耳杯　　图2-43 彩绘云纹漆圆耳杯

图2-44 彩绘勾连云纹漆圆耳杯　　图2-45 春秋漆俎残片 兽纹　　图2-46 春秋中期漆器 三角云雷、蟠虺纹

图 2-47　彩绘龙凤纹漆案

图 2-48　蛟龙纹

图 2-49　花枝与凤纹

图 2-50　简化凤纹（a）

图 2-51　简化凤纹（b）

图 2-52　彩绘猎纹漆樽局部

图 2-53　彩绘漆俎

图 2-54　彩绘漆座屏

图 2-55　彩绘猎纹漆樽

尾后绘有三角几何纹样，画面中呈现了曲线和直线的相互结合。

④神翼动物纹样

在湖北当阳赵巷出土的春秋彩绘漆俎（图 2-53）中有神翼动物纹样出现，在俎面沿下绘有三只兽，除中间之外左右两只呈现对称的样式，在俎足上也绘有对称的兽但是为左右各两兽纹，所以此俎上呈现的兽纹是对称的形式。纹样从俎上来看是比较清晰神化的动物纹样，从纹样中看到是马和牛的结合体，动物纹样上还有龙的鳞片，有趴着和蜷着的状态，非常生动。

在湖北江陵望山 1 号出土的战国时期楚墓中的一件彩绘漆座屏（图 2-54），屏上有鹿、凤、雀、蛇、蛙等动物共 51 只，可以说是基本集动物纹样于一体。动物形态非常生动，是一件杰出的动物纹样的器物。

（3）场景纹饰

这一时期的场景纹主要是表现日常的生活场景，主要有狩猎、乐舞、宴饮等，但也有少量的神、巫、鬼、怪等作为陪衬而形成的场景纹样。

①狩猎场景纹

在湖南长沙颜家岭乙 35 号墓出土的彩绘猎纹漆樽（图 2-55）中有狩猎场景的纹样，此樽上的狩猎场景非常丰富多彩。酒樽上部的狩猎场景中有一人手持戟刺向野牛，后一人用弓准备射向野牛，在手持戟的人后还有野猪等禽兽，在酒樽的下部有一老者手牵狗，狗前有野鹿正在被猎犬追逐着，猎犬后还有凤鸟和鹤等动物的图案，可以说是相当的丰富多彩（图 2-56、图 2-57）。

②乐舞场景纹

春秋战国时期的乐舞场景展示了贵族的生活场景，画面充实，多为剪影式或线条式的勾勒，景象变幻多姿，在曾侯乙墓中出土的鸳鸯漆盒中有描绘击鼓舞蹈纹（图 2-58）和撞钟击磬纹（图 2-59），画面中的人头戴兽面双手击鼓，另一边一人双手正在舞动着长袖听着鼓声和钟声翩翩起舞。其纹样造型

图2-56　彩绘猎纹漆樽局部（a）

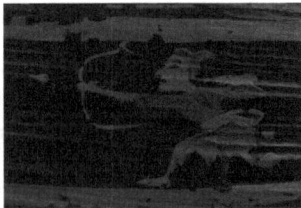

图2-57　彩绘猎纹漆樽局部（b）　图2-58　击鼓舞蹈纹（鸳鸯漆盒局部）

图2-59　撞钟击磬纹（鸳鸯漆盒局部）

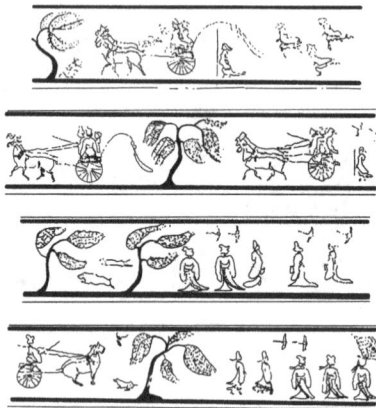

图2-60　《车马人物出行图》

图2-61　漆木几九连墩2号墓出土

奇特，线条流畅，展示了春秋战国时期人们的想象力以及人兽能和谐相处的向往之情。

③人物出行图纹样

在一些漆器家具上会有一些表现远景或者是多人物表现现实生活的纹样，描绘非常写实。在湖北荆门包山2号墓的漆奁盒上有彩绘图《车马人物出行图》（图2-60），纹样中绘制了人物、马匹、车辆和其他的动物，这些构成了贵族出行的场景和迎宾的场面，画面中的景色、车辆人物和动物比例准确，线条从头勾勒到尾，形象逼真，展现了非常完美的画面。

2. 纹饰的文化内涵

楚髹漆家具纹饰不仅仅有装饰的作用，还具有象征的意义。楚人相信每种动物都有相应的不同的执掌神灵，因此每种动物都有它们特殊的象征。许多动物都是楚人崇拜的图腾，他们把这些动物做成装饰图案用在家具上。

西周早期的凤纹亦称凤鸟纹，包括凤纹及各种鸟纹。古人还把凤鸟当作风神，《诗·商颂·玄鸟》有"天命玄鸟，降而生商"之说。凤在新石器时代是由火、太阳和各种鸟复合为图腾的氏族、部族的徽识。楚人的凤鸟图式诡奇壮美、百姿千态，在漆器中的凤鸟纹样大多变形抽象、富丽繁复、生动流畅，具有很强的感染力，相较于商周时期青铜纹样的规整庄严，春秋战国时期的凤纹体现了自己的灵活美。

所以凤纹是楚人最擅长的纹样，也是运用得最多的纹样，楚髹漆家具上的纹样就是一个凤的世界。凤是楚人心目中至高无上的神灵，象征着权利与力量、福祉与吉祥等。楚髹漆家具上的纹饰大多造型神秘怪异，采用曲线型或复合型且极富动感，这也象征着楚人积极进取的精神和对生命的理解以及对大自然的敬畏。

楚髹漆家具在整体造型上体现了动静结合、虚实相间以突显虚。整体构图一般都采用对称方式，轴线明确，给人以安定的感觉；细节线条的刻画也几乎无一例外地使用了各式各样、千变万化的曲型线条，体现出流畅感；虚最大，实次之的哲学思想体现在家具造型上就是留有余地的处处向虚设计，不厚重繁杂，使家具造型实而不滞、空而不虚。

楚髹漆家具存在的时期，人们的生活习惯是席地而坐，因而没有椅凳类的家具，以各种桌案、俎几居多，比例尺度比较低矮，线条更加纤细，腿部更加向虚，显得更轻巧（图2-61、图2-62）。

图 2-62 漆木几 江陵天星 1 号墓出土

3. 纹饰的艺术特色

（1）复合纹饰

楚髹漆家具中的纹饰大多使用复合纹样，显现出诡异、神秘、玄幻的感觉，这也是楚髹漆家具纹饰中最显著的特征，复合的纹样通常是人物与动物的复合、动物与动物的复合（图 2-63）或动物与植物的复合，如武士图中的门神（图 2-64）是人与动物的结合，既有人站立的腿足又有动物的骨架和特征，这也体现出楚人接受人与动物或者是人与鬼兽同时存在的现象。

楚人世界里，艺术创作带有浓浓的原始气息。这时由于知识的不足，以及对神秘的自然现象的不理解，因此神话还占主导地位。他们把对巫的信仰注入器具之中，用来解释那些神秘的现象，并擅长以想象力和超现实的手法来表现物象以弥补知识的不足，塑造出神秘诡异的造型以获得美感。

（2）线条精美

繁缛富丽、飞扬灵动的楚髹漆家具纹饰是具有典型楚域风格的艺术图式，它诞生于一个充满了原始神话色彩和舞乐旋律的浪漫国度。那些飘逸流畅的线条，对比强烈而又鲜艳的色彩，既分明又和谐的节奏，显示了浓郁的自然美和艺术美。例如，在江陵毛家园 1 号墓出土的彩绘髹漆陶圆壶上的纹样（图 2-65），线条流畅飘逸，复现了楚人在困难的历史时期的生命体验、生存意志、生产意向和生活理想，以及与之紧密相连、交织互渗的包括自然崇拜、祖先崇拜、神灵崇拜、天象或气象崇拜等在内的原始信仰。

这些神奇的纹饰或回转流动，或舒卷自如，或神采飞扬，在楚人的心目中，无疑是生机、灵性、信仰以及祥瑞、利益和福祉的载体和象征，它们具有超凡的神性，其神力所及，可以禳天灾，也可以合鬼神。楚髹漆家具纹饰的美来自楚人超凡的想象力，来自楚人对自然生命运动之美的崇尚和追求，亦来自楚人生命内在的激情和近乎童真的艺术真情。

2.3.2 髹漆家具高超的工艺技术

春秋战国时期出现的"油漆"制造技术是我国科技史上最杰出的创举，极大地推动了髹漆工艺技术的发展，漆器艺术达到了空前的水平，出现了历史性跨越。流变适度透亮的"油漆"，油光可鉴，

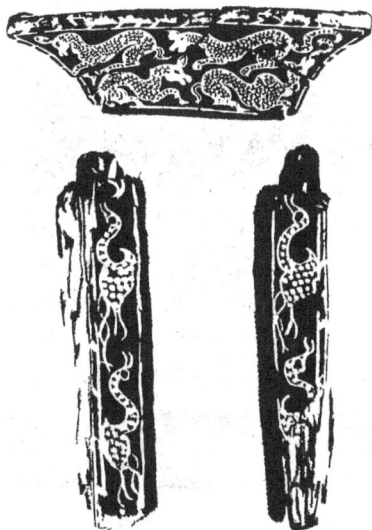

图 2-63 春秋漆俎残片上的鸟兽纹

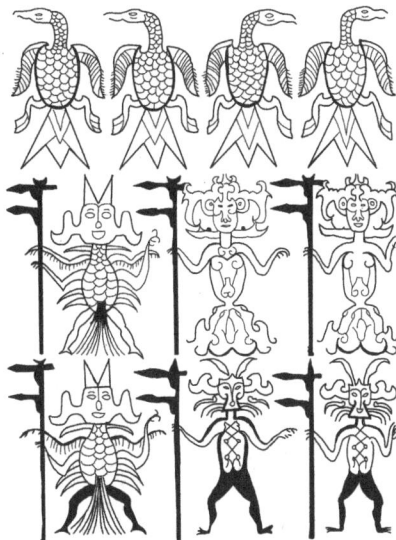

图 2-64 武士图（门神）

图 2-65 彩绘髹漆陶圆壶

可以兑调其他颜色，衍化出绚烂的色彩，将生漆艺术从前代的单纯描绘纹饰推进到了可以进行彩髹的工艺，色彩纷呈，为后世漆器装饰题材的拓展开创了新路。

1. 髹漆艺术

（1）素髹

素髹也称单色涂，是中国最传统的髹漆技法。"素髹"最早见于《韩非子》，中国传统红木家具所采用的髹漆工艺就是素髹。在商周和春秋战国时期，素髹漆器以红黑两色为基调，如在山东海阳嘴子前 4 号墓出土的春秋战国时期的蛋形器（图 2-66）为髹黑漆素面漆器，但是当时的工艺有限，上漆后有些漆器颜色会暗沉，但是也代表了古代的素髹技术。

（2）彩髹

在春秋战国时期出现了"油漆"的制造技术，是漆和桐油进行兑制调和形成的油漆，可以在油漆的基础上加以其他色彩进行配比出其他的彩色，色漆的出现推动了彩髹的工艺技术。彩漆调和好后可以在素髹漆器的表面上进行绘制图案，如在河南信阳长台关楚墓出土的彩绘小瑟（图 2-67），小瑟上有龙蛇神怪以及舞乐烹调的场景，这些场景的图案运用了红、黄、绿、蓝、白、金等颜色，这些颜色

的搭配使得绘画非常精美。体现了战国时期中国漆器的艺术成就，它明显地展示了战国漆器的纹饰装饰艺术元素。

2. 髹漆家具的雕刻技术

战国时期的雕刻技法有圆雕、透雕、浮雕等雕刻手法，除了雕刻外还采用斫、剜、挖、凿、雕、磨等多种手法来配合雕刻手法打造髹漆家具的造型。

（1）圆雕

髹漆家具在春秋战国时期就有了木雕工艺，产生了立体圆雕，这也标志着春秋战国时期的木雕工艺发展的一个新阶段，如在江陵纪城 1 号楚墓出土的彩绘漆衣木俑（图 2-68），整体就是采用立体圆雕雕刻而成的。

（2）透雕、浮雕

透雕在雕刻手法上是采用疏密相间、错落有致的镂空方式，有镂空的人物、景致、物象，这些透雕的镂空的人物或者是场景在光束的变化中错落有致、富有层次，同时还结合浮雕雕刻手法，如在江陵望山 1 号墓出土的漆座屏、荆州天星观 2 号墓出土的漆座屏（图 2-69）和江陵天星观 1 号墓出土的漆座屏（图 2-70），在这些漆座屏中透雕运用得非常娴熟，将动物纹样雕刻得栩栩如生。

图 2-66　蛋形器 山东海阳博物馆藏　图 2-67　河南信阳长台关楚墓的彩绘小瑟　图 2-68　江陵纪城 1 号楚墓的彩绘漆衣木俑

图 2-69　荆州天星观 2 号墓的漆座屏　图 2-70　江陵天星观 1 号墓的漆座屏

3.髹漆家具的结构技术

（1）榫卯结构

春秋战国时期的家具普遍使用了榫卯结构将家具的构件相互连接起来，根据木材干缩湿胀的特点和不同的家具部位的受力不同使用不同的榫卯结构。从挖掘出土的家具可以看出当时榫卯结构有银锭榫、凹凸榫、格角榫、燕尾榫（图 2-71 至图 2-74）等榫卯结构。

漆案和漆几是春秋战国时期最具有代表性的家具，具有极高的实用性和装饰性，出土的战国"H"形朱绘漆几（图 2-75），是用三块板合成，两侧立板构成几足，中间平板横放，这三块板之间用榫卯进行结合。在湖北当阳赵巷出土的两件春秋漆俎残片（图 2-76、图 2-77）上的榫卯结构能非常清晰

地展现出来。有些家具上有多种榫卯结构的综合运用，还有战国彩绘漆木床上的榫卯结构共有十一种榫卯结构的综合运用（图 2-78），在湖北当阳曹家岗 5 号墓出土的木棺（图 2-79）也是榫卯结构的综合运用，精美的漆家具和高超的榫卯技术令人叹为观止，起初源于建筑的榫卯结构，在家具上已经被充分使用，为后世榫卯的大发展奠定了基础。

（2）金属配件结构

金属配件的使用是这一时期家具发展中的创新，在结构和装饰上均起到了特殊的作用。金属配件结构使家具构件之间产生了紧密的结合，也可以使家具实现折叠、活动等功能，丰富了家具的结构和使用的功能。另外又在家具上起到了装饰作

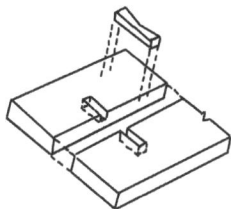

图 2-71　银锭榫

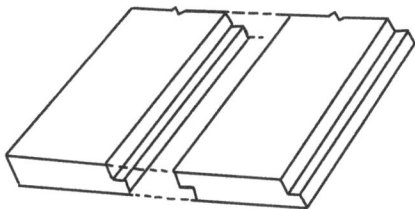

图 2-72　凹凸榫

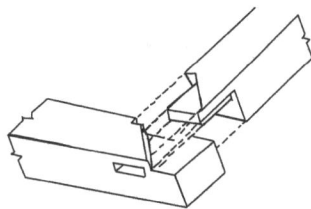

图 2-73　格角榫

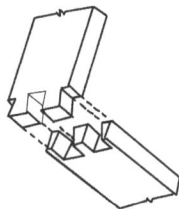

图 2-74　燕尾榫

图 2-75　"H"形朱绘漆几 湖北江陵天星观 1 号墓

图 2-76　春秋漆俎残片中运用的榫卯
（a）

图 2-77　春秋漆俎残片中运用的榫卯（b）

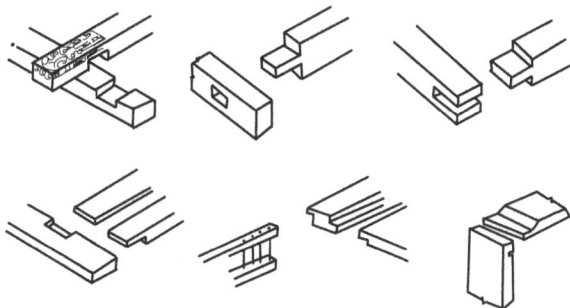

图 2-78　战国时期楚墓的彩绘大床的榫卯结构

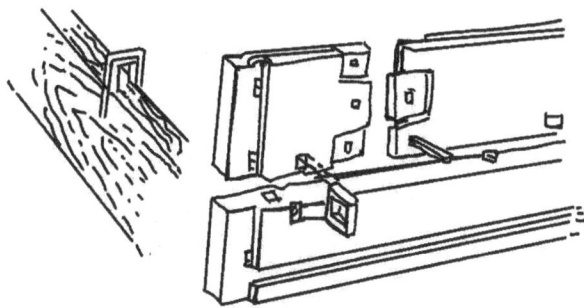

图 2-79　湖北当阳曹家岗 5 号墓的木棺的榫卯结构

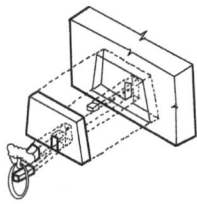  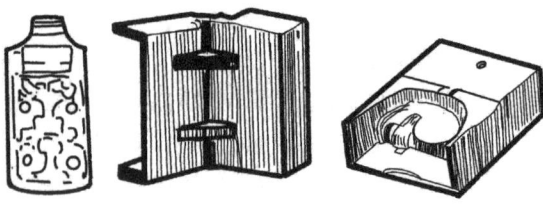

图 2-80 河南辉县固   图 2-81 山西长治战国墓的铜合页   图 2-82 湖北江陵天星观楚墓的铜合页
围村战国墓的漆棺所
使用的兽环

用，如在河南辉县固围村战国墓出土的漆棺所使用的兽环（图 2-80）、山西长治战国墓出土的铜合页（图 2-81）、湖北江陵天星观楚墓出土的铜合页（图 2-82）等金属配件。

2.4 《考工记》中的家具哲学

《考工记》又名《冬官考工记》，是我国现存最早的手工艺技术的专著，成书于先秦时期。汉代再一次对其进行整理和编校，并作为儒家经典文籍之一，收入在《十三经》的《周礼》（即《周官》）之中。《考工记》叙述了我国先秦时期的重大研究成果，并广泛涉及传统手工艺，如礼器、兵器、乐器、玉器等各方面，在中国传统文化乃至世界灿烂文化中都占有重要地位以及具有深刻影响。尤其是书中提及的"天有时、地有气、工有巧、材有美、合此四者然后可以为良"的先进造物思想对中国古典家具的制造乃至后世现代家具设计都有着积极的指导意义（图 2-83）。

这不仅是一本简单记录工程技术的专著，当中蕴含着中国文化传统中深厚的人文思想底蕴，其中

的设计观造就了中国古代造物文明的辉煌，同时为现代设计和科学发展提供了思想源泉。其中的适存思想，贯穿于远古到近代人类造物史的始终，是指人们以手工艺的方式进行的"适需而存"的设计，与战国时期墨子"利用则止"的造物思想有异曲同工之妙，同时由于对使用功能的重视，所以它要遵循"功能决定形式"的原则，这与孔子究君子之德行提出的"文质彬彬"有殊途同归之处。"利用则止""文质彬彬"是与人类需求相适应的工艺思想，而"合而为良"的设计标准则是对古代墨家、儒家造物思想的补充。

2.4.1 利用则止

关于"利用则止"的概念，是指对于物体除了使用功能以外的，如器物的装饰、造型、材料、工艺等方面的克制需求。

墨子曾提出：是故古者圣王制为节用之法，曰：凡天下群百工，轮车鞞鞄陶冶梓匠，使各从事其所能，曰：凡足以奉给民用，则止。诸加费不加于民利者，圣王弗为。"墨子的工艺思想是其经济主张的一部分"不论是在经济上还是在工艺上都有其合理性和开创性。

一方面，这是墨子对于治国发表的政解，是

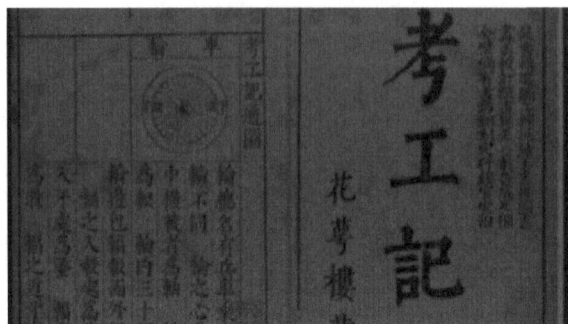 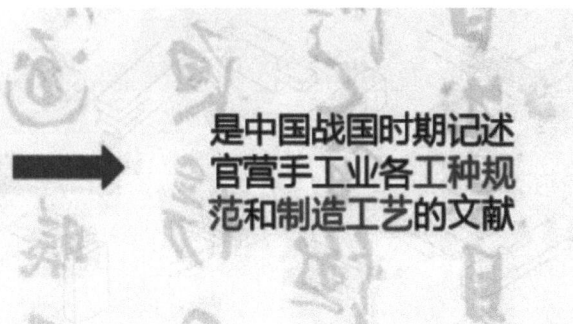

图 2-83 《考工记》

战国时期墨子为了发展生产、增加社会财富对于君主和贵族的劝诫，是墨子在经济方面提出的具体措施。他认为，一切衣食住行只要能够满足人们最基本的生存需要即可，其他的一切皆属于铺张浪费的范畴；另一方面也是对于"利用则止"的造物思想的具体阐述，制造万事万物，只要能够实现其使用功能就行了，其他一切的附加部分皆应该被克制。如《墨子·佚文》中也曾记载"食必求饱，然后求美；衣必求暖，然后求丽；居必求安，然后求乐。为可长，行可久，先质而后文"。表明了墨子在美学上的思想，并不是对装饰的绝对禁止，而是对装饰的克制。

山西省襄汾县陶寺遗址中发现了一些属于先秦时期的石器遗存，其中的石磬作为先秦礼乐制度中的重要组成部分之一，制作并没有想象中那么精美，而是能省即省，一切以实用为主（图 2-84）。《尚书·尧典》记载，"三载，四海遏密八音"。"八音"即为由"金、石、土、革、丝、木、匏、竹"用八种不同的材料制作成的乐器。郑玄注在《周礼·春官·大师》中解释"八音"，称"……石，磬也。土，埙也……"，说明在新石器时代晚期，石磬已经得到了广泛的使用。从已挖掘出来的石器来看，石器原料的选择多为就地取材，且在原料上经过打制后并未过多的加工，便直接使用了。石磬的外形也是各有各样，对石磬只要求"敲之有声"即可。说明早在新石器时代，先人们就已经践行这种"利用则止"的造物思想。

其实青铜器最早的时候并不是为礼教祭祀所用的，奴隶制鼎盛时期，青铜器才作为阶级地位的象征被用作礼器和祭器，后来奴隶制渐渐衰落，青铜器的礼教作用才慢慢被废除而恢复其实用性。作礼器时，器物的主要功能是高端礼乐器，所以在制作的时候，料无所不精，工无所不巧，装饰也无所不用其极，仅仅是因为作为礼器，需要适应规模

宏大的祭坛，所以其装饰造型必须符合礼制的规定：复杂、华丽、装饰繁缛、体量巨大且厚重，其不适用于日常生活，而是将其礼器的性质发挥到了极致。

春秋战国之际，相对于青铜器具浓厚的礼教性质和烦琐的制作工艺，漆木家具以其实用性、装饰性和制作工艺的简化代替了青铜制品，从挖掘出来的春秋战国时期漆木家具来看，制作工艺复杂、造价昂贵的大件漆木家具就出土家具的总数量来说还是占少数，大都是制作简单、实用且造价低廉的编制用品。

（1）竹编中的"利用则止"

竹编工艺在南方具有天然的资源优势和悠久的竹编历史，楚地温暖湿润，适合竹木类的植物生长，竹子天然具有富有弹性、便于成器的特性，当地人充分发挥了竹子的这种材性编织了许多生活器物，发展到战国时期，竹编工艺已经相当成熟，篾条软滑而细长，编织纹样多样，编织器细密耐用，多用于存放衣物、食具还有盛放梳妆用品、首饰、书简、文具等，其中盛放普通杂物多为筐、篓、箱、笥等盛物用具（图 2-85），制作大都比较粗糙，工艺简单，这类器具还是以讲究简便实用为主，而无过多的装饰。

而如盛放首饰、衣物等的笥、奁、箧通常要求有一定的审美功能，所以制作一般较为精美，常常会以平滑的竹篾编织出细密精致的纹样，如：回纹、十字纹、菱形纹、矩形纹、辫子纹等，甚至还会用彩色的竹篾进行编织，编织工艺相当了得，技艺精湛、设计巧妙（图 2-86）。有时还会在竹器成形后再在表面进行髹漆和彩绘等一系列加工装饰工艺，所以可以说竹器的制作也是楚国漆器的一个重要门类。

战国时期是楚漆木家具、竹编家具高度发展的鼎盛时期，各类盛藏用具在这一时候不断分化和改进，其使用功能日渐复合，形制变化日趋丰富，品种形式随着时间的流逝不断增加，发展到战国时期，小型漆器盛藏用具有如：漆耳杯、盒、卮、漆、俎、盘、豆、勺、樽等，家具有如漆床、几、案、架、禁等，它们方圆各异、大小不一。但是不管是王官贵族还是平民百姓，漆器选择和设计的初衷还是以实用为主，而大型礼器，总归是占少数。

图 2-84　陶寺遗址大墓中出土的石磬

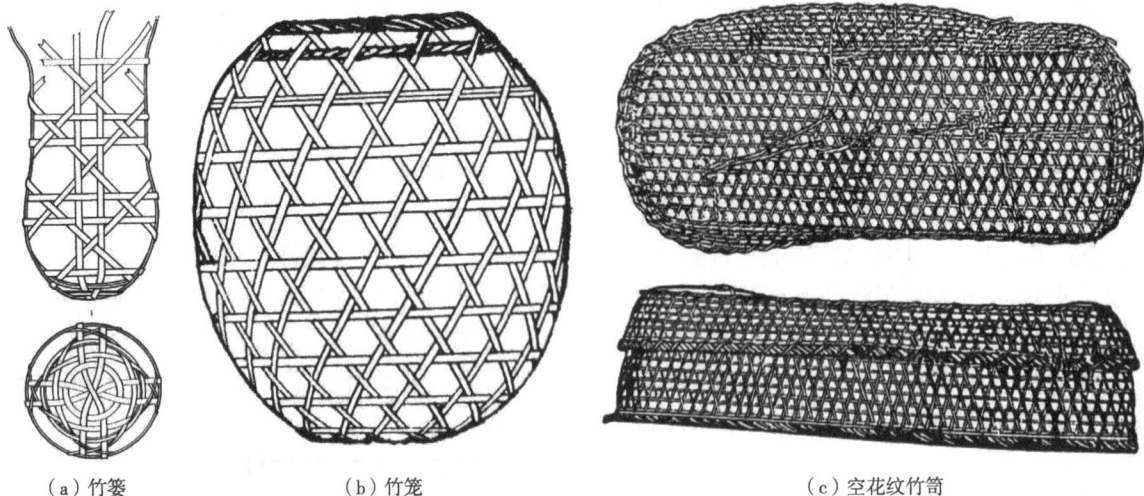

（a）竹篓　　　　　（b）竹笼　　　　　（c）空花纹竹筒

图 2-85　竹编盛物用具

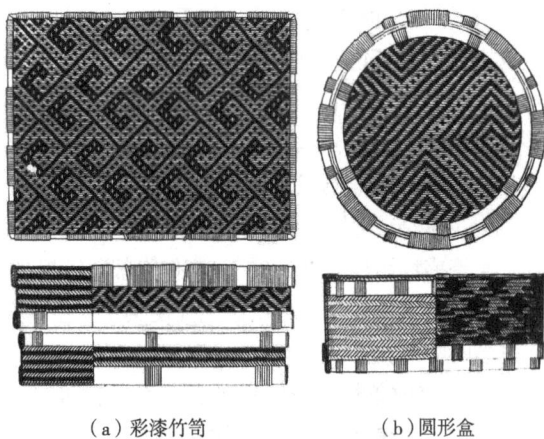

（a）彩漆竹筒　　　　　（b）圆形盒

图 2-86　竹器

（2）从豆的演变看"利用则止"

豆，是一种带高足的盛食器，上部呈圆盘状，盘下有柄，柄下有圈足，最早的豆见于新石器时代，为陶制器皿，西周时期也有铜豆，此时常作为礼器用于祭祀。直到春秋战国时期豆的形制较多，既有浅盘也有深盘，有长柄也有短柄，有时有附耳有时没有，不同的材质分别对应不同的名称，春秋战国时期既有青铜豆又有漆木豆。

豆最早见于新石器时代，那时的人们普遍接受了烹饪食物的食物处理方式，为了防止烫伤必须将其放在器皿中，豆由此诞生，此时普遍为陶豆，为了防止食物溢出也为了装下更多的食物，陶壁一般较深。

较典型的豆为大汶口文化八角形纹彩陶豆（图 2-87），1978 年在山东省泰安市大汶口遗址出土，泥质红陶，盆形豆盘，圆唇斜口，深腹，喇叭

形高圈足；腹和圈足部位涂抹深红色陶衣，斜口沿面绘白色彩地，在上以褐、红彩绘对顶三角形，与若干竖线段相间组成图案，腹部用白彩在深红色陶衣之上绘五个方心八角星状纹样。

直到春秋时期，装盘的食物不再求量多而在于种类多样，为了便于抓取，豆壁变得越来越浅。春秋战国时期，豆的制作材料较为广泛，有漆木豆也有青铜豆（图 2-88），漆器的盛行使得漆木豆在这一时期得到普遍应用。在《尔雅·释器》曾记载："木豆谓之豆，竹豆谓之笾，瓦豆谓之登。"

豆和其他器皿最大的区别就在于其有柄，而在新石器时代早期，豆本是无柄的，其器型与盆、碟、盘、罐等无异，后来为了在席地而坐时取食方便，才在原有的基础上加了柄以便于抓取，后来随着桌案的出现和家具的不断增高，人们不再需要握着柄来抓住器具，豆不再具有使用价值，带柄的豆

图 2-87　八角形纹彩陶豆

图 2-88　青铜豆　　　　　图 2-89　蟠虺纹豆　　　　图 2-90　带双耳的豆　图 2-91　楚式漆木豆

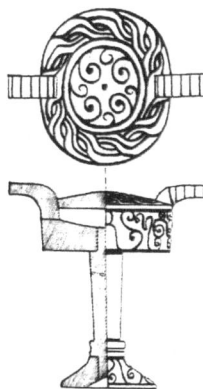

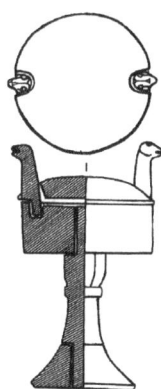

也逐渐离开了历史舞台。

耳的出现也是如此，在器身两边加设双耳，这样在拿取器物的时候就可以抓住器耳，便于移动器物。春秋战国时期的豆上多有盖，盖上带抓手，既可以在仰置的时候平稳放置豆盖盛放食物，也可在掀盖的时候提供把手以供抓握（图 2-89），此豆盖中央有一圆形中空的抓手，圆鼓腹，以圆环作耳，盖面和器物腹部装饰有蟠虺纹。

在天星观一号楚墓和长台关一号楚墓中都有带双耳的豆出土，双耳的存在不仅为器物的抓握移动提供了方便，还紧紧卡住了盖子，使其难以滑落（图 2-90、图 2-91）。

新石器时代，豆与灯是互通使用的，豆既可以盛放食物，也可以沾满油点燃供照明使用，春秋战国时期，随着工艺的进步，豆和豆灯逐渐分离，豆灯有了新的形制，在战国墓葬中曾经出土过一把"十五连盏铜灯"，其灯盏的形制和豆非常相似（图 2-92）。

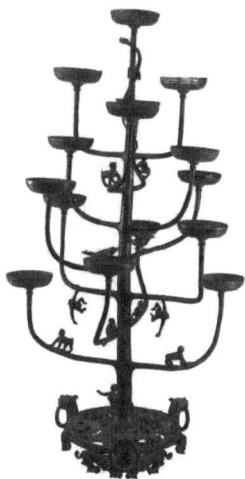

从豆的演变过程当中，我们能够明白，它所有的演变、分类、分支都是建立在物尽其用的基础上，以满足使用功能为前提的，充分体现了"利用则止"的造物思想。

（3）彩绘床中的"利用则止"

床的出现是人类生活进步的标志。由竹和方木纵横穿插成方格，为了方便上下床，在床栏的两侧还留出了约 60 厘米的缺口，床的主要构件基本上都是由榫卯结构进行连接，采用了传统的穿榫、扣榫、搭边榫等，还有当时较为先进的圆榫穿带、圆榫交角等，其对榫卯结构的综合运用为后世榫卯结构的大发展奠定了基础。

在湖北荆门出土的战国楚墓黑漆折叠式活动床，是现存的时代最早，保存最为完善的折叠床，其形制与现在的床无异，带护栏，床下有六足以供支撑，床身由两个方形框架拼接而成，床栏由竹子和木条做成，主要构件基本上都是以榫卯结构进行结合，可折叠、可拆分，便于收纳移动。

2.4.2　文质彬彬

"文质彬彬"一词最早出现在《论语·雍也》，"质胜文则野，文胜质则史，文质彬彬，然后君子"。孔子的这句话释义为儒家理想人格的典型特征。如果质朴超过文采就会显得粗野，如果文采胜过质朴便会显得浮夸，只有当文采与朴实兼备时，方能称为君子。孔子的"文质彬彬"强调了人内在和外在行为的统一性，人是如此，家具也同样适用。"文"即家具的外观和形式等外在的艺术表现形式，而"质"则指家具的功能与结构以及材料

图 2-92　十五连盏铜灯

等内在本质性的东西，和墨子对于"文"的摈弃相比，孔子提出的"文质彬彬"则要更加辩证一些。文质彬彬要求造物者们在造物过程中应使功能与形式做到相互制约和相互成就，以寻找到最佳的平衡点。所以文质彬彬不仅是对人道德的制约，也是古代和谐的美学思想的体现。

春秋战国时期的家具逐渐失去祭祀和礼器的特性，而向生活日用器物方面发展，其开始慢慢地融入了生活当中，以满足人们的生活需要为己任，形制追随功能的改变也发生了相应的变化。家具的装饰形式和使用功能相得益彰的，即功能决定形式，形式反映功能。

（1）青铜器上的"文质彬彬"

青铜器物在使用上迎来了巨大的转变。商代的青铜器以祭祀用具为主，具有宗教的性质，而周代逐渐脱离了卜鬼问神的蒙昧状态，以礼器为主。到了春秋战国时期，奴隶制的瓦解，礼乐制度的崩坏使得青铜器的实用性得到了凸显。脱离宗教礼仪性质的青铜器，在形制上也发生了相应的改变，以此来适应生活，并逐渐向上层社会日常的日用品转变。

春秋战国时期出现了许多带有实用性质的青铜器，如敦、豆、壶、鬲、鐎斗等。制作工艺的进步使得他们体量变小，壁体变薄，更适用于人们的日常生活。

①敦

本是盛放黍、稷、稻、粱等作物的食器（图2-93），出现于春秋时期，流行于战国，秦代时逐渐消失。由两个形制相同的半圆形组成，合二为一成球形。一般为三足，盖常有三组，使用时可以将盖拿开支撑盖子，一器可以两用。

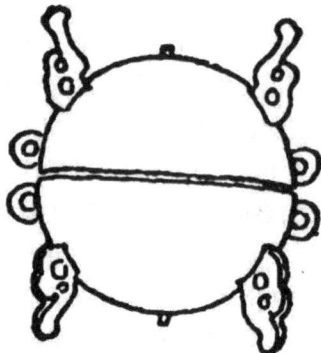

图2-93　敦

②壶

早期用于提携用，后来也发展成了礼器。山东诸城出土的鹰首壶（图2-94），壶口和壶盖做成了鹰首的样子，设计十分巧妙，只见一只老鹰双目突出，正在仰望着天空，具有装饰功能，而且壶身与壶盖相连的地方以活环进行连接，既能保证壶盖仍然可以打开，还能防止壶盖脱落。壶身布满圈连纹，装饰壶身的同时可以增加握壶时的摩擦力防止意外滑落。

③鬲

早期蒸煮食物用的陶器（图2-95），可以烧煮、可以烹炒，早期为陶制，后期出现了青铜鬲，流行于商周和春秋时期，此时主要用作礼器。其最主要的特征是下部有三足，足形似布袋，也有人说形似牛乳房，独特袋形腹的足增加了食物盛放的空间，也增加了受热面积，三足中空，便于加热和烹煮。

④鐎斗

是古时候的一种底有三足、旁有持柄的食器，可以用来温酒、煮羹、煮茶等，但也有人说是用来敲击警醒众人的器皿，原始的斗为瓷器，盆形、带长柄，下有三足，足下中空，便于置于火盆之中（图2-96）。后来出现了青铜斗，流行于两汉魏晋时期，消失于唐宋时期，此时的斗多在柄处雕刻花样，常常雕成兽头形，足也常常作兽足，如天水成纪博物馆所藏的龙首柄铜鐎斗（图2-97）。

出土于湖北随州市曾侯乙墓的铜冰鉴（图2-98），被称为是"世界上最早的冰箱"。整体以一个方鉴和一个方尊缶组成，方尊缶置于方鉴之中，利用底部的方形榫眼可以固定方尊缶不晃动，方尊缶和方鉴之间的空间很大，夏可放冰冰酒，冬可放炭温酒，方鉴的鉴盖几乎完全呈镂空状，上面以蟠螭纹和勾连纹相互交错相互缠绕呈网状。鉴盖中间有一方孔，方尊缶可从中间露出，盖的四面各有一兽面衔环以供启闭鉴盖。战国的这个铜冰鉴构思巧妙，制作精细，是实用性与艺术性的完美结合，也是"文质彬彬"这一思想的完美体现。

春秋战国时期是礼乐崩坏的时期，以礼器为表现形式的礼乐制度因周王朝的衰落、诸侯国的崛起而遭到破坏，但是礼乐制度的影响却并未完全消除，青铜器在造型和纹饰上虽有较大的变异，

图 2-94　战国鹰首壶　　图 2-95　番君鬲　　　　图 2-96　原始瓷青釉鐎斗

图 2-97　汉代龙首柄铜鐎斗　　图 2-98　战国铜冰鉴　　　图 2-99　宴乐水陆攻战铜壶

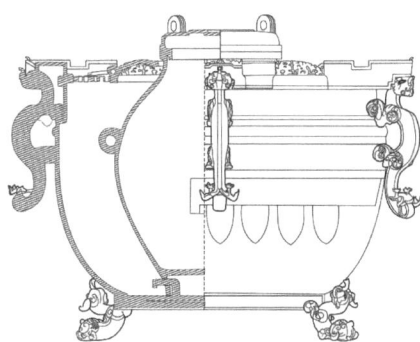

但是其礼器的性质并未完全改变，在某些场合仍然保留了少量的残余。它们恪守着作为礼器的本分，利用造型和装饰的表现发挥着代表礼制的使用功能。

装饰上生产力的提高使得人们对动物的惧畏之感逐渐消退，去掉了繁缛的纹饰，更加注重写实，青铜器上具有宗教神秘气氛的动物纹样被进一步抽象化，变成了几何纹，并出现了一些描绘社会生活场景的人物、动物的纹样。如现在藏于北京故宫博物院在成都百花潭出土的宴乐水陆攻战铜壶（图 2-99），采用镶嵌的装饰手法，表面镶金错银，壶身表面分为三层，每层之间用卷云纹组成花边进行分割，第一层右边是对妇女采桑的描绘，左边是射击和狩猎的画面；第二层有一楼房，分为两层，一层在宴饮，二层在奏乐，场面好不快活；第三层左边是陆地防攻战，右边是水战，战士们奋力向前倾，似是做好了全力以赴迎战的准备。

青铜器在装饰上，已经逐渐由腹部向颈部上移，这种欣赏视点的上移应该与人们逐渐升高坐卧方式有关。

青铜家具在制作工艺上采取了更为先进的技术，焊接、镶嵌、蜡膜等使得青铜器的造型更加圆润规整，镂空的纹饰和轻薄的器壁，样式丰富多彩、轻巧灵动，是这一时期青铜器新的时代特征。河南省淅川县春秋楚墓出土的云纹禁是目前所知的中国最早的用失蜡法铸造的青铜工艺产品。整体镂雕云纹，云纹纵横交错、盘曲相接，器身附着 12 条龙形附兽，座底 12 只龙形兽，张嘴吐舌，挺胸塌腰，憨厚可掬又神圣庄严（图 2-100）。

图 2-100　河南省淅川县春秋楚墓的云纹禁

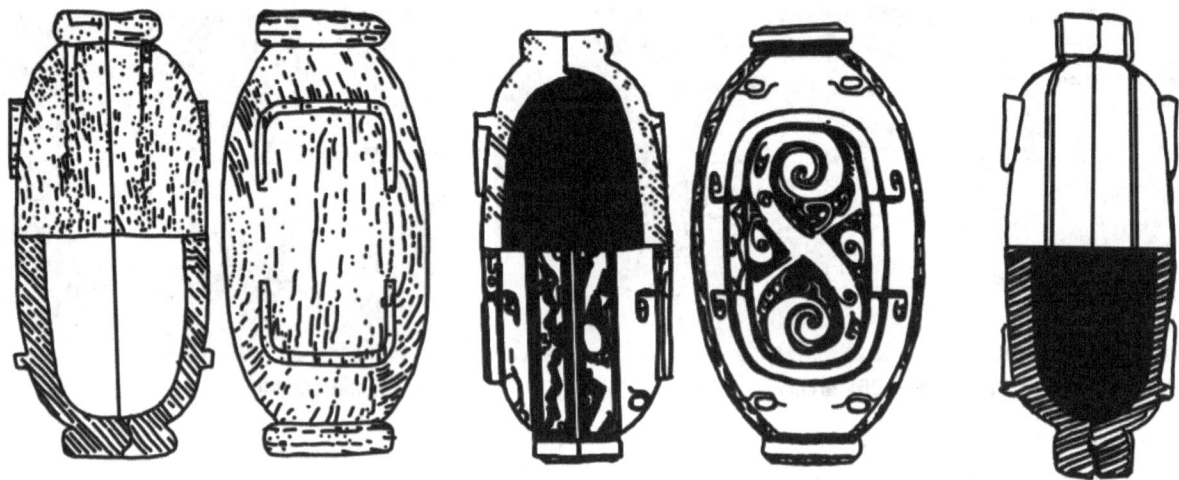

图 2-101   弧壁

（2）漆木家具中的"文质彬彬"

冶铁技术和漆器技术的进步使得青铜器在春秋战国时期逐渐退出了历史舞台。而漆木家具在这一时期进入了一个空前繁荣的阶段，特别是楚式漆木家具，可以说是中国漆木家具的源头，代表着先秦家具的最高制作工艺和审美水平。春秋战国时期出土的大量盛藏用具多为小型用具，工艺水平的提高使得物品的制作变得越来越精细，盛藏具的功能和形制日渐丰富，漆木家具的实用性和装饰性使其取代青铜器具有必然性。

春秋战国时期的漆器大量应用于生活，有供饮食用的如漆耳杯、盒、卮、漆、俎、盘、豆、勺等；还有漆床、几、案、架、禁等家具，此时漆器的装饰和造型主要以雕刻和绘画为主，但装饰是围绕着实用性展开的。如出土的大量耳杯，耳杯在战国时期应用极为广泛，不仅可用作食器还可用作酒器，耳杯的杯口大多呈现椭圆形，两边设有双耳，双耳的造型多样，既有蝶形双耳、箭鱼形双耳又有新月形双耳，如椭圆的弧壁便于饮用，而两耳则便于双手把持，体现出耳杯是实用和审美功能的结合（图 2-101）。

曾侯乙墓出土的彩绘鸳鸯漆盒（图 2-102），呈鸳鸯形，造型非常独特，整体由身子与盖子组合而成，鸳鸯漆盒器身肥硕，内部中空可置物，上有一带蟠龙纹的盖子。鸳鸯的头部和身体以榫卯结构连接，有一圆形榫棒插入器身。因此，头部可以自由活动。腹部左侧的绘撞钟图，一人正在用木棒撞击编钟，解决了曾侯乙编钟的演奏工具问题。

除了耳杯外，漆豆的使用也非常广泛，豆是一种造型特别多变的高足承物具，但都是在保证功能的基础上对其造型进行设计，如荆州博物馆藏的战国彩绘神鸟漆豆（图 2-103），盖和盘整体设计成一只盘颈而眠的鸳鸯，其足部以圆形为底座，豆身布满了色彩斑斓的彩绘，不仅具有实用性还极其具有欣赏价值，反映出了此时人们对于自我生命和生活需求的关注。

战国彩绘凤鸟双联杯（图 2-104），出土于湖北省荆门市包山 2 号墓，是先秦时期新婚夫妇行合卺之礼所用的酒杯，行礼时夫妇各执一根吸管，共饮杯中的酒，象征着两人以后将一起生活。酒杯以杯身，鸟身、鸟尾三部分组成，其中杯身由两个竹杯连接在一起，中间用一竹管相通，杯内髹以红漆，鸟身鸟尾为木胎，髹以黑漆，并以红、黄、金三色绘出羽毛，鸟尾微微上翘化作手柄，起到抓握的作用。

曾侯乙墓出土的调味橱（图 2-105），造型不同于一般的橱，整体以两个大小不一的箱体和两直形栅足组成，应是橱柜与凭几的结合，箱体上都带盖，大箱的盖上有一贯穿的圆形孔，小箱上带盖，都可以启闭。小箱的内部底面不是平行的，应该是为了在获取调料的时候使调料集中在一侧以供舀取。通过古人这些巧妙的设计我们可以看出此时的他们对于生活的热爱。

图 2-102　曾侯乙墓的彩绘鸳鸯漆盒

图 2-103　战国彩绘神鸟漆豆

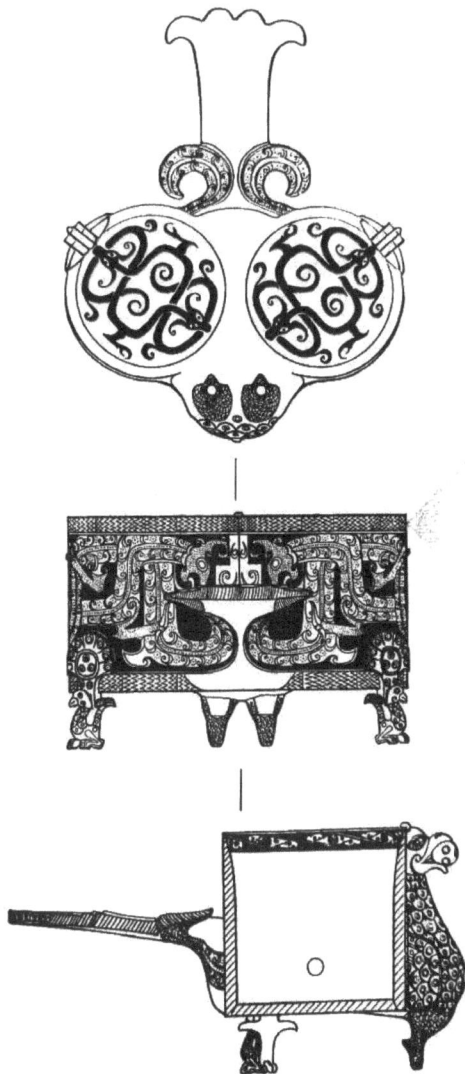

图 2-104　战国彩绘凤鸟双联杯

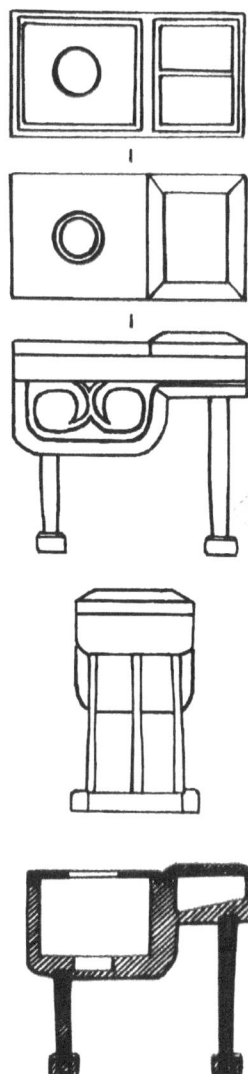

图 2-105　曾侯乙墓的调味橱

思考题

1. 简述春秋战国时期百家争鸣出现的历史背景。

2. 简述"礼崩乐坏"影响下的纹饰及内涵。

3. 简述这一时期床榻出现的类型。

4. 简述这一时期床榻的使用方式。

5. 简述髹漆家具中的纹饰内涵。

6. 简述髹漆家具中有哪些高超的工艺技术。

7. 请指出《考工记》中的家具哲学。

8. 请指出《考工记》中的文化哲学。

第 3 章

秦汉时期的家具文化

公元前 221 年，秦始皇嬴政收复六国。建立起了中国历史上第一个中央集权的封建统一王朝。为了巩固统一，秦始皇在全国范围内实行了全方位的社会改革：废除分封制，建立郡县制，车同轨、书同文、统一度量衡。经过一系列政治、经济、文化的改革，巩固了秦朝的大一统，促进了民族之间的融合。秦朝虽存世不久，但在中国历史上却有着重要的转折意义，为中国此后能够矗立在世界文明的前列，抵御外敌入侵，保证国家自身独立性提供了坚实的基础。

秦始皇统一六国，南北融合，秦汉艺术不仅有天下大一统的艺术风格还有儒家礼教艺术风格、享乐主义的艺术风格。这时的秦文化受楚文化的影响，以楚文化为补充的秦文化和中原文化，成了华夏文明的主要源流。楚文化属于地方文化，发源于汉江地区，积极吸收北方中原的先进文化，又充分发挥自身的南方蛮夷、鬼神文化特点，创造出了具有浓郁地方特色的独特艺术风格。原始楚文化以神巫性、浪漫性、卓然不屈的文化精神的总体特征，对文学加以渗透，形成了南楚文学的独特风格，为后世中华民族灿烂文化的形成和发展作出了突出贡献，是我们民族浪漫主义艺术的摇篮。六国统一以后，南北方文化逐渐融合，经过不断地发展，楚文化成了汉文化的重要组成部分。

秦朝末年，由于统治者滥用民力，仅 15 年就被覆灭了。公元前 202 年，汉高祖刘邦建立汉朝。由于经历长期战乱，汉初国力微弱，社会经济遭到了极大的破坏。为了恢复国力，统治者采取无为而治、休养生息的黄老政策。经过两汉的发展，社会经济得到了全面的恢复，从此进入了强盛时期。

汉代，中国进入了全盛的漆木家具时代。目前已出土的这一时期的家具也以漆木家具为主，不仅数量庞大，而且种类丰富。汉代不仅有专门的大型生漆生产供销基地，还有专门的部门对漆器生产进行管理。目前，考古发现了大量的汉代漆木家具被挖掘，这些漆木家具大都来自大型的贵族墓葬，其中以长沙马王堆汉墓为最。按出土地区来说，大都以长江流经地区为主，北方的漆木家具出土的并不多，多是与北方气候不易保存有关。

楚文化对于秦汉文化的形成影响非常深远，在建筑上，秦宫风格的变化或许就受到了楚宫建筑的影响。屈原在《招魂》中就曾说道："高堂邃宇，槛层轩些。层台累榭，临高山些。"楚国建筑是南方干阑式建筑和北方高台建筑融合的代表，此时高大的建筑是各国国力的彰显，也是国君作为君主拥有至高无上的权力的象征，但由于此时纯木结构的高层建筑还无法解决其稳定性的问题，所以各国君主纷纷选择夯土先建高台再建小楼，从而战国晚期至秦代的秦宫建筑一反此前多重院落式宫殿建筑风格，转向雄壮、浑厚、瑰丽的高台建筑，如杜牧在《阿房宫赋》中对阿房宫的描写那样："蜀山兀，阿房出。覆压三百余里，隔离天日。骊山北构而西折，直走咸阳。二川溶溶，流入宫墙。五步一楼，十步一阁。廊腰缦回，檐牙高啄；各抱地势，钩心斗角。盘盘焉，囷囷焉，蜂房水涡，矗不知其几千万落！"虽然项羽一把火烧了阿房宫，但是从文章中我们仍可以看出这座建筑规模与布局的宏大，而高台巨殿、丽堂华厦本是楚宫建筑的传统，所以很难说秦宫建筑没有受到楚宫的影响。

建筑设计技术和生产工艺往往会影响同一时期的家具制造，在基本结构原理、连接方法、构件形式等方面，家具与建筑是可以相互借鉴的。木结构建筑在此时得到初步发展，受建筑的影响，此时的家具结构巧妙，榫卯种类繁多，既有明榫、暗榫，又有透榫和半榫或是多榫并用。但受切削工具和技术的限制，这一时期的木制家具多为整木刨削而成，因此这一时期的家具往往较为厚实稳重。西汉时期，园林艺术也得到了发展。园林一般为贵族官僚和富商们所拥有，且规模相当宏大，园林的兴起也促进家具生产工艺的发展。

东汉时期，佛教文化与西域文化的传入为中原地区带来了高型家具，使得人们的生活起居方式也开始发生改变，席地而坐慢慢向以床榻为中心的生活方式进行转变，并出现了由低型家具向高型家具发展的趋势。

3.1 "天人合一"的生活哲学

对于"天人合一"的思想，其核心要义就是人与自然的和谐相处。可以说自古以来，中国文化、社会、人们的生活都被这种思想深深地影响着，并深刻地影响着人们包括家具设计在内的造物思想和造物活动。它是中华文明的根源所在，是中国传统文化的基本精神。其对"自然"的认识与态度，成就了几千年来中国人特有的审美观与造物观，并深深地影响着中国家具设计的所作所为。

3.1.1　无为与有为

1. "为"的意义

"为"一般是指"作"的意思，常指行动、行为、活动、动作等。

无为：关于无的解释一般有三种，第一种即是"有"的消亡，有"亡"的意思，第二种是指实有似无，第三种则是指绝对的空无。老子所说的"无为"应是指第二种。但是很多人理解的无为似乎是指绝对的否定，这也是老子常常被人们误解的原因之一。"有"就说明无为的实行者不可能真的毫无作为，换一种说法，在某些特定的情况下无作为也是一种作为。"似无"则指这种无为在某种程度上可以说是顺势而为，于无为中为之，恬静淡泊，是一种极致的境界。西汉时期统治者曾把老子的无为当作是治国理政的治世之道。无为对于老子来说确实是一种理想的社会管理方式，但是对于统治者来说并不是一种可以直接套用的统治之术，更多的是一种规劝，希望可以达到君子无为而臣有为的一种理想状态。

有为：在老子的哲学体系当中，有为是一种消极的状态，指的是一种不顾自然规律而肆意妄为的状态，是一种违背人的自然习性、人之常情且本末倒置的有为行为。在老子看来，这种不受拘束的有为行为会导致自然界与人类社会规律和秩序的混乱，是一种贬义的行为。

2. 生活中的无为与有为

在汉代的时候，无为与有为的哲学思想会在政治、法治、经济上影响君主在治国理政方面的策略，还会影响人们的生活。同时，对于造物者们来说，不可避免地影响到了工匠的造物思想。

在西汉早期，连年战争给社会经济带来极大的破坏，这时人口锐减，国力虚弱，西汉王朝外有匈奴的侵犯，内有诸侯的威胁，在这种内忧外患的处境当中，恢复社会经济成为首要的任务。文、景两帝以"清净无为"的黄老之学治理天下，至此黄老之学在汉代达到其发展的高峰。

"无为"是黄老道学的基本准则，但清静无为并非放任自流，而是"有为"基础上的无为，是秩序已经建立后的无为。君可以无为的基础是臣有为，管理层若是想做到真正的无为而治是需要以各级官员积极作为为基础的。黄老之字强调君臣上下各安其位，各个阶级的人按照自己的身份安分守己地生活，那么天下自会安宁，同时它强调要与民同休、轻徭薄赋，这是黄老治术的核心。汉文帝和汉景帝统治的这段时间被称为"文景之治"，但是这段时间非常短暂，至汉武帝时期，统治者为了在政治和思想上进一步巩固封建统治，采用了董仲舒的建议，"罢黜百家，独尊儒术"，对"黄老学说，无为而治"的治国思想予以废除。至此，道家的发展受到了沉重的打击。汉末出现了道教，道家和道教并不属于同一种形式，道教是道家的另一种发展形式。但在汉代的文化背景下，借助道教的形式，道家也得到了一定程度的发展。思想文化的发展和不断改变，向上影响了汉代的法制，向下则影响了当时人们的设计思想，对汉代的建筑及家具等器物的制造产生了重大的影响。

法治方面，汉代儒家礼治德治的治世思想与法律融合在一起，深刻影响了汉代的立法与司法。为了加强对人民的精神统治，统治者将儒家思想当中的"礼""忠""孝""义"融入社会文化和法律意识当中，社会崇尚"贤人政治"和"亲情政治"。儒家将《九章律》与其所提倡的"礼治思想"结合在了一起，共同担任着社会法律责任，《九章律》是汉高祖刘邦建立汉朝以后颁布的法典。儒家倡导以德治国、以情治国的"德治"思想，使得西汉时期的立法精神形成了立法合一、造异求同的特征。

汉初崇尚"黄老之学"思想，推行"与民休息"的无为政策，强调"尚俭""与民有利"的设计思想。所以汉初时期的器物一般制作较为粗糙，形制较为简单，与汉中期的华贵秀美无法比拟。同时汉初的"无为而治"带来社会的经济繁荣。生产力的发展，生产工具的进步，经济的复苏为汉代手工业的全面繁荣奠定了基础。如汉代屏风，在汉代，屏风使用频繁，凡是富贾之家几乎都设有屏风。屏风的使用在西周早期就已开始，称为"邸"，是天子专用的器具。发展到汉代时，屏风对比先秦已经华丽复杂得多，形式多样，以质地可分为玉石屏风、雕镂木屏风、琉璃屏风、云母屏风、杂玉龟甲屏风和绢素屏风等。按其种类分则有独立板屏、双层镂屏、直立板座屏、曲屏、两面围或三面围屏等。汉代人们以床榻为起居的中心，屏风和榻相结合形成的屏风榻，可以说是因这时技术的进步而解决的结构问题。山东安邱县汉墓出土的汉代石版画，主人正襟危坐在两面带屏的屏风榻上，身后放置有一栅足案，屏风榻的腿足采用的是直腿曲线拱肩的形式（图3-1）。

在面对先秦的各种艺术设计风格时，统治者采取了黄老思想中的"因袭""循守"的文化政策，无为而治的因循之道使得汉代的器物带有秦楚的风采，为汉代艺术设计提供了广阔的想象空间。即采取继承与包容对策，选其优秀的精华进行选择和保留。后来挖掘出来的汉初器物，如青铜器、丝织品、漆器等，在其装饰纹样、形制等方面都有秦楚文化因素的影响。这表明了黄老"因循"思想在"继承"问题上相对开明的态度。

直至汉代，木构架结构的发展已经非常成熟了，东汉时期，春秋战国的高台建筑已经被多层的木构阁楼所代替，多重阁楼的兴起和盛行标志着木构架结构发展的重大突破。究其原因，一方面，统治者为了显示王权的威严，和其并吞四海的气概和雄心，使得汉代的建筑不断向渐高发展，建筑走向恢弘伟丽的艺术风格；另一方面，汉代建筑采取儒家思想和阴阳五行的宇宙观，他们认为建筑的布局应该要模拟天象，以求得建筑能与天地互通，能够做到"天人感应"和"天人合一"。

再加上齐楚文化对秦汉文化的影响，使得秦始皇和汉武帝对神灵的世界充满了幻想，形成了以神仙、鬼怪为思想核心的秦汉文化，其中典型的就有汉代建章宫（图3-2），建章宫内有汉武帝专门修建用来祭祀仙人的神明台，神明台上还有承露盘，听闻盘上接的露水可求长生，以及太液池、三山等，使得建章宫的设计极富神仙世界的韵味。

3.1.2　云龙纹的神仙境界

1. 云龙纹的类型

云龙纹是一种以龙为主纹，云为辅纹，龙或作驾云疾驰状，或在云间舞动的纹样。秦汉时期，神仙鬼怪思想盛行，在汉代人的认知当中，人的死是另一种永生，魂会和身体分离，到达另外一个极乐之地，而去往极乐之地的媒介即是云龙，他们相信人的灵魂会被龙带着腾云驾雾，去往有神仙居住的仙家之地。《庄子》："仙人乘云气，御飞龙，而游乎四海之外。"出土的汉代铜镜中常常雕刻有"架飞龙，乘浮云，上大山，见神人"。云龙纹在汉代被视为祥瑞，所以在汉代的工艺美术当中是主要的装饰题材之一。

（1）商周之前的龙纹

半坡到夏墟的原始龙纹如图3-3所示，龙的原始形态，主要分为两种：一种是口带尖牙的蛇形长鱼，在河南濮阳出土的蚌壳摆塑龙，其形状与鳄鱼非常相似；另一种则是在有脚龙的基础上逐渐神化。龙是炎帝、尧、禹时代的代表性图徽，直至秦汉以后，变成了皇权的象征，最后进化为中华民族的标志。后世龙的形象基本上都是由半坡的长鱼纹和有脚龙纹演变过来的，奠定了龙的造型基础。

秦汉以前，关于龙的形象虚构的成分居多，秦汉之后，龙的形象变得日益具体，直至唐宋时期，终于定形。北宋郭若虚在《图画见闻志》中将其概括为"三停九似"，三停指的是将龙身分为三段，龙头到肩、肩到腰、腰到尾，三段的长度是相同的，而九似则是指龙角似鹿角、龙头似骆头、龙眼似鬼眼、龙颈似蛇等，取动物身上的各个部位组成

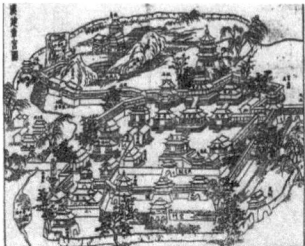

图3-1　汉代屏风榻　　　　　　图3-2　汉建章宫图　　　　　　图3-3　半坡鱼纹彩陶盆

图 3-4　夔龙纹　　　　　　图 3-5　商代青铜器上的龙纹　　图 3-6　周代青铜器上的龙纹

了我们所熟知的后世龙的形象。

（2）商周时期的龙纹

龙在现实生活中并不存在，而是古时候人们想象出来的生物。在商周时期，龙的工艺纹饰和造型多见于玉器和青铜器。商代龙纹在青铜器上化作夔龙纹（图 3-4、图 3-5）。夔龙是一种以鳄、蛇为原型的龙，因其造型凶猛狞厉，被先民作为崇拜对象，主要起到威慑的作用。周朝时期的龙纹不再具有前代如此张扬狰狞的气势，相对来说形象更加平和（图 3-6）。

（3）春秋战国时期的龙纹

春秋战国时期，铁器的出现提高了社会生产力，手工艺的发展使得这一时期龙的造型出现向写实发展的趋势，内容上也变得更加丰富，常与人组合或是双龙组合。随着生产力的提高，人们对于大自然中的很多动物已经不再感到恐惧，商周时期龙纹的图腾意义渐失，威慑力也逐渐减弱，形制由原先的庄重威严向轻巧实用的方向发展，其吉祥的寓意也得到凸显。在战国时期的青铜纹饰、帛画龙纹中，龙身或卷曲或首尾相接，或呈现蟠卷状，常常装饰于器物中心，脱离了商周时期僵直的龙身形象，身体卷曲蜿蜒生有双脚、龙爪和龙角，且随着时代的变迁以及人们审美的变化，龙爪逐渐增多，形体更具张力（图 3-7）。

龙凤纹也常被应用在家具中，尤其是在楚式家具中，龙凤纹尤为多见，考古界曾称龙凤云纹是"楚艺术的母体"图案。

（4）秦汉时期的龙纹

秦汉时期走兽形的龙非常常见，无足的蛇形龙已经被肢爪俱全、善于奔走的兽形龙所代替。相比于商周时期，西汉中晚期龙的形象已经变得更加具体，不再像商周时期的动物纹那般神秘又狰狞了。

龙的形态多变且具有动感，对于龙的毛发的描绘也更细致入微，不仅是云龙纹，龙纹还与多种纹饰题材相结合，构思丰富不拘小节，各种光怪陆离的内容得到完美的呈现。在湖南长沙马王堆汉墓出土的帛画（图 3-8）上描绘了龙的形态，龙与其他的神鬼动物构成了"引魂升天"的主题，在画面的上端，有龙翱翔在云天之间，龙的形态各异，形体弯折富有动感，这时的龙纹已经有角有爪且形态更为完整多变。

秦汉时期，就龙纹和其他纹饰的结合使用来看，龙的代表纹样有两种，一种是云龙纹，云气纹的流行使得云龙纹成为这一时期的代表性纹样，龙与云的结合代表了人们向往御龙成仙的神仙思想，龙经常在云中翻滚穿梭，或添上龙爪，或露出龙身和龙尾，群龙飞舞，穿杂其中，杂而不乱；另一种是龙与花草茎叶的组合，龙卷曲的身体和花草蜿蜒的枝叶使得龙的形象看似是自身的一部分，又是花草的枝叶，显得尤其生动、曼妙。体现了汉代匠人追求的动物与大自然的和谐共生。

图 3-7　战国人物御龙帛画　　图 3-8　帛画中的龙纹

2.龙纹在器物上的应用

汉代初期，通过休养生息等一系列政策，社会经济得到了很大的恢复，促进了此时社会工艺技术的进步。商周青铜器时代已经逐渐过去，此时大部分的青铜器开始被漆器、陶器、金银器所代替，同时在这些器物的材料、装饰、技术、使用上有了许多新的创造。两汉时期神学思想盛行，龙纹作为一种被寄予了神秘意义的纹样，被广泛应用在汉代人们所使用的各种生活用具，如玉器、漆器、金银器、陶器等上面。

从组合形式来看，龙纹常常单独使用，或是与云纹、动物纹及一些青铜纹样如：乳钉纹、谷纹或是勾连纹等组合出现。其中最常见的便是云气纹，其变化形式多样，多与龙纹共同使用，组成云气龙纹等半抽象纹样。此外还有与动物纹或是植物纹、几何纹相结合的龙纹样式，这种组合方式常以具象龙纹或抽象龙纹为主纹，穿插在其他纹样当中或是和其他纹样相结合，组成新的龙纹样式，虽满不乱。

商周龙纹线条直白，多直线线条，战国时期的龙纹摆脱了这种统一拘谨的画面格局。从具体的造型来看，秦汉两代的龙纹可以分为蛇身龙纹、兽身龙纹、蟠螭纹、夔龙纹等。经过不断地进化，汉代纹饰已经逐渐摆脱抽象的纹样样式而不断走向具象，大部分装饰纹样已经趋于现实，一改前代抽象主义的风格而变得写实，凝聚着汉代浑厚豪放的时代精神。

（1）玉器上的龙纹

"轩辕、神农、赫胥之时，以石为兵……黄帝之时，以玉为兵……禹穴之时，以铜为兵……当此之时，以铁为兵"。由此可见，远古时期，中国曾有一个玉器时代。直到汉代，玉器亦是十分流行，而龙作为一种神兽常常与玉器结合在一起，被赋予各种神仙意义，在继承前代的基础上，汉代玉器得到进一步向前发展。玉器在中国工艺品中具有神圣的地位，既是礼器，也是法器，汉代之后的玉器从礼教器物当中逐渐分化出玉制装饰品。虽说汉代礼玉与前代相比数量减少，但葬玉数量大幅上涨，且汉代玉器的制作水平在这一时期有了很大的提高，这与汉后期盛行的厚葬之风可以说不无关系。

在汉之前的龙一般以龙本身的造型为主，而汉代以后的玉器龙形象逐渐趋于写实，为此还加入了透雕、浮雕、刻线等多种装饰手法。

①云龙纹

汉代常将云纹与龙纹组合在一起形成云龙纹，以龙纹为主纹而云纹为辅纹。玉器上的云纹或与龙身相连充盈在龙身周围，或是刻在龙身上。

在徐州狮子山西汉楚王墓出土的一件汉代玉龙（图3-9），龙头上带鬃角，龙口张开。龙身浮雕勾连纹，周边半透雕云纹，龙尾化为凤尾向上翘起，整体形状为"W"形，是西汉早期特有的造型。

图3-10为天津博物馆收藏的汉代龙纹玉剑珌。珌，是刀鞘下端的装饰物。此珌整体形态为梯形，内侧雕有一卷曲的龙，龙身浮雕勾云纹，尾巴为丝状。造型简洁却极富张力，龙似下一秒就要破栏而出。

图3-11为西安东郊西汉早期窦氏墓出土的熊纹猴纹变形龙纹镂空玉环。玉环的内侧透雕二熊、二猴，还有四条变形的龙纹，龙纹间则用云纹相连接。

图3-9　汉代玉龙　　　　图3-10　汉代龙纹玉剑珌　　　　图3-11　熊纹猴纹变形龙纹镂空玉环

②花草龙纹

汉代的器物装饰变化多样，装饰虽满但不乱，纹样交错却又富有动感。龙纹常常与其他的动物纹、植物纹结合使用，而龙或盘踞翻滚其中，或与这些花草纹样融为一体，即龙的形象与花草的枝叶、花瓣、藤蔓交缠在一起，互成整体（图 3-12）。

在江陵马砖一号楚墓出土的一件丝织品上面绘有一只花草龙，纹样整体呈圆形，以花草藤蔓作龙爪、龙身、龙尾，似龙又似花，变化无穷。

天津博物馆藏白玉双螭谷纹璧（图 3-13），璧身布满了粟纹，而在璧的上部则镂雕有对称双螭及卷草纹。螭身造型卷曲繁复，线条灵活优美。

③蛇体龙纹

汉代龙的形象比较多样，出现了蛇体龙纹，蛇体龙纹除了与其他纹样组合使用以外，也常常单独成器，形态多变，或弯成玉环，或为直形玉带钩。单独成器的龙形玉器多装饰简单，形态简洁，无多余的装饰纹样（图 3-14、图 3-15）。

这件安徽天长三角圩出土的汉代龙形白玉环（图 3-16），整体为环形，此件环状咬尾龙的造型与早期红山文化中的玉龙十分相似，但是相比于早期的咬尾龙，此咬尾龙造型更加丰富写实，龙头部分刻画较为详细，带鬃，鬃毛上卷，清秀刚劲，棱角也更加分明。

④螭龙纹

螭龙，属蛟龙类，常常用来比喻没有角的龙，相比于蛇形龙，螭龙更偏向于走兽，身躯不刻龙鳞，因其造型元素与龙纹有很多的相似之处，所以也常常被当作是龙的一种（图 3-17）。由于其形象多变，所以常常被用来修饰长边或是填充方形。

汉代的青玉羽人拜螭纹佩如图 3-18 所示，一长发羽人正在跪拜一螭龙，中间一圆，螭龙依附其上，卷曲成边，羽人背长双翅，拱着手跪拜在螭龙前。受汉代神仙思想的影响，羽人在汉代象征着"羽化登仙"，而与螭龙相结合似乎在祈求螭龙带自己远去，以圆长生不老的梦想，带有浓厚的道教色彩。

⑤夔龙纹

夔龙，《山海经·大荒东经》曾有记录："状如牛，苍身而无角，一足，出入水则必有风雨，其光如日月，其声如雷，其名曰夔。"意思是，夔龙是一种无角、只有一足的龙。在商周时期，因其以直线为主，弧线为辅的独特外形特征，常常被用在青铜器上，与乳钉纹结合在一起使用。到了汉代，仍然沿袭前代的做法，将夔龙与乳钉纹组合使用。如狮子山楚王墓出土的两件龙佩，整体形态为"S"形，龙身浮雕乳钉纹，尾巴上翘呈弯曲状（图 3-19、图 3-20）。

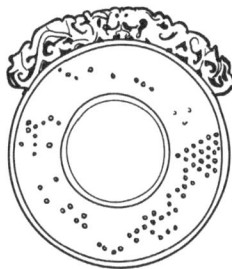

图 3-12 花草龙纹　图 3-13 白玉双螭谷纹璧　图 3-14 汉代玉带钩

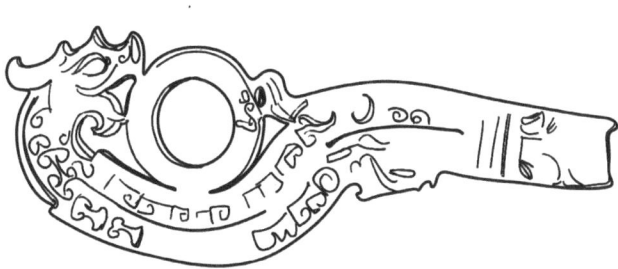

图 3-15 西汉早期白玉双联龙首带钩　图 3-16 汉代龙形白玉环　图 3-17 螭龙纹

图 3-18 汉代青玉羽人拜 图 3-19 西汉早期白玉龙佩 　　　　　图 3-20 西汉早期青玉龙佩
螭纹佩

图 3-21 西汉彩绘漆屏　　　　　图 3-22 西汉朱地彩绘棺 足挡　　　　　图 3-23 西汉朱地彩绘棺 左侧板

（2）漆器上的龙纹

战国时期，漆器兴起，到了秦代已经有了巨大的发展，漆器工艺甚是发达，如《睡虎地秦简》记载："工稟甇它县，到官试之。"说的是秦代的漆工到别的县领漆，领到之后要运达官府进行测试，说明当时对漆器的制作非常严格，甚至说有专门的组织进行管理，有一套严格的质量标准。汉代的漆器在战国的基础上得到发展，并达到了漆器的顶峰时代。

漆器是中国古代一项伟大的发明，在汉代无论是漆器装饰工艺还是制作工艺都达到了我国漆器工艺的巅峰。从以上图片我们可以看出，漆器上面与云纹相搭配的龙纹线条流畅，云纹与龙纹交相呼应，龙纹穿插于云纹之间，既富有动感又富有神秘感。直线与曲线协调使用，具有一种刚柔并济的美感，采用连续排列的方式，界面虽满不乱。从龙纹不同的表现手法来看，常见纹样中有具象龙纹、半抽象龙纹、抽象龙纹。

①具象龙纹

漆器在装饰上面，总是会将龙纹与各种动植物纹相搭配，此时的龙纹更趋于写实，龙的刻画更加入微，或躯体弯曲，或身呈匍匐状，或身曲扭转，

或卧身回视；或张嘴，或翘尾，或吐舌；或身有鳞，或有角有足。

在长沙马王堆出土了一件西汉彩绘漆屏（图3-21），屏整体呈长方形，屏下设平足，漆屏分正反两面，正面以红漆为地，以红、绿、灰三色为主色在屏风上绘有早期的云龙纹纹样，其中龙身为绿色，龙爪为红色，配以朱色鳞爪，与云纹相互搭配，云纹缠绕。这是目前所见保存最完整的汉初彩绘漆屏风实物之一。

在长沙马王堆里出土的四层套棺，有素面黑漆的外棺、黑地彩绘棺、朱地彩绘棺、锦饰内棺，其中位于二层的黑地彩绘棺和三层的朱地彩绘棺，棺上绘制的众多祥瑞彩绘图案令人叹为观止，朱地彩绘棺上多处绘制有龙纹，如足挡（图3-22）上绘有一白色谷璧，两条龙穿璧而过，龙身迂回卷曲，双头相对，嘴大开，身有鳞片，对于龙的描绘非常的入微，具备了后世龙的基本元素。在盖板上绘制了两龙两虎对称相斗的场景，左侧板上绘菱形云纹（图3-23），侧板两侧各绘一条龙身呈波浪形的粉褐色龙纹。

②抽象龙纹

抽象龙纹，往往呈"S"形或是"W"形的卷

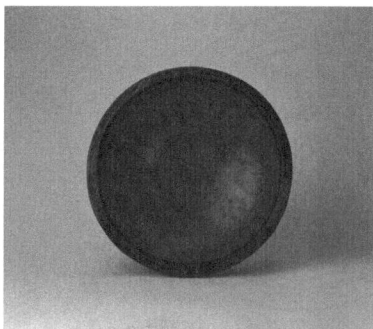

图 3-24 云龙纹漆盘　　　图 3-25 彩绘漆龙鸟纹圆盘　　　图 3-26 彩绘漆云龙纹耳杯

曲形状，省略不必要的装饰，用概括简练的手法塑造出活跃生动的龙的形象，形体虽简单但保留龙的动势，自由飘逸，几何变形纹样简练优美，规整中透露灵动。在马承源的《中国青铜器》中就曾提出过关于龙纹的定义，认为凡是蜿蜒形体躯的动物都可归之于龙类。在漆器中，我们常常能发现类似的龙纹。

云龙纹漆盘（图 3-24）是汉代沐浴用具。以红漆和黑漆进行髹饰，在黑漆地上用红漆绘制了变体龙纹，通过"打散构成"的图案构成方式将龙头、龙身、龙尾、龙爪打散，其中龙的龙角和龙爪用旋涡纹代替，然后与云纹重新组合，在云纹的翻卷中穿插进抽象龙纹，成为一种新的样式。在盆口的位置用点线等连结成圈进行髹饰，盆底部还用朱漆写了"轪侯家"。

彩绘漆龙鸟纹圆盘（图 3-25），出土于荆州江陵高台 28 号墓，盆外部髹黑漆，内部髹红漆，红漆地上以黑色漆进行绘图，圆盘中间由三个黑色细线组成了三个同心圆，在圆心绘制一只昂首曲颈的小鸟，在同心圆的四周绘有四条高度抽象的龙纹，龙的形象高度简练夸张，龙体弯曲，龙首和龙尾均饰以旋涡状的云纹。

彩绘漆云龙纹耳杯（图 3-26）出土于荆州江陵高台 28 号西汉墓，斫木胎，胎质较战国耳杯更为轻薄。杯口呈椭圆形，深腹弧壁，平底，矮圈足，新月形耳，耳面上翘。杯口外沿、耳面及耳侧绘波折纹、点纹和旋涡状云纹，杯底绘有"S"形龙纹，这种墨绘 S 形纹，无论是云龙、云鸟纹，皆描绘得细腻、秀美、工整飘逸，是西汉漆器上最具特征的纹饰之一。

（3）金银铜器上的龙纹

随着战国时期制铁技术的不断发展，秦汉时期我国已经由青铜器时代进入了铁器时代，大部分的青铜器都被漆器所代替。金银铜器制作工艺不断发展，到汉代基本上已经从青铜制作的传统工艺中分离出来，成了一个独立的工种。汉代的金银主要用于制作装饰品，器皿并不多，因金难得，所以金器皿也多为鎏金工艺制作。汉代金银器不似战国时期多装饰，而更多偏向于生活用具，装饰简洁，仅比较华贵地施以鎏金，或装饰以金银错。从留世的铜器中我们可以看出铜器分为两大流派，一派是没有纹饰的素面铜器，另一派是外观华贵的鎏金和错金银铜器。

银器器皿上的龙纹多采用错金、鎏金等工艺，形象较为抽象，龙的各个部位与云气纹相互组合，组成新的云龙纹纹样。

而镂雕的龙纹则较为写实，鎏金细纹鳞甲，眼、须、爪、刻画得非常入微。

①抽象龙纹

秦代存世较短，留存在世上的金银器较少，仅在山东淄博西汉齐王刘襄陪葬器物中，挖掘出一件秦始皇三十三年造的鎏金刻花银盘（图 3-27）。银盆为折耳边，盆底分两圈，内圈刻有三条盘踞卷曲着的龙。

鎏金云龙纹银盘（图 3-28），总共两件，形制大小一样，出土于今辛店街道窝托社区西汉齐王墓。这个银盘和山东淄博齐王汉墓出土的鎏金刻花银盘形制和制作工艺都非常相似，盆内外饰鎏金纹饰，沿边为折沿，边上装饰成圈的波折纹和花叶纹，腹部装饰几何云纹，云纹中间为长直线而两端起卷，盆底饰有两圈弦带纹，中间穿插着三条龙身相对的云龙纹，龙头龙身均化为卷云状。

鎏金银蟠龙纹铜壶（图 3-29），通体鎏金，腹部盘绕着四条独首双身的金龙，间缀金色的卷云

图 3-27　鎏金刻花银盘　　图 3-28　鎏金云龙纹银盘　　图 3-29　鎏金银蟠龙纹铜壶　图 3-30　金错铜博山炉

纹，纹饰亦繁芜华美。

②具象龙纹

河北满城出土过一件金错铜博山炉（图 3-30），所谓"铜博山炉"指的是汉代流行的一种熏炉，炉体为半球形，炉盖镂雕山形，上面雕刻各种神仙灵兽，间杂云气纹。从存世的熏炉来看，大多炉顶都镂雕山形，而炉底则以一足立于雕满龙纹的底座之上或是镂雕的龙身之上。

这种是铜博山炉最典型的形象，分为炉盖、炉足、炉座三部分，通体错金，错金工艺精细，有的地方甚至细如发丝，炉盖作山峦形象，山间用金丝错出神兽、猎人、小树等形象，远处甚至蹲坐着一只小猴子，动物的刻画给整个山以生机勃勃的感觉，在炉座圈外用金银错了一圈云气纹，炉足是三只镂空雕刻的螭龙，立体向上仿佛要跃出海面。

还有陕西兴平出土的鎏金银饰节高足铜博山炉（图 3-31），分为炉体、竹节高足、圆形底盘三部分，此炉口外侧和圈足外侧刻有铭文，炉身的下腹部雕刻有蟠龙纹，上腹部浮雕四条龙，张口嘶鸣，侧头回望。底盘作两条螭龙以口衔竹节，而竹节顶端雕刻三只螭龙承托炉体。

（4）建筑用材上的龙纹

汉代的砖瓦生产十分发达，即所谓的秦砖汉瓦，现代出土了大量秦汉时期的砖瓦实物，有花纹砖、瓦当等。

瓦当是用于修建中国古建筑的一种建筑材料，是建筑瓦筒顶端下垂的那一部分，在这小小的一片地方设计师充分发挥了想象力进行纹样装饰，瓦当的出现是中国汉代在建筑装饰上面的突出成就，瓦当题材丰富，汉代的青龙瓦当上面展现了云龙纹的多种形态。纹饰中最具代表性的莫过于与阴阳五行

有关的"四灵"图案：青龙、白虎、朱雀、玄武。其中青龙为四兽之首，曲折蜿蜒，极具动势。如若说汉代之前的龙重在写意以表达龙的威严，那么汉代以后的龙就逐渐归于具体，鬃毛、龙爪、毛发刻画分明，丝丝入微。

青龙纹瓦当一般有两种形制，但两种青龙都为兽身龙纹（图 3-32）。此时龙纹的刻画相比前朝已经变得更加具体了，且多注重对细节的刻画，如龙鳞、龙角、鬃毛等，从汉代开始，龙纹已经开始出现胡子和鬃毛，在整体的形态上，汉代瓦当上面的青龙纹对气势、力量的把握都是汉代走兽形龙纹的代表。

汉砖中对龙的形象也有所描绘，四川渠县冯焕阙石刻一青龙（图 3-33），龙有四足，四足着地，昂首翘尾作前进状，气势磅礴。以写实的手法进行造型，以蛇为主体，添加了其他动物的局部形象，既写实又带有浪漫的气息。

在河南新野县樊集出土的画像砖中绘有一龙，张口吐舌，作咆哮状，前面一人正握刀向前弓步似是决战，在古代有驯龙者，这幅画应该是描写驯龙时的场景（图 3-34）。从画中依然可以看到龙为兽身龙，继承了战国后期的走兽形式，保留着走兽的四爪。

其实龙在神话传说中最为常见的是腾云驾雾的形象，在汉代，龙与升仙相关，传说龙可载着死者升天，这与秦汉时期道教文化盛行，以及羽化升天的道教思想有密切关系。羽人纹中的羽人，是指身长羽毛和双翼，披着羽毛外衣，能够在空中自由翱翔的人，寓意人在死后能羽化升天，羽人是汉代器物装饰的重要纹样，这与汉代人们对于死后灵魂可以升天的认知息息相关。羽人纹的信息

图 3-31　鎏金银饰节　图 3-32　青龙纹瓦当　　　　图 3-33　青龙 四川渠县冯焕阙石刻
高足铜博山炉

在《山海经》《楚辞》《庄子》等文献中都有所提及。在西汉，由于人们对于飞升的渴望，羽人纹在汉代墓室的画像石和画像砖上十分流行。1987年在洛阳东郊的一个东汉中晚期墓葬中，出土了一件青铜"羽人"小型雕像（图 3-35），这件青铜羽人跪坐着，双手抱着一圆筒，背生双翼，深眉高鼻大耳，样貌似是西域人士，全身刻有羽毛、卷草纹、云龙纹，寄托着人们希望死后能够飞升的美好愿景。

图 3-34　画像砖 与龙搏斗的人（局部）　图 3-35　青铜羽人像

从现代出土的秦代文物来看，上面的装饰纹样以丰富多变、带有神秘意味的龙凤纹、羽人纹、植物纹代替了先秦呆滞郁闷的纹样。从战国末年开始，阴阳五行学说得到推广和普及，成为当时的显学，到了秦汉时期，受到楚文化的影响，楚文化以巫术、求仙问道为文化背景，人们受当时道教的影响，追求长生不老，自然装饰题材也充斥着神仙思想和羽化升天的宗教内容，它的象征意义迎合了人们对长生不老、避凶驱邪的向往。云龙纹在宗教文化、民间文化方面都具有深刻的意义，自春秋战国时期开始其吉祥的寓意就开始出现，因为其威严的造型，所以在古代龙纹还是皇权的象征。

古时候由于对自然科学认识的不足，很多自然现象无法得到解释，人们为了寄托自己对于美好生活的向往，在对自然无能为力的状态下，龙这种人们虚拟的动物被赋予各种超自然的力量，人们甚至认为龙是天上降雨的神仙，每逢天干大旱时期人们都会去龙王庙祭拜祈求降雨。虽然在后世的发展中龙已经归为皇室专用，但是在民间日常生活中，龙的形象和故事还在不断流传和变化着。

中国人民对于自然星辰的崇拜是北斗崇拜的开始，据考古资料显示，华夏民族对星辰的崇拜约起源于 6000 余年前。在江苏连云港将军崖岩画中，有一幅祭天的场面，其图案可能与太阳、月亮、星辰崇拜有关。内蒙古格尔敖包沟的阴山岩画，凿刻着一个牧民顶礼膜拜太阳的图像，其身体立直，双手合十举过头顶似作祈祷膜拜状（图 3-36）。还有河南濮阳西水坡遗址仰韶文化地层中用贝壳拼成的龙虎图案（图 3-37），在墓主人的两侧用贝壳整齐地拼出了一龙一虎，头均朝北，龙虎之间用蚌壳拼了一个北斗，人的两胫骨为斗柄。此画距今约有 6400 年，说明北斗崇拜早在石器时代就已经开始了。

同时，人们认为天上星宿的变化和人间的吉凶有关系，北斗星宿关系着芸芸众生的生死，人间生死寿命皆由北斗星辰定夺，所以还出现了星占一门。且那时人们就已经掌握了依靠北斗来确定方位和判别四季更换的能力，在长沙马王堆出土的《天文气象杂占》（图 3-38），是我国现挖掘出来的最早的天文学著作，其中用朱黑两色绘有云、气、恒星、彗星等各种天象达 250 幅画像组，图片下面还有名称和占文，整幅画像宽约 150 厘米，高达 48厘米，是一部利用天象来占卜灾异变故、战争成败的图书。

汉代是一个民风自由的年代，由于深受楚巫文化的影响，汉代流行飞升灵魂不灭等说法，所以汉

图 3-36　阴山膜拜岩画　　　　　　　　图 3-37　仰韶文化龙虎图案　图 3-38　《天文气象杂占》（局部）

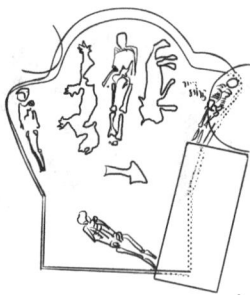

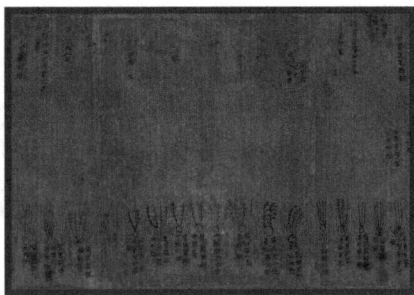

代的装饰纹样常体现出神秘的楚巫文化，充满了幻想、神话、巫术观念，体现了他们浪漫主义和现实主义精神的结合。

3.2　以床榻为中心的起居方式

秦汉大统一使得社会生产力迅速发展，推进了家具的繁荣与发展，在继承战国漆器工艺技术的基础上，漆木家具在汉代进入了大发展时期，不仅数量大、种类多，而且装饰工艺也有了较大的发展，汉代形成了以床榻为中心的生活方式，席与床榻成为当时室内的主要陈设家具，床与榻的流行抬高了人们的视线，东汉画像石桌图案线图中还出现了造型类似桌案的高型家具（图 3-39），表明了在汉代就已经奏响了高型家具序曲的前奏。

秦汉时期是我国低矮家具的代表时期。这一时期的家具种类十分齐全，不仅继承了春秋战国以来各种各样的家具风格，还创造出了许多新的家具品种，如人们的专用坐具——榻，坐卧类家具的分工也越来越仔细。我们可以从出土的汉代画像砖中看

到当时人们的生活场景仍是席地而坐，但床和榻在当时也已经得到了广泛使用，在人们生活中扮演着不可或缺的角色。在先秦时期，以席为中心的生活方式逐渐被以床为中心的生活方式取代（图 3-40、图 3-41）。

图 3-40　成都大邑画像砖中的"宴饮图"

图 3-39　东汉石桌图案线图

图 3-41　洛阳朱村壁画中的床榻

由于当时环境的要求，榻不仅局限于只可坐的局面，其整体的外形开始增高加大，除了"坐"这一项使用功能外逐渐兼有可"卧"的功能。除床的种类多样外，榻的种类也非常广泛，单从材质上分就有木榻、石榻和竹榻等；形制上也有传统形式的坐榻、豪华的交脚榻和复杂的折叠榻之分；在制作规格方面上，也有雅俗之别，高雅的榻不仅用料繁杂、做工精细，而且造型结构也有其独特之处，有的以古典的质朴为美，有的以华贵的繁复为尚。

3.2.1　床与榻的融合

1. 木构建筑的大发展

在远古时代，最原始的建筑分为巢、穴这两种形式。北方先民多住在地穴式和半地穴式的建筑中，而南方由于气候过于潮湿，只能选择巢居式的原始房屋，即可防潮又可防止野兽攻击，后来原始的"巢居"已演变进化成为我们所熟悉的初期干阑式建筑。在长江下游河姆渡遗址中就发现了许多遗留下来的干阑式建筑的建筑构件，其中包括许多早期的榫卯结构，说明那时候的木工技术已经相当成熟。

先秦时期，受建筑技术的限制，居住空间一般都较为狭小和低矮，因此席子成了最早的家具中心，人们形成了席地坐卧的生活习惯。秦汉的统一并不只是政治上的统一，还促进了中原与吴楚建筑文化的交融，对于建筑来说更是技术上的进一步发展，南北融合促进了南北人们关于建筑技术的交流，使得南方的木构架结构技术传入北方，南北方建筑开始融合，高台建筑逐渐减少，取而代之的是多层楼阁的大量建造。经过春秋战国时期的不断发展，中国的木构件技术逐渐成熟，原本的高台建筑直至秦汉已经逐渐被多层楼阁所代替，木构架技术成为中国古代建筑的主要建筑方式。秦汉建筑类型以都城、宫殿、祭祀建筑（礼制建筑）和陵墓为主，到汉末又出现了佛教建筑。为了显示大汉王权皇权的威严，同时受到楚文化杆栏式建筑的影响，宫殿建筑呈现出规模宏大、气势磅礴的特点，总的风格可以用"豪放朴拙"四个字来概括，体现了建筑刚健质朴的气质。另外因为此时厚葬风气的盛行，使得这时的祭祀建筑和陵墓建筑空前发达。

汉代中后期，木构架建筑中常用的台梁、穿斗、密梁平顶三种基本构架形式已经定型。室内居住空间逐渐向更宽、更高、更大发展，随着建筑的不断加高，家具也愈加高了。

大木梁架结构的建筑对框架式结构的家具发展影响异常深远，家具和建筑一直是互为表里的关系，不可能相互脱离而存在，建筑的渐高发展同样影响到了家具的形制，只能用于坐卧铺设的席很难满足室内陈设和人们生活的需要，所以抬升起居地的地面高度，改善通风条件成为人们迫切需要解决的问题，此时床榻应运而生。

（1）楼阁

楼阁，泛指楼房。商周时期多高台建筑，木构架技术在春秋战国时期得到不断发展，还出现了城楼，直至秦汉时期，阁楼都是木结构，有井干式和重屋式等多种结构形式，此时甚至出现了三层楼高的木构架城楼，可以说木构楼阁的出现是中国木结构建筑体系成熟的标志之一。汉代受阴阳五行之说的影响，不光建筑布局要与天象相应，就连楼阁的高度都与仙人有关，汉代皇帝崇尚神仙方术之说，认为楼阁越高就越接近仙人，甚至站在高楼上就可以与仙人对话，如在武帝时期建造的井干楼，据描述高度竟高达"五十丈"。

后汉时期，佛教传入中国，出现了佛教建筑，此时大量修建的佛塔建筑也是一种楼阁。塔在古印度是佛教埋葬佛骨的地方，梵文音译为"窣堵坡"，在窣堵坡传入中国以后，经过汉化逐渐也转变为楼阁式的塔。通过大量出土的陶制楼阁图（图 3-42）、画像砖（图 3-43）和城堡、车、船等模型能够发现它们都具有明显的时代特征。

图 3-42　绿釉陶制楼阁图　　图 3-43　汉画像砖中的楼阁图案刻线图

（2）陵墓

汉代的厚葬之风，大大促进了陵墓建筑的发展。这一时期阴阳五行学、谶纬迷信、神仙方术等都很是盛行，汉末又在神仙方术的基础之上形成了道教，人们深信鬼神之说，认为人在死后"灵魂不死不灭"，死后的人和生着的人一样需要生活，所以生活用品吃穿用度应要和活着的人一样，要一应俱全，为使他们在死后也能够享受生前的人间生活，因此要将他们生前生活的场景和喜爱的物件都刻于画像砖之上。

汉代是儒家思想的大发展时期，儒家的孝道观念深入人心，统治者提倡"德治""孝治"天下的治理思想。在统治者的极力倡导下，孝道不仅仅是检验个人品行的道德标准，还与仕途有关，若是孝顺还有可能得到进入仕途的机会。因此，在后汉时期厚葬成风，对于先人若是俭葬便可视为不敬。许多人为获取"孝子"的美名，尽管父母生时不能尽心奉养，死后也要厚葬以彰显自己的孝行。再有虽然汉初经济萧条，百姓食不果腹，但是在统治者一系列的经济措施之下，汉中后期社会安定，百姓富庶，为厚葬的实现提供了坚实的物质基础，墓葬的规格成为人们彰显自己财力的标志之一。

2. 木构建筑对家具的影响

世界上最早的木结构框架出现在中国，古时候中国和欧洲在建筑上最显著的区别在于中国人民善用木材，而欧洲人民善用石材。先秦时期由于生产力限制，木材加工工具匮乏，木结构技术发展不完善，使得木材在家具和建筑方面的使用并不广泛，而青铜工艺在家具中反而得到了更广泛的应用，由此拉开了中国低矮家具的序幕。

中国古代家具沿袭了建筑的结构体系，如大木梁架结构对家具框架结构的影响十分显著，在春秋战国时期，我国对于手工业分工已经十分明确，《考工记》对手工业进行了详细的分工。分工中将从事手工业生产的人称为百工，将从事家具制作的人称为梓匠，梓是一种树木，常常被作为家具或者建筑用材，古时建筑业被称为营造，营造又分为大木作和小木作，古代木建筑结构的建造是大木作，家具制作则被称为小木作，而从事小木作的手工业者则被称为了梓匠。木作之间相互影响，不管是形制亦或是结构，建筑的发展都在不断地影响着家具。

秦汉时期，木质家具逐渐代替了青铜家具，木材逐渐成了家具的主要用材，漆木家具在秦代时崭露头角，在汉代时达到兴盛。战国时期开始出现铁制工具，到了秦汉时期出现了一批新的铸铁工具，使得木结构技术得到了显著的提高，榫卯结构也更为精良，为更为复杂的建筑结构的发展提供了可能。大小木作之间相互影响，建筑营造的进步同样影响到了家具的发展，铁制工具的出现使得家具结构更趋完善，提高了加工的精度，加快了制作周期，并使木质家具的加工变得简便起来。

建筑空间的不断加高直接引发了家具形体高度从低到高的变化，建筑结构的不断完善在潜移默化中也影响着家具的结构不断向好发展。同时建筑内外空间的成熟发展也促进了家具功能的逐步完善。如床榻的出现和床与榻的融合就是对渐高建筑空间的适应。

木构架建筑结构不仅使得建筑空间不断加高，同时也影响了家具结构的不断创新，在日渐高大的建筑空间内部，出现了许多塑造空间和对空间进行分割的重要家具，如屏风。西汉之前并没有关于屏风的记录，因为在先秦时期，屏风被称为黼扆，指的是古代帝王后座上的围挡，在西汉时期才开始流行，此时称为"屏风"。并将它与床榻结合使用，可分可合、灵活多变且功能性极强，不仅可以用于挡风，而且在室内空间中还起着重新划分空间和突出中心地位的作用；中国自古以来讲究天人合一、和谐共存的原则，与其说古代建筑空间机能的完善促进了家具的发展，倒不如说是家具设计一直遵循着与建筑空间环境统一、和谐共存的原则。

3. 生活陈设中的床榻艺术

秦汉时期是中国的低矮家具发展与基本成型的时期，这段时间内家具发展逐渐全面、丰富。尤其是在汉代中后期，在继承了先秦的低矮家具的形制基础上又进行了创新，如床榻作为空间坐卧工具的产生就是非常明显的例证（图3-44）。

受传统坐卧具的影响，为了协调新老卧具的高度，床榻的高度并不高，两者形式相似，只是式样上有所不同，床略高于榻，宽于榻，一般仅供一人独坐。东汉刘熙的《释名》有详解："榻，人所坐卧，曰床。床，装也，所以自装载也。长狭而卑曰榻，言其榻然近地也。"榻是从床中分化出来的专用坐具。榻的出现标志着家具中坐、卧具的

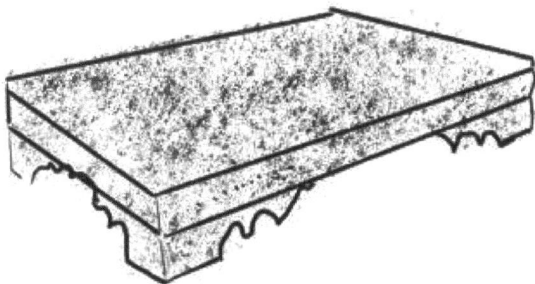

图 3-44　望都二号汉墓出土石床

图 3-45　汉代画像砖 床榻

图 3-46　河北汉城西汉刘胜墓中出土的玉人端坐的枰

分野，而它们被广泛应用于室内，则使得室内家具的组织方式发生了一些改变。床榻在秦汉时期室内空间中的运用功能上沿袭了先秦的特点，以坐、卧为主，但它不仅是睡眠休息时的场所也是会见宾朋的待客之所，成了一个空间的核心之处。

从秦汉的画像砖（图 3-45）中可以看到先秦的席地而居的生活起居方式逐渐被以床榻为中心的起居方式代替。

从大量的汉画像中，我们可以发现当时的床榻主要有以下三种类型。

（1）屏大床

屏大床是当时常见的屏风床形式，河南洛阳、山东安丘均有发现。在床的后面通常立有较高的屏风，屏风上装饰以漂亮的花边纹路，屏风间饰以别致的图案。特别是山东安丘画像石中大床的形象十分精美。床比榻稍高，两脚之间雕刻着曲线形牙板；床上绘有二人面对面闲谈，人物刻画逼真，宛如真人。大床的后屏旁边还设有器物架，上面放有剑、杖、夹漆（一种凭几）等陈设物品。而洛阳出土的床则不同，不仅设有装饰屏还饰以有颜色的床帐，床帐微微收起，色泽丰富，形象生动。

（2）有屏坐榻

有屏坐榻在造型上与床大致一样，但在体量上要比床小一些。也正因为如此，它的使用度更高。这种有屏坐榻曾出现在河南密县、淮阳及河北安平县的汉墓中。其中河南密县汉墓中的坐榻形象与河北安平县东汉墓中的坐榻形象非常相似，都是有三面围屏的"独坐榻"，可供一人使用。它们的加工工艺也都具有异曲同工之妙，屏和榻都采用彩绘装饰，屏板外缘用鲜艳的大红彩线装饰，屏内与榻面均绘有精美的图案纹样。前者榻前还放着一个加垫的长方形踏板，即现代人所谓的"榻登"；后者榻

上则支起一彩绘斗帐，斗帐盝顶，帐顶饰以对鸟花纹，帐下坐着男墓主人，墓主人头戴高冠，身着红袍，帐侧和帐后有四名侍从抱物奉盘恭候，人物形象十分生动逼真。

（3）无屏床榻

此类床榻形式多种多样，在汉代画像中随处可见。通常体型较小且呈方形的称为"枰"，也叫"独坐"（图 3-46）。枰上只能坐一人而且所坐者是地位尊贵之人。如《释名·释床帐》中说道："小者约独坐，主人无二，独所坐也。"这种榻在山东、河北、江苏、山西等地汉墓中经常见到。关于无屏床的形象更是屡见不鲜，其长者可坐多人，短者可坐两人，这种坐法也称为合榻，如成都青杠坡出土的"讲学图"画像砖、望都汉墓壁画中都有其典型形象。

由于生活方式的改变，床在人们心目中的地位和作用逐渐提升，并转变成室内生活的中心，而且逐渐发展为床上施帐，以满足使用者的审美需求。所谓帐，其形似覆斗，常常做四角攒尖顶。床与帐进一步发展，到了明代便出现了架子床。此外，在汉代还非常流行一种防尘器，名曰"承尘"。在室内，承尘的使用突出了承尘下的空间，加深了承尘下所坐之人的空间氛围。

到了魏晋时期，床的使用已经变得普遍，且不再像战国时期那般低矮，从东晋顾恺之《女史箴图》中人的坐姿可以看出，这时候床的高度已经能够让人垂足坐在床边。从床与人的比例可以看出床已经具备了高、大、宽的特点。榻的使用也在这一时间变得相当普遍，并且其形制和装饰也变得越来越丰富，除了基本的床榻，此时的床榻还创新架设了床帐帷帐、帷幔等。但榻与床的形制在宽窄上依然有着明显的区别。

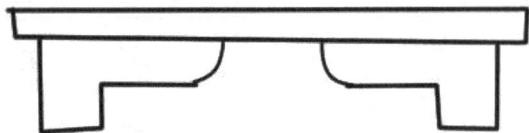

图 3-47　河南禅城出土的西汉石榻

北方十六国时期，属于文化交流发展的时期，佛教和中原文化交流更加频繁，高型坐具的传入、佛教文化的渗入影响着家具的高度和形制。另外，建筑的日渐高耸宽敞同样影响着家具形体的变化，家具种类的完善促进家具功能的细分，床日渐退居内室成为仅供睡觉的专用卧具，而榻为了适应室内空间和高型家具的变化，形体开始增高加大。《埤苍》："枰，榻也。谓独坐板床也。"早期的榻只可一人独坐，从河南禅城出土的西汉石榻（图 3-47）的形制可以看出，最初的榻只能坐，而不能用于卧。而此时，床和榻已经逐渐融合了。

3.2.2　佛教文化对家具的影响

1. 佛教的传入

东汉至北魏年间，社会动荡不断，战争频繁，人们过着漂泊不定的生活，饱经战争的人们失望于儒教的政治统治，开始盛谈玄学之风。佛教的东来使得人们在普度众生的渴望中寻找到希望与安慰。关于佛教传入的具体年限和传入方式，现在仍有争议。洛阳白马寺，始建于东汉永平十一年（公元 68年），它的建立象征着中华文明对佛教的接纳，也是佛教汇融于中华文明之海的开始。据说是汉明帝为迎接两位高僧所建，据晋袁宏《后汉纪》的记录："初，明帝梦见金人，长大，项有日月光，以问群臣，或曰：西方有神，其名曰佛，陛下所梦得无是乎！"听闻以后，汉明帝遣使前往天竺取经，后依"天竺旧式"建寺供迦叶摩腾、竺法兰二人译经所用。因驮回经文的马是白马，故名白马寺。但此种说法并不被学界所认可，据《后汉书·楚王英》所记："英少时好游侠，交通宾客，晚节更喜黄老，学为浮屠斋戒祭祀。"楚王英是后汉光武帝之子，孝明帝之弟，是我国正史上所载信仰佛教之第一人。从《后汉书》所记的永平八年（公元 65年），可以看出佛教已经在皇家贵族有相当的知名度，所

以佛教传入中国的时间必然更早。自东汉时佛教传入我国以来，佛教的存在不仅是人民的寄托，统治者要想加强统治，宗教管理也是必不可少的一环，不论是在和平还是动荡年代，佛教都曾被统治者们当作治国良药。

佛教的传入，对中国家具的发展产生了重大的影响。一方面，印度佛教建筑窣堵坡自传入中国以来，通过与汉地文化的不断融合，化为可以登高望远的阁楼式佛塔。建筑和家具相伴而生，在不知不觉中促进了家具不断地向高发展；另一方面，佛教的传入带来了大量的佛坐家具，如绳床、佛坐、佛墩、方凳等，冲击了人们席地而坐的传统生活方式，影响并推动了相应家具的演变和发展，在与汉地文化不断地融合中产生了具有中国本土色彩的高型坐具。

但是佛教和汉地文化的融合并不是一蹴而就的，在它与汉文化相融合的过程中，曾依附于传统文化以求得发展，虽然后期与儒道两家主张上面发生过分歧以求保持其独立性，但是这也是它在融入汉文化的一种方式。

2. 佛教文化对家具的影响

佛教建筑传入后，在与汉地建筑的不断融合中促进了建筑形式的多样化和家具的渐高发展。为了宣扬佛教文化，统治阶级大力修建寺庙和佛塔，窣堵坡是印度佛教埋葬佛祖佛骨的地方，是一种半圆形的土坡，传说佛祖释迦牟尼涅槃以后，身体被其弟子阿难火化，其佛骨化成了一颗舍利子，被埋葬在了窣堵坡。窣堵坡经过文献传入中国以后，曾被音译为"浮屠""浮图"等，在隋唐时期才被统一称为"塔"。中国有一句俗语"救人一命，胜造七级浮屠"，意思就是，救人一命的功德比为死去的人造一座七层佛塔更大。窣堵坡经过不断的汉化，发展成为可以登高望远的阁楼式的塔，主要用来供奉舍利、佛像和珍藏佛经，按照建筑材料进行分类可以分为"石塔""木塔"。

早期的塔都是木结构，但是因为木结构的建筑难以保存，所以现留下来的塔除了建于辽清宁二年（公元 1056 年）的山西应县释迦塔外，大都是仿木结构的石塔或者木砖结合的塔，释迦塔是中国现存的唯一一座纯木结构的大塔。江苏苏州报恩寺塔，塔高 76 米，是中国现存的最高的砖木结构楼阁式古塔。《后汉书·陶谦传》："笮融大起浮屠寺。上

累金盘，下为重楼，又堂阁周回，可容三千许人。"由此可见当时佛塔建筑的高耸华丽。

除了建筑外，佛教的传入还带来了许多的高型坐具。魏晋南北朝时期，佛教兴盛，为了宣传佛教，石窟造像和石窟壁画兴起，隋唐时期，佛教发展到达顶峰，造窟更为兴盛，从大量的石窟壁画和墓葬壁画当中我们可以看到许多伴随着佛教僧侣步入中原所带来的新型高型坐具，佛寺僧侣可以说是垂足高坐的先行者和高足坐具的推行者。这些佛的坐姿，如跏趺坐、垂足坐的方式和所使用高足坐具，让民众看到完全新鲜的、不同于自己的生活画面。在高僧传经授法的过程中，所使用的高型坐具让人们对家具的高度产生了新的认知，随着佛教不断被人们所接受，佛教这种坐式也同样在被慢慢接受。另外，释迦牟尼在佛教的造像总是端坐在高大的莲花座上，通常被塑造得很高大，对于供养者来说，释迦牟尼总是处于高位，同样的，为了显示自己尊贵的地位，统治者慢慢地接受了这种渐高垂足坐家具，并不断地向下层社会传播，直至唐代这种垂足坐的生活方式逐渐普及全国。

我国家具的发展必然离不开佛教文化的影响，佛教家具和佛僧垂足坐的方式成为改变传统坐式和家具形制的重要推动力。

（1）推动了人们从席地而坐向垂足而坐生活方式的转变

佛教自进入中原以来，为中国输送了大量的高型坐具，如绳床、胡床、筌蹄及方凳等。这些高型坐具一方面冲击着中国传统的低型家具，另一方面，这种垂足而坐的坐式同样冲击着中国传统席地而坐的生活方式。

①绳床

绳床，又称禅床，在汉代及魏晋时期是寺庙僧侣修禅所用的专用坐具，在《晋书·艺术传·佛图澄》中对绳床就有所记载："迺与弟子法首等数人至故泉上，坐绳牀，烧安息香，呪愿数百言。"所以说，绳床本身就是一种佛教色彩相当浓厚的佛教家具。后来，绳床逐渐由僧侣流传至民间。

而绳床中的"床"，并非我们今日所理解的睡卧休息的卧具，据汉代刘熙《释名·床帐》中所解释，"床"为装载之意。绳床有扶手，有靠背，座面和靠背皆由麻、棕和藤绳编织而成，体形比较大，可供僧侣盘腿跏趺坐在上面。在敦煌285窟

图 3-48　绳床

西魏壁画修禅图中就有对"绳床"形象的相关表现（图 3-48）。在这幅壁画中，一僧人正跪坐在一个体型宽大的椅子上，椅子带四足，有靠背、有搭脑，腿足皆为直足，从与人的比例看，绳床的高度并不高，但是座面宽大。宋元之际史学家胡三省在《资治通鉴·唐史》记载："绳床，以版为之，人坐其上，其广前以容膝，后有靠背，左右有托手，可以阁臂，其下四足着地。"与壁画中绳床的描绘一致。

在日本的"大成比丘十八图"中也有对绳床形象的描绘，直足、有靠背扶手和搭脑，靠背和座面皆为绳面，与一般的绳床形象没有太大的不同。

绳床后由僧侣在传经授法过程中慢慢地传向贵族，再慢慢地向下层社会转移，并不断影响着人们的传统坐式和传统家具形制。

绳床常常与胡床被混为一谈，如宋程大昌在《演繁露》中曾说："隋高帝意在忌胡，器涉胡者咸令改之，乃改为交床。唐穆宗时又名绳床。"故此时将绳床和胡床视为一物，而事实上，胡床是由北方胡人文化传入中原的一种高型坐具，其与绳床并非一物，宋元之际史学家胡三省在《资治通鉴·唐史》反驳："交床、绳床，今人家有之，然二物也。"

20世纪初，斯坦因在新疆民丰尼雅河遗址出土过一件晋代的木椅残骸（图3-49），因为木制家具容易腐烂，所以很少有木制椅子完整保留下来，新疆出土的这件木椅是中国家具史上第一只木椅实物，从残留的椅子腿部我们可以看到上面雕刻有绳纹和四叶花纹，这种纹样多见于印度西北地区，所

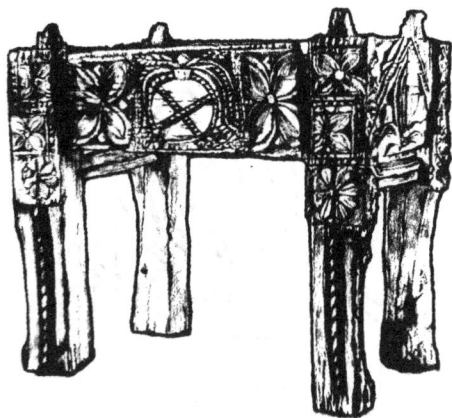

图 3-49　新疆出土的座椅残骸

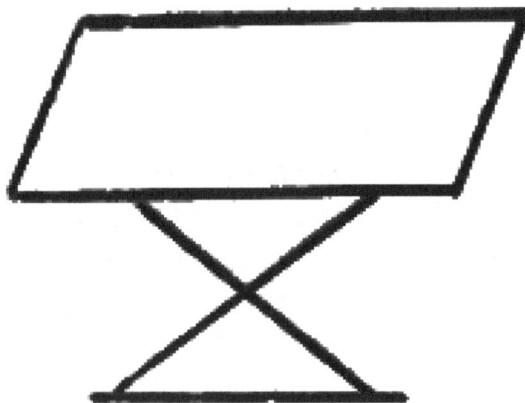

图 3-50　西汉胡床

以推断此并非汉人工匠所造，应该是由佛教传入我国。可能这种座椅形式并没有被当时的人们所接受，所以未能得到广泛流传。

②胡床

胡床并非中原家具，是由西域随着佛教传入中国的，是一种由八根木棍组成的便携式坐具。胡，是汉人对于西域传入的物件的总称，如胡服、胡食、胡乐等，所以这种西域传入中原的坐具被称为胡床。因其腿足交叉所以又被称为交床，座面和绳床一样，由绳子编制而成，所以胡床可以折叠。《资治通鉴》242 卷胡三省注谓："（胡床）以木交午为足，足前后皆施横木，平其底，使错之地而安。足之上端，其前后亦施横木而平其上，横木列窍以穿绳绦，使之可坐。足交午处复为圆穿，贯之以铁，敛之可挟，放之可坐。"

诸多史册记载了汉灵帝对胡人文化的热爱，北宋高承《事物纪原》卷 8 "胡床"条引《风俗通》云："汉灵帝好胡服，景师作胡床，盖其始也。"汉灵帝的胡床制作者景师是汉人还是少数民族，暂不清楚。《太平御览》卷 706 "胡床"条也引《风俗通》云："汉灵帝好胡床，董卓专权，胡兵之应也。"

在山东省长清的孝堂山画像石上有过关于胡床的图像（图 3-50），这应该是关于胡床的最早图像，根据画像石可以看出，西汉时期胡床还是流通于中原上层社会中，虽然当时汉代厚葬盛行，但是普通人的墓葬是用不起画像石的，所以推断墓主人在当时应有一定的社会威望。

胡床是当时少有的垂足而坐的座椅，后来经过不断汉化，直到宋代交椅的出现，才成为真正的椅子形式。

③筌蹄

"筌蹄"又称"筌台"，是一种束腰形坐墩。据《庄子·外物》载："筌者所以在鱼，得鱼而忘筌，蹄者所以在兔，得兔而忘蹄。"可知"筌"在早期是竹编的用来捕鱼的工具，而蹄是竹藤编制用来捉兔的器具。

从众多的石窟造像和壁画中，我们能够看到佛和菩萨所坐的佛座样式是多种多样的，有方形、圆形、腰鼓形、束腰形等，高度大小也有所不同，如三重、五重、七重，其中菩萨所坐的束腰莲花座与筌蹄形制非常相似，所以民间将其命名为"筌蹄"。但中国最初的束腰形家具并不是由佛教引入或者完全受佛教影响出现的新家具，早在战国时期就有类似于筌蹄的熏笼出现，是一种用藤或草编成的高型坐具，形似束腰长鼓，在战国时期是妇女们用来熏衣物、取暖的专用坐具。1996 年，在山东青州龙兴寺中发现一佛教造像窖藏，其中有一尊北齐时代的贴金彩绘思维菩萨坐像（图 3-51），菩萨半跏趺坐于一件束腰座上，此束腰坐具即为筌蹄。可以看出这个筌蹄的基本形制：座面为圆形，中间有束腰，造型与中国传统的熏笼非常相似。

而筌蹄家具的形象可在四川彭山高家沟汉代石棺六博拓片中看到，画面中有两人分坐在一筌蹄上。

筌蹄随着佛教的传播，推动了人们传统坐式的改革，也推动了高型坐具的发展。束腰长鼓形的坐具由非正式坐具转为了正式坐具，这种转变不光是家具形式上的转变，更标志着人们对于高型家具的接纳，是一种思想的进步。

图 3-51　贴金彩绘思维菩萨坐像　　图 3-52　弥勒佛像　　　图 3-53　方凳　　　图 3-54　敦煌 257 窟壁画《沙弥守戒自杀品》

④方凳

汉代刘熙《释名》称："凳，凳床也。"可见在汉代的凳只是床下的脚踏，而不是一种坐具。且这时不叫凳，在魏晋之前只有"登"或者"橙"。"凳"又称杌凳，"杌"是一种无枝的树木，所以杌凳又指无靠背扶手的凳。

在河北省博物馆有一尊北魏时期的弥勒佛像（图 3-52），一弥勒正交脚跏趺坐于一类似于凳形的方座上，这类方形座在北朝很常见，可以说是方形凳的雏形，或是模仿床榻出现的一种方形坐具。

方凳最早作为坐具出现是在敦煌莫高窟第 257 窟北魏壁画《沙弥守戒自杀品》中，如图 3-53 所示，一小沙弥师傅正垂足坐在一四足方凳上。

四足方凳在传入中国以后，并没有被人们所广泛接受，使用人群多为佛教僧侣，直至魏晋南北朝时期，各民族文化实现了大交流、大融合，高型坐具的不断涌入使得中原内地的高型坐具越来越多，才出现了一种介于床凳和高杌之间的杌凳，可以说是凳的发展形式。杌凳于唐代实现了质一样的飞跃，不断变窄加高加长，常常与长案共同使用，摆脱了前期直腿无枨的状态，并在和汉文化的交融下，产生了许多新样式，如月牙凳、长凳、方凳等。

小故事：《沙弥守戒自杀品》（图 3-54）出自《贤愚经·沙弥守戒自杀品》，绘于敦煌石窟第 257 窟，讲述了一个沙弥为了维护戒律清规不惜自杀的故事。一个虔诚信佛的老者将自己的儿子送到高僧处做沙弥，希望自己的儿子能够皈依佛门，修行佛法，经过师傅的教导，少年成了一个严于律己的小沙弥。但在一次下山取食的过程中，小沙弥被山下一亲善居士的女儿相中，在少女诉说完心中情事之后，小沙弥为了断绝少女心中的念想，也为了守护佛门戒律，谎称要向佛祖忏悔才能与之还俗，随后闭门自杀身亡。有感于沙弥的严于律己，国王向百姓们传颂了小沙弥的事迹，并起塔供奉。

（2）促进了家具向多元化形态发展

汉代佛教东渐，人们在不断接纳佛教佛法的同时，也在慢慢接受佛教的高型坐具和佛教所宣扬的垂足而坐的生活方式，传统的生活习惯和传统的家具样式正在接受着冲击，佛教高型家具的传入使得人们认识到了家具的另一种形式。

佛教家具在与汉地家具相融合的过程中，或促进了家具种类的多样化，或推进了家具更新的进程。

如桌的出现应受到了佛教文化的影响。僧人用餐一般为团体用餐，所以放置饭菜的"桌"相比于当时放置饭菜的食案要更宽更大，相比于几案，这种"桌"的样式要更加简单，实用性也更强。僧人以及信徒在就餐时使用的饭桌也随着佛教的传播逐渐传入百姓的家中。

几和案发展到秦汉时期已经逐渐融合，几面越来越宽，不仅可供人凭倚还可以放置物品，这时几已经从床榻上面下移到地面，常在榻前设几设案。俎几案是桌的前身，后期几和案逐渐分离，"桌"

慢慢出现。不过这时的桌子主要是贵族专用，还没有普及到下层社会的普通百姓。俎在汉代之前主要是用来祭祀和切割肉、菜类的砧板。秦汉时期就已经出现了类似于桌的家具，虽然"桌子"之名是唐代以后才出现的，但是类似于桌子一样的高足承具在汉代已经在多处出现。

祭祀用的俎在汉代画像石场景当中已经不多见，在沂南画像石中有一幅关于祭祀的场面（图3-55），其中设有一俎，上面放着祭祀用的物品。在胡文彦先生的《中国历代家具》一书中也曾提到过，汉代的粗木矮桌是四足方桌，放置的可能是用于祭祀的贡品。

还有一种是用来屠宰牛、猪等牲畜或是放置食物、酒樽的高型案桌，可以说这是一种大型的桌案式"俎"。所以这种类型的承具多见于庖厨类的场景当中。如辽阳三道壕壁画墓、嘉峪关壁画墓以及沂南画像石庖厨场面中均能看见放置大型牲畜的桌案式俎（图3-56至图3-58）。还有四川彭县画像砖中的方桌、放置酒樽的桌案等（图3-59、图3-60）。

不可否认，汉代佛教的传入对于桌案的渐高发展有着推动的作用。通过中原地区工匠的不断创新，促进了许多家具新结构的诞生，文人雅士思想的投入丰富了家具的种类和形制。

建筑中的须弥座与家具中的束腰。家具与建筑相伴而生，一个主内一个主外，相互借鉴，互相

成就。佛教的传入为中式家具形态的创新提供了素材，后来常见于中国传统建筑中的须弥座本是佛教中菩萨像的台座，后来被工匠们巧妙地融入家具和建筑当中，成了家具中的束腰和箱型结构以及建筑当中的装饰底座。在建筑中，它常被称为叠涩，在家具中，被称为束腰，上下逐层外凸，中间内凹。束腰，指家具上的收缩部位。王世襄先生曾在《"束腰"和"托腮"——漫谈古代家具和建筑的关系》中解释："'束腰'指家具上的一个收缩部分，一般位在面板边框和牙条之间。"《营造法式》卷三"殿阶基"中曾说："造殿阶基之制：长随间广，其广随间深，阶头随柱心外阶之广。以石段长三尺，广二尺，厚六寸。四周并迭涩坐数，令高五尺，下施土衬石。其迭涩每层露棱五寸，束腰露身一尺，用隔身版柱，柱内平面作起突壶门造。"示意图如图3-61所示。

须弥座随着佛教传入中国，云冈石窟的北魏浮雕塔基就属于早期的须弥座形象（图3-62）。直到唐宋时期，须弥座开始与家具相结合，束腰也开始出现在家具上。束腰家具流传范围广，流传时间长，这是佛教文化对中国家具发展的积极贡献。不论家具风格如何发展，工艺技术随着时间的流逝是不断进步的，佛教文化中更多的新结构和形式被应用到了家具当中，为宋元时期流行的高型家具和巅峰时期的明式家具奠定了坚实的基础。

佛家崇尚金色，在一些著名的寺院中所使用

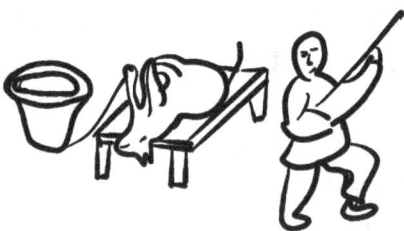

图3-55　沂南画像石　　　　　图3-56　辽阳三道壕壁画墓　　　　图3-57　嘉峪关壁画墓

图3-58　沂南画像石庖厨　　　　图3-59　四川彭县画像砖中的　图3-60　四川彭县画像砖中的桌
　　　　　　　　　　　　　　　方桌

图 3-61　《营造法式》殿阶基示意图

图 3-62　云岗石窟的北魏浮雕塔

图 3-63　植物类纹样 卷草纹

图 3-64　山东济宁喻屯镇的大象与开明兽画像石拓本

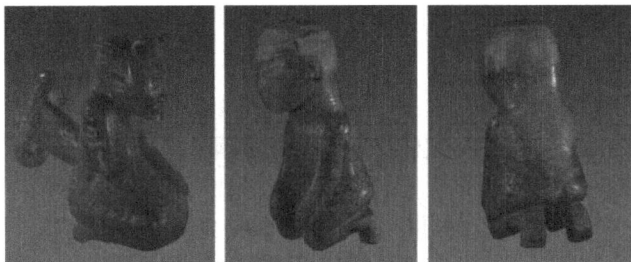

图 3-65　安阳殷墟妇好墓出土的跪坐玉人俑

的家具大都会采用彩绘或者是贴金的方式来进行装饰以突出其宗教特色。彩绘，即用五色光对佛教中的供桌等佛教家具进行描绘，根据不同的雕刻图案描绘不同的颜色。五色光是指佛珠得道时放射的六色佛光，分别是蓝、红、白、黄、橙以及前五色的混合光。描金是指在木材打磨后在木材上定稿、定位、涂抹桐油、贴金粉。一系列的操作使得家具更加庄严华丽。

秦汉是漆木家具的大发展时期，这一时期多采用黑地红漆或是红地黑漆对家具进行描绘，没有描金或是彩绘的传统，受到佛教家具的影响，增加了家具的装饰手法和艺术特色。

佛教家具中的雕刻纹样同时也影响了我国古家具的装饰手法。

植物类纹样：卷草纹（图 3-63）是中国传统图案之一，也是佛教常见的装饰图案。取各类花草植物如忍冬、荷花、牡丹等常见植物图案，花草枝叶通过"S"曲线的排列，造型曲卷圆润。因盛行于唐代故亦名唐草纹。忍冬纹是云气纹的具体表达，秦汉时期中国的装饰艺术讲究动感，此时云气纹应运而生，成为当时的流行纹样，到了唐代，百转千

回的忍冬纹为云气纹在植物界找到了具体的形象依附，但忍冬纹在大自然当中其实并没有具体的实物对象，而是一种集多种花草植物的特征于一体的意向性装饰纹样。

动物类纹样：如文殊菩萨座下坐骑青狮，普贤菩萨坐骑六牙白象，还有具有中国传统特色的装饰图案龙，都被物化成各种装饰图案大量运用到家具或建筑当中（图 3-64）。

人物类纹样：大多来自佛经故事，佛经中的人物或高僧是最常使用在家具当中的人物纹样，尤其是供桌，因其祭祀等特殊的使用性质，所以供桌是祭祀类家具中人物装饰图案最多的家具。

（3）促进了起居方式的演进和社会意识的转变

佛教的传入给中国带来了大量的高型家具，这些高型家具影响着中国传统家具的形制与结构，与此同时人们的生活起居方式和社会意识也正在被影响和改变着。在席地而坐的时代，人们的坐卧起居主要在席子上，席子既是卧具，又是坐具，人们采用席地跪坐的起居方式，如 1976 年安阳殷墟妇好墓出土的跪坐玉人俑（图 3-65），可见他跪坐在地上，臀部坐于腿足之上，双手抚膝。若是伸足平坐

双腿分开或是侧身斜坐都会被视为是无礼的行为。但是在高型家具传入中国并影响中国传统家具向渐高发展之后，人们只能采取垂足而坐的生活方式，如胡床传入中国，只能采用垂足落地的方式进行使用，据《梁书·侯景传》载："殿上常设胡床及荃蹄，着靴垂脚坐。"这也可能是为什么胡床在传入中国之初，并没有立即被广大人民所接受，只有佛家僧侣和上层社会的一部分人使用胡床的原因，家具的渐高发展是一个缓慢的过程。

直到宋代，人们才完全接受垂足而坐的生活方式，而此时双腿分开则不再被视为无礼。如宋代庄季裕在《鸡肋编》卷下所载："古人坐席，故以伸足为箕倨。今世坐榻，乃垂足为礼，盖相反矣。"不能否认这种社会意识的转变有受到佛坐高座家具传入的影响。

3.2.3　胡人文化对家具的影响

汉代早期，"胡"是中国古代对北方和西域各族的泛称。来自北方或者西域的人被统称为"胡人"，而来自北方或西域的物件则也被冠以"胡"字。但是在汉代早期及之前，"胡"是专指匈奴的，如《史记·秦始皇本纪》中所说："乃使蒙恬北筑长城而守蕃篱，却匈奴七百余里，胡人不敢南下而牧马，士不敢弯刀而抱怨。"直至两汉后期，"胡"的概念有了变化，不仅仅指匈奴，由特指匈奴到泛指西方、中亚等地的民族。"胡人"的范围已由北方逐渐扩大到西部。现在的"胡"我们一般理解为两汉后期的北方和西域各族的泛称。

而胡文化则是对北方各少数民族游牧文化的统称。在其中，尽管不同民族的文化也各具特色，但与汉文化相比，由于他们在生存方式上的一致性，在文化共性上的趋同，因而也就形成了以胡为谓称的一体文化。古代北方各少数民族以游牧为生，形成了与中原完全不同的生活方式和传统习俗，在胡汉的不断交融碰撞之下，一方面，以胡床为代表的胡家具对推进中国从席地跪坐向垂足而坐的生活方式的转变产生了巨大的推动力；另一方面，胡服的传入对中国家具也产生了一定的影响。

小故事：裴潜，曹魏大臣，在曹操平定荆州的时候，曾请裴潜出任宰相府的军事参谋，后裴潜出

京任沛国相，不久升任兖州刺史。在他出任兖州刺史的时候，曾命人为他做一张胡床，而在他离开的时候什么都没有带走，家徒四壁，只把这个胡床挂在东墙上，可见他为官清白正直，所以后世常常把"壁挂胡床"这个故事比喻为官清廉、生活俭朴。

1. 胡文化的传入

两汉时期，汉民族与北方少数民族交流频繁，如张骞出使西域，丝绸之路的开辟促进了两汉和西域政治、经济、文化的交流，实现了汉文化与少数民族文化的交流与融合。直至东汉晚期，文化的传播与交流达到了顶峰，无论是激烈的战争对抗还是和平的商业交流，都为中西方文化的交流碰撞提供了可能。双方交流文化的传播一般是自上而下的，在古代，皇帝的好恶往往会影响宫廷甚至于整个民间的风尚。如《后汉书·五行志》记载："灵帝好胡服、胡帐、胡床、胡坐、胡饭、胡箜篌、胡笛、胡舞，京都贵戚皆为之。"汉灵帝好胡服"，使胡服在中原地区流行起来。"胡饼"是"胡食"的一种。《太平御览》引《续汉书》记载："汉灵帝好胡饼，京师皆食胡饼。"

2. 胡人文化对家具的影响
（1）服饰

秦汉及之前都处于席地跪坐的时期，这时的人们生活睡卧都在席上，常采用跪坐或是踞坐的坐式以表示恭敬，而这种坐式需要服饰在臀部的位置有充足的空间进行伸展。战国时期人们采用的服饰是上衣下裳制，下裳指的是用布带系在腰间，用于遮前蔽后的两片。《释名·释衣服》有："凡服上曰衣，衣，依也，人所依以避寒暑也。下曰裳，裳，障也，所以自蔽障也。"这种服饰被称为"后裾"。如河南信阳楚墓出土的彩绘木俑所穿着的就是"后裾"（图3-66）。这种服饰形制给臀部以充分的伸展空间，便于跪坐动作的完成。东汉时期形成了以床榻为中心的生活方式，"上下相连"的"深衣"代替了战国时期上衣下裳的形制，为了给予腿部更加广阔的活动空间，深衣多采用上狭下广的裁剪方法。如长沙马王堆出土帛画中的女性形象着深衣式袍（图3-67）。

战国时期，"胡服"开始对中原地区产生影响。最初是始于赵灵王，据《战国策赵策》载："赵武灵王赐周绍胡服衣冠，具带，黄金师比，以傅王子

也。"但是战国时期分裂割据,各自为政。赵灵王的胡服对中原服饰的影响仅仅辐射到赵国地区,对于当时中原其他地区的服饰影响并不大,直至东汉时期,因汉灵王"好胡服",便自上而下影响到了整个中原地区。

胡服之所以能够在中原地区流行起来,除了上行下效的原因,还因为胡服废弃了像裙子一般的裳而改穿裤,上身简便,相比于繁缛的汉服来说胡服更利于人民的劳作。对于统治者来说,胡服也更利于翻身上马打仗,更加便利。受佛教和胡人文化的影响,在北朝时候盛行一种单腿置于股上的坐姿,这种姿势在之前被视为不雅的坐姿,慢慢地被人们所接受,同样也使得高坐具逐渐被人们所接纳。

服饰的变化对家具而言,两者是相互影响的,不同的坐具要求配以相应的坐式,坐具坐式相互配合,而坐式则受服饰限制,在坐姿由高到低的不断变化中,家具和服饰也在相应的变化着。人的身体在潜意识中是好逸恶劳的,在对舒适坐姿的追求当中,服饰的样式同样也在发生着改变,如战国流行"后裾"而至唐朝流行"缺胯",都是服饰受家具变化影响所产生的变化。

(2)胡床

文化的交流总是双向的。一方面,中原地区的人们向往西北少数民族的歌舞鼓乐和服饰,此时正当礼崩乐坏,胡乐东来,汉族人们渴望摆脱儒教的束缚,向往胡化;另一方面,北方少数民族仰慕中原文化,渴望学习诗书礼仪,向往儒化。胡床是西域流向中原的高型坐具中的代表,胡床的具体形象在《资治通鉴》卷242胡三省的注释中有较为明确的记载:"(胡床)以木交午为足,足前后皆施横木,

平其底,使错之地而安。足之上端,其前后亦施横木而平其上,横木列窍以穿绳绦,使之可坐。足交午处复为圆穿,贯之以铁,敛之可挟,放之可坐。"说的是胡床是一种由八根木条组成双腿交叉,座面以两横木用棕绳缠绕成平面可落地的坐具,可以折叠,便于携带。

在敦煌北魏第257窟西壁《须摩提女因缘》中有一幅关于双人胡床的图像(图3-68),上有二人共坐于一胡床之上,而两人座的胡床是非常少见的。

胡床的形象与古埃及的"X形折叠椅"十分相似,所以有学者认为胡床是经过古埃及、古希腊辗转经中东、中亚、西亚、南亚等地逐渐传向东方,再由秦汉时期的中国境内外的其他族群(胡人)慢慢传入中原。

传统席地而坐的姿势并非我们现代想象的伸足平坐或是侧身斜坐等身体感觉比较舒服的姿势,而是跪坐,双膝跪地臀部贴合小腿后侧。这样坐久了会增加腿部对于脚部的压迫感,产生疲惫感。而胡床的传入让人们认识到了一种全新的坐姿,即双足垂地,臀部坐于座面之上,这样的坐姿与"跪坐"相比更加舒适。加之胡床可收可放,携带方便等特点,所以深受汉灵帝的喜爱,在汉灵帝带头使用之后,胡床便在宫廷内外和贵族官僚之间流行起来。

胡床的流行,导致了礼俗以及生活习惯的变化,还相应地带动了其他家具向高式家具转变,促使了新型家具的出现。如前引曾维华先生所考证,"胡床"应是中原地区所使用的最早的高型家具。在我国文化多元化、包容性高的大环境下,胡床由最初的户外家具逐渐转变为可便携的室内外家具,

图3-66 信阳楚墓的彩绘木俑　　图3-67 长沙马王堆帛画的女性形象　　图3-68 敦煌北魏第257窟西壁《须摩提女因缘》

图3-69　北宋　图3-70　南宋肖照《中兴瑞应图》中的两件
赵翁墓画像石　交椅
中的交椅

最后演变成带有中国特色的新型坐具。在宋代，人们把圈椅和交椅结合在一起，即在胡床的基础上加上靠背和扶手，扶手同凭几，形成了带有中国特色的新式坐具——交椅（图3-69、图3-70）。

胡床的便携性使得它深受人们的喜爱，不管是狩猎还是出游都喜欢携带胡床，如《三国志·魏书·苏则传》载："后则从（魏文帝）行猎，槎桠拔，失鹿，帝大怒，踞胡床拔刀，悉收督吏，将斩之。"

3.2.4　汉代画像砖中的家具形态

画像砖是指模印或刻有画像和花纹的砖，是秦汉时期的一种建筑装饰构件，主要用于嵌砌、装饰墓葬和地面建筑。画像砖源于战国时期，发展于秦代，兴于两汉之际，直至三国魏晋南北朝时期依旧盛行，到了隋唐才逐渐没落。短短两百年时间画像砖能在汉代达到巅峰的主要原因是技术的进步，此时人们掌握了青铜器的脱模技术，并将其应用到了建筑构件画像砖当中，且砖的应用改变了我国千百年来主要靠木栅土墙进行营造的建筑历史。

1. 汉代画像中的文化内涵和艺术形式

画像砖在汉代是一种建筑材料，并大量应用于汉代墓室的修建，后汉时期流行厚葬之风，加上儒家思想的影响，统治者提倡孝治天下的统治思想，礼乐在汉代十分盛行。人们认为死后的人和生者一样需要生活，所以吃穿用度应和人间一样一应俱全，富豪贵族在生前就喜欢进行礼乐典礼，死了也同样需要，因此在汉画像石上印有大量以礼乐为题材的画像。礼乐在汉代的盛行，加上儒学文化系

统以礼乐仁义为核心，极大促进了汉画像石的发展，丰富了汉画像石的内容。这些以礼乐为主题的作品，描绘和记录了当时的真实生活，从礼俗、服饰、武器、道具、乐器、舞蹈、百戏、建筑到各种植物、动物等，内容十分丰富。画像砖上的画像纹路题材多样、内涵丰富，记录着当时的社会状况以及人们的政治、经济、文化生活，如宴饮会客、做饭、酿酒、斗鸡、乐舞百戏等。也有描绘女娲、伏羲、西王母等神话故事类，还有宣扬圣贤明主、忠孝节义等历史故事类，其中神话故事类的题材大多取自楚地神话故事，秦文化深受楚文化的影响，汉代继承了楚地巫文化的思想，融合经纬学说常常将各种奇珍异兽刻于画像石上用于辟邪除疫或祈求吉祥鸿福。

虽然这些画像砖主要供上层社会使用，但是也真实地记录了不同阶层的社会生活状态。表现出了当时汉代人独特的审美观念和表现手法，为史学家研究当时的社会生活提供了丰富翔实的历史资料，其中所呈现的大量的家具形态对我们研究当时的家具具有重要的价值。

2. 汉画砖中的家具形象
（1）宴饮场景中的家具图像

汉代虽是仙风道骨盛行的时代，但是汉代艺术家常常描绘的主体还是社会现实生活，以表达人们对于幸福生活的追求和向往，《观伎》这幅画像砖描述的便是汉代宴饮宾客观伎表演的场景（图3-71）。画面共有八人，在画面左上方有两人合坐在一张席上，在画面左下方有两位共坐席上的吹箫人，右侧是四位表演弄丸、跳瓶、巾舞等的伎人，画面构图饱满，气氛轻松活跃，应是宴饮之后的观伎表演。

这幅宴饮画像砖画是对当时席坐饮宴场景的描绘（图3-72）。画中共有七人三席，其中左上的席位应该是主人席，一长方形席上端坐三人，左边一人捧着食盘，右边一人举着酒杯，似乎在向主人敬酒。其他两席分别坐着两人，相谈甚欢，席前各置放一四足食案，食案配合席子的高度，高度不高，体量较小，形制较简单。整个画面洋溢着一股宴饮的热闹、轻松，强调了宴会中宾主尽欢的情形。

古人以席地跪坐为常，席子在先民的家里是非常重要的，但也不是人人都能够用得起。所以在古代，席子的不同种类也是身份的象征，不同的人在

席子的使用中需要遵守不同的礼仪制度。

在汉代，人们更加倾向于席地而坐的生活习惯，铺设筵席的做法仍然非常流行。但与先秦时期相比，筵席的制作更加精美，边缘部位经过特殊处理变得更加耐用，整体样式也更加注重美观。

汉代筵的使用与先秦一样是铺在地上。而汉代对于席的使用往往是放在筵或者床榻之上，在筵与席分开的情况下又都称为席，所以在汉代想要分辨出筵和席往往要通过形状大小和陈列方式来区分。在汉代的礼仪文化中，一人独坐一张席象征着地位的高贵，通常是主要人物或身居尊位的人才能使用（图 3-73）。但是当二人关系及其要好的情况下，如夫妻或同辈挚友的关系也会共同坐在一张席上。所以在汉代的画像中我们也能够发现二人合坐一席的情况。因此古人在发生矛盾时会以割席别居的方式来表达不满。如《后汉书》所云："许敬与诬史割席而居。"此外，还有一种可坐多人的"连席"，其主要用于宴饮、歌舞等场合（图 3-74）。

此时几的形制繁多，根据足的变化有栅形直足，也有栅形弯足、柱形直足，还有板面双足、矩形四足，甚至还有单足和无足的屏几。汉代的曲栅足凭几很是流行，画面中的几就是栅足几（图 3-75）。

几案的使用也是有规定的，不同身份的人用的几根据材质和装饰的不同可以分为：玉几、雕几、彤几、漆几、素几五种。不同的几的使用陈设都有长幼尊卑之别。在汉代，玉器特别流行，但是一般只有统治阶级能够使用。葛洪在《西京杂记》卷一中曾记载道："汉制：天子玉几，冬则加绨锦其上，谓之绨几。公侯皆以竹木为几，冬则以细罽为橐以凭之，不得加绨锦。"也就是说玉几只有君王才有资格享受，并可在上面铺设叫作绨锦的软垫，而臣子只可选用木雕几等，且不能使用绨锦，但可以在冬天的时候加设毛毡。如南阳汉画像石和山东武氏祠画像石中对加覆软垫的几的描绘（图 3-76、图 3-77）。

图 3-78 也是一幅关于"宴饮"的画像砖画，画中共绘有四人，四人坐在一张大席上，呈一字排

图 3-71　汉画像砖拓片　观伎

图 3-72　汉画像砖拓片　宴饮

图 3-73　四川汉墓"拜见图"中的席

图 3-74　四川彭县画像砖中的连席

图 3-75　唐河画像砖 汉代栅足几

图 3-76　南阳汉画像石

图 3-77　山东武氏祠画像石

图 3-78　汉代画像砖宴饮拓片

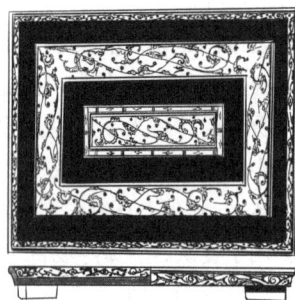

图 3-79　长沙马王堆 1 号墓的矮足案

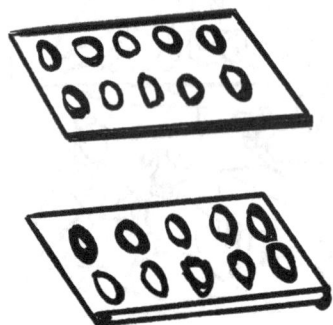

图 3-80　安丘画像石

图 3-81　沂南画像石

图 3-82　辽阳棒台子屯壁画

开，席前放置了两张食案和两个小酒樽，席子旁边还放置了一个大酒樽，最右一人站立起身观察酒樽，似乎在看是否还存有酒，画面所呈现的热络跃然画上。

案的形象在汉代宴饮题材的画像砖中出现非常频繁，常设于榻前放置食物或是餐具等物，可以分为矮足案和高足案两种，矮足案高度不高，足的高度一般仅有一到两厘米，常在案的四角或者案面两端设曲尺形或是条形的垫脚（图 3-79）。如安丘画像石中的矮足案，足的高度很低，甚至接近贴地（图 3-80），又如沂南画像石中的矮足案（图 3-81），不仅可以放置于地面上，也可以捧在手上，用于传送、放置食物或是餐具，这种案的足一般很低或者只有很低的托梁，孟光和梁鸿"举案齐眉"故事中的案就是这种矮足案，实物在长沙马王堆汉墓有出土，案的四周设矮条足，案内用红色矩形条带进行分割，在红条带之间髹以黑地彩绘云纹和几何纹，在案的内外壁上绘以成圈的勾云纹，案底书"軑侯家"，说明这是軑侯苍利家族的曾用物。而圆形案则在案底加设矮圈足（图 3-82）。

小故事：举案齐眉

此典故出自《后汉书．卷八三．逸民传．梁鸿传》："每归，妻为具食，不敢于鸿前仰视，举案齐眉。"说的是梁鸿每每劳作回来，其妻孟光都会把饭菜准备好放在案上，双手捧着，举到自己的眉毛那样高，以示尊重。

东汉时期扶风平陵有一人，名为梁鸿，他饱读经书、富有才学、长相英俊、风度翩翩，家境贫困但却是当地远近闻名的贤士，虽饱读诗书却不愿踏进仕途，最大的愿望就是娶一贤良淑德的妻子归隐山林。当地还有一户富贵人家，有一女名为孟光，孟光是远近闻名的丑女，传说其皮肤黝黑、体态粗壮、力大如牛，不过因为家里有钱所以也不乏上门提亲的追求者，但这位叫孟光的女子极富才情，拒绝了众多追求者独爱梁鸿，梁鸿听闻，便上门提亲。婚后两个相互尊重，从此隐居山林，男耕女织，恩爱有加。根据故事中的情景可想而知，孟光举的案应是矮足的食案，体形较轻，可置餐具和食物。

而高足案的足形式则更加多样，有兽足、柱足和栅形足等，根据案面的形状也可以分为圆形案和方形案。置于帷帐之前的长案又被称为"桯"，这是延续先秦的称号，桯上常放食案，食案下无足而方者曰棜，有足而圆者曰禁。其中以栅足长案（图3-83）和三足圆案（图3-84）最为常见，长方形案一般是用于祭祀放置贡品的礼仪用具，常在两端翘起做翘头，案的两边设栅足，直接置于地面用于放置物品，还可在其上放置笥或橱柜，也有用于酿酒或是宰杀牲畜的大型桌案，这种大型的案为了保证其稳固性，常常加以多足。如打虎亭一号墓东耳室南壁的石刻酿酒案（图3-85），案面宽而长，

案面下设九足，足下设托泥，就其整体高度和人的比例来看，接近于人的腰部。

案的使用和几相似，有置物的功能，或置于席前，或置于榻前榻上。在后续的发展中，几案的功能也变得更加多样。自东汉以后，庋物几和案相互影响，几面逐渐加宽，案的形制也受几的影响，几和案在功能和形式上不断融合，诞生了书案、奏案、几案等，几和案的区别也越来越小。

樽，是汉代用于盛酒的容器，一般放置于案上盛放反复重酿的清酒，在汉代十分盛行。形状分为盆形和筒形两大类。材料为青铜，先秦时期青铜器常常作为祭祀用的器物，早期的青铜酒樽多用于祭神奠祖，因为青铜制作技术的限制，仅限于上层社会使用，具有一定的等级意义。到了汉代，青铜技术得到了长足的发展，青铜酒器开始从皇室贵族向下层普通社会传播开来，青铜酒器的实用性能也开始增强。

小故事：鸿门宴

鸿门宴讲的是秦朝灭亡后（公元前206年）两支抗秦军队的领袖项羽和刘邦在秦朝都城咸阳郊外的鸿门举行的一次宴会。刘邦和项羽曾约定，谁先入咸阳，谁就得天下，刘邦率先到达咸阳之后，

图3-83　广州汉墓出土的栅足长案

图3-84　南阳画像石上的三足圆案　图3-85　打虎亭一号墓东耳室南壁的石刻酿酒案

项羽对刘邦起了杀意，为了保命刘邦应张良计求助项伯，在项伯的帮助下刘邦得以全身而退。而在鸿门宴中不同的坐向除了代表尊卑外，还说明当时分食制的饮食方式。

（2）庖厨场景中的家具图像

在宴席上，除了宴饮外还有一个重要的环节，即"庖厨"。在汉代画像砖上刻画有很多与"庖厨"有关的景象（图3-86），在画像砖上我们可以看出，虽然秦汉时期已经有铁器的出现但是使用并不普遍，所以炒菜的烹饪方式还没出现，当时的主要烹饪方式还是蒸煮和烧烤。画面的左边悬着肉架，下面摆放一张栅足案，右边是灶台，上面安置着炊具。

这幅"庖厨"图（图3-87），右边放置悬干肉的肉架和厨子使用的长形栅足案，两人共用一案，架子下面可以看到厨师正在处理案上的食材。左边的厨师正跪坐在地，手执一把"便面"（汉代的扇子）往正架着柴火烹煮的大型炉鼎扇火添柴。上方中间的空地，则摆放一件用于放置瓢盆等食具的架子，是多层架在当时的叠加使用，造型方正，上下分四层，功能和后世的碗橱差不多。汉代储藏类家具的分工就更细了，区别于箱笥的厨房储藏类家具出现，在《论衡·感虚篇》中就有："厨门木象生肉足，乃得归。"此厨应是指贮物之厨。在辽阳棒台子屯东汉墓壁画中就有关于橱柜的造型（图3-88），它顶似屋顶，四方形的柜体下带有四足，前有厨门可以向外打开，一女子正在往外取物，从大开的门还可以依稀看见一黑色陶罐。就和人的比例来看，这个橱非常高大，甚至比人还高。

图3-89是一幅宴饮和庖厨处于一张画面中的画像石砖，分为三层，最下层表现了庖厨的场景，人们或在切肉、或在烧火、或在取水，大家紧张地忙作一团好不热闹，画面中肉架、菜案、灶台和炊具一应俱全。中间层表现了侍者正在上菜的场景，最上层应是墓室的主人宴饮宾客的画面，男女同席，身后站着侍者。三格画面在汉代画像石中较为常见，表现了不同时间地点里的同主题的事情，是汉代画像石的一种思维模式，叫作"多视角组合"。

（3）神话故事中的家具形象

汉代人崇尚养生和神仙之术，渴望得到永生，除了日常的饮食生活，画像石中也反映了不少汉代人的精神信仰，如常见的西王母信仰（图3-90）。西王母是一个住在"昆仑之丘"的半人半兽的神仙，主管刑罚，同时也是永生的象征，传说她掌握了能够让人"长生不老"的仙药，汉武帝曾言有幸见过她一面，同时西王母还给了汉武帝五颗仙桃，吃了便可长生不老。现在听起来更觉得是在杜撰，可是在当时追求永生的汉代，确实是很多人趋之若鹜的信仰，人们总是希望能够得到神仙的庇佑。画面上西王母头戴方胜，端坐在龙虎座上，化为可使人长寿的生命之神，周围有侍从，有九尾狐、三足乌，西王母座下还有一只蟾正在起舞，画面左右分别放有一个三足案和一个酒樽。汉代制酒行业发达，在庖厨图题材的画像石上常常能够看到人们制酒、买酒的景象，酒樽里还放有一勺，汉代画像石宴饮图中常常能看到大型圆形盛放食物的圆盆，盆中一般都会放一长柄勺，似是为了配合人们坐卧的高度方便取食。在左下角，有两人并肩跪坐着，应是墓主夫妇在向西王母祈求永生，充分表现了汉代

图3-86 汉代庖厨画像砖（1）

图3-87 汉代庖厨画像砖（2）

图 3-88　辽阳棒台子屯东汉墓壁画中的橱柜　　图 3-89　东汉《庖厨宴饮图》画像石　　图 3-90　汉代画像砖西王母拓片

人的神仙思想。

图 3-91 是 1994 年出土于四川新津县一夫妻合葬砖室墓 3 号石棺上的石雕。表现了汉代民间十分流行的游戏——六博，"六博"在汉代画像石的游戏题材中非常常见，兴起于先秦，流行于两汉，在画像石的经常能够看到两人相对博弈的场景，博弈共十二棋，六黑子六白子，两人各执六棋子所以又称六博。此画为二仙人正在对着六博盘博弈，旁边放着酒樽和酒壶，两人肩头披着羽纹样的披肩，象征着两人的仙人身份。

安徽定远县靠山乡出土的画像砖（图 3-92）描绘了墓主人对于升仙的追求。在画面中央，墓主前面有一栅足几，双手扶几而坐，两边各有一侍者。为了突出主体，采用了长形画像石的传统构图方法"一主二副"的表现手法，中间为主体，而两边为陪衬，从画面中可以看出两边的侍者画面占比是比较小的。空气中飘满了云气纹，云雾缭绕似是立马要升入仙界一般。

（4）历史人物故事中的家具形象

图 3-93 为荆轲刺秦王图画面，从左到右依次排列着荆轲、秦王、秦武阳。画面中间以柱子为画面分割，柱子下有一小匣子，应是放着燕督亢地图的匣子。汉代已经开始使用带有盖子的木笥了，"笥"是指用来盛饭或是盛放衣服的方形竹器，小一点的称为"椟"，有一个成语就叫作"买椟还珠"。

小故事：荆轲，战国末年的一位刺客。彼时秦国攻破赵国，逼迫到燕国边界，燕太子丹非常害怕，拜荆轲为上卿，派他去刺杀秦王嬴政。公元前 227 年，荆轲带着燕督亢的地图和樊於期的首级前往秦国。画面正是荆轲行刺秦王最紧张的时刻，秦王绕柱跑而荆轲持匕首追赶，最后行刺终是没有成功，荆轲被杀。

小故事：郑人买其椟而还其珠。此可谓善卖椟矣，未可谓善鬻珠也。今世之谈也，皆道辩说文

图 3-91　汉代四川新津崖墓石刻画像砖拓片　图 3-92　幻想升仙图
仙人六博

图 3-93　汉武氏祠荆轲刺秦王石刻画像

图 3-94　山东济宁嘉祥县汉武氏祠石刻画像

图 3-95　汉代屏榻 山东诸城汉墓画像石

图 3-96　汉代屏榻 辽阳三道壕壁画

辞之言，人主览其文而忘有用。春秋战国时期，有一楚国商人，他专做珠宝生意，一天他准备了一些珠宝准备去郑国卖，为了卖个好价钱，他请木匠做了一些精美的盒子用来装他的珠宝。在买卖珠宝的时候，一个郑国人买了一盒珠宝，在转身要走之际又折回来了，并把里面的珠宝归还给了楚国这位商人，原来这位郑国人见盒子如此精美，以为商人是专门卖盒子的，而这珠宝是他误放进去的。

在这幅武氏祠石刻画像（图 3-94）上，有两人合坐在一张榻上，他们的关系应该是夫妇，所坐的榻两面带屏围，近似于床，规格比榻更高。汉代屏风分为插屏和围屏两大类，插屏是独扇的板屏，由上屏板和下屏座两部分组成。而图中的屏风为围屏，也叫曲屏，是由多扇屏风拼合而成的，在每一扇之间都有金属件进行连接，可以自由开合也可自由调节长度。汉代室内陈设的其他家具多是围绕床而布置的，在床的一侧设屏、背后设展，合称为"屏展"。这种两面带围屏，三面带围屏的屏榻在汉代画像石中非常常见，其中独坐榻一般为三面设屏只可单人坐（图 3-95），而两面设屏的则较为随意，可多人坐也可单人坐（图 3-96）。

3.3　汉代家具的纹饰艺术

秦汉以后，大量的青铜家具被用于日常生活的木质家具所代替，器物的表现手法也与前代有所不同，致使家具的装饰风格也发生了重大的变化。从已经出土的遗迹和文物可以窥见秦汉时期家具样式以低矮稳固、粗犷大方为特点，家具总体高度不高，秦汉属于低型家具的大发展时期。

思想上，齐文化的渗入使得汉代深受神仙思想的影响，并渗入生活的方方面面，秦始皇和汉武帝终其一生都在寻求长生不老的方法，自上而下的也影响到民间百姓。人们相信通过修行就能得道成仙到达天界，获得永生和法力。

楚骚汉赋，都离不开华丽的辞藻和铺张堆叠的手法，这种繁缛瑰丽的艺术风格也同样在汉乐、汉画、汉舞中有所体现。挖掘出的汉代器物，如长沙马王堆汉墓中出土的大量文物，漆器皆以黑地朱彩、颜料渲染厚敷、辅以沥粉堆金，色相浓烈，帛画精雕细描、构图繁密。汉代流行的云龙纹就是神仙思想最直接的表现。由于封建社会初期政治格局的改变，经济繁荣、国力强盛，社会生产力得到很大的提高，让人们的审美发生变化。秦汉以前的纹饰重视其装饰性，而秦汉以后的纹饰则具有风格化的写实作风，装饰的纹样中，以飘逸的云纹为代表最能表现出汉代的神仙思想，常常出现在汉代各种器物当中，或做主纹，或为辅纹，还有描绘超自然力的怪兽纹样如龙螭、虎豹、麒麟等动物纹样和半抽象装饰花纹如祥云、水波纹、回纹、点纹等。

汉武帝以后，家具的纹饰装饰又开始发生变化，与汉初神秘主义盛行的漆木家具装饰风格相比，这时期的装饰图案开始关注现实生活中自然界的各种花草、建筑以及人物等反映生活题材的纹样，有几何纹、花叶纹、茱萸纹、孔雀纹、豹纹等，不仅如此，文字也常常作为装饰出现在器物上，附以各种纹样。这些都与董仲舒在汉武帝时期所提倡的阴阳五行以及宗教儒学不无关系。

3.3.1 纹饰的类型

1. 云气纹纹饰的文化内涵与艺术特色

云气纹产生于汉魏时期，东汉许慎《说文解字》："气，云气也，象形，凡气之属皆从气。"云气纹是汉代装饰纹样当中最为常见的装饰题材，它常常作为主体纹样或是辅助纹样出现，因汉代神仙思想的盛行，所以汉代漆器中完全没有云气纹的漆器非常少见。云气纹承载着汉代人们羽化升仙的美好愿望，在汉代人们的认知当中，云气可以载着他们升往极乐之地。

云纹是一种继承性的纹样，虽然新石器时代早期的抽象纹样暂时不能被断定为早期的云纹，但是商周时期的云雷纹和春秋战国时期的卷云纹到汉代

的云气纹，其内里有一种潜在的继承关系。古代的学者将圆形的回纹称作是云纹，而方形的回纹称为雷纹，合作云雷纹。到了汉代，创造了具有秦汉特征的云气纹（图 3-97），汉代的云气纹在卷云纹的基础上进行发展变化，并衍生出"云尾"的形象，云头作为云气纹的一部分，是云气纹中最稳定的因素，而云尾则可以随意变化。汉代云气纹为了突出"气"这一特性，往往会把云尾拖得很长，使云气纹具有运动美感和速度感，同时具有意犹未尽的感觉，而"云尾"也为此后的云纹形态和气势奠定了基本形制的参考，云纹可以说是一种带有传统性质的纹样。汉代是云纹运用最广泛，形式种类最多的时期。

汉代总将云气纹与天界和飞升联系起来，它的出现和运用脱胎于汉代人们崇拜鬼神之说，总是带有一种神秘的气质，也是这一时期崇尚神仙灵瑞时代风气的写照。

汉代云纹由抽象变得具体写实，形态变得更加繁复，既符合器物的装饰要求，又有极强的适应能力和适配能力，所以从出土的秦汉各类工艺品中，总能发现各类样式的云气纹，尤其是在博山炉、铜镜、漆器、彩绘陶壶以及汉锦、文绣上面。云气纹是秦汉时期最富有代表性的装饰纹样。在马王堆出土的长方形粉彩漆盒（图 3-98），以白色油漆勾出白色线条，再用黄色、红色、绿色的粉彩进行填充，在黑地漆上绘出云彩和几何纹，整个漆盒给人如梦似幻的仙灵感，图案像彩霞一样绚丽。相似的纹样在陶器上也同样有所应用，如马王堆一号墓出土的彩绘陶鼎（图 3-99），陶身表面磨光髹漆，用黄色、绿色、银灰色三色彩粉彩绘云纹，周围饰波浪纹和弦纹。

这一时期除了单独的云气纹应用外还有多种变形云气纹被加以应用。

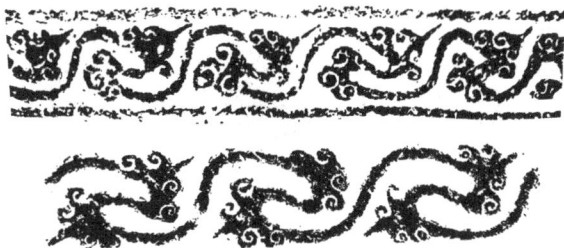

图 3-97 山东邹城汉画像石 云气纹

图 3-98 长方形粉彩漆盒

图 3-99 彩绘陶鼎

（1）动植物云气纹

汉代的动植物云气纹是指将云气纹与各种带有吉祥寓意的动植物纹结合使用，运用在器物上面以表达人们对美好生活的期望。

云气纹具有强烈的流动感，常作为画面中的主纹，以其为主体，周围穿插其他纹样，与其他自然花纹的全部或者是局部相结合，在云气舒展起伏之间布置各种飞禽走兽和奇花异草，使得形式更加活泼多样，增加了装饰画面的动感。既能够起到分割画面的作用，将画面分成大小不一的装饰单元，又能够将各个区域联系起来形成一个整体。其采用抽象的变形手法，将动物的头部、手足分开，将植物的枝叶重新组合成新的装饰形式，赋予云气纹更多的变化。

云气纹是汉代丝织、刺绣工艺中的重要装饰纹样，在其他工艺如漆器、石刻、铜器、壁画当中也是一种重要的纹样。

其中动物和云气纹相结合的纹样又叫作云虚纹，即在云气纹当中刻画各种神兽仙禽纹和仙人的纹样，云虚纹是汉代人们对于人死后会去到的仙家居住之地的一种想象。云虚纹在汉代文献中常有记载，如《后汉书·舆服志》中记载皇太后车"云虚纹画輈"。

①云气龙凤纹

云气龙凤纹是我国古代最具代表性的一种装饰纹样，是秦汉时期极其流行的纹样，在构图上往往采取分割法，以流动起伏的云气纹作画面框架，再在用云气纹分割的空间当中填以龙凤，或奔走、或飞跃。云气龙凤纹应用最为广泛，代表的寓意多样，其中最常用的莫过于龙凤呈祥这一寓意。凤可引魂，龙可升天，龙凤常与云纹相结合使用代表了吉祥如意。龙凤纹与云气纹的结合增强了云气纹的动势，衬托出龙凤纹的气势和威严。云气龙凤纹在汉代刺绣工艺中是非常重要的纹样，如乘云绣，乘云绣往往在翻腾飞卷的云雾中将龙头凤头和云纹连成云中龙、云中凤。即在云气纹当中，描绘作乘云状的一只眼睛的神兽，如1972年湖南省长沙马王堆一号墓出土的西汉乘云绣（图3-100），在曲卷飘逸的云纹当中穿插着凤鸟眼睛，以菱形作为眼眶，中间用单行锁绣密圈，图案色彩丰富，红、浅棕红、橄榄绿及藏青色对比分明。

1972年湖南长沙马王堆一号墓出土的烟色绢地信期纹西汉刺绣（图3-101），之所以叫作"信期绣"是因为纹饰本身似云纹又好似变形的燕子，而燕子是候鸟，每年都会南迁又会按时返回，所以说是根据其候鸟的习性来命名的。在汉代画像石上也有类似的纹样出现（图3-102）。

1997年扬州市郊西湖胡场汉墓出土的彩绘云兽纹漆枕主体为大幅云气纹，云气间饰禽鸟；枕的侧面开一长方形竖门，一侧漆绘两条腾龙守门，另一侧则绘有云气禽鸟（图3-103）。

湖北荆州高台33号汉墓中出土的锥画彩绘漆奁（图3-104），据出土记载，此件漆奁在重重云气纹当中刻画了凤鸟、龙、羽人、豹子、玉兔等多种

图3-100　乘云绣

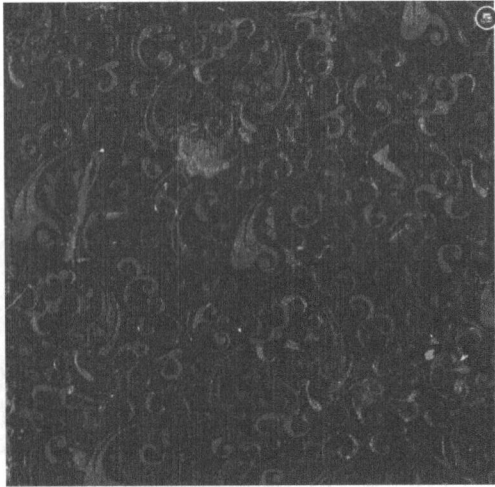

图3-101　烟色绢地信期纹

图3-102　变形凤云纹

图 3-103　彩绘云兽纹漆枕

图 3-104　锥画彩绘漆奁

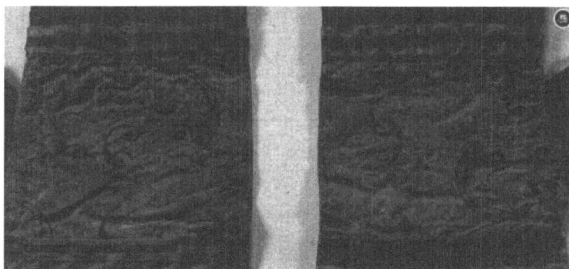

图 3-105　朱色菱纹罗手套

图 3-106　茱萸云气纹

图 3-107　茱萸纹锦绣

图 3-108　河南郑州汉画像石上的花卉云纹

动物的形象，其中羽人乘着飞龙正在云气当中肆意飘游，应是人们对于仙境的想象。

②蔓草云气纹

蔓草纹是一种植物纹样，由于它生长连绵不绝、枝叶繁茂，因此人们寄予它昌盛、长久的吉祥寓意。蔓草纹和云气纹往往在器物装饰中起到分割画面的作用，会以六个单位的花纹为一个旋转单元花纹，构成花纹的循环单元。有时候也会在空白处填补蔓草纹和云气纹，形成一种飘逸流动的感觉。

1971 年湖南长沙马王堆一号墓出土的朱色菱纹罗手套（图 3-105），以朱红、浅棕、深绿、鹅黄等各色丝绣出穗状流云和卷枝花草。

③茱萸云气纹（图 3-106）

茱萸是一种乔木，气味芳烈，可入药，因其滋长不息、连绵不断的生长特性，所以古人认为它有"辟除恶气，令人长寿"的吉祥寓意。汉代十分流行用此植物作为装饰纹样，在汉代刺绣中常常以茱萸纹和云气纹相结合构成画面，又因茱萸具有长寿之意，常常与长寿绣联系在一起，在湖南长沙马王堆汉墓出土的就有不少茱萸纹锦绣（图 3-107），

在绢面上用浅棕红、紫灰和橄榄绿丝线绣成 10 余朵茱萸花，而在花间还穿插着深绿的云纹。颜色上对比明显，但在形状上又一派和谐，花似云，云似花，其多被用在刺绣和织锦上。

④花卉云气纹

在汉代画像石上常常看见云气纹以一点为中心旋转 360 度呈花卉形的花卉云气纹，通常以方形为框，构成有规律的组合图形（图 3-108、图 3-109）。

（2）流线型云气纹

相比于商周时期刚直方折的云雷纹样，崇尚自由活泼的汉代人民更加青睐比云雷纹更飘逸的流线型样式。流线型纹样以曲线为主，在形态上更加追求流畅的"S""C"流线型，和卷云纹较为相似，但比卷云纹更加肆意，还在流线型中穿插着各种现实或是想象的元素，穿插其中与流线构成一个整体，以二方连续或是四方连续的方式进行排列，图案间相互交错，杂而不乱，显得节奏分明（图 3-110）。

出土于长沙马王堆的印花敷彩黄纱，上面的图案就是典型的流线型云纹（图 3-111）。同样出土

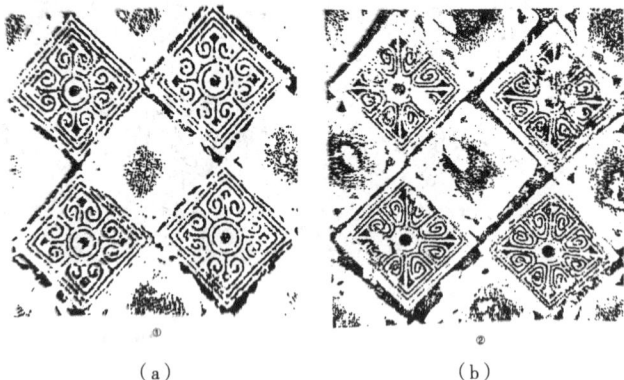

（a） （b）

图 3-109 陕西西安汉画像砖上的花卉云纹

图 3-110 曲线云纹

图 3-111 流线型云纹

图 3-112 云纹漆钫

图 3-113 直线型云纹

于马王堆的云纹漆钫（图 3-112），以黑漆为地，颈部和腹部彩绘流线型云纹、鸟头纹和米字纹等图案。在出土的时候器具内部还留有酒类的沉淀痕迹。

（3）直线型云气纹

直线型云气纹也是云气纹的一种，云头和云尾卷曲成形，云与云之间以直线构成的三角形相连。从形式上看，直线型云气纹是由卷云纹演变而来的一种抽象云气纹样式，两端保留了类似卷云纹的曲线或是弧线，而中间部分是长长的直线，直线和曲线相结合对比强烈，相比流线形式的云纹来说，直线型云纹会更趋抽象（图 3-113）。

其在画面中的作用与几何纹相似，常常用来作为骨架装饰及分割主纹。如马王堆出土的西汉漆棺上用来分割画面的云气纹就是典型的直线云气纹的样式（图 3-114），在周边以几何云纹形成一个长方形的边骨架。其中，几何云纹以连续的方式进行排列，中间夹杂着腾云而起的两只白鹿，白鹿相对而立，直线的云气纹规整又富有变化，曲直之间画面

严谨又带有一丝活泼。

2. 神话题材纹饰的文化内涵与艺术特色

"汉文化就是楚文化，楚汉不可分……在意识形态的某些方面特别是在艺术领域却依然保持了它的南楚故地的乡土本色……它主宰两汉艺术的美学思潮。"汉代挖掘出土的器物无论是从装饰还是形制上面无不体现出"楚巫文化"的影子，体现出人们对于神鬼的敬畏恐惧之心。如长沙马王堆出土的彩绘漆棺，漆棺上面布满了飘逸大气的云纹（图 3-115），云纹与各种鸟兽、植物、仙人鬼怪形象相间，使得整个棺体显得更加神秘莫测。

马王堆出土的漆绘棺上面还绘制了大量的神灵瑞兽，如龙、虎、朱雀和鹿，都带有吉祥的寓意，被列为"四神"或"四灵"，头挡和左侧面中间有一个三角形的高山，此山应是汉代人心中神仙居住的仙山。

汉代铜镜是汉代金属工艺中一个主要的品种，常常以各种神仙纹样进行装饰，其中汉代后期的方

图 3-114　马王堆漆棺直线型云气纹　　　　图 3-115　黑地彩绘棺局部彩绘　　　　　　图 3-116　几何纹

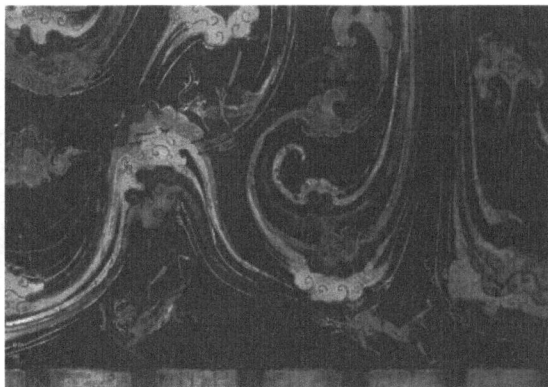

图 3-117　杯纹　　　　　　　图 3-118　汉代丝织的各种几何纹　　　　图 3-119　彩绘漆屏风

铭镜又称神兽镜，多装饰神仙禽兽等题材的纹样。而画像镜的图案内容装饰常有神人马车，神人歌舞，神人龙虎，以及西王母、东王父等神仙故事。

3. 几何纹图案的文化内涵与艺术特色

凡使用点、线、圆组成规则或不规则纹样的纹样样式都称为几何纹样（图 3-116）。一般有点纹、直线纹、波折纹、X 纹、S 纹、B 纹、圆圈纹、漩涡纹、菱形纹、双菱形纹、方胜纹、方格纹、回纹和三角纹等。双菱纹是其中最为流行的几何纹样。

双菱形纹样是由一个大的菱形在其两角处附加一个小的菱形，因为其形似耳杯，所以又被称为杯纹（图 3-117）。汉代刘熙在《释名·释采帛》当中说："有杯文，形似杯也。"

长沙马王堆汉墓出土了许多的几何纹样锦，由多种不同样式的几何纹样组合在一起，数量多达 18 种之多（图 3-118）。

汉代几何纹有时候作为辅助纹样一般会用直线框定一个长条形的骨架，然后在其中填充简单的几何纹。这种组织形式常常会装饰在器物的周边，或者以大的几何纹样作为骨架，中间填以小的几何纹，最后形成较为复杂、循环往复的大型几何纹样。如马王堆汉墓出土的彩绘漆屏风，在屏风中央绘制谷璧纹，周围绘制大型几何纹，边缘绘制小型菱形图案（图 3-119）。

汉代的砖多用几何纹样进行装饰，或在砖的四周用几何纹作边饰，或在中间用几何纹样作棋格状的连续花纹。

4. 动物纹饰的文化内涵与艺术特色

汉代漆器常用各种动植物纹样、飞禽走兽、虫草纹样做装饰，除了现实中常常出现的如蛙、鹿、猪、牛、马、羊等纹样，还有各种具有超自然能力的怪兽纹样，可驱邪避怪，如龙纹、凤纹、辟邪纹、麒麟纹等。常用龙纹凤纹的头部与各种云纹相结合，显得飘逸空灵，马王堆汉墓黑地棺上描绘了各种珍禽瑞兽（图 3-120），它们穿梭在云纹间，仿佛描绘了一个天上的神仙世界。

在古代，鹿有吉祥和长寿的寓意，传说一只

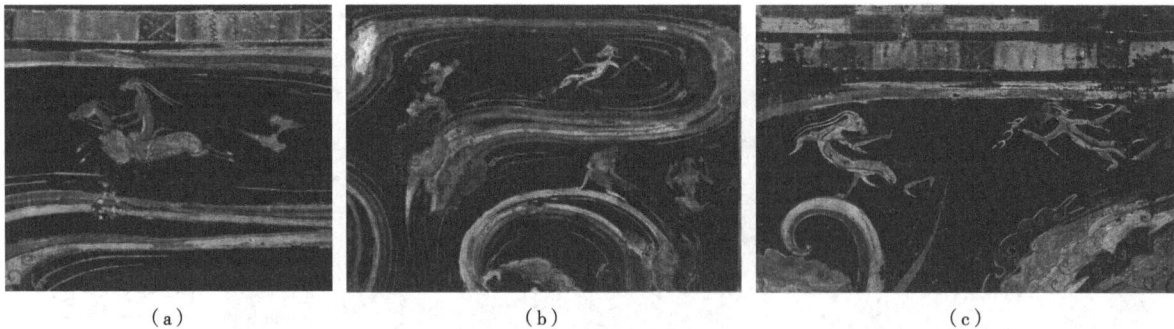

（a） （b） （c）

图 3-120 黑地彩绘漆棺（局部）

（a）仙人骑兽 （b）狩猎

图 3-121 铜鼓　　　图 3-122 锥画狩猎纹漆盒局部图案

神鹿曾劝诫楚王应爱民如子，并帮助楚国赶走吴军却不领王恩之事，所以被楚国人视为保护神。因此鹿在战国以及秦汉时期常常被运用在器物的装饰当中，以此来祈求保护神的庇佑，表明了古时候人们对于自然现象自然物的神化和当时充斥着的神仙鬼怪思想。

铜鼓（图 3-121）是我国西南少数民族的一种特殊的青铜器物，常常采用蛙纹作装饰，蛙纹一方面是为了求雨，同时还有人认为青蛙与繁衍子嗣有关；另一方面，在某些少数民族有青蛙崇拜，所以蛙纹具有图腾的意味。在装饰手法上或作旋转排列、或面向鼓心、或背向鼓心，常作浮雕状，数量没有具体限制。

马王堆汉墓出土的锥画狩猎纹漆盒（图 3-122），在黑漆地上锥画出比发丝还细的图文，描绘了仙人骑着神兽狩猎的画面，其画面生动有趣。由这幅画可以知道此时的锥画技术已经相当发达。锥画，是一种用"锥"在黑色或者深褐色漆器上面进行阴刻的作画手法，是以其作画工具来命名的。此种作画手法线条流动飘逸，刚劲有力，起源于战国时期，在汉代的时候得到发展，并在西汉中晚期进入了高度繁荣的阶段。现在大量的汉代锥画得以出土，长沙马王堆出土的狩猎纹漆盒应是枪金手法的作品之一，枪金是锥画发展到西汉后期的一种创新形式，即在锥画的刻纹中填以金材，使得画面熠熠生辉，流光绚丽。

思考题

1. 简述秦汉家具风格形成的原因及特点。
2. 无为与有为的治世思想对秦汉家具特点的形成有哪些影响？
3. 汉代建筑的发展及其对家具的影响有哪些？
4. 简述床与榻的异同点，以及榻出现的原因。
5. 简述云气纹的种类及其艺术内涵。
6. 简述汉代纹饰风格形成的原因和历史背景。

第 4 章

魏晋南北朝时期的
家具文化

魏晋南北朝时期（公元220—581年）是著名的大分裂时期，社会动荡不安，常年的战乱使得当时的人口急剧下滑，但也促进了各民族之间的融合。这时期的各国在经济上并没有过多的发展，但汉朝时期中原与西域的经济往来一直也在延续。因战争的需求，各行业在技术上也有了较大进步。宗白华先生说过："汉末魏晋南北朝是中国政治上最混乱、社会上最苦痛的时代，然而却是精神史上极自由、极解放，最富于智慧的时代。因此也是最富有艺术精神的一个时代。"文化上由于两汉经学的逐渐神学化，已经无法适应于战乱频繁的魏晋时期，统治者不得不寻找另一种适合这个时代的文化，玄学就在这种条件下应运而生。玄学的兴起、东西方文化的交融，也使得人们的生活方式出现了改变，而为了适应人们生活方式的转变，与人息息相关的家具也出现了由低矮型家具向高型家具转变的契机。由于时代的久远，这一时期的家具几乎没有流传下来的实物，我们仅能从壁画、石刻和文字记载中获得一些资料。三百多年的魏晋南北朝时期，战乱、割据、朝代更迭是这时期社会的主旋律，两汉经学的式微与文人思想的解放促使了玄学的诞生与兴盛，这也使得以玄学文化为主的生活方式在魏晋南北朝时期成了主流。

4.1 玄学影响下的生活哲学

东汉末年的黄巾起义，加速并促使了东汉王朝的破灭，而在这时期占据统治地位的儒家经学，也因为朝代的更替与社会的变革逐渐走向衰落。如何在这种情况下破解危机并挽救当时人们的信仰，就成了当时汉末魏初的主要问题。魏晋玄学的产生有很多方面因素的影响，混乱、残酷又无奈的社会，前代的思想发展，统治者为了维护政权的需要和当时的学风都是促进玄学发展的必要条件。人们生活方式也发生了改变，从胡人传播而来的合裆裤已经愈发普及，合裆裤的使用，使人们坐姿的约束减小，从而出现了有别于前代正襟危坐的侧身斜坐、

盘足而坐等僭越礼制的坐姿。这对于垂足而坐的高型家具发展也提供了必要条件，思想的解放使得当时人们对于服饰的追求也有所改变，受玄学影响而产生的隐士思潮盛行，他们穿着宽松的衣服袒露胸怀，这都是前代所看不见的。

4.1.1 玄之又玄，众妙之门

《道德经》中讲："道可道，非常道。名可名，非常名。无名天地之始。有名万物之母。故常无欲以观其妙。常有欲以观其徼。此两者同出而异名，同谓之玄。玄之又玄，众妙之门。"

1. 玄学的发展及意义

（1）玄学的发展

玄学的发展经历可分为三个阶段。按照东晋史学家袁宏的划分，以夏侯玄、何晏、王弼等人为主被称为正始名士的是第一阶段；以竹林七贤阮籍、嵇康等人为主被称为竹林名士的是第二阶段；以裴頠、王衍等人为主被称为西晋名士的是第三阶段。

（2）玄学的内容

玄学是汉末魏晋初期新兴的一门学科，是魏晋时期的一种主流思想，故又被称为"魏晋玄学"。玄学以贯穿"有"和"无"作为研究的主线，讨论与此相关的本与末、一与多、变与常、动与静等范畴，谈论这些范畴之间的相互关系，想要改变人们对于世界的认知，并且尝试揭示自然与人生本质的关系。玄学是儒学和道教的融合，是信奉儒学但是却被时代所逼迫的士人的一种选择。玄学作为一种名士之间流传的思想潮流，它跟随着玄学名士的足迹而走向全国。

（3）玄学的意义

玄学作为魏晋时期占统治地位的意识形态，必然也是一种政治思想。其意义有两种：一是重新发挥老子无为而治的主张，指导怎样做一个最高统治者，这种政治主张随着门阀的发展与巩固，实质上是要削弱君权；二是一些未得意的士人，以愤世嫉俗的心情提出"自然"来反抗当局所提倡的名教。对于当时的人们来讲，玄学的出现将人们从礼制的束缚中解放出来，使当时的人们敢于突破礼的制约，从而出现了僭越礼制的坐姿，这为后来高型家具的发展打下了坚实的基础。

（4）玄学的影响

①对社会的影响

前朝汉代的主流文化是儒家，而儒家的文化通过律法、礼制或习俗等一些强制性或非强制性手段来使人们遵守属于儒家的社会制度。而玄学兴起后，魏晋社会礼崩乐坏，儒家文化为主流形式的局面被玄学的兴起而瓦解。儒学的落寞使得人们对于礼的束缚愈加漠视，新兴的思想使得人们思想得以解放。

②对社会结构的影响

玄学成为魏晋主流文化后，其主张老子无为而治的治国方式，使得各封地贵族的门阀实力愈加强大，君权对于地方管辖的能力也愈发无力，这不仅削弱了君权，也为魏晋南北朝后期战乱频繁埋下了伏笔。这时期的社会结构大致可分为三个等级，皇族和高门士族为贵族等级；寒门庶民地主、商人农民个体等属于良民等级；其他为贱民等级。

③对社会主流文化的影响

《世说新语·雅量》中记载了东晋太尉郗鉴招婿的故事："郗太傅在京口，遣门生与王丞相书，求女婿。丞相语郗信：'君往东厢，任意选之。'门生归，白郗曰：'王家诸郎亦皆可嘉，闻来觅婿，咸自矜持，唯有一郎在东床上袒腹卧，如不闻。'郗公云：'正此好！'访之，乃是逸少，因嫁女与焉。"这个故事正是当时社会主流文化的一个缩影，郗鉴的家族是传统儒学家族，为了能在魏晋时期顺应主流文化，从儒学转向玄学，王羲之的"袒腹而卧"正是玄学人士所追捧的，能表现出他是当时社会所推崇的名士风范，符合郗太傅的要求。在玄学影响下社会的主流文化发生了改变，这时期的隐士文化开始盛行，玄学的主流思想是追求人与自然的和谐，与这时期士人的追求不谋而合。

④对社会思想意识的影响

玄学的探讨是以清谈的形式展开，清谈开创了学术平等、思想自由的新局面，增强了知识分子的独立个性和平等意识，由于人们思想得以解放，社会趋于开放。图 4-1 是南北朝时期的仕女出游图，玄学的兴起与兴盛使得当时的妇女也可走亲访友，游山玩水，这是前朝所看不见的。由于战乱的频繁，当局者对士人的迫害，玄学思想影响下的士人

图 4-1　仕女出游图

们对于仕途感到绝望，为躲避当局者的迫害逐渐隐居山林变成了隐士，他们多数都拥有很高的才学，却为了自我生存而隐居山林，谈吐间虽不离开国家政事，但只能作为隐士自居，其中最具有代表性的人群便是竹林七贤。

2. 玄学对生活方式的影响

汉代儒学逐渐没落，玄学开始兴起，儒学的思想是以礼制与道德约束人们的思想，而玄学的思想更加崇尚"自然"，对于人性与自我的追求更加明显，这使得人们的思想愈发解放，对于自我的认知也有了新的变化，不仅仅注重个人的外表，审美也有了变化，生活的环境与生活的方式也都有所改变。玄学崇尚"自然"的思想使得一批士大夫隐居山林，生活在与自然更加接近的地方，思想的解放使得人们对于自身舒适的追求也变得越来越明显，并且受西域少数民族的影响，加上合裆裤的普及与佛教高型家具的传入，佛教的高型家具的舒适性也解放了人们对于家具舒适度追求的思想，给高型家具的产生打下基础。

（1）对服饰的影响

《抱朴子·外篇·讥惑》中记载："丧乱以来，事物屡变，冠履衣服，袖袂财制，日月改易，无复一定。乍长乍短，一广一狭，忽高忽卑，或粗或细，所饰无常，以同为快。"由此可见魏晋时期的服饰由于玄学的兴起人们思想的解放，士大夫文人等因为战乱影响和政治迫害等原因对于人生意义的追求有别于前代，从人生意义的长度转变至对人生宽度的追求，这些原因使得魏晋时期的服饰如上述文献所表达的一样，相对于前代汉代有了很大的区别，并且也没有固定的规律，所穿服饰全以自身的意识而决定，并不再受儒学穿衣规范限制。

前朝汉代儒家思想的强制性或非强制性，使

图 4-2　大袖长衫　　　　图 4-3　宽袖对襟衫长裙

得人们在服饰穿着上有严格的规范，身份、地位、场合等条件下穿着服饰的样式、颜色等有着很大不同。而在玄学影响下，打破了秦汉时期服饰上"以礼治天下"的观念，服饰的款式与样式上都有改变，其款式以大袖、褒衣博带为主流，并且有服饰愈加宽大的趋势。曾经以服饰辨别尊卑贵贱的方式已经无法使用。上至王公名士，下至黎民百姓，皆流行这种服饰的穿着方式。如图 4-2 是魏晋时期男性服饰的图例，图 4-3 是魏晋时期女性服饰的图例。

（2）对家具使用的影响

魏晋时期席地坐卧的现象还是相当普遍，席仍是人们比较常用的方便坐具。而由于玄学的影响加上少数民族合裆裤的传入，跪坐形式逐渐减少，盘足而坐、侧身斜坐等形式逐渐增多，与人息息相关的家具也出现了多种使用形式与家具样式，如床上出现了可以供其依靠而使用的长几，注重舒适性的隐囊和弯曲凭几，可移动的屏风也发展为多屏式。

（3）对生活方式的影响

自魏晋至隋唐，建筑技术新进展的标志是木构架建筑逐渐替代了土木混合结构。而随着木构架结构建筑的兴起，生活环境也随之改变，木构架建筑相较于土木混合结构建筑在空间上的区域更大，这也使得家具从低矮型家具走向渐高型家具出现了契机。在玄学中影响较大的竹林七贤，他们思想中对于人与自然和谐的生活方式的推崇被这时期士人所追捧，人的生活方式也由室内逐步转向室外。我们能从画中看到很多当时文人在室外活动的景象。从不少画作中能看出当时的生活方式，文人多数都在室外活动，以竹林七贤为甚，其不羁的穿着，袒露胸怀的气魄，都展现着玄学对于人、对于生活环境的影响，并且由于竹林七贤的名气，成为当时社会

上名士竞相追捧的生活目标，这都是玄学影响下生活方式的转变。

4.1.2　玄学影响下的道骨仙风

一个时代的主流文化思想，能侧面反映出这个时代的文化特征，与这个时代社会发展中所存在的潜在需求所契合。魏晋南北朝时期的战乱、朝代的更迭、司马家族对文人义士的迫害，这些都是这时期的士人对于自身仕途、国家未来、个人安危等问题迷茫的直接原因。学识已经无法报国或无法改变这个时代的时候，隐士文化的盛行就是对于这个时代社会发展需求的潜在映射。魏晋时期的名士在文学创作或自身生活、行为等方面能体现出来隐逸思想，以嵇康、阮籍等人表现尤为明显。

1. 隐士文化成为社会的风尚

这种情况的出现与这一时期"玄风独振"有直接联系。由于玄学的发展受到道家思想的影响较大，而道家之中的隐逸思想、出世的思维在不经意间透露出的玄学理论，与魏晋名士的言行相同。所以魏晋时期隐逸思想的流行与这时期社会主流思想相契合。

魏晋隐士比其他朝代隐士更具特色。魏晋隐士身处政治、文化双重变革的时代，经学没落、政权更替、信仰危机、玄风独振、佛学传入，种种情况相互影响。特别是文化再次趋向多元化，对魏晋隐士内心与思想方面都有所影响，进而形成独特特征。魏晋时期隐士文化的特点是文化、政治等多方面共同影响的产物。但他们又与后世隐士受制于政治、文化力量的状况相区别，魏晋隐士也受其影响，但并非被其左右。这也是魏晋隐士人格为后世所追慕的原因之一。魏晋隐士特点无论哪方面看，在中国历史上均几近唯一。

如竹林七贤这几位隐士文化代表人物，他们也是隐士文化成为社会风尚的推行者，远离政治却不脱离政治，拥有学识也对这时期的政治有独到见解，这使得这时期的士人竞相效仿，隐士文化成为这时期的社会风尚。

2. 玄学影响下的审美变化

魏晋以来，社会上盛传的玄学与道、释两教相结合，酝酿出文士的空谈之风。他们崇尚虚无，藐视礼法，放浪形骸、任情不羁。在服饰方面，

魏晋时期的男子穿戴习惯已发生很大变化，他们穿宽松的衫子，衫领敞开，袒露胸怀。妇女的主要发型为头梳高髻，上插步摇首饰。发髻形式高大，发饰除一般形式的簪钗以外，流行一种专供支撑假发的钗子，承重的意义大于装饰的意义。

在玄学的影响下人们的审美也有了很大的改变，人们的审美理想要符合身材高大、形体匀称、皮肤白皙、眼睛明亮、容貌秀丽。

江苏南京西善桥砖墓画像砖《竹林七贤图》（图 4-4），就是这个时期的作品。图中竹林七贤都穿着宽松的衫子，衫领敞开，袒露着胸怀，其中七人赤足，一人散发，三人梳丫髻，四人裹幅巾，反映了当时谈玄论道人物服饰的典型情况。《世语新说·任诞》中记载："刘伶尝着袒服而垂鹿车，纵酒放荡。"由此可以看出当时竹林七贤中刘伶的穿衣风格是玄学人士所追求的。

阮籍、刘伶、山涛、嵇康、向秀、阮咸及王戎，游玩于竹林，号称七贤。他们互相之间除了谈玄论道外，就是衣冠不整，穿着放浪形骸的服饰，用这种穿着方式表达着他们对于玄学思想中崇尚虚无、轻蔑礼法、追求自然这种思想的解释。《晋记》中记载"谢鲲与王澄之徒，摹竹林诸人，散首披发，裸袒箕踞，谓之八达"。由此可以看出竹林七贤这些人物的服饰行为，引领了一代魏晋南北朝所特有的服饰流行风格。魏晋时期的隐士都以竹林七贤的穿衣方式作为自己所追捧的对象，从名士之间的流行可以延伸推断出，当时的人们不论百姓还是王公名士都以这种形象作为自己穿衣的参照。

《竹林七贤图》中的盘足而坐也是当时所流行的一种坐姿，而坐姿的改变也影响了家具的改变。佛教的传入使得带有佛教色彩的家具以及装饰纹样得以流行，如莲花纹、忍冬纹、火焰纹等。从图中也可以看出席也是当时流行的起居家具。

图 4-4　江苏南京西善桥砖墓画像砖《竹林七贤图》

玄学的普及使得隐士们的思想空前解放，礼的束缚越发薄弱，隐士们不管从服饰上还是生活习惯上都与前代有着巨大的区别，注重思想的解放和身体舒适上的享受是这个时代的特征。合裆裤的引进使得这一时期的人不再拘泥于跪坐，侧身斜坐、后斜倚坐、盘足平坐这些坐姿的出现是对于传统礼制坐姿的一种挑战，这些坐姿的流行也直接影响了家具的样式，这为中国古代家具从低型家具走向高型家具创造了契机。并且除了漆木家具外，其他材质的家具也逐渐进入了当时人们的视野，如竹制家具、藤编家具等，这些其他材质的家具都体现了当时人们对于舒适性与审美的追求。

3. 装饰艺术的变革

魏晋时期的纹样装饰艺术基本上沿袭了东汉时期的装饰纹样，而到了南北朝时期，由于佛教成为主流，玄学开始兴起，使得其在继承两汉时期的纹样装饰的基础上有了新的发展，外来文化与艺术的引入与本土艺术文化的融合，为我们呈现了以豪放且精致为特色的装饰艺术风格，同时也给后代装饰艺术奠定了一定基础。这时期纹样装饰艺术的改变以雕刻纹样、陶瓷纹样最为突出。

（1）雕刻纹样

①植物纹样

魏晋时期雕刻装饰艺术中植物纹样的造型由于受到佛教文化传入的影响改变最多，如缠枝纹样、莲花纹样和忍冬纹样。

缠枝纹，也叫作万寿藤，也可叫作唐草或藤蔓纹。其中题材不同叫法也不相同，如以牡丹为题材而组成的称为缠枝牡丹，以莲花和葡萄为题材而组成的称为缠枝莲和缠枝葡萄。这种纹样装饰艺术两汉时期已经可以看见，而到了魏晋南北朝时期，缠枝纹逐渐流行，这与佛教的兴起有着密不可分的关系，北魏云冈石刻缠枝纹是这时期较为典型的雕刻作品（图 4-5）。

忍冬纹，忍冬是一种半常绿缠绕灌木植物，别称也叫金银花、金银藤、银藤等。因其在冬天也不凋零的特性所以被称为忍冬。魏晋南北朝时期流行的忍冬装饰艺术纹样在石窟装饰中较为常见，普遍都拥有忍冬的外形特征。忍冬装饰艺术纹样在每个朝代的造型都有所不同，如云冈第 39 窟中的忍冬纹，其组成的样式为下部分是内卷圆型，中间部分是叶子形状的花瓣，上部是形似兰花叶的造型，其

图 4-5　北魏云冈石刻 缠枝纹

图 4-8　云冈石窟北魏石刻 莲花纹

图 4-6　云冈石窟 39 窟 忍冬纹

图 4-7　云冈石窟边 图 4-9　北魏墓志盖
饰 忍冬纹

形象像极了含苞待放的忍冬花（图 4-6、图 4-7）。《本草纲目》中记载："久服轻身，长年延寿"。忍冬被佛教作为代表性装饰艺术纹样，可能就是因为忍冬的"长年延寿"的含义。

莲花纹，古时莲花被叫作芙蕖或芙蓉，现代称其为荷花。莲花纹作为纹样装饰艺术一直被认为是魏晋时期佛教传入我国之后出现，而其实早在东周时期就有莲花纹作为装饰艺术而使用的痕迹，而魏晋南北朝时期佛教传入后，莲花便成了佛教符号，因其代表着净土，象征着纯洁高尚的品质，所以便成了佛教装饰艺术的主要题材。并且由于莲花新品种的传入，其花朵、叶子、藕等都极具装饰意义，所以莲花为题材的纹样装饰艺术不仅出现在宗教用品上，在日用器物上的使用也较为普遍。如云冈石窟中北魏石刻与北魏墓志盖都是这时期较为标志性的莲花纹装饰艺术（图 4-8、图 4-9）。

②动物纹样

魏晋南北朝时期的动物装饰艺术纹样常见的有狮纹、马纹、象纹、龙、凤瑞兽等纹饰。

师纹，就是现代所叫的狮子，这一称呼汉朝时已有，我国古代的狮子都是来自外部地域，而狮纹在汉代较为少见，但在魏晋南北朝时期由于佛教的兴起，狮子被极力推崇，狮子具有强大力量，但却在佛面前被驯服，从侧面可以衬托出佛法的威力，如北魏龙门石刻狮纹（图 4-10）。

马纹，这种纹样装饰艺术在商周时期就有所发现，两汉时期就较为常见了，而发展到了魏晋南北朝时期，马纹装饰艺术便更加生动与华丽。南齐砖刻骑吹纹就是这时期马纹艺术装饰的作品（图 4-11）。

龙纹，龙的装饰艺术纹样在每个朝代都有所使用，但每个朝代的造型各不相同，两汉时期的龙纹有蛇的身体或者兽的身体。而到了魏晋南北朝时期，龙头一般都长有两个角，以兽为身躯的纹样较为多见，以蛇为身躯的比较少见，有的龙纹张开嘴露出牙齿，较为多见的是在云彩或花海中奔腾的龙纹，可见北朝石刻画上的龙纹（图 4-12）。而在云冈石窟出土的龙纹呈卷草状，这种龙纹在南北朝时期还是较为少见的，但后代就较为多见（图 4-13）。

凤纹，凤的装饰艺术纹样与龙的装饰艺术纹样相同，也是历代都有，但是每个朝代都不相同，凤纹在商周时期其头部装饰有冠，有一只足，尾部很长。秦汉时期其头部的冠更加长，足部变成了两

图 4-10　北魏龙门石刻 狮纹　　图 4-11　南齐砖刻 骑吹纹　　图 4-12　北朝石刻 龙纹

图 4-13　云冈石窟 龙纹　　图 4-14　北魏石刻画 凤纹　　图 4-15　云冈石窟第六窟 象纹

只。而到了魏晋南北朝时期，凤纹的头冠部变短，颈部变长，翅膀和尾部皆上扬，姿态洒脱飘逸。如北魏石刻画的凤纹就是魏晋时期典型的凤纹装饰艺术纹样（图 4-14）。

象纹，早在商周时期就被作为纹样装饰艺术而使用，但自佛教传入后，象便成了佛教的神兽，也就变成了装饰题材，云冈石窟第六窟中的象纹就是这时期较为典型的象纹装饰艺术纹样（图 4-15）。

（2）陶瓷纹样

魏晋南北朝时期，青铜器与漆器的生产逐渐减少，而陶瓷类用品逐渐增多，并且在其质量、纹饰、釉色等方面对比于前代都有所提升。陶瓷类制品技术的提升也给工匠们提供了可在其上制作装饰艺术的机会，增加了瓷器的可塑性与美观性。

魏晋时期西晋孙吴墓中出土的很多青瓷器中都有条状贴花，其中以兽面衔环最常见，其中也有动物、人物等纹饰，西晋青瓷器印花如图 4-16 所示。

以鸟兽头作为装饰是魏晋时期的创新，也有以虎头、羊头等作为装饰的。如图 4-17 所示的青瓷神兽尊，这是 1976 年江苏宜兴出土的一件以堆塑兽首为装饰，以瓷器腹部为兽腹，以瓷器的器耳为兽耳的瓷器，神兽的造型与这件瓷器完美结合，别有一番风味，是一件很高水平的手工艺作品。通过

这件瓷器反映出战火的纷飞并不影响人们对于审美的追求，曾经兽纹的样式也被继续传承下来，神兽也是当时的主流审美之一。

南北朝时期佛教的盛行，使得这时期莲花纹也在瓷器上使用。北齐青釉仰覆莲花尊便是这时期的作品（图 4-18），这是佛教入驻中原具有代表性的标志。佛教的文化与中原民族文化的交融，使得器具上也带有佛教标志的纹饰，张骞通西域的文化交融，也在这时期凸显出来。莲花在佛教中象征着洁净，这时期的许多日用器物都用莲花图案来加以装饰，这也就象征着南北朝时期佛教的流行。这也凸显着佛教纹样是这时期所流行的纹样。

4.1.3　几、案和隐囊的流行

魏晋时期玄学的普及与盛行，打破了人们对于礼的束缚，人们思想的解放与生活方式的转变，使当时的人们对于生活上的舒适性有了新的追求，同时建筑的改变也促使了家具的发展，渐高型家具出现了雏形。至此给几、案和隐囊的流行创造了必要条件。这也使得人们的生活方式出现了有别于前代的改变。《晋书·刑法志》中记载："魏国建，乃定甲子科，犯钛左右趾者，易以木械。是时乏铁，故易以木焉。"从这里我们可以推断出，魏国建立之

图 4-16　西晋青瓷器印花

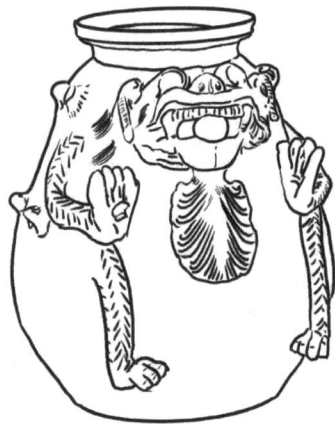

图 4-17　西晋青瓷神兽尊

图 4-18　北齐青釉仰覆莲花尊

图 4-19　北齐《校书图》中的隐囊、几

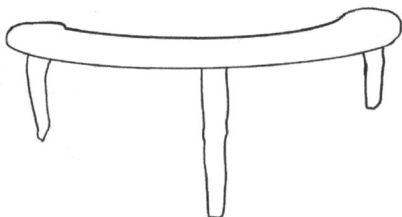

图 4-20　朱然墓漆凭几

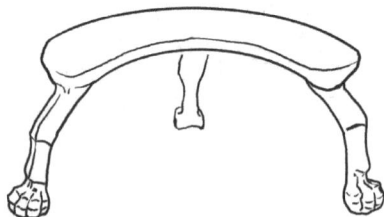

图 4-21　江苏南京象山东晋墓陶凭几

初铁的资源是极其匮乏的，刑罚所用的刑具材料都是木材的，那么与人们息息相关的家具也是木质家具居多。

1. 几

这时期几的使用方法不像汉代的几，总是放在面前，而是多放在身侧的腋下做倚靠使用。这时期的高层人士特别是文人，在床、榻或席子上坐时经常会在膝盖前放上凭几，这样可以将手臂放在几上，加强舒适性，舒缓疲劳。北齐《校书图》（图 4-19）中有一侍女抱几。这时期的几不仅在室内使用也可放在牛车或马车上使用，供人在乘车时依靠。

凭几主要分为两种，一种为漆木凭几，安徽马鞍山孙吴朱然墓出土的漆隐几（图 4-20），其制作材料为木材，上面髹黑红漆。扁平圆弧形的几面，下面有三个蹄形状的腿足。还有一种为陶凭几，江苏南京象山东晋墓陶凭几（图 4-21），外形与漆隐几相似，但腿足形状为兽足，陶制工艺也使得腿足更为粗壮。

凭几呈半圆形，形体较窄，高度与坐时身侧倚靠或身体前扶相适应，几面（平面）形象似圈椅的靠背，下有三足。弯曲凭几好似圈椅的靠背，下有三足，供人倚靠。汉时凭几大都放在人的胸前，而此时由单一的胸前靠倚发展为侧身倚或向后倚等多种形式。弯曲凭几的出现足以说明人们在坐式上的改变。《南史·孔珪传》中记载："居宅盛营山水，凭几独酌，傍午杂事。"由此可见文人对于凭几也是非常喜爱的，是生活上离不开的家具。

2. 案

案在这时期没多大的发展，曲栅横跗式的案仍是通行的式样。用作进食或放物的家具，都可称为案，与床和席作组合家具使用，是日常生活中不可或缺的家具。如图 4-22 的江苏南京郭家山东晋墓陶案，案呈灰色，陶土制成，高 29.5 厘米，案面长 124 厘米、宽 35 厘米、厚 3.5 厘米。两足呈下施横跗曲栅式，案面与腿足可分开。

丁家闸十六国墓壁画案，案足为下施横枨的曲栅，曲栅足特别高，上面放置着器物，画中所示的案面与上文所述的案有所不同，画中的案，案面短且宽，与前文案面长且窄的案有所不同，这也决定了其使用方式的不同（图 4-23）。

3. 隐囊

隐囊最早发现在魏晋时期，明代周婴《卮林》卷五中记载："隐囊之名，宋齐尚未见也。"由此可见宋代之后隐囊就已经没有再出现过了。其是一种软性靠垫。《通鉴》记载，"隐囊者，为囊实细软，

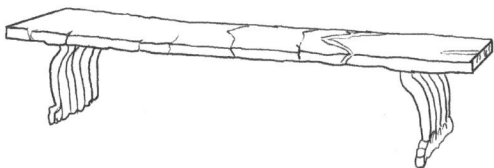

图 4-22　江苏南京郭家山东晋墓陶案

图 4-23　丁家闸十六国墓壁上的曲栅足案

图 4-24　《竹林七贤图卷》中的隐囊

置诸坐侧，坐倦则侧身由肱以隐之"。《南史》卷十二《后妃传》中记载："时后主怠于政事，百司启奏，并因宦者蔡临儿、李善度进请，后主依隐囊，置张贵妃于膝上共决之。"这里可以看出隐囊在当时是上位者们经常使用的生活用品。

如图 4-24 所示的隐囊好似现代的软靠垫，用于倚靠，隐囊里装填充材料，外面包裹布料，并绣以装饰纹样。这是古人注重舒适性的一种体现。

如图 4-25 所示的东魏武定元年造像碑维摩诘像中的隐囊，被使用者放于身侧，用来依靠填腰等用途，其造型两头封死中间填充柔软舒适的填充物，上面还有花纹，这两种不同的隐囊可以看出当时的隐囊形象多样，并且颜色也不单一，既增加了舒适性，也能提升整体美观度。

图 4-19 的《校书图》中侍女所抱的隐囊，从外形来看其体积并不小，从形变上来看，其形变能力很强这也说明了隐囊的舒适性很好，上面还印有花纹，从多方面都能看出当时人们对于舒适性的追求和对于生活的享受。

图 4-25　东魏武定元年造像碑维摩诘像中的隐囊

4.2　文化交融所带来的曙光

随着战争的发展，各民族文化的交融也愈发频繁。佛教文化的传入最早可追溯到秦汉时期，但由于当时的政治思想是儒家思想，而佛教思想与儒家思想相违背，所以被称为"夷狄之术"。而随着佛教文化自身发展的中国化，东汉末年儒学地位的变低，佛教文化在中原的高峰时期也随之而来。佛教在中原的流行也对玄学的兴起有着不可忽视的影响，玄学中"无"的探讨与佛教文化中"空"的定义，有着很大的相似之处，这种对于传统礼制的藐视，都是这两种文化处于主流的原因。佛教文化的流行也导致了高型家具在中原的流行，南北朝时期高足家具的文献记载与图像保存在数量上也较多，人们对于椅子也不再陌生，莲花形状的细腰墩也比较常见，这都与佛教文化的传播、统治阶级对于佛教文化的大力传播有着密切关系。佛教的流行不仅加快了高足家具的发展，对于家具的纹样、题材、工艺、审美也有所影响，风格上更加具有宗教色彩。这一时期是一个过渡时期，人们的生活方式从以床榻为中心转变为以桌椅为中心，这种变革是这一时期人们生活重心的变革。

4.2.1　文化交融中的佛教高型坐具

佛教在汉代并不被官方所承认，直至魏晋时期，汉代经学的衰落与玄学的兴起才使得佛教在中原扎根，并且其思想上迎合魏晋时期统治者的政治需求，上层的支持使得其可以在下层传播。在佛教传播初期为了使人们得以接受，佛教人员也会迎合当时玄学的思想来传播佛教教义。佛教的到来不仅是文化的交融，还有其佛教坐具的传入，自汉代开始胡床就已逐渐普及民间，还出现了各种形式的高型坐具，但使用此类家具的人数有限，仅限于上层社会或佛家僧侣，但这些高型坐具的舒适性已经深入民心，并且由于胡床的便携性，使得当时魏晋时期军事家对其尤其喜爱。

1. 佛座——筌蹄

《庄子·外物》中记载："筌者所以在鱼，得鱼而忘筌，蹄者所以在兔，得兔而忘蹄。"由此可见筌蹄最早是用于捕鱼和捕捉兔子的工具，这两种工具的大小区别不大。佛教兴起后筌蹄逐渐演变成了坐具，变成了佛教人士讲经授课等用途，并且不仅仅是在佛教中使用，在贵族士大夫中也经常使用，如《南史·侯景传》中记载："自篡立后，时着白纱帽而尚披青袍，或以牙梳插髻，床上常设胡床及筌蹄，着靴垂足坐。"这也说明了筌蹄的使用已经走入了上层社会，并且已经普及。最常见的是一种筌蹄样式是有束腰的圆凳，筌蹄也称为"筌提""筌床"或"筌台"，是一种形似束腰长鼓的坐墩，这种家具多用竹篾、藤条或草编织而成，被认为是战国以来妇女为香熏取暖专用的坐具，有的还在其外施以朱、黑、金、银等色的绘饰。南北朝时期的筌蹄受佛教莲台影响，模仿仰莲和覆莲的形式，演化成备受佛教居士尊崇的腰鼓形坐具。敦煌莫高窟第285窟"五百强盗"壁画中的束腰圆凳（图4-26）。其中佛的坐具上覆盖了白色织物，而佛垂足而坐在筌蹄之上。

2. 胡床

这时的胡床不仅仅是皇帝所喜爱的外来胡人坐具，并且也已普及到民间，《三国志·魏书》中记载："公将过河，前队适渡，超等奄至，公尤坐胡床不起。"由此可以看出，魏晋时期胡床还作为军队中将帅行军中暂时休息的坐具，《晋书·五行志》中记载："中国相尚用胡床貊盘，及为羌煮貊炙，贵人富室，必畜其器，吉享嘉会，皆以为先。"由此可见，魏晋时期的上流社会胡床是作为高级家具来使用的，并且成了一种富贵人家必有的家具，也成了当时的一种风尚。在平民百姓与妇女中也有使用胡床的例子，如《隋书·尔朱敞传》中记载"长孙氏媪踞胡床而坐"。从这可以看出胡床的普及程度在民间也是相当高的，并演变成为高型坐具之一。胡床亦称"交床""交椅""绳床"，这是一种可以折叠的轻便坐具。宋人摹北齐《校书图》中的胡床就是其中例子。其形制为腿足相交的凳，是现代"马闸"或"马札"的前身。如图4-27所示，其坐的就是胡床。胡床是由八根木棍组成，有四根木棍两两交叉，相交位置用钉穿过作为固定和轴，剩余四根木棍做横撑连接交叉木棍，上为座面，下为足，座面使用棕绳等物编织。其造型简洁，便于携带，并且可以折叠。

胡床在魏晋时期出现得很频繁，其主要原因有多种，其一是佛教的兴盛，使得胡床随着佛教僧侣的使用被众人所接纳；再之是由于汉代经学的落寞使得人们对于儒学中礼的束缚变得越加漠视，玄学的兴起解放了人们对于舒适度的追求；加之胡人合裆裤的普及都使得胡床得以被人们接受，胡床周其使用范围广泛，方便移动、体量小、使用舒适等一系列优势，迅速在魏晋时期民间所普及。

3. 椅

这时期的椅子最多被是称为"禅床"或"绳床"，椅子的称呼最早出现于唐代，但这时期的"禅床"或"绳床"的形象已经与后来的椅子形象相差不大，只是其座面更大，便于僧侣在上面打坐讲禅等，椅子的形象最早出现于克孜尔石窟壁画（图4-28），可以见到有类似于椅子、带有靠背的坐具图像。这时期的绳床主要用于高僧使用，并没有普及到民间，如《梵网经》卷2中记载："饮食供养房舍，卧具，绳床、木床事事给与。"由此可以看出这时期虽然绳床为高僧所用，但却已经走进人们的视线，这也为椅子的发展奠定了基础。椅，也称倚床、倚子或椅子，是具有高足的靠背式家具，椅子在中原的出现要晚于胡床，目前可以考证的中国家具中，最早的椅子实物多数都出自古代西域。可以看出椅子的出现受到了西方文化的影响，佛教僧侣是使椅子成为东方家具的直接推动者，敦煌西魏壁画中的扶手椅是我国迄今为止所见到的最早的完整椅子形象。此外，还有方凳、圆凳等新兴的高型家具。

4. 方凳

汉代的刘熙在《释名》中说："凳，凳床也。"从这里我们不难看出在前代汉代时期的凳只是一种在床上的脚踏，并不是一种坐具。最早作为坐具

图 4-26　敦煌莫高窟　图 4-27　宋人摹北齐《校书图》中的胡床（局部）　图 4-28　克孜尔石窟壁画中的椅子
第 285 窟 "五百强盗"
壁画中的束腰圆凳

而出现的是莫高窟第 257 窟壁画中所显示的方凳（图 4-29）。这种方凳有四条直腿，上粗下细，腿足之间没有横撑相连，构造非常简单，与后代的方凳还是有区别的，这种方凳使用方便，相较于椅更便于携带，有利于佛教僧侣传播佛教文化。收藏于河北省博物馆的北魏交脚弥勒佛像（图 4-30），弥勒佛交叉双腿坐在凳子形状的方座上，这种类型的方形座在北朝时期是很普遍的。虽然体积大不易搬动，但已经具有后代方凳的雏形，也可以理解为这是后代方凳用以借鉴的原型之一。同时这种类型的方凳在北魏时期出现的频率也很多，可以推算出这类高型坐具的方凳已经走入民间并且已被人普遍使用。而且这类高型坐具方凳应该属于高级坐具，除了高级别僧侣外还有当时的士大夫、隐士等也在使用。

5. 床榻

在魏晋之前，"席地而坐"的生活习惯一直被延续并使用着。佛教的东渐极大地推动了文化交融和家具变革。人们饱经战乱，已经对带有儒教色彩的政治统治感到失望，佛教的东来使者们在普度众生的渴望中寻求希望和安慰。这一时期民族文化的交流融合给我们带来了椅、凳、墩等更加方便、实用、舒服的坐具，人们开始改席地而坐为侧身斜坐、盘腿平坐、后斜倚坐，坐姿的改变也使家具的发展出现了更多的契机。

魏晋南北朝时期，虽然人们在生活中通常还是席地而坐，但坐榻的习惯也很盛行。

一是榻上设有作为倚靠的凭几。我们可以看到东晋画家顾恺之《女史箴图》中的围屏架子床（图 4-31），这种床的足座比较高，是典型的"壶门托泥式"，即床的足间做出壶门洞，下有托泥，床上设屏，此床的床帐与床体合二为一，可以说是"架子床"的最早实例。类似的"架子床"形象在河南洛阳的北魏石刻中也有记录。床榻上面分别坐着男女两人，男子正面对着女子，床榻后面及两侧的围屏为多扇式，床榻下为壶门托泥式高座，其前设置一长几（图 4-32）。

二是河南邓县画像砖及山西太原北魏石刻的坐榻。榻上置以尖顶或平顶的榻帐。前者的榻为多面体（图 4-33），后者为正方体（图 4-34）。东晋壁画中也出现过这种榻（图 4-35），有的壁画中还显示出在榻上设屏（图 4-36）。

三是与上述坐榻结构形制相像的独坐式小榻。这种小榻不设帐，有的三面围屏。这一时期大多数的坐榻已经融入了当时的社会氛围和时代特色。如榻下普遍施以壶门托泥座或无托泥的壶门洞形式，这一时期的榻体较汉榻要更高更大。尤其在东晋和南朝时期，榻最为明显的特点就是更加高大宽敞。如东晋顾恺之的《洛神赋图》中展现的独坐榻（图 4-37）以及《历代帝王图·陈文帝像》中的豪华独坐榻（图 4-38）。山西大同的北魏漆画中的独坐榻（图 4-39）与西安出土的北周的石榻非常相像（图 4-40），甚至连足腿之间的装饰草叶倒刺都趋于一致。这也说明了绘画中家具的真实性。

四是大型带帐六足或七足床榻。六足床榻见于龙门石窟中的"涅槃图"（图 4-41）和北朝墓壁画"维摩说法图"（图 4-42）中。它们描绘了榻的正面，中间的腿足结实有力，两边的脚向外绷紧成弧

图 4-29　莫高窟第 257 窟壁画中的方凳

图 4-30　北魏交脚弥勒佛像

图 4-31　围屏架子床

图 4-32　河南洛阳北魏石刻中的床榻

图 4-33　河南邓县画像砖中的坐榻

图 4-34　山西太原北魏石刻中的坐榻

图 4-35　东晋壁画中的榻

图 4-36　榻上设屏

图 4-37　《洛神赋图》中描绘的独坐榻

图 4-38　豪华独坐榻

图 4-39　北魏漆画中的独坐榻

图 4-40　西安出土北周的石榻

形。其中北朝墓壁画中的床榻上设有八曲屏风，中间四屏上绘有类似于"竹林七贤"的饮酒作乐的人物，帐顶饰以花草，帐前及两侧设有帷帐，装饰华丽多样（图 4-43）。

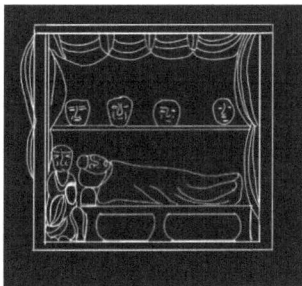

图 4-41　涅槃图中的床榻　　图 4-42　北朝墓壁画 "维摩说法图" 图 4-43　北朝墓壁画中的床榻
中的床榻

图 4-44　《校书图》中的大型板榻

五是北齐《校书图》中的大型板榻。此榻为典型的壶门托泥式高座榻，其高度已经过膝；榻座前有四个壶门洞，侧边有两个壶门洞，榻前厚重宽大，可提供多人活动。这种大型榻在之后的唐代经常出现，成为僧侣和文人的喜爱（图 4-44）。

到了封建社会时期，社会生产力水平有所提高，人们能够建造出更加高大宽敞的房屋建筑，所以无须限制家具的尺度，同时也很大程度地解放了人们的坐卧姿势。但这时人的思想观念却上升为礼制，并且被儒学这一统治中华民族 2000 多年的国学发扬光大，在为统治阶级服务过程中更是得到了强化。

这个阶段在思想观念、坐卧姿势、家具的尺度三者关系之中，礼制观念理所当然成为决定性因素。

4.2.2　佛国高型家具普及下的生活方式

魏晋玄学的兴起和佛教文化的传播，特别是少数民族入主中原带来的 "胡人" 生活方式的影响，传统礼制不再是人们信守的准则。这时期异域文化和民族交流日益活跃，成为历史上屈指可数的民族文化融汇的时期，这种融汇带来了椅、凳、墩等高型坐具，其方便、实用的优点使人们一改席地而坐

的起居方式，家具发展出现了新的契机。跪坐不再是唯一的坐式，侧身斜坐、盘足平坐、后斜倚坐等形式同时存在。

1. 佛教建筑

由于佛教的兴起，佛教建筑也随之而来，佛教独有的斗拱型建筑方式也被魏晋时期的建筑所借鉴吸收，斗拱技术的成熟使得室内空间进一步的扩大，这也使得家具的形制与体量产生改变，传统家具出现了升高的趋势，并且出现了新型的家具种类。

梁武帝在政期间非常向往佛教，几次舍身同泰寺为奴，这从侧面反映出当时佛教的地位有多高，受重视程度有多强。这时期最突出的建筑类型是佛寺、佛塔、石窟。由于时代的久远，我国这时期木制的佛教建筑留存至今的非常少，日本法隆寺五重塔是最接近我国这时期建筑的木制佛教建筑（图 4-45），其塔总高 20.6 米，各层屋檐坡度有明显的向上递减的趋势。从这座建筑我们可以想象出唐朝诗人杜牧所写的诗句："南朝四百八十寺，多少楼台烟雨中。" 这时期佛教建筑的规模与数量是非常庞大的。

这时期留存至今的佛教建筑多见于石窟中，如图 4-46 的云冈石窟内方形塔柱，从图片中我们可以看出这时的石窟建筑应与木制建筑相差不大，其各层屋檐均有越向上越收缩的趋势，每层雕有佛陀，与后期唐代佛塔建筑相差不大，这也为唐代的建筑技术的辉煌奠定了基础。

2. 垂足而坐生活方式的盛行

魏晋之前，"席地而坐" 是一直以来的生活习惯。但是社会的变迁使人们的意识形态和文化心理上产生了深刻变化。首先是两汉以来的经学崩溃，一扫 "罢黜百家，独尊儒术"，自由争辩之风相当流行。佛教的东渐极大地推动了文化交融和家具变

图 4-45 日本法隆寺五重塔　图 4-46 云冈石窟内方形塔柱

革。佛教最初于西汉末期到东汉初期由西域传入中国，起初其影响力并不大。但饱经战乱的人们失望于儒教的政治统治，佛教的东来使人们在普度众生的渴望中寻求希望和安慰，到魏晋南北朝时期，受政治经济等多方面因素的影响，佛教越来越受到追捧，佛教的兴起也使得佛教家具逐渐走入了人们的视线，佛教中的家具多数都为高型家具，这也促进了魏晋时期的本土家具与外来家具的融合与创新。这时睡眠用的床已经明显较前代升高，并且床上面还有床顶，四周挂帷帐。床的升高使得人们既可以坐在床上，也可以垂足坐在床沿上。虽然这时已经出现了垂足而坐的形式，但是人们的生活方式仍然以席地而坐为主。只是跪坐的形式在逐渐减少，盘足而坐的形式开始变多。随着佛教高型家具胡床的传入和普及，人们的生活方式从低矮型家具向渐高型家具发展，为隋唐以后席地而坐的生活起居方式逐渐消失打下了基础。

《女史箴图》中的人是垂足而坐在床上的，这是与前代有所不同的。并且床的高度也有增加。

《北齐校书图》中垂足而坐在胡床上的人可以说明不管正式场合还是非正式场合，垂足而坐的生活方式已经走进了这时期人们的生活方式中。曾经的正襟危坐已经并不是生活中主要的坐姿，垂足而坐的生活方式已经撼动其主导地位，并且为以后垂足而坐为主要坐姿打下基础。

三百多年的魏晋南北朝时期，是我国家具史上承上启下极为重要的过渡时期。从正襟跪坐到垂足而坐的演变都透露的这个时代的变迁与改革。玄学的兴起使得人们对于活着的意义产生改变，从汉代的儒学礼制的束缚再到玄学兴起追求自身舒适与自我审美的转变，这些给了中国家具的发展提供了契机，佛教的兴盛带来了佛教建筑与垂足而坐的佛教坐具，虽然这时期留给我们的家具实物很少，但丰富的壁画与画作仍然能让我们感受到来自魏晋时期人们生活方式的痕迹。

思考题

1. 玄学对于人们的影响是怎样的？
2. 文化交融下给人们带来的是什么？

第 5 章

隋唐五代时期的
家具文化

隋唐五代是封建社会发展的鼎盛时期，尤其是盛唐时期，国内南北方的统一加强了民族及区域之间的交流，经济政治文化的快速发展将唐朝封建社会的发展推向了顶峰。而唐朝都城长安可以说是当时世界的中心，是当时世界上最为富庶和发达的城市之一，唐文化更是当时世界上最为先进的文化之一。农业、手工业蓬勃发展，生产力高度发达，文化艺术繁荣昌盛，在这样的盛世历史背景下，唐代家具呈现出一派华贵的景象，家具造型浑圆而丰满，装饰富丽而华贵，整体给人和谐而悦目的视觉感受。

唐代政治开明，国力强盛，形成了万国来朝的局面，汉族、少数民族和外族文化相互促进与融合，各国商人和僧人通过丝绸之路进入中国，随之而来的还有他们的文化艺术和丰富的物产。首先进入了黄河流域，后来延伸到长江流域，直接促进了南北区域文化的交流和繁荣。例如中国北方的马、皮革制品、武器，南方的象牙、珍贵木材、药材、香料，西方的纺织品、宝石、工业用的矿石等。

受到西北少数民族和佛教的影响，人们的起居方式也发生了变化，席地跪坐、伸足平坐、侧身斜坐、盘足迭坐和垂足而坐依然并存，但是垂足而坐的生活方式已经由上层阶级开始普及全国，此时家具过渡期的特征十分明显。从长安南里王村唐墓壁画（图5-1）来看，画面中有一张巨大的案，案面宽大，下有四足，足间无横枨，长凳也非常宽大，有人垂足坐于长凳之上，有人盘足坐于凳上，说明此时正是两种生活方式交替迭代的时代，并出现了与此相配合的高低型家具并存的局面。直至晚唐甚至五代时期，高型家具才算完全被汉民族所接受。

唐代家具的装饰图案、装饰题材、造型形制都深受外来文化的影响，许多家具表现出不同于中

图5-1　唐墓壁画《野宴图》

原本土传统家具的特点。外来的高型家具不断与本土家具的制作工艺技术相结合，并借鉴中国传统建筑中的梁架结构和技术，创造出了具有本土特色的新型高座家具，如月牙凳。月牙凳是唐朝的新型家具，是一种女性专用的坐具，因其形制极似一轮弯月，所以被称为"月牙凳"，其装饰图案和创作手法集唐代工艺之大成，成为外来家具与中原本土家具融合的代表之作。

除了宗教和外来文化的影响，唐代自身的政治、经济、文化也对人们的审美和家具的造型产生了巨大的影响。唐代手工业发达，在全国各地形成了不同的手工业制作中心，为了加强对手工业的控制，唐朝政府还成立了专门的管理机构对各地官营作坊进行管理，其中包括织锦、印染、陶瓷、金银器、漆器、木工等手工业制作，在朝廷的集中管理之下，都在唐朝达到了全面的繁荣。高度发达的造物技术和工艺美术水平使得唐代达到了封建社会手工艺设计生产水平的高峰，并出现了百花齐放的美丽画面，体现出了中土大唐的欣欣向荣和五彩缤纷。

5.1　佛教文化影响下的新家具

与外来文化的频繁交流不仅会影响人们的生活，对家具的种类和造型也产生了一定的影响。一方面少数民族文化的传入影响着中原地区人们的起居生活和饮食习惯；另一方面，佛教的传入还影响着与人们生活息息相关的家具的结构、装饰和形制。

在长安，人们随处可以看到来自国外的商人和僧侣，随之而来的还有他们自身的宗教信仰和文化背景，唐朝对外来文化的兼收并蓄使得这些文化在当时得到了充分发展。事实上，佛教并不是传入中原的唯一宗教，但却是在中国影响最深、传播范围最广的宗教。佛教在东汉时期传入中国，经过与汉族文化的不断融合，在唐代达到了发展的高峰。相应地，佛教对中原地区的家具文化产生了深远的

影响。为了体现佛祖高大的形象，宝座的造型往往会被制作得超乎寻常的高大，而唐代大型木构架结构技术的成熟，也为建筑容纳大型佛像提供了可能。

梁、柱、斗拱、昂等主要建筑构件的高度规格化、标准化，结构的进一步完善标志着具有中国特色的木构建筑体系在唐朝已经发展成熟。建筑与家具是相互影响的，此时高型家具正处于初级阶段，受到建筑木构架结构的影响，家具也逐渐向高发展，并且此时多种生活起居方式的并存使得唐代家具的类型呈现出多样化的特点。

社会风尚的流行往往是自上而下的，随着佛教文化的不断传播和其与中国本土文化的不断融合，大量的佛教家具移居内地，如绳床、胡床、鼓墩等，并逐渐赢得了上层阶级社会的喜爱。到唐代初期，高型家具已经在宫廷贵族和官员家庭中日渐普及并得到了广泛的使用，各种矮足家具逐渐为高足家具所代替。随着时代的发展，与高型家具相适应的垂足而坐的生活方式也渐渐自上而下影响到了平民家庭，中唐以后桌椅凳的陈设格局基本定型。

受佛教家具的影响，家具装饰题材中常常会使用包含浓厚宗教气息的佛教图案。各种植物类、禽兽类、人物类纹样，都被赋予了宗教意义。文化的融合是相互的，在中国传统家具受到佛教文化冲击的同时，佛教家具的形制也在不断被汉化，比如佛教中用来传教授法的佛教高座在中国传统箱板式家具的影响下改成了壸门的形制。唐代家具崇尚丰满圆润、清新华贵的审美风格，家具造型上圆润华贵，色彩上美丽绚烂。总的来说，家具装饰的艺术风格以华丽润妍的审美趣味为主，与佛教家具喜爱彩绘、描金的装饰手法正好契合。

在吸收外来家具文化精粹的同时，唐代工匠亦能够从中国传统家具中吸取精髓，创造出符合中国传统审美趣味且具有中国传统特色的新型家具，如月牙凳、鹤膝榻、壸门高桌大案等，说明人们在接受外来家具与生活方式的同时，依然能够保持自身对于文化的选择性和创造性。

5.1.1　凳墩的发展

凳，一种没有靠背的坐具。在魏晋之前，只有"登"或者"橙"，即登床之具，放在床榻之前，供登榻或是放鞋之用，并非坐具。在《释名·释床帐》中有记载："榻登施于大床前、小榻之上，所以登床也。""凳"是后来出现的词。

魏晋南北朝是中国历史上思想大融合大发展的时期，佛教垂足而坐的高型坐具随着佛教文化的传播对民间的影响越来越大，所以之前的低矮型家具：床、榻、凳等家具的形体也越来越高。经过不断发展，凳成为专用的坐具，到唐代以后，凳的主要类别可以分为方圆两种，其中方凳的种类是最多的。不仅有木制的还有陶制的，而或方或圆的凳子又被称为"杌子"。杌，最初并非坐具，在《集韵》中对"杌"的解释是："树无枝也"。所以，杌在最初只是一个木桩，在高型坐具逐渐被人们所接受的唐代，对高型坐具的需要使得木桩有时候也会被人们当成坐具来使用，在之后的发展中"杌"和"凳"的区别越来越小，"杌凳"也就成了无靠背坐具的统称。

在唐代，随着佛教家具与中原本土家具的融合，具有汉文化特色的凳子形式逐渐形成，不仅形体变得越来越高，随着工艺技术的进步，装饰也变得越来越精致。唐代家具的装饰手法琳琅满目：平脱金银、螺钿、金银绘、镂雕、髹漆、木画等。一件家具上可能同时运用多种装饰方法追求华丽润妍的审美效果。

唐代是高型家具发展的过渡时期，这一点不仅体现在本土家具高度的提高，还体现在家具结构的进步和家具种类完善。最初的凳子是直腿无枨的，方形的四足垂直向下落至地面。但在唐代的壁画和绘画中我们可以看到，直腿有枨的凳子已经普遍应用于人们的生活当中，且根据不同的加工方式和使用习惯，凳的种类有了明显的增多，既有长条形凳，也有方形凳，还有圆形墩，以及具有唐代特色的月牙凳。

1. 凳墩的造型特色
① 长条凳

长条凳是凳面为长方形，凳腿为方形的凳子，也被称为"板凳"。是由坐榻发展而来的高型坐具，受到高足家具发展的影响，唐代时候有些凳子已经达到人小腿的高度，长条凳的体形仍是宽而长的。

早期阶段的长条凳造型多比较古朴，形体上讲究敦实、稳当、厚重，座面常呈现宽板状，下常附方材四足或宽板状两足。随着高型坐具的不断流行，在之后的发展中长条凳不断向窄、长、高发展，这与后来垂足而坐完全取代跪坐的生活方式有密切的关系。长条凳常与长桌相搭配，在民间茶肆和普通家庭中被广泛使用。

敦煌壁画的内容丰富多彩，除了大量佛像的描绘，还有许多为了宣传佛经的故事画。这些故事大多以现实生活为题材，记录范围相当广泛，包括统治者的出行、游猎、宴会等，还有劳动人民农耕、冶铁、婚丧嫁娶等社会活动。长条凳的形象，多见于敦煌壁画中宴饮等场景中。在陕西长安县南里王村唐墓的《野宴图》中就描绘了一行人坐在宽长的长板凳上面举杯畅饮、谈笑风生的画面。他们所坐的板凳板面厚实，凳腿粗壮，且腿间无枨支撑。人们或垂足而坐或盘腿而坐，说明这时期人们的生活方式正处于转变时期。

在中唐以后的婚宴场景当中，也多见一种长方形带横枨的长条凳，如中唐莫高窟第360窟壁画（图5-2），凳子凳面为长条形，凳面宽大而厚实，腿足为方形长条，腿间有横枨，可供人们盘腿坐于长凳上进行宴饮。

这类长条凳一般都会搭配长条桌案使用。敦煌莫高窟第473窟中绘有一对长凳、长桌（图5-3），男女相对垂足而坐，长凳腿间有横枨。在中晚唐时期的宴饮题材的敦煌壁画中，大型长凳腿间多带有横枨，说明横枨是在家具渐高发展之中为提高家具稳固性的结构升级。

②方形凳

方形凳凳面近似正方形，带四足。这种凳的早期形象在敦煌莫高窟第257窟中有所描绘（图5-4），壁画中凳子的形象较为简单，凳腿作束腰式的兽蹄状，整体上与高座方凳颇为相似。

初唐时期的方凳形式在敦煌莫高窟第323窟壁画中有描绘（图5-5），这时凳子的造型和后来常见的四足方凳已经较为接近，有四个矩形高足，下设壶门和托泥，形似高足坐榻。从这里也能够看出榻与凳之间的传承关系。

中唐以后的方凳已经逐渐具备自身特色，座面或为方角或为圆角，腿足也逐渐摆脱初期的托泥壶门形式，向落地柱式足和雕花足发展。

中唐敦煌莫高窟第237窟南壁《弥勒经变》中一人垂足坐于一四足凳上，腿足为方形并带四横枨，凳子的整体高度约有小腿高（图5-6）。

盛唐敦煌莫高窟第445窟北壁《弥勒经变》女子剃度场景中，一僧人正站在一张两足方凳上，足为两个方形厚板，座面带有拦水线。凳子整体造型简洁，以使用功能为主，无过多装饰（图5-7）。

图5-2 中唐360窟壁画中的长条凳

图5-3 敦煌473窟壁画中的长桌、长凳

图5-4 敦煌257窟壁画中的高方凳

图5-5 敦煌323窟壁画中的方凳（初唐）　图5-6 敦煌237窟方凳（中唐）　图5-7 敦煌445窟唐代方凳（盛唐）

成熟的凳子形象多见于唐代传世的画卷当中，尤其是仕女画，这种画是以上层阶级士大夫和妇女生活为主要题材的中国画。如唐代张萱的《捣练图》和《听琴图》，记录的多是上层阶级所使用的家具。其中的凳相比于前期的坐凳，装饰手法、工艺水平、规格形制都要更高，如《捣练图》和《听琴图》中的凳，还在腿足和面板之间雕刻牙子，甚至包金嵌玉，不仅具有装饰功能还增强了凳子的牢固性和耐用性，椅子的座面和腿足也更加富于变化，整体造型较前期的椅子要复杂得多。这也是唐代家具结构和工艺向前发展的表现（图 5-8、图 5-9）。

③月牙凳

周昉，唐中期著名的人物画画家，多描绘宫中仕女的生活，他笔下的很多妇女坐的都是一种叫作月牙凳的坐墩。月牙凳是妇女的专用凳，其造型端庄浑厚、别致新巧，装饰华丽精美，与体态丰腴、雍容华贵的唐代贵妇形象统一。所以在唐代仕女画中常常能够看见月牙凳的身影，不过这也表明月牙凳这种坐具只有上层社会的人们才能够享受。同样的月牙凳在周昉的《挥扇仕女图》《内人双陆图》《调琴啜茗图》中也能看见（图 5-10 至图 5-12），说明这种坐具在当时的上层社会是非常流行的高型坐具，甚至到五代时期仍有人使用。

唐画《唐人宫乐图》描绘了宫廷仕女宴乐生活的场景，数十人围在一个大案旁边饮酒作乐，其中的侍女所坐皆为精美的髹漆彩绘月牙凳（图 5-13）。从画面中我们可以看出，月牙凳是一种表面髹漆彩绘的家具，凳面上为红色绣垫还带有绣花，周围饰以绿漆，下设三足，腿足雕作如意云头状。月牙凳常作三足或四足，腿足略向外鼓出，腿足作壶门状，应是壶门座高足座进一步发展的产物。座面与

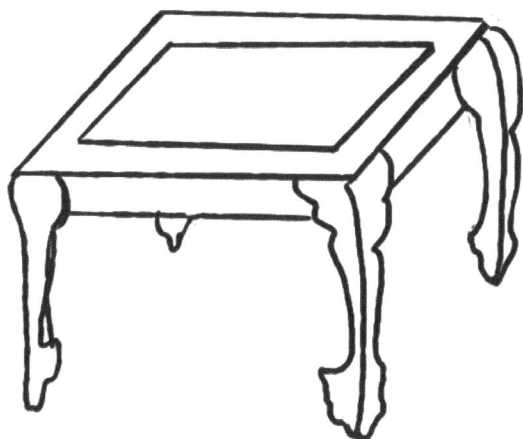

图 5-8 《捣练图》中的方凳　图 5-9 《听琴图》中的方凳

图 5-10 《挥扇仕女图》中的月牙凳

图 5-11 《内人双陆图》中的月牙凳

图 5-12 《调琴啜茗图》中的凳

图 5-13 《唐人宫乐图》中的月牙凳

腿足之间常雕刻花牙子和如意云头，在座腿之间的边牙上还钉有金色的金属圆环，环上系有彩带挂坠，显得家具十分华贵精美。此凳腿的体形十分粗壮，腿足和牙子均呈现出"鼓腿彭牙"的造法，这是这一时期箱板式结构向框架结构的过渡形态。月牙凳是在佛教坐具圆墩、腰鼓墩的基础上融合中土审美创造出来的新型坐具，是佛教文化和汉文化相互融合的结果，突破了佛国或方或圆的坐墩模式，是唐代家具匠的伟大创造。

④民间的凳子

上述所说皆是上层社会所使用的凳，而平民所使用的凳，其材质和做工皆为下品，多为粗木柴木小凳和较大的四足凳，不论是装饰还是结构较上层社会士大夫和妇女所使用的家具来说都较为简单。如《萧翼赚兰亭图》中的凳（图 5-14），体量小。此凳为木制凳面，采用攒边结构，凳腿外圆内方，凳腿之间采用横枨连接，达到稳固凳子的目的，整体造型简洁，无过多装饰。

唐白石雕弹玩女像之坐凳及隋开皇 15 年张盛墓出土的瓷凳都是平民用凳子中的代表。唐白石女像中一妇女正坐在一个方形坐凳上，凳子内部中空，四面还带有壶门（图 5-15）。

张盛墓中的三件瓷凳模型（图 5-16），其中两件面板呈长方形，两端设板状足，凳面中央有两排方格纹，在靠近其中一排方格纹处镂雕两个长方形透孔和一个圆形的透孔，很可能是仿木制的榫卯。有一件方凳腿足呈栅足形，座面下凹两侧向上翻起，形制与栅足案十分相似。

2. 墩的类型及使用

墩和凳一样，同为无靠背的坐具，但是墩并不是外来家具。墩的形状在我国自古有之，早在战国时期就已经有妇女用一种草编藤编的墩形熏笼来取暖、熏香、烘烤衣服，因形似打猎的竹笼，因此又被称为"筌蹄"。不过在墩的发展中，胡人和佛教文化起到了重要的推动作用，佛教高型坐墩的传入使得这种熏笼成为正式的坐具。

早期，佛教中这种墩状坐具常见于佛和菩萨的造像中，如天龙山石窟树下的思维菩萨、龙门石窟莲花洞菩萨（图 5-17）。

唐代是低型家具向高型家具转变的时期，渐高家具的普及使得这种坐墩开始流传于世俗生活中，并由非正式坐具成为一种正式坐具，因其外观像"鼓"，所以又称"鼓墩"。在唐代流传下来的壁画和陶瓷中，常常能看见宫廷妇女坐于此种坐具之上（图 5-18）。

墩按制作材料也可分为：木墩、竹墩、藤墩、瓷墩等，常作实心或中空作镂空状。按照造型鼓墩主要可分为两种形式：圆形坐墩和腰鼓形坐墩（图 5-19）。

坐墩是筌蹄的代替物。唐朝以丰满浑圆为美，坐墩浑圆的形象迎合了唐代女性的审美，其形式在唐代也有了新的发展，在前代木墩的基础上添加了一些装饰，因此颇受当时女性的喜爱。

如西安王家坟唐墓出土的三彩仕女（图 5-20），仕女所坐的圆墩，两面座面为圆形，造型高耸，中间有束腰，墩座和墩底面均为莲花瓣一样的造型，

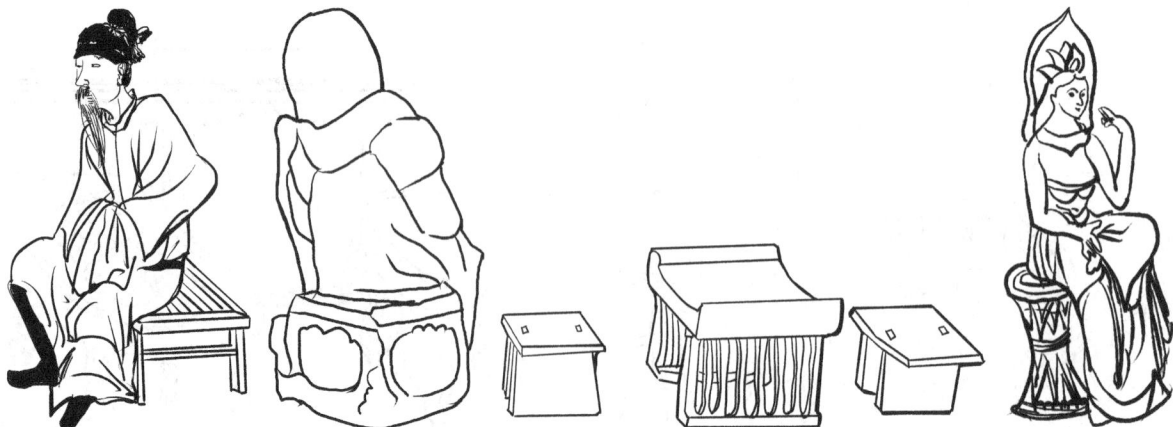

图 5-14　《萧翼赚兰亭图》中的凳　图 5-15　唐白石雕弹玩女像　图 5-16　隋张盛墓瓷案、瓷板凳模型　图 5-17　龙门石窟莲花洞菩萨（北魏）

图 5-18 晚唐 85 窟 图 5-19 唐腰鼓形坐墩
中圆形坐墩

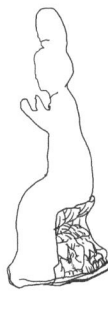

图 5-20 唐墓的三彩仕女

图 5-21 陕西 图 5-22 唐《演乐图》(局部) 图 5-23 敦煌 445 窟 图 5-24 《韩熙载夜宴图》(局部)
安西榆林窟唐   《剃度图》
末壁画

在器物表面还有类似于竹篾表面的编织纹样。

鼓状的圆形坐墩在当时的壁画中也有所发现，如陕西安西榆林窟唐末壁画，一男子正襟危坐在一圆形鼓墩上面（图 5-21），说明当时这种坐具的使用是非常普遍的。

唐代中期及以后，坐具的类型变得多样，如唐代周昉的《演乐图》（图 5-22），可以看见奏琴者与听琴者所坐高足家具既有机凳又有绣墩，种类多样。

敦煌莫高窟第 445 窟《剃度图》中的坐墩是唐代坐墩类的代表（图 5-23）。壁画中，施加剃度的尼僧站立在矮凳上，正在接受剃度的妇女则坐筌蹄。图中筌蹄绘为深色，下部中空，显为藤类制成。

在五代画家顾闳中的《韩熙载夜宴图》中，虽仍有盘腿而坐的人，但是大部分的人已经习惯于坐在垂足的高型坐具中，当时家具的种类已经非常的完备，且家具组合使用的趋势也已经出现。《韩熙载夜宴图》中的家具基本上囊括了当时所有的家具类型，其中也绘有鼓墩的形象。因为使用时常在墩上放置绣帕，所以鼓墩又称"绣墩"，在唐代多为官中大臣所用，而在这幅画中为五名吹箫的歌女所坐，呈两端小中间大的花鼓形（图 5-24），说明在

五代时期，这种坐墩已经逐渐从宫廷向官宦大臣家中流传，使用人群变得越来越广泛。

5.1.2 桌的出现

早在汉代，桌早期的形态就已经出现了，但是桌子的流行则要放眼到唐代了。几案凳墩在唐代之前常常单独使用，直至唐和五代，家具才开始配套使用，还出现了与不同桌案同时使用的专用椅凳。

唐代是低型家具向高型家具发展的转变时期，桌椅凳墩的兴起主要受外来文化的影响，其中影响最为明显的便是桌案高度的变化。唐代，垂足而坐的生活方式逐渐取代跪坐的生活方式，几案从床上逐渐下移到地面，随之几案的高度也在不断增高以适应人们不断改变的生活方式。

从唐代遗留下来的石窟壁画中能看到桌的形象。桌子是与椅子和凳子配合使用的高足家具，唐代的桌子有方形桌和长方形桌，有的带壶门有的不带壶门。壶门结构风行于魏晋南北朝时期的床榻家具中，直至唐朝已经流行了数百年，在唐代是宫廷家具中常见的结构。

唐代用于宴饮的桌子多呈长方形，形体普遍很

大，多为壶门足，可围坐十多人。虽然高足坐具在晚唐时期已经非常普及，但是与这些高足坐具相配套的高足桌却未完全普及，多用一种带壶门的大型桌案，其造型和结构与床和榻非常相似。足间带有壶门已经成为这一时期独特的造型样式。

壶门的箱板式家具是受佛教影响而出现的高足家具。在《营造法式》中对壶门的记载是，壶门是佛教建筑中门的样式，所以壶门样式是随着佛教的传入而传入中国的；但是我国建筑史学专家张驭寰认为，壶门的造型来自佛教的佛龛。不管怎样，基本可以确定，壶门的出现受佛教影响比较大。

尽管受到高型家具发展趋势的影响，唐代已经出现向框架式结构家具发展的趋势，但是总体来讲，唐代仍然是传统箱板式家具的鼎盛时期，箱板式壶门家具的形制仍然是这一时期家具审美的主流。唐代，壶门大床的高度仍不高，只到人的膝部的位置，用于盛物的牙床和牙盘则更低，壶门的结构限制了这一类型家具的增高。但是在家具渐高发展的大趋势下，为了与高型坐具相配合，唐代工匠充分发挥了自身的聪明才智，创制出了双层壶门式家具，如唐代周昉的《内人双陆图》摹本中的棋盘，就是上下双层壶门的棋盘。有的匠师还会在框架式结构的家具腿足下加壶门式底座来保留壶门式家具形制。

受合餐制的影响，带壶门的桌案一般比较大。箱板式结构家具最初的设计多是考虑到家具的承重和稳固性。后来随着家具渐高发展和大木梁架式建筑技术的发展，建筑的柱已经能够完全支撑起屋顶的重量，而墙面则无须再具备承重功能，只起到围护作用。受到建筑的影响，家具中的箱板式结构也逐渐被淘汰，转而将目光投向了承重性能更好且形制更加轻巧的框架式结构家具，因此大型的箱型壶门桌便朝着渐高渐窄的方向发展成为四足形的桌，壶门结构也慢慢消失在历史的舞台。

还有一种不带壶门的食床，造型上与早期的榻、枰非常相似，应是后世四足桌的雏形，虽然与后世的桌子形制非常相似，但是因其高度尚且不高，且不带横枨，所以还不能被称为真正的桌。在高型家具不断增多的唐代，这种食床作为承具在形制上逐渐向高、宽、长发展，在功能上也慢慢与坐具相分离。在后世的发展中，这种食床逐渐发展为四足落地的四足桌，为了增强其稳固性，还加上了托泥和枨。

1. 桌案的类型

（1）方形桌

方形桌是面板为方形的桌子，四足，有的在腿之间加横枨，有的不加。

敦煌晚唐第 85 窟窟顶《楞伽经变·屠房图》（图 5-25）中有两张方桌，一张桌子上放着待宰的牲畜，另一张桌前站着一屠夫，他正在处理手中的肉食，桌的高度及他的腰部。方桌造型简洁，腿足为方形柱腿，桌腿粗壮，桌面较厚，腿间无枨，也无其他装饰，风格较为朴素，能看出来这类桌子还是以稳固厚重为主要特色。

在唐画《六尊者像》（图 5-26）中，有一方形横枨桌，桌子整体较高，相比于《屠房图》中的桌，这个桌子的装饰要更加繁复，桌面面板厚实，四周为冰盘沿并雕有花饰，侧面镶嵌宝石，桌面下装有弧形的牙板，桌腿由四条横枨连接，为了加强连接处的牢固性，在枨腿交接处还设有椭圆的葫芦形凸起，因而腿足呈"葫芦形"，这种腿足的形式后来被宋人称为"鹤膝棹"。画中腿足端部呈凸起状，因而桌腿上下在形式上具有一致性。桌子的形制带有明显的西域特征，应主要为僧侣所用，尚未普及民间。

（2）长条形桌

长条形桌是一种桌面呈长条形的长方桌，敦煌的唐代壁画多有对此类桌的描绘，多用在宴饮及婚礼或劳作的场面中。因桌面都为长条形，所以长条形桌常会根据桌腿足的不同再往下细分，可大致分为：壶门足和四方垂足。此时壶门仍是唐代家具重要的结构部件，而四足型的桌根据使用功能的不同又可分为宴桌和劳作的桌。

唐榆林窟第 25 窟中的壁画《吐鲁番婚礼》（图 5-27），描绘了一幅婚嫁图，画中有一壶门足形的长条桌，宾客正盘腿坐于桌子四周。

在敦煌莫高窟第 113 窟盛唐壁画《婚礼图》中，同样是宴饮场合的图像，画中描绘了一个四足型的长方桌，桌子仅仅比长凳高一点，到人膝盖位置，约 45 厘米，与我们今天的桌子相比要矮得多。

莫高窟第 154 窟的窟顶有一幅《楞伽经变·屠宰图》，其中描绘了一个劳动场景中的高足桌，四足向外撇直接落地，腿间没有横枨（图 5-28）。劳作场景的高桌在汉代就早已出现，劳作的桌为了便于站立时劳作，高度往往达到人腰间。

图 5-25　敦煌晚唐 85 窟中的方桌

图 5-26　《六尊者像》

图 5-27　榆林窟中唐 25 窟中的桌

图 5-28　莫高窟晚唐 154 窟中的桌

图 5-29　《六尊者像》中的桌

图 5-30　卢楞伽《六尊者像》

随着高足家具的不断发展，桌子的形制也日趋完善。

2. 垂足而坐中的渐高桌案

唐代日常生活，宴饮、会友、休憩等生活场景中经常出现高足桌案。如在卢楞伽的《六尊者像》中有一长方形桌（图 5-29），方形桌带有束腰，两腿外翻且腿间带有横枨，整体造型端庄方正，花饰细腻精致。描绘了一件壶门托泥高供桌（图 5-30），长方形，在桌面的四个立面均雕刻有装饰花纹，桌面下面做弧形牙板，腿下有托泥，中间带束腰。相比于本土的桌子，这张桌子装饰更加繁复，带有明显的印度和西域特征，结构上也更加完善。这张桌子的束腰结构是束腰的早期形式，桌子带壶门，束腰结构是对佛教须弥座形式的借鉴，也是壶门箱体结构在唐朝家具结构中的重大发展。说明为适应高足家具的增多，桌子的结构和形制也在日渐完善。但需明确的是尽管桌作为高型家具在唐代已经基本定型，但是几和案在唐代仍是承托类家具的主流。

唐人在就餐时，常常会在多足壶门大案的周围放置矮凳，这充分说明了这种桌案与早期食案之间的密切关系。在唐代画家周昉所作的《唐人宫乐图》中（图 5-31），绘有一壶门方形大型桌，桌面为木框嵌板结构，桌面四周带有装饰，四边出沿，四个角均用金属进行包角，并带有金色雕刻图案。山头处有三个壶门，两侧有两个壶门，带托泥，既起到了加固的作用带来稳定感，又起到了装饰作用。桌面圆心以深绿色为底，上面带有金色花纹，精致又大气，配套使用的坐具是月牙凳。

在《唐人文会图》（图 5-32）中，有一用于宴饮的方形壶门桌案，每个面均设有六个壶门，从围坐的人来看，这张桌案的形体非常大，周围围有十一个人却仍有空余空间。

唐代桌案的结构还不成熟，与成型后的宋代家具相比仍有一定的差距。但也有不少突破壶门样式、四脚落地的桌子形态，如晚唐《唐人文会图》中下部就有一个四足方桌（图 5-33），它腿间有横枨，形制上更加接近五代时期的高足桌，包括前文中提到的晚唐敦煌莫高窟第 85 窟和第 154 窟中的方桌和圆桌，都是框架结构式高足桌案的早期形式。但从《唐人宫乐图》《唐人文会图》以及《内人双陆图》等画卷来看，一方面，我们均可以看出唐代上层社会的人们对于传统壶门结构的喜爱，另一方面，在《内人双陆图》中我们也可以看到为了加高壶门桌来匹配高足的月牙凳，贵妇所用的棋桌是由双层的壶门箱型垒叠而成的，这与 85 窟和 154 窟中高足桌的存在形成了鲜明的反差。这是因为在传统社会，新技术在出现后往往会最先应用在基本的功能设施上，上层社会因为巨大的文化惯性往往不会轻易接受新形势，直至新的结构技术成熟以后才会与传统的形制相融合。

五代时期延续了这种框架式结构桌的形制，在五代画家顾闳中的《韩熙载夜宴图》（图 5-34）中也有一四足方桌，桌面呈方形，桌面下有牙板，四腿间带有横枨，横枨高度并不一般高，但从双横枨的设计来看，结构更加的科学。此时五代家具同样具有家具高度过渡期的典型特点，从其高度和它在榻前设置方桌的使用位置和功能来看，这时期的桌又像食案又像桌案；从其与椅子的搭配来看，这种新型家具的组合使用尚不成熟，图中的方桌比椅子高不了多少，说明五代时期桌椅的高度还在相互磨合阶段。

形制上，五代时期的桌案已经开始向宋代质朴的风格发展，桌子整体和唐代相比要更为纤细，做工也要更加精致，是宋风的前奏。不过唐代的桌案一般都是单独使用的，配套家具的使用体系尚不成熟，到了五代时期，虽然这种配套关系仍不成熟，但如《韩熙载夜宴图》（图 5-34）所描绘的那样，家具风格变得更加统一，且大致能看出家具之间的配套使用关系。

图 5-31 《唐人宫乐图》　　　　　　图 5-32 《唐人文会图》　图 5-33 《唐人文会图》中的桌

图 5-34 《韩熙载夜宴图》

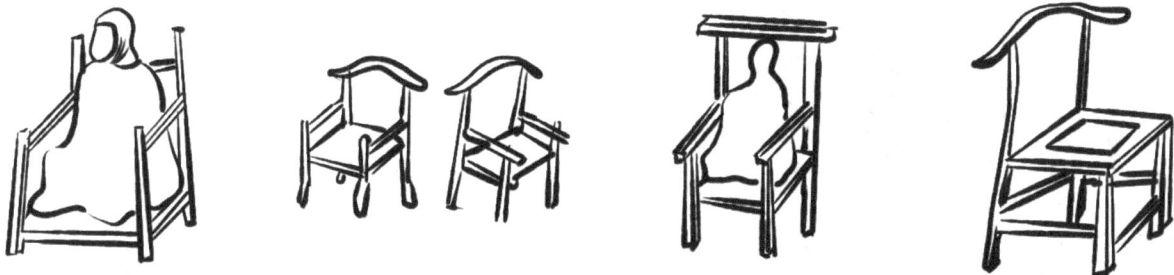

图 5-35　唐莫高窟中的椅子

5.1.3　椅子形式逐渐成熟

绳床—倚床—倚子—椅子（图 5-35），从椅子名称的变化就能窥探到唐代椅子的种类和发展历程。唐代就已经有绳床、承床和椅子等各种名目。绳床和承床相同，是座面为板面的椅子，这也是与胡床最大的区别。最初椅子和绳床其实是指一类家具，并无明确的区分，直到后来，椅子与绳床的区别渐大，椅子背高而绳床背低，但绳床的座面更大，甚至可供人盘腿坐于其上，椅子这才慢慢从绳床中分离出来。

1. 椅子的类型

魏晋南北朝至隋唐时期，椅子的造型不断演化，高型坐具随着佛教的传入传进中原，椅子也由最初的"西式"佛教用椅逐渐向适合汉人使用的"中式"椅发展，椅子的使用范围也从僧侣阶层向贵族扩散，并进一步影响到民间。在现存的唐代的壁画与绘画作品中，我们可见大量具有不同造型特色的椅子，以此可以推断出初唐时期椅子主要分为两种：一种是日常生活所使用的椅子，有靠背扶手椅和圈椅；另一种是禅僧用于修身养性、冥想的椅子，俗称"禅椅"。

（1）靠背扶手椅

唐代靠背椅的发展已经较为成熟，从遗留下来的各种图像资料来看，唐代靠背椅的种类已经非常完备，有直搭脑扶手靠背椅、曲搭脑扶手靠背椅、直搭脑无扶手靠背椅、曲搭脑无扶手靠背椅和圆搭脑圈椅等多种类型。前三种形式早期多见于佛教绘画当中，出现的时代较早，带有明显的印度及西域家具的特征。

唐代椅子的发展受建筑影响很大。唐代是木构建筑的大发展时期，我国的木构建筑在此时走向

了成熟，大木作技术的发展促进了小木作结构的优化，椅子的四腿就像建筑的柱子，腿间用类似阑额的横枨相连。唐代高元珪墓中的壁画上描绘了一把扶手椅（图 5-36），四腿上细下粗，椅背有弓形搭脑，造型简练、素雅。这把扶手椅是我国迄今为止所知最早的有明确纪年的民间世俗生活中的靠背扶手椅，其搭脑和后背之间的结构就借鉴了建筑中斗拱的做法。

早期的椅子造型、结构、装饰都较为简单，高元珪墓壁画中的座椅与第 196 窟甬道顶部西侧绘的椅子形制基本相同。晚唐 196 窟壁画中，描绘了两个垂腿坐在椅子上的人，椅子与绳床的形象非常相似，有扶手、靠背，扶手末端出头，腿间有横枨，唯一不同的是 196 窟中的这把椅子座面比绳床小，不可盘腿而坐，只能垂足而坐。且在阎立本的《孝经图》中，我们可以看到椅子在世俗生活中的使用状况。《孝经图》（图 5-37）中的椅子有靠背无扶手，是一把曲搭脑无扶手靠背椅，椅子较高，下有脚踏，靠背处搭脑均出头向上弯曲并雕刻成龙头

图 5-36　唐代高元珪墓壁画中的扶手椅

图 5-37 《孝经图》（局部）

状，龙头向上扬起，制作要比敦煌壁画中的椅子精
细许多。

（2）圈椅

圈椅是唐代新兴的家具，属于经过本土工匠改
造后的汉式椅，在中唐时候数量及种类逐渐增多，
多用于士大夫、贵族王室之家，其主要特点是搭脑
和扶手一体，由几段流畅的曲木连接而成，以供放
置脖颈和手臂。

圈椅的出现可能与绳床有关，绳床在唐代慢慢
被民间所用，绳编座面被竹木板所代替，成了椅子
的早期形式。由于绳床大而宽的座面，尤其是座面
进深远大于座面宽，所以人在使用中是无法靠背而
坐的，因此人们在使用绳床的时候就需要一定的倚
靠物，这就为传统的"凭几"与高足坐具（也就是
后来的月牙凳）的结合提供了可能。圈椅是月牙凳
和凭几的组合，圈椅既是月牙凳的最新发展，又是
中国传统家具凭几和当时新兴家具月牙凳相结合的

改良设计，是最具唐代特色的坐具之一。

圈椅始于唐代，并在宋代得到发展，最终在
明代达到顶峰，成了享誉世界的明式圈椅。在这个
过程中圈椅形态得到进一步完善，但仍保留搭脑和
扶手一体化的特征。在《李世民像》和《唐玄宗
像》中能看到两件圆形搭脑圈椅的形象（图 5-38、
图 5-39），《李世民像》中圈椅的搭脑还雕有龙头，
彰显了座椅主人的身份。

唐代圈椅并未留下实物，只在一些唐代遗留的
画中可以窥探其真迹，圈椅的形象最早出现在唐代
周昉的《挥扇仕女图》中（图 5-40）。从整体来看，
唐代圈椅的靠背和扶手就是把凭几安装到了月牙凳
的座面上，这样就形成圈椅圆弧形的靠背和扶手。
这件圈椅造型丰满，四足粗壮，雕刻有如意云纹，
腿间挂有坠饰，装饰清新华丽，形态更加崇尚华丽
富贵。与明式圈椅简洁的腿足相比，唐代圈椅的凳
腿常常施以细致的雕刻和彩绘，这与月牙凳的装饰
意向一致。

《挥扇仕女图》中圈椅下部的造型与月牙凳基
本相同，上部靠背和扶手连为一体，从画中妇女慢
慢摇扇的形态来看，人倚靠在扶手和靠背之间是
非常舒适的，其高度与后期成熟的圈椅形制相比
要低矮一些，符合这一时期高低型家具并存的历
史背景。

（3）禅椅

中国椅子的发展与佛教的传入密不可分，在
佛教绘画中常常能够看到一些带有明显印度与西域

图 5-38 《李世民像》中的圈椅　　图 5-39 《唐玄宗像》中的圈椅　　图 5-40 《挥扇仕女图》中的圈椅

特征的椅子，属于外来家具。这些椅子大都比较宽大，可盘踞其上修禅，故名禅椅。唐朝的禅椅仍为僧人所用，随着高型家具的发展和不断普及才慢慢传入世俗生活。

在高型坐具为世俗社会所接受的背景下，绳床的形制发生了不同程度的改变，一类是向世俗所熟悉的传统椅子样式发展。早期的绳床座面多为绳子编织而成，而为了迎合汉族人民的审美和生活习惯，椅子的座面逐渐演变为竹木混合的竹木板座面。唐代卢楞伽的《六尊者像》就描绘有曲搭脑的靠背扶手竹椅（图 5-41）。这是一把禅椅，这种绳床在佛教家具中非常常见，造型结构简洁，座面宽大，座前带有足承，可放鞋。

而另一类则发展成了新的家具形式，如曲录。曲录是在中国传统审美思想影响下出现的绳床家具变体，是用天然的树枝、藤条制成的绳床样式的椅子，其形制与早期的"绳床"极为相似，但制作原料以木料、竹材、原生树枝干为主，或以木材雕刻仿造天然木料。曲录的出现也是中国文人思想在家具中的体现。

《萧翼赚兰亭图》（图 5-42）中绘有一曲录，整体体量较大，辩才和尚盘坐其上。椅子框架为木制，靠背和椅面由竹编的软屉制成，在搭脑和扶手上清晰可见几个树节。椅子搭脑和扶手四出头，搭脑向两边挑出而微微向上弯曲，中间较两头较大，而两头较为细小。扶手出头微微向下弯曲。四足间有横枨，四根横枨由前至后逐渐增高，且各个横枨粗细各有不同。

在佛教理义的不断传播下，人们不论是在思想上还是感情上都受到了来自佛教的不同程度的影响，尤其是文人知识分子阶层，他们最先受到了来自佛教高足文化的冲击，率先接受了来自域外的高型坐具，如胡床、绳床、椅子等。同时，他们还积极参与到家具的制作中，曲录的出现就与唐代中国化佛教宗派禅宗的形成有着紧密的关系。天然的树枝和树根符合文人对于禅宗文化的理解，通过在室内空间摆放极具创造性的曲录家具，表达了知识分子阶层独具个性的审美品位。

虽然唐代的各类椅子在具体的形式上并没有明确且成型的规定，但是就椅子的基本要素来说，唐代椅子已经基本具备。

2. 椅子的艺术特色

唐风开放，上层社会的人们纷纷走出家门外出活动，除了卧具外，许多其他家具都以半固定的形式摆放在起居空间内外，形成了新的室内外布置格局。同时，一些符合中国本土审美带有中国传统家具特色和元素的新型坐具出现，相比于前朝，唐代椅子的样式已经非常丰富了，椅子的品种基本完备，尤其是唐中期以后，椅子的种类更加繁多。椅子这种垂足而坐的高型家具已经由上层社会逐渐下移至下层社会，使用已经变得相当普遍。

唐代家具在结构上受建筑文化的影响，得到了很大的发展。唐代大木架结构建筑的发展使得室内空间不断向宽向高发展，为了实现家具和建筑空间的配套，家具高度也得到了提高。为了使家具在变高的同时仍然保持稳固，建筑上的侧脚收分被应用到家具结构当中。这一时期的椅子腿足多为上细下粗的造法，应该是借鉴了建筑当中侧脚收分的木构架结构技术，使得家具的结构连接变得更加紧密，增强了家具的稳固性。

装饰方式上面，一个时代的审美风格、器物制作水平、器物种类均能体现出社会发展水平和物质生活水平。唐朝是一个极其富庶的朝代，特别是盛唐时期，人们更加偏爱富丽堂皇、珠圆玉润的器物。装饰手法上，唐代不仅继承了前代的工艺传统，还吸收了许多外来工艺，镶嵌、彩绘、雕刻等装饰手法在器物上面的运用成为上层社会的人们表达自我审美最直接的方式。唐代家具常将椅凳的足部雕刻成祥云形状，嵌入金镶玉，挂着穗带等，极尽装饰之能事，使家具显得华贵又精美。装饰题材上，大量采用现实生活中的花草树木和飞禽走兽，并且大都带有吉祥的寓意。

《新唐书》中记载一高座，除外表髹漆外，还使用金银平脱工艺在表面髹以龙凤唐草纹饰。高座是高僧演法、讲经、传戒的专用坐具，盛唐后，在装饰、结构上变得更倾向于华丽富贵。在《挥扇仕女图》中所绘的月牙凳，造型浑圆、丰润，座面中间髹以浅色，四周和四腿髹漆为深色，并绘有彩色花纹，在面沿中部镶嵌有装饰物，两腿间垂以丝带，座面上常覆以绣面坐垫，装饰繁复，工艺复杂。

在日本正仓院保存有一把"赤漆欟木胡床"（图 5-43），是一把直搭脑靠背扶手椅，在表面以朱

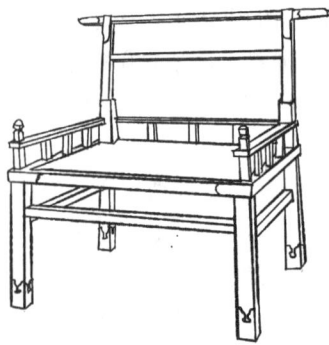

图5-41 唐卢楞伽《六尊者像》中的绳床　图5-42 《萧翼赚兰亭图》中的曲录　图5-43 赤漆欟木胡床　图5-44 《宫中图》中的圈椅

漆进行髹饰，足端部和座面转角处均使用铜制箔板进行包角。搭脑平直向两端延伸出头，前足向上伸出连接扶手，柱首上端雕刻成宝球状。

唐代家具大都比较厚重，与恢宏大气的大国气势一脉相承，唐圈椅与明式圈椅相比，装饰上要更加繁复，造型上也要更加厚重，其富丽华美的装饰风格和明式圈椅的清新娟秀大相径庭。作为中国第一个独立发展出来的椅子样式，唐代圈椅在中国传统家具史上具有重要意义。

相比于前朝，唐代椅子的样式已经非常丰富，尤其是唐代中期以后，椅子的样式更加繁多，到晚唐五代时期椅子的形象和结构已经很清晰了。在《韩熙载夜宴图》中，描绘有多件靠背椅，其中搭脑、扶手、靠背、脚踏等构件发展已经非常成熟，与后世椅子非常相似。五代时期出现了与宋代圈椅更为相似的圆形圈椅，在五代周文矩所画的《宫中图》中有一圈椅（图5-44），搭脑为曲形搭脑，端部和扶手微弯向后翘曲，弧形线条让人在将手臂放上去的时候更为舒适。相较于唐代圈椅，《宫中图》中的圈椅更高，扶手和搭脑分开，并非一木连做。椅子整体造型趋于朴素、雅致。

5.2　隋唐的华丽富贵与五代的清新隽秀

唐代是我国封建社会少有的盛世王朝，此时社会稳定，文化繁荣，人们安居乐业，创造出了中国古代历史上最光辉灿烂的一页。物质生活上的极度膨胀使得文人士大夫们为了满足自已在物质与精神上的追求同时显示其富有，常常以追求华丽富贵为时尚，在这样的历史背景下，唐代家具常常呈现出浑厚稳重、富贵华丽的特点。唐代的强大使得统治者能够以自信开明的态度对外进行开放。唐代的对外开放是全方位的，随着丝绸之路而传入中国的，除了珍贵的硬木、金银器外，还有属于西域的家具审美和制作工艺，硬木的传入使得家具的雕刻更加精致，金银器的传入使得家具装饰更为丰富，这些正好迎合了文人士大夫们追求极致的物质生活即求富的心理。不论是在家具形式还是家具制作工艺上都一改前朝的古拙之风，所以唐代家具造型大都是宽大而又厚重的，显得浑圆饱满，具有气势磅礴、稳定的感觉。

早在隋朝时期，朝廷就设立了工部尚书，主管营造工程事项，为六部之一。唐代延续了这一制度，建立了更为完善的技工、匠师与工程管理制度，大小木作的管理被统一纳入工官和匠师体系。唐代的工匠实行轮番服役和雇佣制度，匠师不再被强制世袭而获得了人身自由，从而提升了匠师们的工作积极性，也提高了工程建设的效率和质量。工部内的工匠们分工明确、互相合作、相互促进，使用了更多的新材料，研制出了更多的新工具，挖掘出了更多的美学思想和设计理念，这些统统都标志着唐代制造工艺分工和工程管理的进步。

唐朝灭亡以后，中国便陷入了分裂割据的时代，自后梁成立这种分裂的局面才算结束。这是中国历史上的大分裂时代，其先后出现了后梁、后唐、后晋、后汉、后周五个朝代，在南方出现了吴、南唐、吴越、楚等九个割据政权，所以这一时期常被后代的史学家称为"五代十国时期"。虽然这一时期是分裂且动荡的，但在统治者的一系列经济发展政策下，家具制作也有一定的进步。

5.2.1　华丽富贵的唐代家具

1. 唐代家具的历史演变

唐代政治开明，积极的对外政策使得唐代对异域文化的接受度极高，中外交往日趋频繁，开放的社会环境造就了唐代人独特的审美观。稳定的政局、繁荣的经济均为家具艺术的创新性发展提供了优良的条件。从唐代遗留的画卷看，家具的风格并不完全统一。如在卢楞伽的《六尊者像》中，僧人们使用的桌、椅等从装饰和造型上均能看到其精致和华丽，又比如莫高窟第 545 窟中的《弈棋图》，其中的棋桌造型装饰均以简练为主，体现出了不同于《六尊者像》的艺术风格倾向。影响到唐代家具风格形成的因素极为复杂，包括艺术、宗教、文化、政治等多方面的原因。

唐代，家具正处于发展的过渡时期，加之统治时间长，时间跨度大，不断发展的社会经济政治文化使得唐代家具的发展并不稳定，在各个阶段呈现出不一样的艺术风格特点，所以唐代家具的风格并不是一成不变的。总的来说，可以将唐代家具风格划分为：飘逸流动的前期家具、雄浑豪放的中期家具、风雅纤细的后期家具。其中以中期盛唐家具为最。

唐朝开国初期，社会呈现出一派萧条的景象。在家具方面，唐初家具继承了前朝的家具风格，家具普遍较为低矮，更加注重实用性，装饰上崇尚简洁质朴，家具整体造型较为粗犷。

雄浑豪放的中期家具主要出现在唐玄宗开元至唐宪宗以前。开元年间，唐代国力达到鼎盛，在

各方面都达到了封建社会历史上的极高水平，史称"开元盛世"。经济的繁荣必然会推动文化的发展，这一时期的文化艺术具有百花齐放、丰富多彩的特点，诗歌、绘画、音乐、书法、舞蹈、雕塑等均在这一时期取得了极高的造诣。唐政府对异域文化采取包容态度，唐代文化是前代、南北方文化交融的成果，因此具有海纳百川的气概。丝绸之路使得唐代家具融合了东西方风格，具有浓郁的异域特色和宗教特色。唐代家具对于外来文化的接受具有由表及里的特点，最初外来文化的影响仅仅体现在家具的装饰表面，随着文化交流的深入，这种影响还逐渐渗入家具的结构设计方面，涌现出了一批极具唐代特色的异域风格家具。

这些绘画（图 5-45）中的高型坐具从画面比例来看，已经与人们垂足而坐的坐姿非常契合，说明此时高座家具已经发展得较为成熟，且在上层社会人们的日常生活中得到了普遍的应用。

2. 唐代家具的艺术特色

唐代家具的华丽富贵主要通过丰富的装饰手法和装饰纹样来体现。唐代工匠在家具装饰方面不仅继承了传统家具成熟的制作工艺，还积极吸收接纳了外来的装饰艺术形式。唐代家具在装饰工艺上常常采用多种装饰手法进行复合装饰，装饰手法复杂且繁多，主要有：涂装、镶嵌、雕刻、染织品、书法与绘画等几类装饰手法。装饰纹样多样，大量采用花鸟、虫草、飞禽、走兽等题材，使得这时候的家具呈现出华丽富贵精巧雅致的艺术风貌。

（1）装饰工艺方面

①涂装

秦两汉时，我国的漆艺技术就已十分发达。唐代的时候，在手工业的飞速发展下还出现了许多前朝并未出现过的髹漆装饰手法，使得这一时期的家

图5-45 《捣练图》

具呈现出与前代截然不同的艺术风貌。主要的涂装方法有：色漆、胡粉、彩绘、金银绘、罩漆等。

其中色漆分为素漆和复色漆。素漆即单色漆，家具通体只着一色。而复色漆是指家具采用多种色漆操涂，在涂完主色之后再用另一种颜色勾边、绘色。中国传统漆家具在装饰时常用黑漆与朱漆搭配使用，黑红两色是传统漆艺中最常用的两种颜色，黑色稳重，红色热烈，两者中和达到平衡。直至唐代，这样的装饰手法已经较为少见，在这时，漆器已经有了新的发展，比如用稠漆进行堆漆，堆塑成凸起的花纹，还有镶嵌螺钿、采用金银花片在漆面上进行金银平脱技艺的装饰手法，唐代漆器实物如陕西博物馆藏的四鸾衔绶金银平脱镜（图5-46），这是唐代平脱镜当中保存最完整、做工最为精致的一面。

胡粉，是我国传统绘画颜料中白色颜料的统称。常常做器物涂漆打底用，起到均匀底色、填平沟壑的作用，还有利于二层涂色的上色。如正合院藏碧地金银绘箱（图5-47），就是胡粉装饰的代表作品。

彩绘，彩绘分为两种，一种是在涂以色漆和胡粉的木胎上绘制花纹，也有少部分采用素木不镶漆，直接在木质表面上施加彩绘的做法。唐代家具的彩绘图案多采用花卉纹，如卷草、团花等纹样，并常在花间穿插蝶、鸟等动物进行点缀。此外如联珠纹、凤鸟纹等，也是家具彩绘上的常用纹饰。传统中抽象、追求神仙境界的魔幻纹样已经被充满吉祥寓意的现实装饰纹样所代替。

金银绘即描金泥、描银泥技法，是在素地、粉地、染色地或漆地上用金银泥描绘装饰纹样的装饰技法。唐代对奢华的艺术追求使得金银绘这种极尽贵气的装饰方式受到统治者阶级的喜欢，其方法大致上是先在地子上用金色漆描出花纹，再将金银泥敷在描好花纹的部位，金银泥被漆粘固后，再罩漆

磨显，如此制作的器物即使研磨、水洗也不易剥落。唐代的家具彩绘与金银绘装饰技法常配合应用，以取得富丽华美的装饰效果，如日本正仓院所藏黑柿苏芳染金银山水绘箱（图5-48）。

罩漆，是唐代髹漆技术的一大进步，它的主要原料来自生漆上面提炼出来的一种带有一定透明度的清漆，在染、绘、镶嵌后的器物上面涂以清漆，可以使其纹路和颜色更加明显、光亮、透润。

②镶嵌

唐代镶嵌工艺十分发达，但是和明清家具中有名的百宝嵌不一样，唐朝镶嵌全是平面镶嵌，而未有凸出。主要装饰材料有金银珠宝，奇特的材料也有螺钿、贝壳等。主要的装饰手法有金银平脱、嵌螺钿、宝装等。

金银平脱的镶嵌技术是指将金银薄片剪成自己想要的形制贴在器物表面，然后在器物表面刷数层漆层达到一定厚度，等漆干燥以后再研磨、刷漆，如此反复，直至漆面和金银薄片在同一平面。由于工艺复杂，技术难度高，所以在唐代采用金银平脱制作的器物一般是上层阶级使用的工艺品。

嵌螺钿和金银平脱工艺相似，不过嵌螺钿使用的是螺钿片，是一种贝类。与金银薄片相比，螺钿片更厚，常采用满地镶嵌的方式，使得器物具有更加华美夺目的效果。除此之外，还有一种装饰更加复杂高级的工艺——宝装，即根据器物的纹饰特征以及色彩来选择特定的饰品如金银片、各种宝石、琉璃等相配使用。日本正仓院中藏有一件螺钿箱（图5-49），箱体髹饰黑漆，并以螺钿工艺镶嵌缠枝花卉纹，在图案中每朵花的中心部分，皆镶嵌一颗彩色水晶小珠，箱盖上中心部位的花纹则是金平脱工艺制作的，此箱是现存世的唐代宝装工艺的代表作品。

③雕刻

唐代家具的雕刻工艺并不像宋后，尤其是明清

图5-46　四鸾衔绶金银平脱镜　　图5-47　碧地金银绘箱　　图5-48　黑柿苏芳染金银山水绘箱（局部）

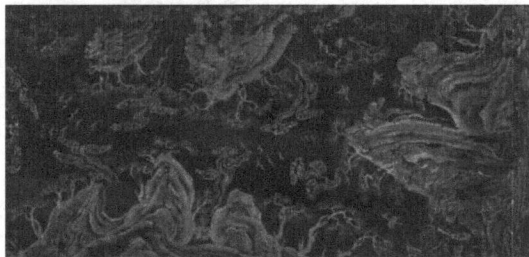

时期那样发达，浮雕装饰在家具上比较少，其常见的雕刻工艺主要是平板结构上的镂雕和家具腿足部位的立体圆雕。各种装饰技艺使得唐朝的家具显得华丽精美富丽、丰腴、典雅和富有生命力，漆器制作在秦汉的基础上得到发展，出现了新的高峰。

（2）结构与工艺方面

唐代家具的结构技术和宋明时期的家具结构技术虽仍有一定的差距，但是和前代相比已经有了长足的进步。宋代以前的家具大都比较厚重，一方面受木板加工技术的局限；另一方面受榫卯设计加工技术的限制，窄板既不利于牢固与承重，又不能给家具以足够的装饰界面。四周攒框结构的普遍应用出现在宋代，但是早在唐朝厚板攒框这项技术就已经被应用在少部分家具上了。实物如日本正仓院所藏的"桧紫檀装长方几"，其顶板便是用黑柿木攒框。

还有阑枨这一技术在唐朝家具上的应用，表现在家具上出现了枨托结构，这种结构常常出现在直材与板面的结合部位。一种是直榫嵌入枨托，就是在面板和腿足的相交处纳入一根托枨，腿足上端开一榫，向上穿过托枨以及面板上的榫眼中，此即为直榫托枨。在唐代卷轴画和日本正仓院所藏的家具中我们常常能看到该结构样式。在唐代画家王维《伏生授经图》中，伏生使用的一张栅足案（图 5-50）和日本正仓院所藏数张榻足几（四腿桌案）（图 5-51）上，我们能够清晰地看见案榻的腿部嵌入枨托之中，并直通面板，从面板上可以看到外露的明榫。

另一种是直榫嵌夹枨托。日本正仓院所藏的御床二张（图 5-52），皆属这类造法的典型。造型是四足型的案形结体矮床，这种造法相对于前一种方法，除了具有承重的作用外，视觉上也让人觉得更加轻盈。

从早期传入中国的绳床和椅子来看，其搭脑和扶手，皆为平直的样式，但从中国秦汉早期的几面和魏晋南北朝时期流行的三足屏几来看，多为适合人体倚靠向下凹的弧面几面，表现出中国传统家具对于家具适体性的设计。外来高足家具在世俗生活中的使用越来越普遍，所以家具设计也要向着实用性和功能性发展，早期绳床和椅子的搭脑扶手在与中国传统家具的不断融合下同样受到了这种需求的推动，向着使人体更加舒适、更加符合人体倚靠的

图 5-49　日本正仓院藏的螺钿箱

图 5-50　《伏生授经图》中的栅足案

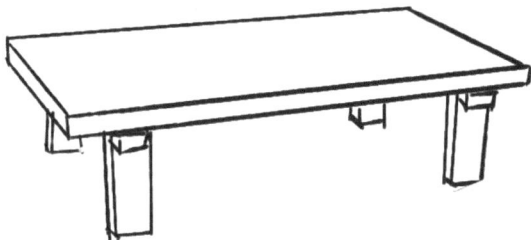

图 5-51　日本正仓院藏的榻足几

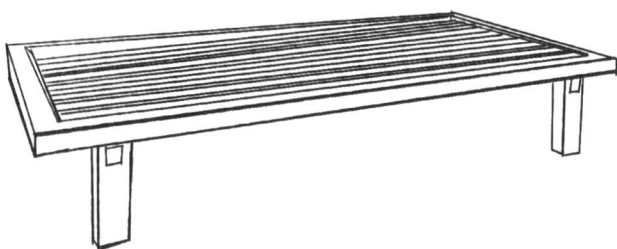

图 5-52　日本正仓院藏的御床二张

需求发展。

同时早期绳床、椅子搭脑与扶手多不出头或是以立柱作为出头，大多不适合手的安放。到了唐代，椅子和绳床大多为横枨出头的样式，在坐的时候可以将手随意地安放在扶手上，或是在倚靠的时候让出头的搭脑承接身体部分的重量。

（3）材料与工具

唐代疆域辽阔，对外交流十分频繁，这时的家具材料不仅来源地十分广泛且种类非常丰富，不仅有紫檀、黄花梨、沉香木等珍贵木材，还有黄杨木、梓木、桑木、柿木、苏枋木等常见木材，甚至还有竹、藤等材料。木材装饰材料亦种类繁多，无论是涂饰时所用的植物或是矿物颜料，还是包镶工艺所需的胡粉、象牙、香木，还是宝装工艺需要的螺钿和宝石，频繁的贸易往来使得家具所需的各种材料可以不断地进入唐代中国境内。成熟的家具制作技艺和丰富的装饰材料使得唐代家具具有非凡的表现力。

唐以前的家具一般都以浑厚质朴为主，原因多与工具的限制有关，魏晋南北朝之前的家具木材处理方式主要以"裂解与砍斫"为主，这种方式不仅浪费材料而且薄木切割的效果并不理想。直到南北朝时期，才出现了弦切解斫的工具，并在唐代得到了普遍的应用。《玉篇》《广韵》《集韵》等文献中都谈到了刨，由此可见，唐代工匠使用的平木工具有锛、鐹、锛、刨等。虽无法与宋代相比，但是唐代家具制作工具较前代已经有了长足的进步，依仗唐代工具的发展，唐代家具工艺技术水平也得到了大幅度提高，这些工具使得唐代工匠能够制造出小型的薄板家具。从正仓院现存的唐代家具来看，家具表面平整度已经非常高了。

刨切工具的发展使得木材加工的效率得到了大幅度提高，促进了小木作技术的加速发展，同时促进家具形制的多样化发展。

5.2.2 清新娟秀的五代家具

1. 家具渐高发展

从家具造型上来看，五代家具是高矮掺杂的，结构上借鉴中国建筑大木构架的做法形成框架式结构，结构和装饰上更加简练。高型家具的种类和形式进一步走向丰富和成熟，垂足而坐的生活习惯已经随着上层社会逐渐向下普及，普及到了全国人民。这一时期，床已经不是生活起居的中心，其尺寸变小，退居室内只提供躺卧休息的功能。

各种高型家具的出现，是这一时期家具的特点，虽然还并未普及到全国，但是为宋代高型家具体系的形成向前迈出了关键的一步。从《韩熙载夜宴图》（图5-53）中宾客的坐姿可以看出其中既有垂足而坐又有盘腿而坐的，从画卷中桌椅与人的高度比较可以看出家具已经具有一定的高度。这充分说明此时虽有向高发展的趋势但是仍然处于过渡时期。

2. 家具风格的变化

和唐代家具相比，五代家具除了在家具高度上有所不同，在家具形制、艺术风格上也有所变化。就城市经济发展水平来讲，唐代的长安是古代中国城市发展史上的巅峰，到了五代时期已经是今非昔比，一些装饰手法纵使是有继承但在五代的社会环境中也难以实现，所以很多装饰技艺迄今为止已经失传。由于社会环境的改变，五代十国的家具不再追求烦琐的花饰而趋于朴实无华，变唐代华丽圆润为朴素秀直。

五代时期留存下来的家具实物并不多，但是留下了许多描绘现实生活的画卷，如顾闳中的《韩熙载夜宴图》、周文矩的《重屏会棋图》（图5-54）和王齐翰的《勘书图》（图5-55）。从这些画中可以看出，画中床、桌、椅、案等家具，造型大都挺秀刚

图5-53 《韩熙载夜宴图》

图5-54 《重屏会棋图》（局部）

图5-55 《勘书图》

直、腿足、靠背等多以细直线垂直交叉交接而成，出现了框架式结构，样式大都比较简洁大方，结构造型较为简练，没有过多的装饰，体量较大。唐代的床多较为低矮，床一般为壶门结构，高度不过膝盖，四足床的四足垂直直接落地，高度不定，从脚踝到膝盖高度的均有。而从王齐翰的《勘书图》和周文矩的《重屏会棋图》中的床可以看出，高度已经较为固定，且足部一般带有花纹。《勘书图》中的床，床板的侧面带有冰盘沿，腿足部分还采用了收分的手法，装饰更为丰富，结构也更加科学。

在继承唐代成熟的木构架建筑结构的基础上，五代高度成熟的木结构建筑对家具的影响更深了，建筑中的梁架结构在家具中得到充分的运用。从《韩熙载夜宴图》中的椅子来看，椅子的各个部分——搭脑、靠背、扶手、座面、腿足等发展已经相当成熟，唐代在床榻中被普遍使用的壶门结构也逐渐减少，方桌、平头案开始出现，桌子的牙板、角牙开始使用，桌面与四腿的交角处常用牙头进行装饰。横枨在此时得到普遍应用，既有两端双枨的也有单枨的，还有四足之间各有一枨的。《勘书图》中的桌便四面各带一横枨，两腿之间的横枨还不在同一高度上，采用了赶枨的造法，结构更为科学。

从五代画家周文矩的《宫中图》（图 5-56）可以看出，五代的圈椅继承了唐代圈椅，但是圈椅的形式变得更加简洁，椅身光素，不加多余的装饰，只在竖材的边缘雕刻一根圆形的阳线。这条线俗称

图 5-56 《宫中图》

"灯草线"，通常饰于桌椅腿足的正中间，因为形似灯芯草而得名，又因贯通整个腿部，所以又称"通线"。灯草线的出现标志着五代时期雕刻技术和工具的进步。

宫廷中的家具装饰尚且如此素朴，在《重屏会棋图》《勘书图》等画中描绘的平民家具，装饰就更加少了，家具基本上不做大弯处理，腿部多直线，以素洁为主，不加花饰。

因为朝代存世不久所以五代家具尚未形成成熟的时代风格，但是还是明显能够看出与唐代富丽润妍不同的秀丽典雅，风格变得含蓄规矩，装饰也得到简化。五代家具是在继承了唐代家具风格的基础上的不断向前发展，为造型简洁、朴素淡雅的宋代家具奠定了基础。

5.2.3　两种美学倾向下的生活艺术

唐代南北统一，疆域辽阔，经济发达，物质生活的极度繁荣使越来越多的人开始追求生活中的美学，当人们对于生活的追求达到了艺术的高度，那就构成了生活美学。美学思想就是人们对于自己的美和审美观念以及艺术意识的直接表达，有时甚至是整个时代美学思想的体现，是人们对于美好生活的营造法则。

唐代富庶，思想开放，在审美上，人们更偏向丰满圆润、精致大气的器物造型，进而影响了整个时代的造物法则和设计思想，从唐代遗留下来的很多物件都体现出这一点。唐代家具在造型上讲究宽大浑厚，显得浑圆饱满，具有磅礴大气、稳定的感觉。装饰上则崇尚富丽华贵、和谐悦目的视觉效果，家具形式厚重而粗犷，简洁而又富有理性，是装饰性和功能性的共同表达，如在月牙凳的凳腿、桌案的四腿、床榻的腿足上以细致的雕刻和彩绘进行装饰。月牙凳不仅使用舒适而且具有很强的观赏性，配以软垫增强了使用时的舒适性，配以流苏、玉石又显得十分华丽珍贵。还有唐代灿烂奔放、绚丽夺目风格在唐代的家具髹漆工艺：金银平脱、银棱、螺钿、木画、漆绘等优秀的工艺中得以直接体现，家具中的种种美学思想是对唐代整个时代美学思想的表达。

生活美学的涉及面非常广，体现在人们衣食住行的方方面面：其一，物质文化方面，如服饰、饮

食、居室、日常器皿、日用工艺等，器物在不断升华当中达到了艺术的高度，进而成为生活的艺术，造物技术的极度发达使得唐朝工匠在造物过程中体现出了其特有的造物思想和审美观念；其二，日常生活中，如文人郊游、游戏娱乐、节日庆典、民俗风情等，都包含着人们对于生活的热爱，是生活艺术的体现。以往对于中国传统美学的研究主要集中在有名的士人美学上，一般的民间美学和民俗美学则常常被忽视。

1. 服饰与家具

初唐时期，社会尚不稳定，服饰一般遵守隋朝旧制，"唐初受命，车服皆因隋旧"。以窄袖衫襦、紧身长裙的襦裙装为主，胡化风气见端倪。盛唐时期，人们身穿胡服，女着男装，胡化风气盛行。晚唐安史之乱之后，胡化色彩减弱，汉族服装逐渐回归本位。

五代十国是中国历史上一个大分裂时期，封建割据政权，政权更迭频繁，其中历经五十余载，时间较短，但动乱不断。经历过繁荣富强的唐代，五代十国显得异常混乱，在唐代的影响下，五代时期服饰大都承袭唐朝旧制，虽身处乱世但也孕育出了新的服装样式。

服饰的变化不光代表着社会审美风尚的变化，也反映家具形制的变迁，服饰与家具之间的关系总是既相互影响又相互成就。一方面，织染技术的进步提高了家具的装饰性和实用性；另一方面，这种由生活方式的改变带来的家具革新也促进了服饰的变革。

（1）纺织工艺与家具

中国历代王朝都有供丝绸染色的官方作坊，在唐代，这个作坊叫作"织染署"。早在汉代的时候，传统的织染技术已经基本完备，直到唐代，丝绸图案的印染工艺变得更加突出。纺织工艺的进步为服饰的发展提供了更多可供选择的原料，印染技术的进步使服饰色彩更加绚丽，纹饰更加精美。

为追求更高层次的享受，唐代家具开始将硬质材料与软布料相结合，为人们提供了更加舒适的体验感。这时纺织、印染技术的进步为布料与家具的结合提供了条件。唐代装饰手法多样，在一件家具上总是采用多种材质，精美绚丽的布料使得家具更符合唐代社会的审美，为家具装饰提供了更多可能。如唐代家具中的绣墩，是宫廷中供朝中老臣所坐的坐具，因使用时常会覆一绣帕，故名绣墩。五代时由宫廷传入民间。在敦煌的壁画中记载了大量的家具与织物相结合的形态，如在桌、椅、凳、墩上面铺设桌帘、坐垫等，既能够提高使用时的舒适性，又能够提升家具的审美装饰性。桌帘由主布和包边两部分构成，主布包裹桌面，包边包裹桌腿，有时还会在桌边配以流苏和香囊。

坐垫又称"茵褥"，多用丝绸和兽皮制成，铺垫在椅凳面和床榻上，成为坐垫，增加了坐面的舒适性。

（2）胡服影响下的家具

唐代是一个开放的朝代，统治者采取对外开放的积极政策，促进了东西方文化的合流。人们把西域的胡服融入日常生活当中，唐代的开放性和包容性使得当时的长安呈现出百花齐放的景象。其实自上而下流传的胡服从汉代就开始了，不过在唐代才正式大范围流行起来。胡服在唐代的盛行恰恰说明当时的唐代是一个强大的国家，强大的民族自信心和凝聚力使得人们乐于也善于吸收外来文化并转化为自身文化的滋养物。同时，垂足而坐生活方式的转变，高型家具在这一时候的兴起，为胡服在唐朝的盛行打下了基础，而胡服的流行为高型家具的普及提供了条件。

唐初，胡风初露，妇女们受到胡服的影响，服饰多以窄小的袖衫为主。如房陵大长公主墓出土的着胡服托盘提壶宫女图（图5-57），宫女身穿翻领窄袖上衣，下穿长裤，是典型的胡服样式。隋朝旧制以衣裙窄小为时尚，所以身处长安的妇女们率先响应，皆穿小袖上衣，襦衫一般襦较厚，衫较薄，襦多加棉，衫用各式罗布来制作，而襦则多绣花纹样。上层社会的女性就像是唐朝社会风尚的晴雨表、风向标，指引着唐代女子服饰风向的发展方向。但是受到经济条件的限制，下层社会女性的衣物仍然以粗布为衣料。

和服饰一样，家具的流行趋势也总是自上而下的，上层社会受求新猎异心理的驱使，不断追逐以"穿胡服""坐胡床""习胡乐"为代表的时尚。垂足而坐的胡式起居方式率先在宫廷和都市流传开来，并迅速向周边地区扩散，直至晚唐五代时期，高足和高座家具已经被汉民族普遍接受。至此，中国家具经历了历史上最为深刻的一次变革。

所以说，家具的变革不可说与服饰的变迁无

图 5-57　房陵大长公主　图 5-58 《唐人宫乐图》
墓的着胡服托盘提壶宫
女图

图 5-59 《男侍从图》

关。春秋战国时期，流行"后裙"的服装样式，两片式，一片遮前一片遮后，为跪坐在席上席地而坐的生活方式提供了充足的施展空间。汉代流行上下相连的深衣，深衣上狭下广同样为腿部保留了更多的伸展空间，在腰部用系绳系紧给予臀部足够的空间来完成"跪坐"这一坐式，所以服饰在当时是装饰性与实用性并存的事物。

（3）女性服饰与家具

唐朝女性流行穿一种束胸阔裙，上为小袖上衣，而下为宽松襦裙，因为下摆宽松，所以更适于垂足坐在椅凳上，甚至分膝而坐也不会触犯伦理。这种束胸阔裙使得高型坐具更为盛行。如在周昉《挥扇仕女图》中，有仕女上着红色小袖上衣，下穿束胸黄底团花纹裙，垂足而坐斜靠在椅上。而在《唐人宫乐图》中（图 5-58），女性也皆身穿窄袖上衣，而下着束胸襦裙，双足下放垂落至地面，众人姿态慵懒随意，甚至岔腿而坐，这在唐代之前被视为无礼的坐姿在这时则被众人接受，不仅说明唐代思想开放，人们对于封建礼教的蔑视，更说明了这时垂足而坐的生活方式已经在上层社会得到了充分普及。

（4）男性服饰与家具

在唐代漫长的发展过程中，唐代男子的衣着形式虽有变化但是变化不大。为了便于劳作和行动，一种缺骻的袍衫受到人们的喜爱，这是一种两骻下开衩的袍衫，下摆部分甚为宽大，是唐代男子

的主要服装样式，成为独具唐代特色的圆领缺骻袍衫（图 5-59）。据《新唐书·车服志》记载，中书令马周上议："礼无服衫之文，三代之制有深衣，请加襕、袖、褾、襈，为士人上服。开骻者名曰缺骻衫，庶人服之。"士人、官员常常会穿一种上下通裁、在下摆处施以横襕的袍衫，称为"襕衫"。而侍从等庶人则因为常常要蹲下、跪坐、劳作，所以常会穿一种两骻下开衩的缺骻袍。

在唐代的章怀太子墓壁画《马球图》中（图 5-60），可以看出人物均穿一种圆领窄袖的窄袖长袍，衣长较长可至膝下。圆领袍衫在当时的官吏之间甚是流行，且在颈部以下，胸部以上的位置还会让胸前的一道领子自然往下翻，形成翻领。

五代十国时期，高型家具日渐成熟，家具由当初的单独使用变成五代时期的成套使用，桌椅凳墩的搭配使用已成趋势，并成为相当稳定的格局。服

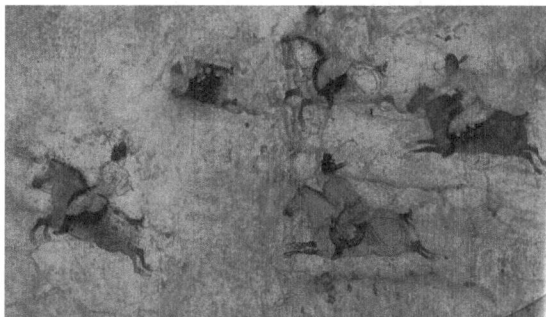

图 5-60 《马球图》

饰方面，男子服饰承唐旧制，士人、学子多头戴幞头，身穿圆领襕衫；而侍从、普通男子则多穿圆领缺胯袍衫，腰系帛鱼，脚穿带有胡化风味的黑靴。《韩熙载夜宴图》中，韩熙载在不同的场景中根据场合多次更换衣物：在听乐的时候穿了交领的黑袍，而在击鼓的时候穿上黄色交领缺胯衫，清吹场景中则换上白色交领单衣，最后换上黄色交领缺胯袍衫送客（图 5-61），宴会中其他人、官员、学子、士人均身穿圆领的襕袍，而仆人、官兵、乐人均身穿缺胯袍（图 5-62），说明五代时期延续唐旧制，男子仍是襕袍、缺胯袍衫并行的服饰样式。而韩熙载多次更换衣物，甚至身穿缺胯袍，说明缺胯袍因两胯开衩显然更为舒适，也更加适合当时日渐流行的高型坐具。由此可见，和高型坐具一样，适合高型坐具的服饰也在不断被世人所接纳。

2. 饮食与家具

受礼仪制度的限制和起居生活方式的影响，隋唐之前人们聚餐时仍然采用分餐制，唐代之后才逐渐改分餐制为合餐制。史前至秦汉时期，人们都是席地跪坐在席上，配合使用低矮的俎和案，低矮的活动空间限制了餐具的高度，同时也是等级制度的体现。自中国进入阶级社会以来，就有严格的就餐礼仪制度，《礼记·礼运》中写道："夫礼之初，始诸饮食。"通过不同的食物、餐具来体现就餐者不同的阶层地位。

在聚餐时，人们一般分别就坐在各自的几案后面，等待侍从依次分配食物，这就是分餐制。如成都大邑画像砖《宴饮图》中（图 5-63），人们跪坐在席上，前面放着案，左边放置一个大的圆形器皿，这便是古人分餐而食的真实描绘。还有成都羊子山汉墓的《宴乐图》（图 5-64），大家正跪坐在席子上面，席前都放着案，画面左边放着大型食物器皿。为了配合低矮的坐姿，餐具一般都带有高足，或者放有调羹，便于在跪坐的时候拿取食物。这与后世坐姿提高之后，垂足而坐时的餐具设计又有所不同。唐宋时期，为了配合进餐时的家具高度，餐

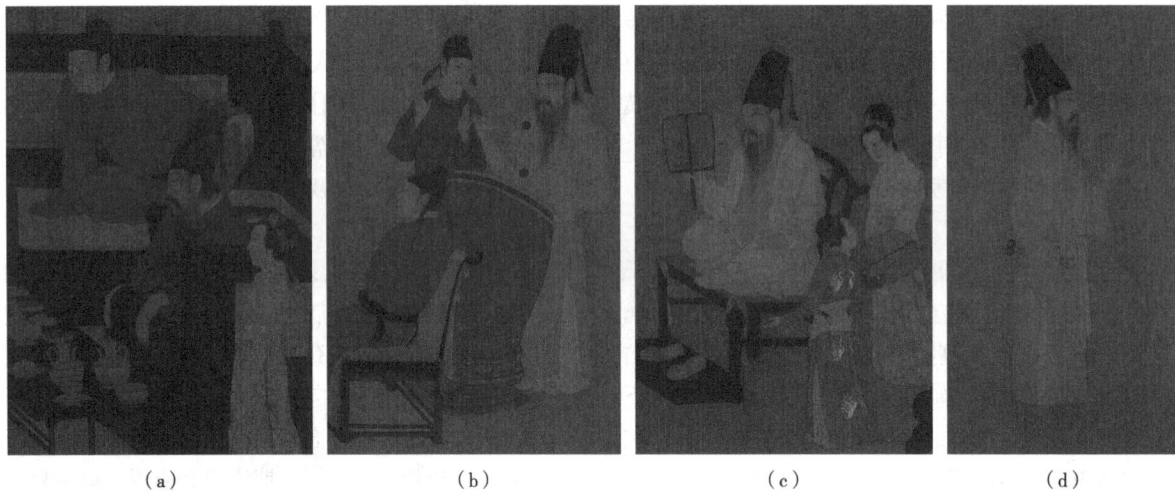

（a）　　　　　　（b）　　　　　　（c）　　　　　　（d）

图 5-61　《韩熙载夜宴图》中的听乐服装

图 5-62　《韩熙载夜宴图》中的襕袍、缺胯袍

图 5-63　成都大邑画像砖的《宴饮图》

图 5-64　成都羊子山汉墓的《宴乐图》（局部）

具一般取消了高足而变得精致小巧。

　　魏晋南北朝时期，佛教的传入和民族文化之间的融合，使得人们的生活方式开始发生改变，玄学兴起，文人蔑视礼教，传统的道德规范受到冲击，坐姿也已经没有前朝那么严谨了。此时流行一种来自北方游牧民族的坐式——胡坐，即盘腿坐，与席地跪坐相比此坐姿显得更加随意。

　　隋唐时期，胡人文化的传入加上佛教的影响，使得垂足坐逐渐深入人心。服饰的变革，家具的增高为分餐制提供了充分的条件。从流传下来的画卷和壁画中我们可以看到，此时正是分餐制和合餐制并存的时代，也是垂足坐和盘腿坐并存的时代，用于就餐的餐具也处于变革时期。

　　胡人文化源自北方游牧民族，因为生活环境的特殊性，人们往往围坐在一起分肉而食之，垂足而坐用餐显然更加方便取食。唐代京城长安是当时的国际大都市，胡人的涌入，带来的不仅是带有民族特色的食物影响更为深远的是外民族的饮食习惯，然后辐射到全国各地，"胡风饮食"在这一时期十分兴盛。但是风俗习惯的改变并非一朝一夕的事情，在唐朝，垂足而坐虽然变得普遍，但是在一些饮食图上还是能够看见有人盘腿坐有人垂足坐，两种坐式共同存在。如敦煌莫高窟第 360 窟的《酒肆图》（图 5-65），画面中绘有一高足大案，上面盛放满了食物，案的两面各有一条带有横枨的大条凳，凳子上坐着的男子，他们或盘腿或垂足正在观看舞蹈。在敦煌 473 窟中一幅描绘唐代宴饮的壁画（图 5-66），同样绘制大案和板凳，但人们皆垂足而坐。说明此时的坐姿呈现多样化特点，人们敢于打破礼仪的限制，愿意以更加开放的态度接受与传统不一样的饮食礼仪。

　　唐代，餐饮时使用的桌案有所增高。人们的服饰也发生了很大的变化，受胡人文化的影响，在唐朝女性之间流行一种窄袖襦裙，窄袖的衣衫使得人们在共享一份食物的时候变得简便，而宽大的襦裙使得垂足而坐围坐在大型桌案面前变得更加方便。唐《宫乐图》（图 5-67）中，后宫女眷十二人皆身穿一种窄袖襦裙，分膝而坐在月牙凳上面，围坐在一张大型壶门长桌周围，或品茶，或行酒令，或吹乐助兴，个个恣意盎然。从画面中我们可以看出，长桌上放了一个大型的圆形器皿，每个人面前都放着餐盘，说明此时她们正在聚餐。宽大的襦裙使得垂足而坐的坐式更加方便，也便于起身拿取食物。

3. 建筑与家具

　　这时的建筑和家具是同步发展的，木构架建筑体量的变大也同样影响着家具的体量。建筑是力与美的统一，建筑技术的不断发展为家具的渐高发展提供了结构技术支撑，成熟的木构架结构成为家具结构进步的主要借鉴对象，建筑内部空间的增高同样促使着椅凳墩桌案向高发展。

　　唐代初年，即唐初太祖、太宗时期，受经济发展条件的影响，统治者提倡勤俭朴素的生活作风。这时的建筑没有为了纯粹的装饰而装饰，所有的构件都有它在建筑中应该承力的部分，这时期的建筑给人以简洁大方、结实稳固之感。直到盛唐时期，社会经济的迅速恢复使得这一时期的房子朝着奢侈富贵的方向发展，且因为这一时期受外来文化影响较大，京城的豪宅处处透露着异域风情。唐代对于房屋的营造是有规定的，这一规定被称为《营缮令》，这时逾越《营缮令》的多为皇家贵族。晚唐时期，越制的住宅越来越多，甚至社会之家也出现了逾越《营善令》规定的现象。而对于下层社会的人们来说，拥有一处属于自己的住宅是一件非常奢

图 5-65　莫高窟第 360 窟的《酒肆图》　　　图 5-66　敦煌 473 窟的唐代宴饮图　　图 5-67　《宫乐图》

佟的事情，他们往往靠租房来解决居住问题。到了唐末，战乱频发，下层社会的人们往往因无家可归而四处流离。

五代时期大体延续了唐代的风格，由于战乱，房屋建造规模并不如唐代，但也有一定的发展，一方面，少数民族频繁入主中原建立政权，在政权的频繁更替中，中国建筑艺术风格不断受到少数民族的冲击，并呈现出多种风格交融、共存的局面，由此出现了多种新的建筑类型和建筑样式。另一方面，晚唐时期的建筑风格一直延续到了五代时期，并深深地影响着五代建筑风格的形成，但是由于常年的战乱以及地方割据，交通、人员阻隔，其建筑的地方差异性日渐扩大，地方特色日渐凸显，唐朝时期建筑的结构力学美逐渐被有意识的装饰所代替。

4. 游猎与家具

早期人们的出行主要以马车、牛车为主，直至胡床盛行，家具才因其便携性逐渐被带出室外。便携主要是指体积小、重量轻、便于携带的样式，代表家具有席、隐囊、凭几、胡床、方凳等。如陕西三原唐李寿墓石棺上的线刻仕女图中就对多种便携式家具进行了描绘（图5-68），图上有凭几、胡床、褥茵、坐墩等。说明此时利于出行的便携式家具的发展已经相当完备了。

早期描绘人们出行的图，河南邓县学庄出土的南朝《贵妇出游画像砖》（图5-69）中，一仕女紧夹一方席跟随在两位贵妇身后，方席轻巧，便于折叠，是典型的便携式家具。南北朝时期，胡床盛行，其轻便可折叠的特性使得它常出现在各种出行图中。

唐初，整个国家正处在恢复与发展的初步阶段，京城胡化风气初露端倪，在这种社会背景下，以家庭为单位，为了放松身心的休闲娱乐或是为了炫耀而进行的踏青、游春等活动，无论从参加出行的主体、次数、规模等都无法与盛唐相比，大多数仅限于上层社会之家。唐代宫廷画多描绘贵族的日常生活，通过出行规模的宏大，来表达出行主人的身份，直至宋元才开始出现描绘世俗生活的出行图像。到了晚唐，国势衰落，政局动荡，胡化色彩减弱。在这种社会背景下，大多数人尤其是下层社会之家朝不保夕、艰于生存，以家庭为单位的休闲娱乐活动对比唐初更是少之又少。

5. 乐舞与家具

古代已经拥有完备的乐器种类且娱乐形式多样，古代音乐与诗歌舞蹈融为一体时，称为"乐"或"乐舞"。乐舞兼具舞蹈、音乐、体育的性质，是一种综合性的文化活动。唐代舞蹈种类形式多样，据《乐府杂录》记载："舞者，乐之容也。有大垂手、小垂手，或如惊鸿，或如飞燕……即有健舞、软舞、字舞、花舞、马舞。"

唐代，乐师和舞女在表演时常会在地面上铺设一种地衣，又称"舞筵"，是一种铺设在地面上的织物。地衣在室内常常起到划分空间的作用，其形制和作用与席非常相似。但是并无汉代用席进行歌舞表演的图像实物可考，因为秦汉时期，常常通过席来表现人的社会地位，所以作为社会地位低下的歌舞表演者自然无法使用席。

相比于早期的席，地衣的材质更加多样，色彩和图案也更加绚丽。唐代，从西域传来的《胡腾》《胡旋》《柘枝》三种健舞，受到民众普遍欢迎。在

图5-68　李寿石棺内壁线刻《仕女图》（局部）

图5-69　河南邓县学庄的南朝《贵妇出游画像砖》

图 5-70　西安东郊苏思勖墓壁画中的"舞筵"

图 5-71　莫高窟第 220 窟的初唐壁画《舞乐图》

当时，在地衣上面表演歌舞成为一种时尚。唐代诗人白居易就曾写诗《红线毯》对在地衣上的表演进行描绘："红线织成可殿铺。彩丝茸茸香拂拂，线软花虚不胜物。美人踏上歌舞来，罗袜绣鞋随步没。"在西安东郊苏思勖墓壁画中的"舞筵"图（图 5-70）中，人们铺着地衣在上面纵情歌舞，或演奏乐器，或摆动衣袖翩翩起舞。从敦煌莫高窟第 220 窟初唐壁画《舞乐图》（图 5-71）中，我们还能够看出，地衣除了方形外还有圆形，有大有小，大的甚至能够容纳数十人在上面同时表演歌舞。唐代的地毯编织技术深受外来文化影响，带有明显的西域风格，毯边还带有流苏，制作非常精美。《三国志》对地衣的出处有记载："魏略西戎传曰：此国六畜皆出水，或云非独用羊毛也，亦用木皮或野茧丝作，织成氍毹、毾𣯶、罽帐之属皆好，其色又鲜于海东诸国所作也。"由此可知，当时的西域用来制作地衣的材料不仅有羊毛还有木皮、野蚕丝，材质多种多样，颜色艳丽，具有极强的装饰性。

地衣不仅可以用于舞台的铺设，还可用于日常生活。不过地衣珍贵，往往只有皇家室内才消费得起。在唐代画家周昉《捣练图》中就有地衣的描绘（图 5-45），一妇女正蹲坐在一浅绿色地衣上劳作。

5.3　从辉煌的建筑艺术看家具

唐代是我国建筑技术高速发展的时期，中国木构建筑在唐代有了长足的发展。唐代宫城中的太极宫等宫殿，其建筑规模与形制一直是业内人士研究的重点。中国木构架形制的佛寺，大都以佛殿或佛塔为主体，以讲堂、经堂、僧舍、斋堂、库厨等建筑为配殿，组成中国传统的庭院样式。国内现存的四座唐代建筑分别有五台佛光寺、平顺天台庵、五台县南禅寺、广仁王庙（图 5-72 至图 5-75），由于木构建筑建筑材料的特殊性，其存在年限是受限的，如今仅存的四座唐代建筑显得弥足珍贵。通过对这四座建筑和有关唐代建筑的绘画、壁画、石刻线刻画、出土器物等图像资料进行整理，我们对唐代建筑的特点及其对室内营造的影响有了初步的认识。

唐代建筑文化对家具的影响是多方面的，首

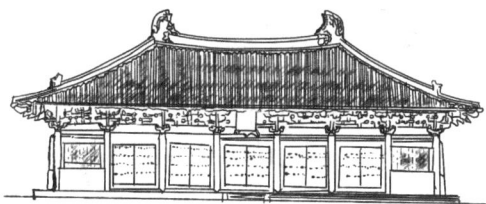

图 5-72　五台佛光寺

图 5-73　平顺天台庵

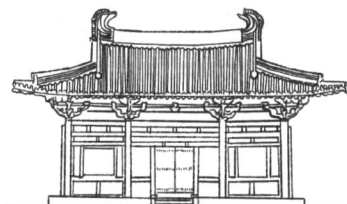

图 5-74　五台县南禅寺

先，建筑技术的快速发展促进了包括家具在内的小木作结构的优化。其次，在家具上，建筑的向高发展对家具形制、结构和陈设均有影响。在形制上，室内空间的拔高使得室内采光问题得到改善，所有置于地面的家具如承具、庋具、架具，尤其是卧具和坐具的高度得到增加，极大提升了人们的舒适度。在结构上，家具高度的增加需要家具稳定性的提高作为支持，那么稳定性更高的建筑结构就成了家具结构借鉴的首要对象。最后，在家具陈设方面，高坐家具如胡床、长床逐渐开始流行，包括床榻在内的家具都以半固定式的方式在室内外来回搬运，这就改变了室内外家具的陈设格局。

5.3.1　建筑技术大发展下的小木作艺术

1. 唐代建筑技术的辉煌

唐代，大木梁架结构实现了彻底蜕变，中国古建筑技术与艺术的结合在此时达到了顶峰。建筑规模不断向高发展，建筑空间扩大，建筑用材尺寸规格化，在建筑构造过程中又添加了理性的元素，使建筑具有磅礴的气势。设计与技术水平的成熟使得这一时期的建筑结构既有实用作用又具有装饰作用，没有多余的结构部件，是力与美的完美结合。典型的结构如斗拱（图5-76），斗拱种类众多且职能鲜明，不仅有外挑华拱，还有"昂"。华拱还称"枓栱""斗科""欂栌""铺作"等，是拱的一种，是一种沿着建筑进深方向设置的拱。"昂"是在唐宋建筑当中斜置的对屋顶起支撑作用的一种力学构件，昂利用杠杆原理能够向外伸出深远而外挑的屋檐，使得整个建筑稳重而不笨重。到了明清时期"昂"就成了一种装饰构件，出现了平昂和假昂。

隋唐时期采取了工匠培训制，并且将其不断规范化和制度化，工匠培训制为隋唐城市建设提供了高水平的技术人手，也为建筑技术大发展奠定了基础。工匠制作作品的责任连带制度，使得木工工匠们对于自身作品质量进行把控时有着很高的标准。

2. 唐代建筑营造中的小木作

室内营造"在新的高潮中走向成熟"，随着垂足而坐生活方式的逐步普及，家具的种类日渐丰富且分工日渐明确。在唐以前帷帐是装修的主要方式，到了唐朝，建筑技术的发展使得这一时期的小木作技术也得到了长足的发展，帷帐隔断室内空间的装修手段逐渐被小木作方式所取代。随着小木作技术的不断发展，帷帐也慢慢退出历史舞台，室内的空间组织方式变得更加灵活多样。据《营造法式》记载，至宋代，小木作装修最终取代帷帐装修，室内家具陈设亦相对固定下来，此后历代室内营造"沿袭传承，略有变化"。

建筑的发展带动了小木作的发展，大木作技术运用到了小木作的制作当中。"小木作"的概念，是相对于"大木作"来说的，指的是中国传统建筑当中非承重木构件的制作和安装，他们在室内往往起着分割和装饰空间的作用。"小木作"一词最早来源于宋代的《营造法式》一书。大木作和小木作是木作工种中最为重要的两个工种，但是这两个工种之间并没有严格的区分，从事大小木作的工匠师傅往往具备两种木工手艺。

清代的《工程做法则例》把小木作称为"装修"，并且将家具明确归到"装修"这一门类，门、窗、地面的装修等，都属于"小木作"行列。从已挖掘出来的汉代画像砖、画像石来看，汉代就已经出现了网格窗、锁纹窗（图5-77）等窗户样式，而非单一的直棂窗（图5-78）。

从唐代建筑的绘画、壁画、石刻线刻画、出土器物等图像资料来看，盛唐时期的窗户皆为直棂窗形式，直到唐末五代才又开始走向复杂。这与成熟

图5-75　广仁王庙

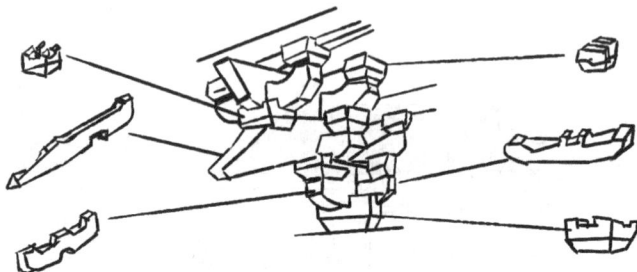

图5-76　斗拱

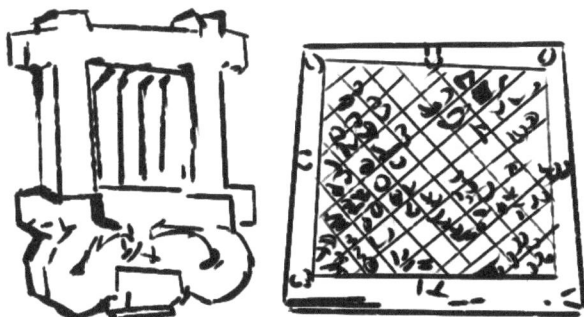

图 5-77　汉代窗户

图 5-78　直棂窗《江帆楼阁图》

的木作技术以及唐代富丽华贵的审美和经济发展水平是不匹配的。从唐代的古诗文来看，唐代除了直棂窗外，还有其他窗户的形式出现。唐代诗文中多见"文窗""文轩""绮窗"，如吴少微《怨歌行》："绮窗虫网氛尘色，文轩莺对桃李颜。"王勃《九成宫颂》："阿房秦构，文轩五里。"王维《杂诗》："君自故乡来，应知故乡事。来日绮窗前，寒梅著花未？"唐代除直棂窗外，还存在"绮窗""文窗""网窗""雕窗""闪电窗"等。窗户纹样有直棂、锁纹、网纹等各类模拟纺织品的"绮绣纹样"。

现存的唐代建筑窗户皆为直棂窗，其原因可能与武宗灭佛有关。武宗下令拆佛教建筑，让僧尼还俗，使得佛教在当时受到了极大的打击。虽然此后佛教有所恢复，但是和巅峰时期相比其财力还是不如前代，因此，"文窗绣户"被直棂窗这种简洁的窗户形式所取代。还有一个原因就是木材建筑本身的缺陷，木结构经过千年的风吹雨打，实物大多已经腐化，且经过战争的洗礼与时代的变迁，建筑更加难以完整保存，因此大多已经消失在历史的长河当中。

5.3.2　建筑结构与家具结构的关联

在中国传统的木构架结构体系中，承重是一个重点需要解决的问题。随着建筑的高度不断增加，对建筑的承重能力有了更高标准的要求。中国的榫卯结构历史悠久，在封建社会萌芽时期的墓葬当中挖掘出大量带有榫卯结构的木棺。建筑的承重主要靠梁和柱之间的连接来实现，虽然此时大体积的建筑还尚且不能脱离夯土壁体而独立存在，但是不可否认的是此时的木构框架正在一步步走向成熟。受到外来高型坐具文化的冲击，唐代成为箱板式家具

结构向框架式家具结构转变的关键时期。由于高型家具是新兴家具，所以其结构以及技术方面还存在较大的问题，那么就需要从大木梁架结构中吸取足够的经验，故相对于前代来说，隋唐时期建筑对于家具的影响要更为明显。

1. 唐代建筑中的掰升与家具中的侧脚、收分

为了增强家具的稳固性，使其在放置的时候能够做到四平八稳，家具从建筑中借鉴了一种叫作"侧脚收分"的结构方法。在建筑中侧脚的这种做法还叫作"掰升"，最早出现在魏晋南北朝时期；"收分"最早出现在唐代。侧脚收分在唐代全木构建筑中得到全面应用，并流传至明清乃至现在的仿古全木结构建筑中。所谓"侧脚"，就是指建筑的柱首位置不变而柱脚向外偏移一定的角度，从而得到柱首微微内收柱脚向外略移的效果。在家具中，正面有侧脚被称为"跑马挓"，而侧面向外移动有侧脚的，在家具中被称为"骑马挓"，正侧面都有侧脚的被称为"四腿八挓"。所谓"收分"，是指将柱子做成上细下粗的形态，在家具中一般是椅子一寸让两分，而桌椅是一寸让一分。

侧脚、收分往往同时出现，这种方法既增强了家具的美观性又使家具变得稳固。侧脚的方法能够使柱子与柱子承托的木构件之间的榫卯更好结合，在家具中能够使家具所承受的自上而下的力均匀地向八个方向分散，从而避免左右摇晃对家具榫卯造成伤害。侧脚收分在家具中一般常见于椅凳以及一些案形结体的框架结构家具中。在四腿式桌案中，侧脚的做法也较常见，但尚无明显的实物例子能证实这些承具的腿部带有收分。这些家具大都低于视平线以下，而侧脚收分的方法使得家具变得没有那么头重脚轻，从而增强了家具的美观性。除了桌椅

板凳外，侧脚收分体现最明显的便是圆角柜，上宽下窄的造型配合侧脚收分的造法，使得整个柜体在视觉上变得更加稳定。

宋代以后，中国家具框架式结构的体系正式确立，侧脚收分等大木梁架结构中的重要结构做法在无束腰家具中得到继续发展，并在明式家具中得以发扬光大，对中国框架式结构家具的发展起到了重要的推动作用。

2. 唐代建筑中的斗与家具中的栌斗

"斗"是古代建筑大木作斗拱体系中的特色构件，主要起到对顶部木构件的承托和嵌夹作用，因立面形状与古代量米的量器"斗"相似而得名，常常与"拱"同时出现，所以常被合称为"斗拱"。在方形的坐斗上面，方形的小斗与弓形的拱层层叠加，时至今日斗拱已经成为中国古建筑最显著的标志之一。斗的历史非常悠久，据考古发现，早在西周时期，建筑上就已经出现并使用斗了，又称"坐斗"，宋代被称为"栌斗"（图5-79），作为斗拱中承重最为集中的构件，承载了整座斗拱的全部重量，并在建筑物的柱身和屋顶之间起到过渡的作用，使建筑形成一个整体，增强了建筑的稳定性与坚固性，解决了大面积挑空的屋顶承重的问题。斗拱的使用使得屋顶的重量均匀地集中传向柱子，从而起到稳定的作用，甚至在地震时都能使榫卯结构松而不散。

在唐代框架结构家具的立柱端头与横材连接的"T"字部位之间，有时会加装栌斗。唐高元珪墓壁画上的椅子（图5-36），椅背上部便是模仿建筑斗拱中的栌斗样式以承托搭脑。另外敦煌108窟、148窟及196窟壁画中的椅子同样可以找到栌斗作为结构件的形式。我们可以发现大木结构上的逻辑同样适用于高足家具上。框架式结构中的竖材就像建筑结构当中的柱，向上出榫并穿入横材的方式会增加家具的稳固性，使得构件之间的结合变得更加稳固。但从唐代未安装栌斗的框架式家具实物来看，"T"字部位还需使用金属条包覆加固，显示出这种在家具立柱顶端出榫的接合技术尚不成熟，因此才有了在立柱顶端作出栌斗承托横材的权宜之举。

3. 唐代建筑中的柱头阑额与家具中的托枋

阑额又称"阑枋"，也称"额枋"（图5-80），是柱与柱之间连接的木枋。额枋是用于大式带斗拱

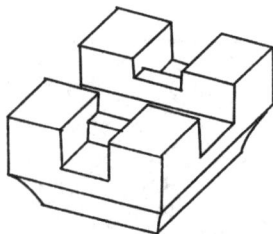 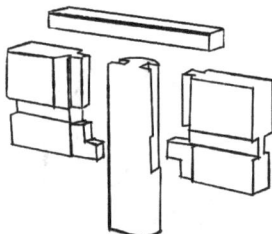

图5-79　栌斗　　　　　图5-80　额枋

建筑时的名称，木枋用于无斗拱建筑时称为"檐枋"。通过阑额结构，将各层柱网连为一体，为屋顶铺作层创设了一个整体的承重体系。

阑额在建筑中应用的时间很早，早在南北朝时期的石窟建筑中我们就可以看到有栌斗承托的阑额，直至唐代，家具高度的增加对家具结构本身的稳定性提出了更高的要求，阑额这一技术便被应用到唐代家具上。唐代家具中的栅足几、四腿桌案等高足承具中，腿足顶端常以直榫出头纳入托枋，其构造形式与南北朝时期建筑柱头顶端承接阑额的造法十分相近。

从存于日本正仓院的御床二张来看，腿足顶端以直榫直接纳入托枋的做法已经进步成腿部嵌夹托枋的做法。宋代是框架式家具的大发展时期，但在宋代家具中这种承接方式几乎已经变得不常见，柱枋连接方式在这一时期得到进一步发展，说明嵌夹托枋只是一种早期框架式家具的阶段性构造形式，不同于唐代家具上嵌夹的托枋是横断面为方形的直材，宋代夹头榫所嵌夹的是宽而薄的牙板。这种做法减少了立柱上被切除的纤维数量，提升了嵌夹的稳固性，且较宽的牙板给匠人们以更大的装饰空间进行发挥。这种柱枋连接方式当属唐代直榫嵌夹托枋构造的进一步改良。

5.3.3　建筑空间的变化对于家具陈设的影响

从秦汉到隋唐，中国古建筑从土木混合结构不断向全木结构发展，除了结构本身的变化外，建筑的整体高度也在不断向高发展，这种变化鲜明地体现了大木梁架结构在建筑应用上的逐渐推广。虽然此时大木梁架结构只限宫殿、官宦、寺庙建筑使用，但自此之后，大木构的建筑形式便成为大型建筑的通用形式。在建筑的影响下，家具由低型向高

型家具过渡，室内营造也日渐成熟，除了矩形平面外，还出现了很多异形的平面，使得室内空间组织形态变得多样，既适应了生活方式的变化又促进了人们生活方式的变革。

1. 佛教建筑空间

佛教自东汉时期传入中国，并在唐代达到发展顶峰，佛教的兴盛，也直接促进了佛教建筑在中国的迅速发展。寺，最开始并不是我们现在广泛理解的供奉佛像用以朝拜的地方，而是由朝廷掌管的，有较高权力的权力机关，如"大理寺"直到后来才随着佛教的传入，发展成为供僧侣住宿的地方。唐代佛教寺院一般分为两类，第一类是木制结构的建筑，第二类是石窟寺。

得益于木构建筑的成熟发展，这时佛教建筑也在不断向高向大发展，借鉴印度佛寺建筑的形式，唐代佛寺在此基础上融合中国传统院落样式，形成了新的佛教建筑样式。佛教寺庙内部空间的加大同时影响了这时期其他建筑内部空间的发展，建筑内部空间的扩大也促进了木构架梁柱体系的成熟，使得家具的体量也在变大，并使得空间内部的分割和功能变得多样化，室内非结构性的分割问题得到重视，屏风、步障和帐等可移动分割空间的家具增强了空间的可变通性，起居室、会客室、书房等空间的出现直接影响了家具陈设的方式。

2. 宫殿建筑空间

古代建筑规模一般与封建等级相关联，每座宫殿都分为前后中殿，进深较大，前为堂，后为室，功能分区明确，体现皇室等级的森严。唐时，建筑厅堂和门屋的间架受到严格的限制。"间"和建筑的通面有很大的关系，间越多，通面越宽。架的多少则与建筑的进深有很大的联系，通过不同的等级规定对建筑的平面和体量有着不同的规划。

建筑物开间的多少，成了建筑等级最鲜明的标志，虽然历朝历代具体的规定有所不同，但是大体来说，九间殿堂只能为帝王所有，因为在中国传统"礼制"中，以单数为阳而偶数为阴，"九"作为阳数的最大数，通常被认为是尊贵的象征。且当只有间数是奇数的时候，才会有位于中轴线上的开间，这与中国自古以来的择中意识有关，所以"九"开间的大殿也成了帝皇专用的规格。除此之外公侯级别的厅堂能达到七间，一品及二品的官员能用到五间，六品及以下的只能是三间了，这也是为什么北

京四合院正房大多都是三开间。《吕氏春秋》中说道："择天下之中而立国，择国之中而立宫。"所以中国传统"礼制"中"择中"的意识很早就形成了。在各个方位当中，"中"也是最为尊贵的，这种意识在中国传统建筑中表现得最为明显，深深影响着建筑庭院在组群中的布局位置，影响着建筑单体在庭院中坐落的位置。大殿上龙椅居中居上而置，座椅席位在殿屋中的摆放位置也是居中摆放，不同位置的摆放差异被赋予了等级的意义。

除了建筑的规模，等级制度对于建筑的装饰和庭院摆设、室内陈设也有着严格的规定，唐制规定，"唐制非常参官不得造轴心舍及施悬鱼、对凤、瓦兽、乳梁装饰"。

早在周代，对于皇室的组织制度就已经有了详细的要求，即"六宫六寝"的说法，在汉代郑玄的《三礼图》中对此有详细的注解，"寝"是高级住宅的称谓，所以六寝是供皇帝日常生活的地方，而六宫则是后宫。

《三礼图》对历代宫殿的设计影响很大，历代帝王在建造宫殿的时候多以《三礼图》为组织原则。在具体实施的时候会根据具体的执行情况有不同的变化。夏崇义在郑玄的《三礼图》基础上对《三礼图》又有了新的注解，并附有一图（图 5-81）。

图 5-81 《三礼图》中的"周代寝宫图"

3. 礼仪祭祀空间

后世对寺庙的理解一般与佛教相关，认为是佛教朝拜的地方。而在古代，"寺""庙"是分开使用的，寺是由朝廷掌管的，而庙分为两种，一种是供家族祭拜的祖庙，另一种则是百姓为祭拜对自己有恩、有重大功德的名人所建的祭祀空间，比如说"关帝庙""孔庙"等。古代建筑总是体现着藏礼于器的设计思想。我国的祭祀文化历史悠久，从挖掘出来的相关文物来看，石器时代就已经存在祭祀行为了。我国的古代祭祀有室内与室外两种祭祀方式，室内祭祀主要在"堂"或"明堂"等空间进行。

在我国，以血缘为纽带的传统宗法制度对祭祀活动影响深远，而举行盛大的祭祖仪式活动是维系宗族团结的重要手段，常被列为宗族的传统大事。唐代的祭祀空间主要有明堂、皇室太庙、家庙宗祠等。皇帝的宗庙就是太庙，而民间的"宗庙"则是祠堂。关于明堂，在蔡邕的《月令章句》中是这么解释的："明堂者，天子太庙，所以宗祀，周谓之明堂。东曰青阳，南曰明堂，西曰总章，北曰玄堂，中曰太室。人君南面，故主以明堂为名。在其五堂之中央，皆曰太庙。飨射、养老、教学、选士，皆於其中。"意思是明堂是古代帝王的"明政教之堂"，朝会、祭祀、庆典、选士、养老、教学等大都在此处举行。根据《三礼图》，后世对周代和秦代的"明堂"进行了绘图（图 5-82）。

唐代是家庙宗祠发展的重要阶段，根据要求官员必须修建家庙宗祠祭祀祖先，否则会被视为不合礼，会受到弹劾。唐代实行诸庙共宇制度，庙数也就是室数，官员的品阶直接与庙数挂钩，宗庙的器物也与品阶有关，庙室内的祭品、礼器等布局也与品阶爵位有关，三品以上可在庙室之内设置神主牌位，五品以上的官员可以在庙室以内布置几案、筵席。

宗庙制度严格规定了，帝王所建的七座宗庙，历代先王集中的庙称为"太庙"，如《礼记》中写道："天子七庙，三昭三穆，与太祖之庙而七。"太祖庙要居中，而其他的庙则分居两侧，位列左右，因为庶民是不许建庙的，所以只能在自己家里祭祖。以后各朝各代的祭祀制度虽有所改动，但是大体上都沿袭了这种制度。除了皇帝身为"大宗"常常举行盛大的祭天活动。祭祖活动是包括皇帝在内所有人都要参与的。而普通民众则是在屋内进行祭拜，因为祖先是住在房屋里的，所以在建设宗庙建筑时，"庙"型礼制性建筑也常常会采用"前庙后寝""前朝后殿""前堂后室"的布局。

4. 民宅居住空间

至唐朝，家具种类已经较为完备，且成套家具的趋势已经显现，不同的家具摆放在不同的空间，也使得空间功能的划分变得更加明确。唐代的住宅通常采用前堂后室、左右对称的布局方式。前堂多为开放的会客空间，而后室则较为私密，一般为私人空间，居室多位于中轴线上，左右各两间厢房，也可做起居室。如根据文献资料绘制的古代标准住宅形式《士寝图》（图 5-83），前堂与后室的朝向也有所差异，"主座朝南，左右对称"是中国传统建筑的主要平面构图准则。《尚书注》中记载："古者前为堂，后者为室，室中东向为尊。户在其东南，牖在其南。户牖之外为堂，以南向为尊。"主体建筑位于中轴线上，侧边设有侧殿、阁楼，表现出明显的内外尊卑，体现了古代藏礼于器的设计思想，强调建筑的中心进而达到突出权力中心的目的。

前堂作为会客空间，比较开放，家具一般不固定，会随着功能的需要而改变陈设。后室一般为私人空间，按功能划分可分为寝室、书房、库房等。由于后室功能的划分较前堂更为细致，所以空间中的陈设家具多比较固定。

①会客空间

唐代正式的会客空间通常在厅堂之内，官僚士大夫阶层会客也有可能在书房；非正式的会客如亲朋好友也可以在寝室之内。厅堂室内摆放桌、椅、几案、榻、凳、屏风等类型的家具供主人接待客人。家庭中婚嫁、丧葬、寿庆、祭祀等大事也常在厅堂内进行，所以唐代厅堂建筑的设计一般为开敞式设计，家具一般不固定的，席、胡床、绳床、圆墩等轻便、可携带的家统统可以移到室外使用。

②起居、卧室空间

这类空间布局多为室内后半部布置床，床上放床帐，床侧放置屏风或晾衣架，用于保证睡卧的私密性；空间的一侧放置罗汉床，榻前、榻侧放置桌，另一侧则放置几案或梳妆台，上面放置各种陈设品。也可分为两部分，房间前后用帷帐或屏风隔

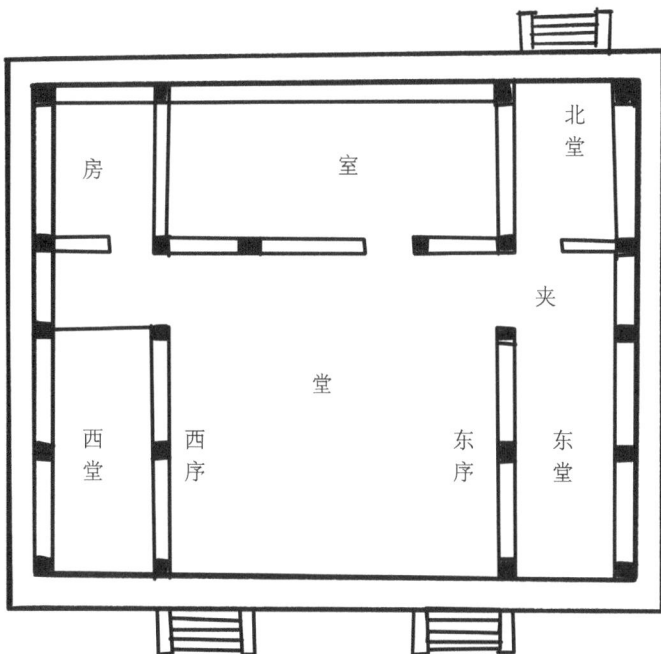

图 5-82 根据《三礼图》重绘的周代、秦代的"明堂"图 图 5-83 《士寝图》

开，前面部分可作为小型会客室，后面部分可作为寝室。卧室中陈设床榻，书房中陈设书架，厨房中陈设橱柜，这都是特定空间必须存在的家具，相对于厅堂里的家具其位置也是相对固定的，胡床、绳床、牙床、凭几、桌、案等家具随着使用需要而陈设。

思考题

1. 隋唐五代时期，佛教文化影响下出现了哪些新家具、新结构？
2. 简述唐代家具种类、特点及其新变化。
3. 简述隋唐五代美学思想及其与家具的相互影响。
4. 隋唐五代美学思想对人们生活产生了哪些影响？
5. 唐代建筑的特点及其发展对于小木作有哪些影响？
6. 隋唐时期建筑发展对于空间布局有哪些影响？
7. 唐代建筑空间布局的特点有哪些？

第 6 章

宋元时期的
家具文化

宋代分为北宋（960—1127）和南宋（1127—1279）。当时的北宋与辽、西夏共存，南宋与金、西夏共存。宋代在中国古代封建社会中具有承上启下的作用，继承了汉唐的制度，促进了元代的发展。赵匡胤统一北宋，结束了长期的分裂与混战，结束了动荡，使政权稳定，人民安居乐业。随着政权的统一和统治者实施的积极措施，宋代的农业、手工业、建筑、科学、文化和思想都得到了迅速发展，社会呈现出繁荣的景象。南宋王朝建立在江南地区。由于政策等因素的影响，北方人南下，将文化和科技带到了南方，使得南北文化与科技得到融合与发展，是历史上的一次大融合。随着南宋政治、经济、文化和意识形态的进一步发展，原有的束缚被打破，在街市上建立了市场，与此同时新的社会文化也应运而生，如临安市的集市上出现了许多书画交易。

宋代统治阶级以文人为主，文治政策促进了宋代文史科技的蓬勃发展，社会环境相对宽松，士人的社会地位有所提高，士大夫文化开始摆脱世俗的等级制度，融入普通阶层，民间文化逐渐发展，社会文化慢慢地从"俗"到"雅"开始转变。"雅"是指由社会上层阶级主导的文学，如诗歌、文学、曲词等。这种文学也主要传播于上流贵族中。所谓"俗"，是指小说、戏曲等艺术。这种艺术主要传播于平民中，形成了雅俗共赏的文化体系，成为宋代城市发展的重要组成部分，成为中国主流文化。

在宋代，统治者开始反思，并有了理性的思考。哲学上，他们选择了儒家、道教来倡导维护社会秩序。宋代崇尚的理学，经过儒家、道家和佛教的不断丰富，形成了具有宋代特色的新理学。道教倡导的自然无为思想和佛教追求自然使人们传统的审美观念逐渐改变。文人追求的是丰富的思想内涵，文化精神也开始内敛，在当时最大的政治文化中心开封，宵禁解除，市场日夜热闹非凡，有"瓦子"等娱乐场所，与其他朝代相比，宋代更加开放和自由。

历史发展的客观过程是通过各种思想的相互作用和交流，在新的理论基础上，进行取长补短、融合转化。程朱理学的核心内容儒家道德守则，吸收了佛教的营养以及之前的宇宙学和心性论，其中有

精致的哲学思考的特点。宋代学者身上带有很浓的书生气，往往继承孔孟，宣扬内圣外王的宗旨，重视实际应用的研究。所以有很多学者进行实际的研究并注重其对生活和社会的作用，从而在科学技术有了很大的发展，如印刷术、火药、指南针等相继出现，特别是活字印刷术的发明。

金国被灭亡后，南宋落入宋元战争，最终被蒙古打败。元朝（1297—1368）结束了宋朝南北分割的社会局面。可以说，元朝实现了国家的大一统，结束了各诸侯国的分裂主义状态。随着国家的统一，社会经济的大发展，各民族文化的相互交融，元代的特色和遗存应运而生。元朝是少数民族蒙古族建立起来的国家，蒙古族征服了比自己更先进的国家，就一定会吸收先进的文化。元朝的建立虽然时间不长，进展缓慢，但仍有许多发展和创新。元代在政治、文化、思想上延续了宋代的统治方式，但由于蒙古族的个性和生活环境，也在一定程度上保留了自己的特色，对文化思想和美学产生了很大的影响。蒙古族以游牧为基础，但元朝建立重视农业和手工业，海上贸易较前代更加繁荣，促进了商业的发展，为社会经济、文化、思想等方面提供了有利条件。

宋代社会文化氛围浓厚，建书院，编修《木经》《营造法式》等多部著作；元代统治者重视教育，元代初期，朝廷为贵族子弟开办学校，并在燕京设立太极书院教授程朱理学，元帝提倡儒家思想，并将其视为官方学校。在思想文化上，它们包罗万象，平等对待各种思想，注重感情的表达，于是出现了元曲、小说等文学作品。在统治者的支持下，佛教逐渐渗透到中原地区，与中原文化相融合。随着元代多元文化的发展，哲学、历史、文学、医学、地理等领域都有了长足的进步。

随着朝代的变迁，人们的生活方式发生了很大的变化，各种家具形式也开始发生变化。宋代以前，人们的生活以木榻为中心。隋唐时期虽有高式坐具和床上用品，但仅为贵族阶层所用。直到宋代，人们才开始采用坐立的生活方式，家具也开始相互结合，高型家具得到了很大的发展，高型家具体系基本建立，家具的品种逐步增多。元代家具基本上采用了宋代家具的造型，但在此基础上又有自己的风格特点，并有新的家具类型创新。

6.1 理学影响下的生活哲学

从哲学上来看，曾作为早期封建社会统治思想理论基础的汉朝儒家，魏晋儒释道融合，都对社会的稳定起到了促进作用，但都注重理论，不注重实践。宋代建立后，受理性思维的猛烈冲击，统治者创造了适合新时代的新哲学体系和新形势，形成了理学思想。

理学又称"道学"。"理"最初指的是玉的质地，后来又扩展到标准和规则。理学作为哲学的最高范畴，在一定程度上保留了法的偶然性，而宋代理学的真正奠基人是北宋的周敦颐、邵雍、张载、程颢、程颐和南宋的朱熹（图 6-1）。朱熹收集了大量的资料，建立了比较完整的客观唯心主义哲理思想体系——理一元论。与朱熹一起出现的陆九渊的心一元论主观唯心主义也在理学中产生。理学的核心思想是"存天理，灭人欲"，即"天理存在则人欲亡，人欲胜则天理灭"。理学家认为旧秩序是体现"天理"，永恒不变的。"灭人欲"是讲要求生活条件是邪恶的，"人欲"是伤天害理的。

随着统治者的逐步推行，理学在宋代逐渐占据了重要的地位。宋朝商品经济十分繁荣，这为理学思想在宋朝的发展提供了得天独厚的优势。与此同时，新儒学应运而生，与佛教、道教展开竞争。程朱理学借鉴和整合了佛教和道教的许多辩证思想。理学的核心和可操作性是能被统治阶级认识和理

图 6-1 朱熹画像

解的，因此宋代理学的官学思想和统治思想对宋朝社会科学文化的发展产生了重大而深远的影响。

元代理学源于宋代，它在元代发展成为一种新的学术形式，也表现出社会适应性。在统治者和新儒学家的奋斗下，元朝理学为社会各界所接受，成为元代的官方学术形式。对于维护理学的地位，元代理学家提出"行中国之道，即为中国之主"的观点。在理学的影响下，元朝贵族开始重视文教和文化的发展，实行科举制，新儒学在日常生活中的运用和与理学思想的融合，促进了元代文化的发展。

6.1.1 文人世界的生活哲学

在宋朝，由于"重文抑武"政策的出现，文人阶层在整个社会中的比重大大增加，文人在社会风尚中起到了主导作用。宋朝文人喜欢朴素典雅的风格，另外，在宋朝因为文人在社会中的地位很高，很多文人的生活比较丰富，这使这一时期的文人生活非常微妙，文学对人们的生活方式产生了很大的影响，也促进了这一时期文学艺术的发展和审美观念。元朝是由蒙古人建立的，但元朝初期的文人或汉族占了很大比例。因此，元代文人追求自然朴素的审美观念，而理学是元代的官学，这也对文人的思维方式产生了一定的影响。

1. 宋元时期文人的思想

宋朝是理学的产生时期。在北宋，理学刚刚出现，并受儒、道、佛三教的影响。北宋时，理学的影响并不这么深刻，到了南宋，朱熹的理学开始逐渐被接受，士人地位不断提高，理学传播渐行。在理学的影响下，士大夫崇尚自然，追求人生，遵守自己内心对理性的追求和对欲望的压抑。宋朝统治者大力发展科举制度，隐士在家里办学，促进了教育的发展。在家办学的生活状态使文人有了自己的娱乐生活，生活丰富多彩，既追求高雅朴素的生活情趣，也尽情享受生活。

当时，欧阳修等文学家提倡诗文革新运动，并通过科举考试以倡导新的文风，诗词也对文人思想产生了重大的影响。梅尧臣有侍言："作诗无古今，唯造平淡难。""平淡"是指平易隽永，淡薄含蓄，言简而意赅，这种文学思想，对苏轼、陆游等大文学家有很深刻的影响，也能够从侧面体现出宋代

文人的质朴和高雅。

元代文人的地位和生活条件都不如以前，文人开始怀疑原有的传统文化，开始动摇原有的理学。元代初期，文人的思想更加自由奔放，不再追求奢华精致的生活，开始向往自然、朴素、自足的境界。

2. 宋元文人的生活状态

宋元时期，社会稳定、经济繁荣，文人士大夫阶层的生活状态和社会地位得到明显的提高，娱乐生活成为生活中重要的一部分，主要包括"琴、棋、书、画"。唐代张彦远的《法书要录》便将这四种艺术放在一起并称，宋元时期文人士大夫才真正对"琴、棋、书、画"进行深入的研究，并运用在日常的娱乐生活中，成为怡情养性的艺术，同时也推动了宋元时期的文艺创作潮流。

6.1.2　诗词中的家具

唐代是我国文学历史上的黄金时期和高峰时期，唐诗是中国传统文学成就的标志之一，文人的思想也非常活跃，很多唐诗都传达了"匡社稷""济苍生"的豪迈气概，反映了诗人的心声和感情。唐诗近五万首，内容丰富，风格多样，体裁多样。

进入宋代后，词开始蓬勃发展。词是一种新的格律诗。北宋的词刚健豪放，旋律和谐丰富。南宋的词大胆而热情，以高瞻为中心。宋词可分为豪放派词和婉约派词，呈现了千峰竞秀的盛况，具有很强的艺术魅力。

散曲又称"元曲"，是元代一种典型的诗歌文体，元代的散曲是在宋词的基础上，吸收了女真、蒙古等少数民族音乐，逐渐发展形成的。散曲大多描写了山里的隐居生活和男女的风俗习惯，以及老百姓的疾苦和贪官的腐败，元曲的形式使作家能够淋漓尽致地表达自己的思想感情。

1. 理学背景下的诗词

宋代理学否定了韩愈的"道统"，确立了朱熹的"新理学"观，使诗歌有了新的标准，对传统文学有了新的规范和安排，以至于对南宋和元代文学产生了深远的影响。词从唐代开始兴起，到宋朝发展到鼎盛时期。在元代，理学是一个官方学派，占据了当时的学术中心。理学注重实践和实际应用，理学注重现实生活情境。因此，元杂剧大多传达了现实生活现状和时代特征。宋词和元曲就是在这样的历史背景下逐渐发展起来的。

2. 宋词中的家具

为避免出现唐代藩镇割据、宦官乱政的现象，宋代重视文化，整体的文化气氛浓厚，政治开明，科学技术发展迅速，这些都促成了宋代诗词的蓬勃发展，使宋朝成为历史上文化繁荣的时代。史学家陈寅恪说过："华夏民族之文化，历数千载之演进，造极于赵宋之世。"宋代的诗词风格主要有豪放派和婉约派，而诗词涉及的题材非常广泛，有塞外军民生活、日常生活、自然风光、情感志向等题材。这些诗词中包含了很多对家具诗词的描写，有日常使用的案、椅、凳、墩、床、榻和屏风等家具，从诗词中我们可以看出家具的基本形制以及其使用场景。

（1）案

陆游在《秋兴》中写道"朝先鸣鸡兴，夕殿栖鸦还。符檄积几案，寝饭於其间。"诗中描写了几案及放置的物品。诗句中几的使用场景应该是在厨房中，严格来说厨房中的几案的空间布置并没有那么讲究，更多的是使用起来方便。"符檄积几案"形容东西多，都堆积在案上，说明案的尺寸有增加在日常的生活中比较常用。滕岑在《折花》中写道："且复新案几，插向玉瓶水。"也描绘了案的形象，案子上放置着玉质的水瓶，水瓶中插着花。宋代的插花艺术比较流行，上到贵族下到市民都非常爱花，所以宋代的案上大多是有插花的。案的形制和桌相似，但是案的案面两端悬空，四只腿缩回。且从整体比例来看，案更多呈细长条状。从安阳小南海宋墓和洛阳涧西 13 号宋墓出土的案（图 6-2、图 6-3）以及《蚕织图》（图 6-4）中的案来看，案的尺寸是增大的，案上都带有牙子，案的整体外观非常秀气。

（2）椅

裘万顷在《别胡仲立次敬子伯量二丈韵二首》中写道："乾枯如我真何用，谩结蒲团竹椅缘。"诗句"谩结蒲团竹椅缘"中的竹椅在宋代的文人生活中是不可缺少的。郑刚中的诗句："山斋竹椅冷如水，欲以荐坐无蒲团。"中也描写了竹椅的形象。宋代流行的竹椅，是因为文人喜爱竹子并且大量种植竹子，同时竹子也方便制作家具。在南宋的《白

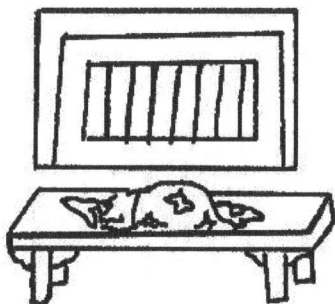

图 6-2　安阳小南海宋墓的案

图 6-3　洛阳涧西 13 号宋墓的案

图 6-4　《蚕织图》中的案

图 6-5　《白描罗汉册》中的竹制禅椅

图 6-6　《药山李翱问答图》中的竹椅

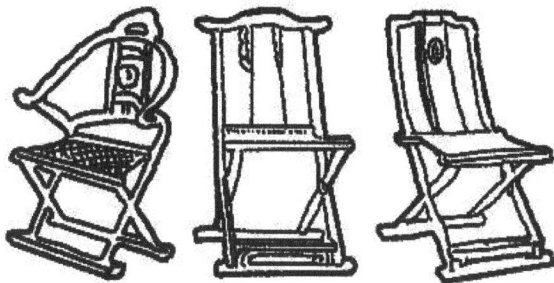

图 6-7　宋代搭脑前曲作扶手的三种交椅

描罗汉册》（图 6-5）中绘有竹椅的形象，该椅是四出头的竹椅，竹椅座的外框是用弯曲的竹子制作加以面板，或者绳编在椅子前边，用两端竹子当作横枨，将椅子加固同时也可以用作脚踏，在椅子的扶手前端上加以木板人坐上后，胳膊放置扶手更加舒适，在椅子靠背的搭脑上有类似编制的圆形坐垫。在马公显的《药山李翱问答图》（图 6-6）中也有类似竹椅的出现。诗句"山斋竹椅冷如水"中的竹椅估计是没有坐垫，同时"欲以荐坐无蒲团"又写出诗人家没蒲团给友人坐的窘迫情形，椅背也有两根细的竹子用作横枨加固椅子同时起到靠背的作用。竹椅受到文人的喜爱，并且也比较好制作，宋代的竹椅大多也是以此形象出现的。

（3）胡床

南宋的刘克庄《一剪梅》描写的"酒酣耳热说文章，惊倒邻墙，推倒胡床。旁观拍手笑疏狂；疏又何妨，狂又何妨！"描绘出诗人自己喝酒后的豪放与狂野，展现出诗人的神态与情绪。诗中的胡床是从隋唐时期发展而来的，在宋代也可称为交椅（图 6-7）。在宋代，胡床大多是加了靠背，靠背还分为直靠背和曲靠背。从诗人喝酒后推倒胡床来看，胡床的尺寸并不大，宋代的胡床的座面大多是编织物编织而成的，还有很多是有脚踏的，造型上

比较简洁，适用日常的生活也便于挪动，符合南宋时期胡床的时代形象。

（4）凳

凳在高翥的《行淮》"劝客莫嗔无凳坐，去年今日是流移"和释道昌《偈三首》"报教台凳稳，聊且劝三杯。"中均有提到，诗中的凳在生活中是与桌子成套配合使用的。在宋代之前有方凳（图 6-8）和圆凳（图 6-9），宋代出现了长方凳（图 6-10）、带有托泥的圆墩（图 6-11）和四周圆滑开光的圆凳（图 6-12）。因方便移动，可在室内也可以移动到室外适用于日常的生活，所以在宋代的发展迅速使用的范围非常广。

图 6-8　《小庭婴戏图》中的方凳

图6-9 《妃子浴儿图》中的圆凳　　图6-10 《纺车图》 图6-11 《五学士图》中的圆墩　　图6-12 《长春百子图》中的圆凳
　　　　　　　　　　　　　　　　　中的长方凳

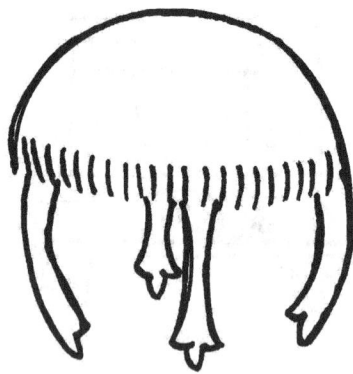

（5）床

宋代苏轼的《雨中作示子由诗》"对床空悠悠，夜雨今萧瑟"，诗中的风雨夜中两个人久别重逢对床共语，彼此之间倾心交谈，可见对床夜雨，不仅仅是行为描写，而是饱含着亲朋挚友深情的一段诗坛佳话，诗人在诗中借助家具来表达出自己的情感。从隋唐五代时期，榻已经演变为床的使用，宋代的床已经被普遍地使用，运用到日常的生活中。对床卧欢聚一堂，苏轼苏辙兄弟二人卧躺在床上侧面体现出宋代的床的尺寸有所增大。床具有私密性一般不设置在室外，与屏风和几架等家具在室内配合居家使用。

山西大同金代阎德源墓出土的床（图6-13）像戏台一样，可以看出宋代的家具模仿建筑，在线条上比较流畅比较，在床的腿足上进行雕刻，通常床采用的材料有木、竹、藤等，另外还有土床，土床也就是土炕，在北方广为流行。

（6）榻

在李曾伯的《题宜兴庵壁》"禅榻一觉睡，冬宵五更长。"和陈师道《南乡子·晴野下田收》"禅

图6-13　山西大同金代阎德源墓的床

榻茶炉深闭阁"都展现了榻的形象，躺在榻上休息或享受生活，榻在宋前占据生活的重心在唐代后对于床榻有了明确的分类，榻没有床的私密性强，在文人的生活中常用来休闲娱乐或在榻上与友人对弈习琴品茶，宋代的榻形制上没有那么复杂，采用壶门的形制，采用箱体的形制，榻上一般会放置凭几或者其他的用具，使用的时候非常便利。北宋李公麟的《维摩演教图》（图6-14）和牟益的《捣衣图》（图6-15）中都展示了榻的形象，李公麟画中所描绘的是带有壶门的托泥式板榻，诗与画都非常清晰地描绘出榻的样式。

南宋杨亦有诗句"已制青奴一壁寒，更指绿玉两头安"中所讲的是用竹子制成的竹榻，竹榻多用在夏季，有避暑消热的作用，或者用竹条编织篾席铺在床榻上，这种做法一直到今天也在使用。在宋代竹子深受文人的喜爱，文人咏竹画竹，将竹进一步人格化，苏轼就有"宁可食无肉，不可居无竹。无肉令人瘦，无竹令人俗。"可见竹已经和人的品德相联系起来，所以不难看出宋代文人对竹家具的钟爱。

（7）屏风

毛滂的《临江仙·都城元夕》中的"小屏风畔冷香凝。酒浓香春入梦，窗破月寻人。"诗人在夜中想象远方的妻子思念自己站在屏前流下了思念的泪水，流下的泪水凝住了妻子脸上的脂粉，描写出妻子对自己深切的思念之情，诗中描绘的是在夜中，在夜中必然是在卧室中，而恰恰说明在宋代的屏主要是用于床榻前，主要起到遮挡和隐私的作用，同时也起到装饰空间的作用。屏在宋词中最能描绘出情感和状态，从诗中能大

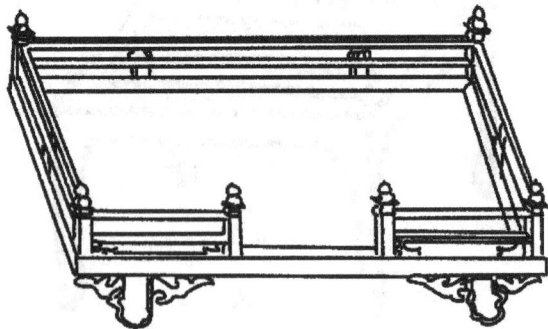

图 6-14　《维摩演教图》中的壶门托泥式板榻

图 6-15　《捣衣图》中的壶门托泥式板榻

概判断出所描绘出的屏风，方城古庄北宋墓的屏（图 6-16）和《白描大士像》（图 6-17）中的屏都展示了屏的形象。

3. 元曲中的家具

元朝建立后，受宋朝的影响接受了理学思想和儒家的思想。这个时期出现了既保留了蒙古族的思想文化又接受了宋朝文化的现象，有一部分选择做了隐士，而隐士群体对元朝的统治阶级充斥着不满，常常利用歌舞、戏曲来反映这种对社会的不满和愤怒，从而使元曲在宋末元初成为一种新兴的文艺形式出现在文化舞台，并逐步取代了诗、词、散文而占据了文坛的重要位置，并随着发展取得了和唐诗、宋词并重的文学地位。

元曲中包含了很多种日常使用的家具，家具从诗词中可以看出，家具从唐代到元代一直是在不断演变的。

（1）案

元代王哲的《如梦令·九五天池尽泮》"识看岭头梅，冲暖已成烂熳。香案。香案。独占真阳一半。"诗中的案是指香案，香案主要是用来放置香的案，和供桌的使用性质一样，一般是出现在需要祭祀的场景，案的形制在元代也没有什么变化基本沿袭了宋代的案，装饰和造型上都比较简单有的带有托泥。

（2）椅

竹椅不论是在宋代还是元代都是不可忽视的存在，一般是文人、僧人、山水隐士使用的比较多。在一些休闲的场景和三五好友一起高谈阔论时使用，文人将竹赋予了具有气节的这一精神内涵，

深受文人喜爱，如姬翼《西江月·不在拳头指上》"莫蒲团竹椅，休躯象轴牙笺。"从诗中我们可以感受到竹椅的使用场景和竹椅的造型，其实竹椅在造型上与宋代的竹椅造型相差无几，并且因为竹椅比较简单容易制作，竹子这种材料也比较常见，使用的范围非常广，可以在庭院中，可以在树荫下，还可以在室内进行使用，而且有一些竹椅的尺寸比较小便于移动和使用也颇受欢迎。

（3）胡床

胡床在元代来讲其实就是交椅，由于游牧民族的生活习惯，他们非常喜欢交椅，在很多的绘画中都有交椅的形象存在。例如，许有壬的《如梦令·一片苍苔凿破》"长日午阴圆，自挈胡床来坐"。还有程文海的《水龙吟 次韵谢五峰》"倚胡床老矣，若为消得，除却是，杯中物"。这两首诗中所描写的胡床均为交椅，"自挈胡床来坐"的"挈"说明胡床在家中的一个角落，而且搬动非常便利；在"倚胡床老矣"中用了"倚"说明是带有靠背的胡床（图 6-18），结合这两首诗的两个动词，胡床的形象便跃然呈现在纸上，元代的胡床有交叉的结构非常便利，座面上用编织物编织，而且带有靠背，可以进行惬意的倚靠休息，在很多的元曲中都有胡床的描述，说明元代的交椅非常流行，在日常的生活中使用的场景非常多。

（4）床

王逢的《西夏时洪武丙寅沿海筑城》中的有描述床的诗句"床头鸱卧久空金，壁上蜗行尚有琴"。床头上老鹰久卧在床上，墙壁上蜗牛在爬行着，形容出房间的简陋和条件的艰苦，室内的床

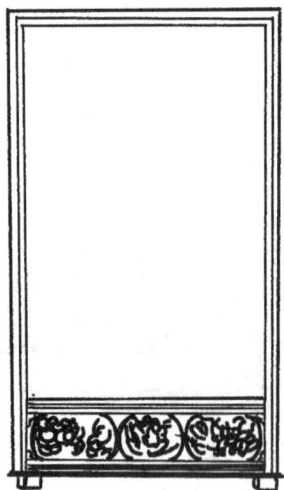

图 6-16　方城古庄北宋墓的屏　　图 6-17　《白描大士像》中的屏　　图 6-18　元至刻本《事林广记》中的胡床

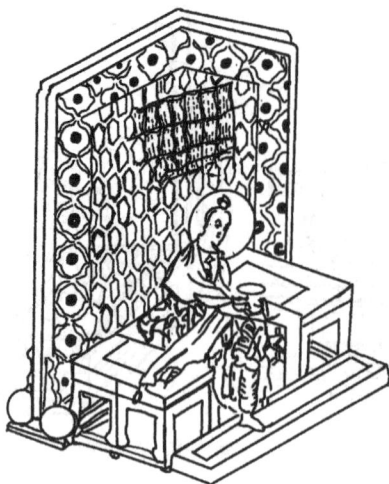

长久不用，而被老鹰霸占。床一般是在室内布置使用比较私密，所以在床侧面或者前后一般会有一面屏风，起到遮挡和分割空间的作用。元代的床的种类也非常之多，但是大体来讲是沿袭宋代的样式，并没什么太大的变化，因为元代游牧民族的审美和性格床的整体的形制更宽厚，在材料上也会用一些比较常见的材料，这也是符合元代人的民族风貌和性格。

（5）榻

周砥的《宝粹二上人值两留宿西涧草堂明日赋此以赠》"竹堂听雨惊秋晚，木榻留灯语夜分。"和明本的《行香子·顿脱尘羁》"绳床石枕，竹榻柴扉。"分别描写了木榻和竹榻，说明了元代的榻（图 6-19）在材料上用木和竹等。周砥的木榻描绘的是在秋分时节的半夜长着油灯躺在木榻上听夜间的雨声，好不惬意，木榻前放置灯具，除了灯具一般是与几案或者桌子配套使用。明本诗句中的竹榻描绘的是在山野间的乡村的生活环境，山林中多种植竹子，而且竹子制作家具便于易加工，制成家具，在山野乡村的家具制作没有那么注重造型和装饰上的精美，比较注重实用性。榻便没有床那么具有私密性，使用的场景范围比较广，有时会在室内的书房和其他的场所，有时会在庭院中，再或者是与好友坐在榻上高谈阔论赋诗弹琴，榻上会有一些使用的器物，如凭几、茶具、书卷、衣物等。

（6）几

元代辛文房《唐才子传》说贾岛"每至除岁，

必取一岁所作置几上，焚香再拜，酹酒祝曰：'此吾终年苦心也。'痛饮长谣而罢。"诗中描写的几多为香几，是专门用来焚香祭拜和摆放装饰品的，一般来说比较高，造型上有元代弯腿几。另外，几类的家具还有花几（图 6-20），花几是用来放置花瓶插花的。几一般是布置在桌案旁边，在家具的布置中起到一个辅助的作用，使家具形成一个整体的家具布局和成套家具。

（7）屏风

到了元代后屏风在室内室外都有所使用，使用的场景增多，作用也慢慢增多。在元代的王沂孙的《八六子》"漫淡却峨眉，晨妆慵扫，宝钗虫散，绣屏鸾破"和李齐贤的"水墨古屏风"都展现了屏风，"绣屏"所展示的是刺绣制品而制作的屏风，而"水墨古屏风"则是在屏风上绘有水墨画，所以屏风上可以看出屏风的装饰是不同的，诗中用"绣屏鸾破"来展现出思念之情，诗中的屏是在卧室内，在"晨妆慵扫"中体现出屏是在卧室内，一般屏风在室内起到遮挡的作用，具有私密性，与其他的家具相互呼应。在元代，屏的布置方式不只是在室内，也会在室外，有很多时候是供室外进行的娱乐活动所使用（图 6-21）。

在宋元时期的很多资料和诗词中有很多家具的形象，这为我们研究宋元家具的造型特点有很多的帮助，正因为这些宝贵的资料才得以让我们能够感受到宋元家具的美，也为明清家具的发展奠定了基础。

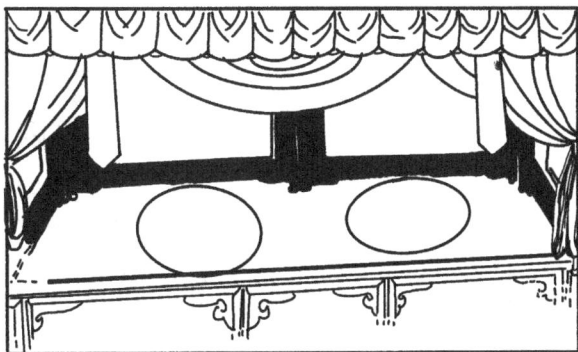

图 6-19　郝家庄元墓壁画中的木榻

图 6-20　内蒙古赤峰市三　图 6-21　郝家庄元墓壁画中的插屏
眼井元墓壁画中的花几

6.2　宋元绘画中的家具艺术

6.2.1　宋代绘画中的家具艺术

宋代是一个文人的时代，它采取了重文抑武、重内轻外的国策，使得社会安定繁荣，经济迅速发展起来。宋代继承和创新了前代的绘画技法和精神，同时统治者重视对文人的发展，所以对宋代绘画的发展给予了一定的支持，使得宋代绘画成为绘画发展史上一个繁荣辉煌的时期，呈现出不同的绘画风格和发展趋势。宋代各种风格的绘画已经发展成为内容丰富，内涵丰富的系统体系。与唐代相比，宋代更注重广泛的文人画题材，从贵族生活到城市平民生活，充分体现了宋代社会的理性思考正由于宋代的文人崇尚自然、倡导秩序、讲究简练、提倡节约、追求规范，这些观念也都体现在文人使用的家具或者是文人绘画下的家具，展现出一种隽秀之美。画家对社会现实的关注和对当时生活的深入理解，在各个方面都有了很大的提高和发展。

进入高型家具完备时期，宋代的高型家具的种类齐全，高型家具在宋代的绘画中都有所呈现。宋代家具分为椅类、桌类、几类和其他家具，家具开始呈现出古典家具的组合而成。

1. 绘画中的椅类家具

从宋代的绘画中能看出，宋代的椅类家具可分为靠背椅、扶手椅、圈椅、交椅等椅类家具，椅类家具是宋代高型家具的典型代表，椅类家具对宋代的生活有着深远的影响，从宋画中可以看出的家具种类繁多，这为后世学者提供了宝贵的资料。

（1）靠背椅

靠背椅的造型简洁优美，椅子的整体比例贴合人体设计，靠背椅最大的特点是无扶手，是宋代典型的坐具代表。宋代靠背椅的搭脑多为出头式是与宋代官帽的幞头展翅有一定程度的联系。靠背椅搭脑的形式可分为直搭脑和曲搭脑，另外根据直搭脑靠背椅的搭脑是否出头还可以将其分为出头型与不出头型，出头型靠背椅的搭脑两端向外挑出，形成弓形，似南方挂于灶前的油灯灯挂所以又称为"灯挂椅"。而另一种靠背椅的搭脑不出头则称为"一统碑椅"。

①直搭脑靠背椅

直搭脑靠背椅又分为横向靠背与纵向靠背两种，其中直搭脑纵向的靠背椅比较多，这种椅子在南宋马和之的《女孝经图》（图 6-22）、北宋张先的《十咏图》（图 6-23）、宋佚名的《文汇图》（图 6-24）和南宋佚名的《女孝经图》（图 6-25）都有所体现，从绘画中可以看出椅子整体比较瘦高，用材比较纤细，有的绘画中的椅子前还设置有足承，足承的设置使坐者坐起来更加舒适，也能显示出使用者的身份。直搭脑纵向横靠背椅在绘画中出现的比较少，大多是从墓中出土的在绘画中出现的非常少。

图 6-22 《女孝经图》中的直搭脑靠背椅

图 6-23 《十咏图》中的直搭脑靠背椅

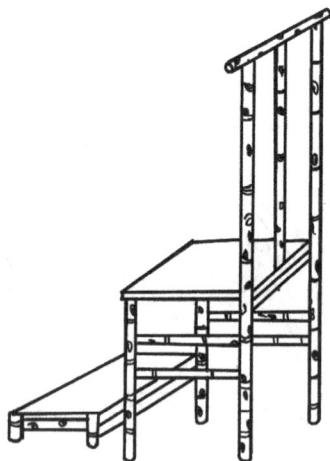

图 6-24 《文汇图》中的直搭脑靠背椅

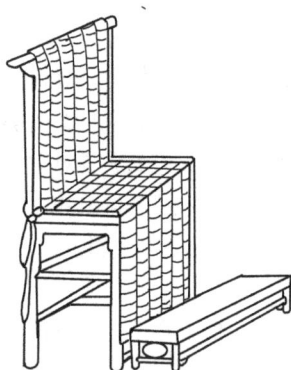

图 6-25 南宋《女孝经图》中的直搭脑靠背椅

图 6-26 《十八学士图》中的曲搭脑靠背椅

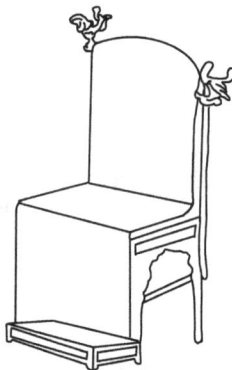

图 6-27 《女孝经图》中的曲搭脑靠背椅

图 6-28 《孟母教子图》中的扶手椅

②曲搭脑靠背椅

曲搭脑靠背椅也分为横向靠背与纵向靠背椅两类，在宋徽宗的《十八学士图》（图 6-26）中有一曲搭脑纵向靠背椅，搭脑两端向外挑出，靠背上的搭脑形成富有情趣的弓形，流线型纵向支撑曲搭脑靠背椅符合人体工程学且具有曲线的美感，曲搭脑横向靠背椅在绘画中出现的同样较少大多是墓中壁画或者是从墓中出土。

另外，从一些绘画中可发现一些宋代的曲搭脑靠背椅搭脑的末端出现了一些带有龙头或者是凤头的造型，例如，在宋佚名的《女孝经图》（图 6-27）中的靠背椅的搭脑末端出现了龙头的造型，靠背椅前还设置一脚踏由此可以推断出比较重要的人物才能够有资格使用此类座椅。

宋代的扶手椅分为玫瑰椅、官帽椅。

（2）扶手椅

这一时期的家具流传下来的很多见于绘画中，如《孟母教子图》（图 6-28）和《高会习琴图》中的扶手椅等都是宋代的扶手椅，扶手椅又分玫瑰椅和官帽椅等椅类家具，每种椅子都有自己的特点，体现出不同家具的美和使用价值。

①玫瑰椅

玫瑰椅是扶手椅的其中一种。玫瑰椅的靠背、椅面与扶手的连接面都相互垂直，基本形制是扶手和靠背三面都是平齐的，椅子前有脚踏配合扶手椅的使用，因此被称为"平齐式扶手椅"。宋代的玫瑰椅并不常见，可以说是明清玫瑰椅的前身，在宋代是处于形成与过渡的时期。

在《十八学士图》中可以看到一把玫瑰椅（图 6-29），扶手与靠背一样高且扶手向前伸出，坐面与管脚枨的造型一样；而另一把玫瑰椅与前一把相比有不同之处，首先靠背为绦环板嵌装，扶手比靠背矮并且不向前伸出，脚踏与椅子相连，已然有了后世玫瑰椅的样式。宋代玫瑰椅结构巧妙简约，

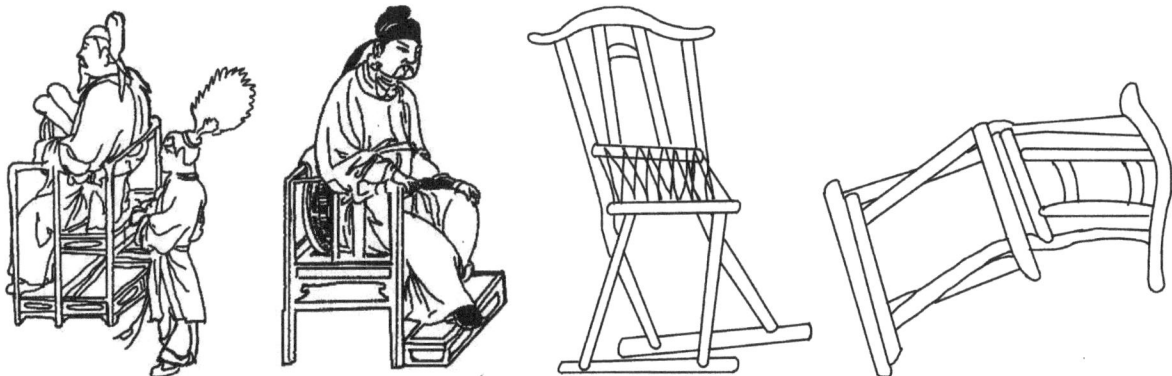

图6-29 《十八学士图》中的　图6-30 《高会学琴图》中　图6-31 《中兴瑞应图》中的两件直搭脑靠背交椅
玫瑰椅　　　　　　　　　的玫瑰椅

用材单细以表现纤瘦清雅的造型，整体设计上并无多余和繁复的装饰，符合宋代文人士大夫清新文雅的审美意趣，极受上层宫廷与贵族的推崇和喜爱。李公麟《高会学琴图》（图6-30）中的玫瑰椅上均有椅披，椅子的牙头设计曲线流畅具有变化，椅前还设置有足承，用来承脚休息。

②官帽椅

官帽椅是扶手椅的其中一种。官帽椅的名字源于宋代，它生动地刻画了宋朝官员头戴的帽子，两头突出，展翅上翘的形象。椅子的两头搭脑和扶手都是出头的，后来逐渐演变成一些官帽椅的扶手不出头，只是搭脑出头，俗称"两出头"。后来搭脑和扶手的四个位置都不出头所以又有新的名称，称作"南官帽椅"。有搭脑和扶手都出头的被称为"北官帽椅"或"四出头官帽椅"。搭脑和扶手都不出头，且这搭脑和扶手两端四个位置造型手法处理上圆润的，称为"南官帽椅"。在《十八学士图》中有一把扶手椅是南官帽椅，可以看到椅子的两头搭脑与扶手均未出头，而是在椅背的立柱上与搭脑相连接，并且衔接过渡得非常流畅自然，造型优美。

（3）交椅

宋代的交椅是在胡床也就是马扎的基础上发展而来的，胡床虽然能够灵活使用但是不能倚靠，所以宋代在胡床的基础上继承了圈椅的做法，增加了靠背和扶手解决了胡床不能倚靠的缺点同时能够更方便地使用，具有了椅子的功能性，所以称为校椅或交椅。

宋代的交椅可以分为直、曲搭脑靠背交椅，交椅的腿部为交叉状，并在交叠的部位安装枢轴铰

链，座面多采用绳编相互交叉形成座面。

①直搭脑靠背交椅

南宋萧照《中兴瑞应图》（图6-31）中的两件直搭脑靠背交椅的造型是一样的，是最简单的直搭脑靠背交椅，在《清明上河图》（图6-32）和宋萧照《中兴祯应图》（图6-33）中都有此类交椅的形象。《清明上河图》中的交椅的搭脑为弓形且出头弯翘，靠背为两条弓形横枨，椅面上有软垫，从绘画中可以看出《清明上河图》中的交椅为横向靠背，而《中兴祯应图》中的交椅为竖向靠背式的交椅，所以直搭脑靠背交椅的靠背也是分为横向和竖向，当然在其他的绘画中也有此类交椅的刻画。

②曲搭脑靠背交椅

曲搭脑靠背交椅在宋代的绘画中非常多，在南宋的画作《春游晚归图》（图6-34）和《蕉阴击球图》（图6-35）中均有体现，《春游晚归图》中的交椅加了在仰头仰靠的托首，闲坐时头部可以仰靠在交椅的托首上休息，从交椅的上部来看两件交椅的椅圈是由圆形的搭脑形成的，从外形上

图6-32 《清明上河图》　图6-33 《中兴祯应图》中的直
中的直搭脑靠背交椅　　搭脑靠背交椅

图6-34 《春游晚归图》中的
交椅

图6-35 《蕉阴击球图》中的交椅

图6-36 江西乐平壁画中的太
师椅

看是圈椅的样式是非常经典的曲搭脑靠背交椅。

③太师椅

还有一种交椅称为"太师椅"，为曲搭脑靠背交椅，太师椅是一种身份的象征，是由官职的名称演变而来的。在江西乐平壁画中的太师椅（图6-36）有一带柄荷叶形托首，将其插于椅背后可以将头倚靠在椅圈上休息，椅圈与扶手为一体，扶手的末端向外翻卷又向后翻卷延伸。交椅的靠背板上有镂空雕刻的植物纹样非常精美。在很多的文献中也有很多的描述，可见太师椅是宋代一种新兴的椅类家具。

小故事："太师椅"的由来

太师椅兴起于宋代，在宋元明清中有也有很多的记载，有关太师椅名称的最早记载见于宋代张瑞义的《贵耳集》。书中提到"今之校椅，古之胡床也，自来只有栲栳样，宰执侍从皆用之。因秦师垣宰国忌所，偃仰，片时坠巾。京伊吴渊奉承时相，出意撰制荷叶托首四十柄，载赴国忌所，遗匠者顷刻添上。凡宰执侍从皆用之。遂号太师样。"前面文字中提到的秦师垣，就是当时的太师秦桧，秦桧坐在椅子上，仰头休息，不一会头巾掉了，吴渊看到这情景后，命人做了荷叶的托首四十件，将荷叶的托首安在椅子上供宰相使用，这便是太师椅的由来。

（4）圈椅

圈椅有圆背和直背圈椅的分别，圆背圈椅是由凭几和方凳发展而来的，宋代的圈椅有竖直木条支撑成椅圈和前后腿向上延伸部分与靠背的支撑下形成椅圈这两种椅圈结构。

圈椅在唐代的时候就开始流行，圈椅的造型为搭脑靠背与扶手顺行而下，弧形造型美观自然。一些圈椅的扶手被卷到末端而又向后翻卷延伸，展示了曲线的美。《会昌九老图》（图6-37）是描绘圈椅的代表性绘画作品，不难看出它具有明式圈椅的造型特征，整体风格趋于典雅简洁，搭脑与扶手过渡的自然，圈椅的靠背呈现S形曲线与座面构成倾角，靠背与椅背形成接触面，贴合人体脊柱结构，满足现实生活的需要。

还有宫廷中的圈椅，如《朱云折槛图》（图6-38）中的圈椅为宫廷用品，做工讲究，造型夸张，装饰浓厚，为早期圈椅的样式。圈椅的圈背多有条竖向支撑着搭脑，扶手端部向外翻卷，座面与腿足为四面平样式，腿足施剑柄线脚，且带有雕花的椭圆形脚踏。《捣衣图》（图6-39）中的圈椅在宋代也称为"栲栳样"，其造型上也较为夸张，搭脑伸出并向外弯曲成扶手，《捣衣图》中的圈椅足部呈如意云头状，这种手法的处理在后世家具中十分少见，这两把圈椅可以代表这一时期的圈椅的基本形象。

（5）长凳

长凳可供多人共坐，造型为最简单的梁柱式，即长方凳下面承四腿，腿间设横枨。在刘松年《撵茶图》（图6-40）中有结构朴素的案形结体凳，凳上的承面为长方形，将腿足与牙头、牙条连接为一体，腿足底部的足端设置有角牙。在宋代苏汉臣《妆靓仕女图》（图6-41）中长凳的造型像床榻的造

图 6-37 《会昌九老图》中的圈椅

图 6-38 《朱云折槛图》中的 图 6-39 《捣衣图》中的圈椅
圈椅

图 6-40 《撵茶图》中的长凳

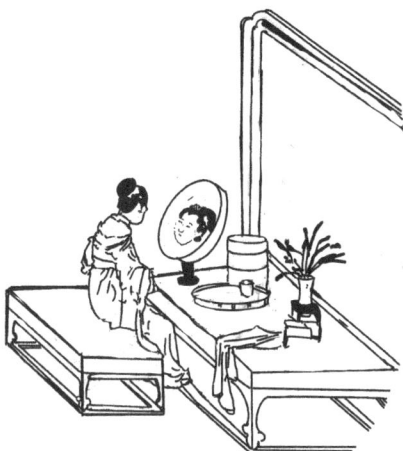

图 6-41 《妆靓仕女图》中的长凳

图 6-42 《围炉博古图》中的方凳

型，此长凳上坐着一位妇人，从人物坐在凳上的宽度来看可够两人同时坐的宽度，而长度来看是可以坐三个人的长度。从图上看长凳为四面平式样，座面很厚长凳抹边，两侧各带一个壶门，且带有托泥，长凳侧面的一圈雕刻有纹样。

（6）方凳

方凳是座面方正的凳，也被称为方杌。在宋代张训礼《围炉博古图》（图 6-42）中所描绘的方凳，是无束腰的箱型结体凳，四面简洁平直配以少量装饰。《西园雅集图》中也有方凳的形象，也可以称作是方杌，方杌和画案明显是成套的，样式结体相同，杌面为攒框镶板样。在《小庭戏婴图》中的方凳四面涂黑色髹漆，造型简洁，四面为平结体，腿足为外直内凸，凳面与凳腿间并无牙子、牙条与横枨，前后无枨且凳足呈马蹄状向内翻，体量较大。

在《春游晚归图》（图 6-43）和《西雅图集》（图 6-44）中的杌凳也称茶床，茶床为梁柱式的造型，宋代的茶文化非常盛行，茶桌的使用非常流行，样式没有太多的改变但是在功能上更加明显，专门用来摆放茶酒食，在很多的资料中也都有所记载，但是最直观的还是在绘画中所展现的。《春游晚归图》（图 6-45）中一行人出游，一人肩扛杌凳，一人肩挑食盒和茶具，还有一人肩扛交椅，在此绘画中茶床与交椅是组合使用的家具。

在宋代的文人生活中，椅子与茶床的组合多见于室外，尤其多用于游宴。

（7）墩类

墩类家具和凳类家具相同在宋代一样的使用范围很广，按照形状分为方墩、圆墩，而圆墩里又分为藤墩、鼓墩和绣墩等墩类家具。

①方墩

方墩的发展是随着方凳、圆凳和圆墩的发展而发展的，在宋代家具最突出的特征是束腰，这一特点在方墩上也有所体现。宋画《槐荫消夏图》（图 6-46、图 6-47）中的方墩都很明显地能够看出

图6-43 《春游晚 图6-44 《西雅图集》中的凳 图6-45 《春游晚归图》中的方凳   图6-46 《槐荫消夏图》中的带
归图》中的方凳   托泥方墩

图6-47 《槐荫消夏图》 图6-48 《五学士图》中的藤墩 图6-49 刘松年《松阴鸣琴图》中的藤墩   图6-50 《浴婴图》中
中的无托泥方墩   的藤墩

带有束腰，并且是高束腰。不同的是，前者带托泥
而后者不带托泥。

　　②圆墩

　　圆墩其实严格来说圆墩里细分了其他的圆形的
墩类坐具，像鼓墩、绣墩、藤墩，圆墩在绘画中能
够看出宋代家具的独特造型，那便是家具中的托泥
和不带托泥。

　　③藤墩

　　藤墩顾名思义是用藤作为材料而做成的墩，藤
墩有单层结构和多层结构之分，单层就是藤圈并
列，多层为藤圈进行重叠，互相盘压在一起藤墩一
般都是开光型比较圆滑。《五学士图》（图6-48）、
《松阴鸣琴图》（图6-49）和《浴婴图》（图6-50）
中就有藤墩的出现，其中《五学士图》的藤墩上不
带托泥，而《松阴鸣琴图》和《浴婴图》中的藤墩
带有托泥。

　　④鼓墩

　　鼓墩是墩面呈圆状的墩。《秋庭戏婴图》
（图6-51）中的鼓墩是受藤墩启发产生的六开光带
托泥的圆墩造型，鼓腿彭牙下以分包类足托作为支

撑，凳的墩下端落于底部圆形托泥上，鼓墩表面使
用黑漆彩绘或是黑漆镶嵌螺钿的装饰手法，整体造
型素雅。随着制陶业和纺织业进步，以先进制作技
术依托，还出现以竹、陶为原料的方墩和精美华丽
的花鼓墩。在《乐重进画像》中也有鼓墩的出现
（图6-52），此鼓墩完全就是鼓的样式，没有其他的
装饰和结构。

　　⑤绣墩

　　随着藤墩和鼓墩的发展，绣墩在此基础上也
发展起来了，绣墩看起来要比其他的两类圆墩要精
美，这一时期的绣墩有鼓钉的做法，在宋画《猫戏
图》（图6-53）和《却坐图》（图6-54）中的绣墩
为四面壶门开光，在座面下方有一圈鼓钉衬托其绣
墩更加精美，尤其是《却坐图》中美丽的妇人含蓄
地坐在绣墩上，把绣墩衬托得更加精美无比。

　　（8）宝座

　　宝座又称"御座"是比一般扶手靠背椅要宽
大的椅类家具，是宫廷中供皇帝使用的坐具，一般
是会陈设在皇帝和后妃的寝宫，单独设置周围会有
屏风、宫扇、香筒、角端、香几等辅助使用，宝座

图 6-51 《秋庭戏婴图》的鼓墩

图 6-52 《乐重进画像》中的鼓墩　图 6-53 《戏猫图》中的绣墩　图 6-54 《却坐图》中的绣墩

图 6-55 《宋太祖赵匡胤像》中的宝座　图 6-56 贵州遵义桑木桠皇坟嘴南宋墓石雕像中的宝座

圆雕髹金漆的凤头。宝座上的装饰有很大的讲究，在宝座的一些结构的边角有鎏金镶嵌，装饰元素有草叶纹与云纹，宝座上的直线与曲线相结，展现出静态美与动态美。其实相对于普通的文人家具与民间的家具宋代的宝座在整体上是呈现华丽的，甚至装饰有些繁复，这也是权力的象征。

都会配有脚踏，象征皇权的至高无上。其实宝座在宋代期间出现很少，在一些奇闻轶事中有所描述和刻画。

在《宋太祖赵匡胤像》（图 6-55）和贵州遵义桑木桠皇坟嘴南宋墓石雕像（图 6-56）中有宝座的刻画，贵州遵义桑木桠皇坟嘴南宋墓石雕像中的宝座，整体带有侧脚，弓形搭脑出头末端为龙头造型，扶手曲形前端也为兽首，腿足方正。相对来说宋太祖的宝座相比较贵州遵义桑木桠皇坟嘴南宋墓石雕像中的宝座来说更加气派，宝座上有早期高榻的特征，宝座的扶手较低形制独特以方为主，方中带圆，搭脑和扶手均出头，且扶手与搭脑的末端有

2. 绘画中的桌案类家具

宋代椅类家具种类繁多，与此相适应的桌类家具品种也增多，高桌、高案、高几等相应出现，而且与椅类家具形成各种组合的古典家具。桌类家具按照用途和形式分为饭桌、琴桌、茶桌、酒桌、画桌、供桌、小桌、圆桌、长桌等桌类家具。

（1）桌类家具

宋代的桌类家具形式为台型桌类家具，由于束腰的出现，壶门形制已逐渐消失，束腰是从宋到明代的一个特点，束腰的产生是受佛教艺术的影响。台型的桌子在宋画、壁画和出土的有很多，如《十八学士图》（图 6-57）、《禅国禅师文殊指南图赞》（图 6-58）和《捣衣图》（图 6-59）中的方桌都是以粽角榫结构向束腰结构过渡。另外按照结构桌案可以分为夹头榫桌案和插肩榫桌案，《女孝经图》（图 6-60）、《高僧观棋图》（图 6-61）和《瑶

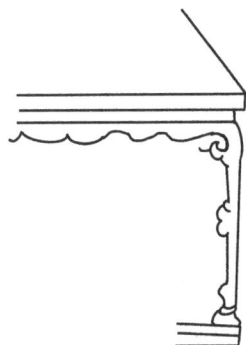

图 6-57 《十八学士图》中的方桌　图 6-58 《禅国禅师文殊指南图赞》中的方桌　图 6-59 《捣衣图》中的方桌　图 6-60 《女孝经图》中的桌

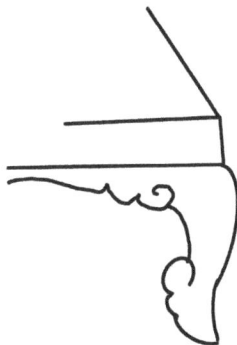

图 6-61 《高 图 6-62 《瑶台步月图》中的桌 图 6-63 《清明上河图》中的方桌 图 6-64 《槐荫消夏图》中的方桌
僧观棋图》中
的桌

台步月图》（图 6-62）中的桌的结构均为夹头榫桌案。而《女孝经图》中的两张桌子在左右两侧间枨腿足设置双细，且桌子的用材细劲，桌子呈现出朴素无华，简洁大方，具有浓厚的文人气息。

①方桌

方桌又称"八仙桌"，在《清明上河图》（图 6-63）中，方桌的板面是方形的，形状简单，没有复杂的造型，左右两侧的桌腿都有横向的枨子来加固家具。但也有一些带有夹头榫和素牙头牙条的方桌，整体造型更显优雅，线条流畅。在《槐荫消夏图》（图 6-64）中的方桌腿足之间有矮老，桌子侧面的腿足之间用双排的横枨，桌腿下段两侧饰两层云纹抱腿牙，家具逐渐趋向合理化科学化。

②长桌

长桌在宋代是非常流行的，长桌有高矮足的区别。刘松年的《唐五学士图》中的束腰长桌是宋代流行的束腰桌，桌面中不是直接连接腿足而是中间加了束腰然后连接腿足，束腰桌的腿足为内翻的马蹄或类似于马蹄的腿足。另外还有一种四平式桌是由束腰桌发展来的，在《绣枕晓镜图》中四平即桌面是不接束腰的，直接承接腿足，腿足为内翻马蹄，桌子的表面髹黑漆，桌面上铺设织品，造型挺秀（图 6-65）。

另外在南宋《蚕织图》中的长桌（图 6-66），桌面为长方形，长桌用长牙板固定面板和腿，在长桌的左右两侧有两细横枨加强腿足与面板的稳定，桌腿为柱形的圆腿，桌子的前后两腿之间的横枨也是圆形的，体现出宋代家具的简洁和流畅的线条美。前面所提到的长桌都是高足的长桌，而矮长桌则在《蚕织图》（图 6-67）和《村童闹学

图》（图 6-68）中均有出现，《蚕织图》中矮长桌的腿的造型为卷草纹的样式，两侧的腿足之间有一横枨，桌面是四周攒板，整体的造型比较简单。

③抽屉桌

抽屉桌在宋代不多见，在龚开《钟进士移居图》（图 6-69）中有一抽屉桌，此抽屉桌与后世的闷户橱有几分相似。此抽屉桌两人抬着说明的分量不轻，抽屉桌一共分两部分，上半部分有两个抽屉，抽屉无闷仓，设置长枨并排用来放置食器，在横枨下和腿足之间有罗锅枨，这样看来的话，在宋代其实就有罗锅枨的出现只不过还没有元代那样成为一个体系，所以家具的结构和造型都在前代可能

图 6-65 《绣枕晓镜图》中的长桌

图 6-66 《蚕织图》中的高长桌

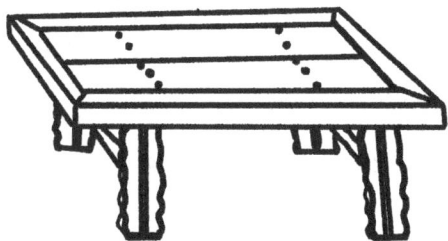

图 6-67 《蚕织图》中的矮长桌

图 6-68 《村童闹学图》中的矮长桌

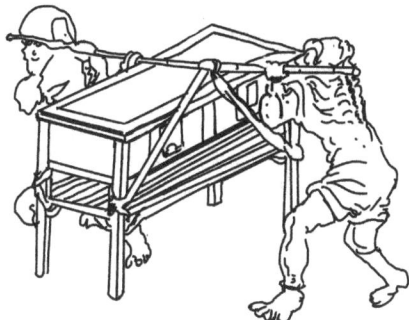

图 6-69 《钟进士移居图》中的抽屉桌

图 6-70 《清明上河图》中的折叠桌　　　　图 6-71 《高会学琴图》中的琴桌　　　　图 6-72 《听琴图》中的琴桌

会有所体现，随着时间的推移而形成一个完整的结构体系。

④折叠桌

折叠桌是宋代新出现的形式，折叠桌的结构是采用交椅的交叉结构方法，在《清明上河图》（图 6-70）中的折叠桌，桌面是圆板形，有一人在桌面上切割食物，看起来似乎用来当作菜板或面板来使用，在热闹的街市正在切割食物进行售卖，从中可以推断出此折叠桌是非常符合做买卖使用，无论是开张还是撤摊都非常合适，而且就现代来讲这种折叠桌也被广泛使用。

⑤琴桌

李公麟的《高会习琴图》（图 6-71）中的琴桌，底头有内翻马蹄，内翻马蹄下带有托泥，简单来说就是一张尺寸比较大的方桌。宋徽宗的《听琴图》（图 6-72）中的琴桌的设计独特，在弹琴时琴桌中的夹层作音箱，弹琴时琴音能够形成共鸣提高音色，桌腿细劲，两侧腿足之间都有双细枨，此桌在整体上静雅凝练，就深受文人的喜爱。

⑥棋桌

除了琴桌外还有棋桌，棋桌顾名思义是用来下棋的桌子。在北宋张先的绘画《十咏图》（图 6-73）中就有围棋桌，此围棋桌上直接放置了棋盘，围棋桌带有牙头，四腿足之间有细枨，整体非常简洁利落。在南宋《中兴瑞应图》（图 6-74）中有一象棋桌，象棋桌的形体比较小，腿足为内翻的马蹄足，下有托泥，可以看出宋代的象棋格子和现代象棋的摆法相似。《十八学士图》中有一围棋桌，此桌上的棋盘是直接设计在方桌上从而成为棋桌，棋桌的腿足为内翻马蹄，桌边围坐共三人都面带喜悦之色，两人观看对弈，非常惬意，宋代文人在空闲享受生活。

⑦供桌

供桌是寺庙中摆设祭祀贡品的家具，为桌案的变体，还有香桌其意义是一样的，就是围了放置祭祀的用品。贵州遵义皇坟嘴宋墓石刻供桌（图 6-75），此供桌是一般形式的供桌，从图中可以看出供桌的基本造型，供桌的桌面两侧有翘头，

图 6-73 《十咏图》中的棋桌

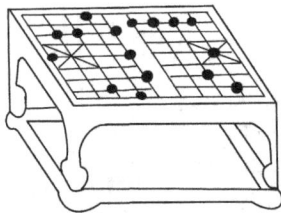

图 6-74 《中兴瑞应图》中的象 图 6-75 贵州遵义皇坟嘴宋墓石刻供桌
棋桌

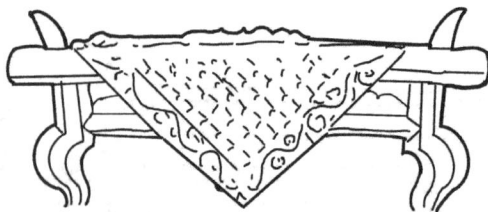

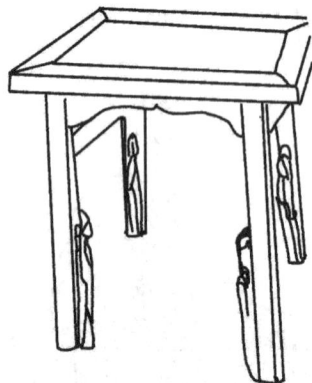

图 6-76 孙四娘子墓的木供桌　　图 6-77 《春宴图》中的案　　图 6-78 河南登封黑山沟宋代壁画墓《备宴图》

比较值得注意的是这两部件不是在桌面的沿边而是在桌腿连接桌面的位置，那么我们是不是可以理解为是为了祭祀或者其他的礼仪而特地设置的呢？另外比较著名的是孙四娘子墓所出土的木供桌（图6-76），此木供桌呈高方桌的形式，突出特点是桌面衬面心，前后加衬裆，横枨在两侧，四足内侧各雕刻着一个木人，显然是为祭祀而制的供桌。

（2）案类家具

①画案

在南宋的《西园雅集图》中描绘了画案，从绘画中可以看出，画案比一般的案要宽大，从这可以看出是为了更好地进行书画，将案面的尺寸加长加宽，画案方正简约，有素弧形牙条连接案面与腿，桌面为展框镶板的做法，托泥下有四个如意云头状的小足向外展出，在实际的绘画中，画案除了案面的面心之外，通体为黑色。

②书案

书案的基本形式为夹头榫的案，如《孟母教子图》中的书案就是夹头榫的样式，在书案的两侧有双枨使案更加稳固，腿足为圆足，从制作工艺来看比较粗糙，从造型上来看比较简单，这件书案是了宋代案最常见的样式。

③食案

南宋《春宴图》（图6-77）中出现的食案是两个大型的方案拼接而形成，食案和方凳在造型上相互呼应，结构为壶门带托泥，四面各开壶门券口数个，古朴厚重，两个方案拼成的食案非常大，可容纳多人，可以进行宴会活动。

河南登封黑山沟宋代壁画墓《备宴图》（图6-78）中出现的案的造型奇特，案面内缩，从这一点上便体现出宋代案类家具的一个特点，另外桌腿的牙子延伸整条腿足牙子的造型比较奇特类似于鹤漆节，在装饰上形成自己的特点与其他案的造型大有不同，可以算是一个比较具有奇特造型的案类家具了。

④翘头案

除了以上几个案的类型，还有一种两端有翘头的案，也就是翘头案。翘头案大多是用来祭祀、供奉，也称为供案，在大多数的时候有实际的作用。翘头案两端的翘头有高低之分，如在南宋佚名《六尊者像》（图6-79）中就有一翘头案，两端的翘头比较高，案面下有箱型体，有点类似于宋徽宗《听琴图》中的琴桌的箱型体的结构，四条腿足向外弯曲，腿足上有云纹的雕刻，非常华丽。在《宋人写

图 6-79 《六尊者像》中的翘头案

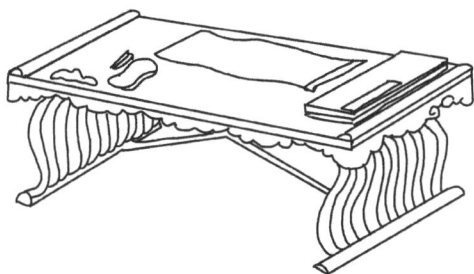

图 6-80 《宋人写梅花诗意图》中的翘头案

梅花诗意图》（图 6-80）中的翘头案，两端的翘头非常低，看起来只是高出案面一点，案面下沿有一圈带有纹样的挡板，腿足为唐代的曲栅足的样式，案面上有书卷和文房四宝，从中可以看出此翘头案起到书几的作用，也可以看出宋代文人对生活的精致追求。

从宋代开始，桌类家具逐渐趋向实用性，而案类家具逐渐趋向陈设功能，案类家具在文人中的地位大大得到了提高。

3. 绘画中的几架类

几在宋代有很多的种类，凭几、书几、香几、茶几、花几等，几多体现在宋代的绘画中，体现出宋代文人雅士的闲情逸致；架类的家具则多是在生活中使用，体现生活中的烟火之气，主要有衣架、

盆架、巾架和镜架等架类家具。

（1）几类家具

①凭几

凭几的使用与坐席或坐榻直接相关，随着宋代时期高足坐具的流行，凭几的使用范围仅仅局限于床榻或坐榻上，在宋代的出现已经非常少了。《槐荫消夏图》（图 6-81）中凭几用于承足，《白莲社卷图》（图 6-82）中的凭几则是放了身前使用。凭几在之前都是方桌，在身前使用，随着时代和家具的不断演进，凭几的使用多样化，甚至不需要使用凭几。

②书几

严格来说，书几在宋代已经发展为书桌或者是书案。在北宋武元宗所绘的《朝元仙仗图》（图 6-83）中书几的造型为传统的书几，几足为曲足栅式，几面比较窄，左右两侧翘起，从这可以看到翘头案的前身是几，几足下有托泥，几足向左右扩展形成稳定的形式。

③香几

香几是放置香炉等香具所使用的家具，在上层社会的家具中较为常见。宋代的文人士大夫有焚香的习俗，熏香甚至和点茶一样成为一种艺术，房中常设置香几。香几在佛教画中也常见，说明焚香占据了当时僧侣生活的一大部分，在《五山十刹图》（图 6-84）中出现的香几带有托泥，托泥采用的纹样是相同的造型，呈现卷云纹的形式。值得一提的是李公麟《维摩演教图》（图 6-85）中的香几，香几为高束腰六边形，在束腰和托腮部分连带几面为须弥坐样式，下部为六蜻蜓足，款式复杂夸张，足间有连接券口中点与腿间中点的花栏，云足外翻，站在须弥座样式的，托泥下六足小云足落地是比较少见的香几造型。

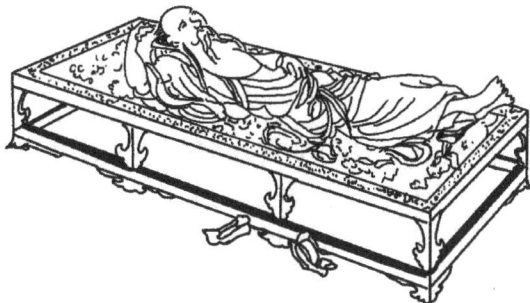

图 6-81 《槐荫消夏图》中的凭几

图 6-82 《白莲社卷图》中的凭几

图 6-83 《朝元仙仗图》中的书几

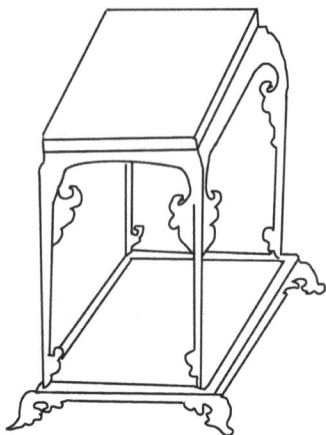

图6-84 《五山十刹图》中的　图6-85 宋　图6-86 《孝经图》中的　图6-87 《听琴图》　图6-88 《盥手观花图》中
香几　　　　　　　　　　《维摩演教　茶几　　　　　　　中的茶几　　　　的几
　　　　　　　　　　　　图》中的香几

④茶几

宋代李公麟《孝经图》（图6-86）中的茶几像是盆架的样式，腿足弯曲且外翻，但在几上放置着茶杯，所以是茶几无疑。茶几在其他的绘画中也有很多，但是其基本的形象都是与赵佶《听琴图》（图6-87）的茶几相似。在《听琴图》中的茶几为四足高方凳，四足细长，中上部有细横枨，几面倒和《孝经图》中几面相反，此类茶几几面的厚度比较薄，看起来非常纤细，是宋代追求的纤细秀美的风格。

⑤花几

事实上香几和花几是一样的，在几上放置花瓶，花瓶内插鲜花放在花几上，多布置在室内的桌椅旁或者是文人娱乐的场所，展现文人闲情与逸致。《盥手观花图》（图6-88）中的花几，几上放置竹编花瓶，瓶内插着鲜花，几的造型和前面提到的《听琴图》的茶几造型不一样，花几的腿足为内翻马蹄且没有枨子，花几高度相对来说矮一些。

（2）架类家具

宋代架类家具使用非常广泛，例如衣架、巾架、盆架、炉架、鼓架、镜架、灯架还有用于手工业的纺轮架和农业用的多层架，总之宋代的架类家具种类非常的繁多，使用也非常的广泛。

①衣架、巾架、盆架

衣架、巾架、盆架、镜架等架类家具在宋墓壁画《梳妆图》（图6-89）中展现得非常完整。绘画中所展现的衣架是用两根立木将一根横木支撑起来，横木长于立木并且微翘，在立木之间加横枨用作加固，同时衣架在很多的诗词著作中也都有所

体现，这些都能说明衣架在宋代的使用广泛且受欢迎。

同时白沙宋墓壁画中也有镜架、盆架、巾架（图6-90）的出现，这些架类的家具搭脑向外延伸，搭脑的造型为翻云头或雕花的形象，盆架为曲足的盆架（图6-91）。在白沙宋墓中也出现了专门的镜架，唐宋之前铜镜都是手持的，生活方式改变后铜镜也出现了变化，为了适应高坐出现了专门的镜架，铜镜的形状也出现了变化，有方形、长方形、葵花形和菱形等铜镜。

②镜架

除了前面提到的镜架，在《盥手观花图》（图6-92）中的镜架像是由金属制成的，造型精美绝伦，镜架的上方类似动物的头首出挑，在嘴部挂有装饰物，非常精美，镜架的底座为金属条围成方形，镜架的两根立架中间有横枨，起到加固的作用，方形底座与立架的交接点有类似如意的装饰，一方面起到加固的作用，另一方面是前面提到的装饰作用。在《绣栊晓镜图》中的镜架为四足镜架，上端为花叶及雕饰，下方有框架托着镜框，底部有花瓣形的小足，总体上来看镜架非常精美别致。

③灯架

在宋代这一时期照明的主要方式为点灯和点蜡烛，是使用架座来进行支撑，所以就会有各种各样的灯架。一般来说放置在承具上的灯架为矮灯座，直接立在地上的灯架为高灯座。灯架为了稳固支撑照明和安全问题所以一般底座比较大，灯架的底座有各种各样的形状，有十字形、曲足形、瓶座形、

图 6-89　河南郑州关外北宋砖墓壁砖《梳妆图》中的
衣架、巾架、盆架、镜架

图 6-90　白沙宋墓壁画中的镜架、盆架、巾架

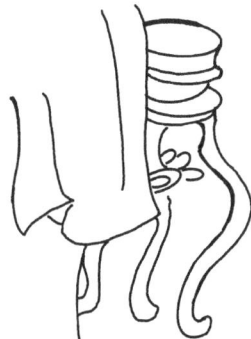

图 6-91　白沙宋墓壁画中的
盆架

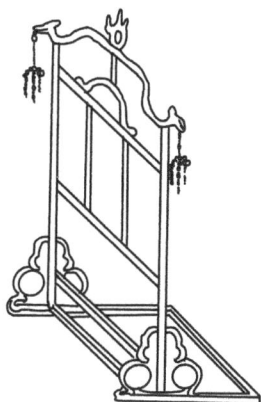

图 6-92　《盥手观花图》中的
镜架

图 6-93　《秉烛夜游图》中的灯架

图 6-94　《白莲社图》

支架形和平底形等。灯架上部的造型也多种多样，除了出现的比较多的直杆形外，还有树杈形、S 形、托盘形等形状。

《韩熙载夜宴图》中就有一件三曲足直杆式的烛架，南宋马麟的《秉烛夜游图》（图 6-93）中的灯架也是三曲足式，灯架单柱嵌插在十字交叉弧形的足上，上带有类似于托盘的物件，此画中的灯架设置在通往屋门口的通道上，是为了夜间进出方便而设置的灯架。

④炉架

宋代炉架的造型相对来说还是很多，炉架在很多的绘画中都有所展现，出现最多的还是煮茶煮酒的场景，在前面有讲到宋代的茶文化非常兴盛，无论是文人还是僧人都有饮茶的习惯，甚至出现了点茶煮茶的游戏，文人居家又或者是聚集在一起赏画、赋诗、创作或宴会，这些场景都少不了炉架身影的出现，宋代张激的《白莲社图》（图 6-94）、宋代佚名的《博古图》（图 6-95）、《撵茶图》、南宋佚名的《春宴图》等都有炉架的形象。

⑤鼓架

乐器架在宋代来说非常丰富有鼓架、钟架、磬架、方响架、琴架等乐器架。在宋代佚名的《杂剧·打花鼓图》（图 6-96）中有鼓架的形象，骨架是由三只纤细的杆交叉斜放支在一起，鼓水平放置在架上。在《洛神赋图》和《胡姬归汉》中也有鼓架的形象，这些鼓架各有各自的特点和用途。

⑥纺轮架

宋代社会的稳定促进了农业和手工业的发展，手工业推动了纺织业的发展，古代的纺织是放置的纺织架上进行手工制作，放置架的材料为木质材料，所以流传下来的实物非常少。但是我们可以从大量的绘画或者壁画中非常清晰地看到纺织架的基本形制。例如，在南宋王居正的《纺车图》中就有纺织架，另外在南宋的《蚕织图》（图 6-97）中也有纺架的出现，纺架有大有小，大的纺架直接放置在地上，小的纺架一般是放置在承具上。

⑦多层架

《蚕织图》（图 6-98）中的多层架子是用于农作

图6-95　宋《博古图》中的炉架　　　　图6-96　宋《杂剧·打花鼓图》　图6-97　南宋《蚕织图》中的纺架　　图6-98　《蚕织图》中的多层架

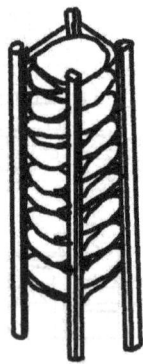

养殖，多层架子是四根长杆之间用细短的小杆连接起来组成多层架，每层架上都放置了养殖的蚕，从这可以看出宋代农作人民的智慧，架类家具为宋代的生活带来了很多的便利。

4.绘画中的床榻类家具

（1）床类家具

床的含义在宋代不仅是指床还指榻，甚至到了元代有的榻也被称为床，床主要是指人们用来睡觉的卧具，当然也可以有其他的用处。床的种类很多，有多个壶门有托泥、单个壶门，壶门带托泥、无壶门带托泥和无壶门无托泥的床，宋代床的材料主要是木、竹、藤和土等的材料制成的床。

①多个壶门带托泥

在《绣枕晓镜图》《女孝经图》（图6-99）、《白莲社卷图》《羲之写照图》（图6-100）和《槐荫消夏图》中的床延续唐代的壶门形制，在尺寸上明显变小，造型上非常简洁，在榻后设置一屏风构成组合家具，尤其是《绣枕晓镜图》中的床有两架屏风是因为床比榻的私密性要强。这些绘画中床都是多个壶门带托泥的床，在一些绘画中的床带有脚踏这和椅类家具带有脚踏的道理是一样的，为了显示使用者的

身份地位。

②一个壶门带托泥

《梧荫清暇图》（图6-101）和南宋李嵩的《听阮图》（图6-102）中的床型非常简洁，床下每侧只有一个壶门，壶门下设置托泥，是有壶门的床中最简化的床的形象，在《听阮图》中的床为木制，壶门券口平滑，床的腿足为内翻云纹马蹄，床上有一人凭靠的凭几在听一琴女抚阮，床上有书卷和其他的器物，整个场景非常惬意舒适。

③无壶门带托泥

《白描大士像》中的床是无壶门带托泥的典型代表，床的基本造型为箱体形式无壶门带有托泥，床面为攒框镶板，床的腿足为马蹄足在托泥上有小足，床前设有脚踏，垂足而坐时用来承足脚踏与床的长度一样，床后有一插屏，屏上的纹样装饰具有浓烈的宗教色彩。

④无壶门无托泥带牙头

《高僧观棋图》（图6-103）和《蚕织图》（图6-104）中的床是无壶门无托泥带牙头的床，造型比较简单，两侧腿足之间都有一横枨连接腿足，从绘画上可以看到床面面板是嵌入的形式，床的尺

图6-99　《女孝经图》中的床　　　　图6-100　《羲之写照图》中的床　　图6-101　《梧荫清暇图》中的床

图 6-102 《听阮图》中的床

图 6-103 《高僧观棋图》中的床

图 6-104 《蚕织图》中的床

寸比较大，床相对来说比较低。《蚕织图》中的床面为攒框结构，腿足之间有素牙头和牙条的设置，床的整体非常简洁也非常实用。

宋代时期的家具大多还是保留了唐、五代时期的遗风。在床榻上表现得最明显，这时的床榻，大多没有围子，俗称为四面床。李公麟《高会学琴图》中弹琴人所坐的榻和《槐荫消夏图》中的床均没有围子，在使用它们时要用凭几和隐囊。

（2）榻

榻在宋代的功能有了变化，可以躺卧休息也可以垂足而坐，在功能上更多的是向坐具转变，榻在前期的家具中比较常见，此时期的榻已不多见，榻的形式有壶门榻、托泥榻、四足榻等，榻的造型主要分为箱型结构和框架结构，这两种结构与束腰和托泥相结合。《十六罗汉图像》中的榻就是托泥榻，这一时期的榻都比较低矮，但在《妙法莲花经》（图 6-105）中有一高方榻和《听阮图》中的床一样都将壶门简化成了一个，造型非常简单，但是相对于其他的榻来说比较高，所以称为高方榻。

在南宋赵大亨《薇亭小憩图》（图 6-106）中的榻四足垂直落地，四足采用紧贴榻面边沿的四面平行式，这种榻都是四面没有围子，一般是需要凭几或者直几进行辅助使用的，从画中可以看出榻上有一凭几，榻的腿足为内翻马蹄，从绘画中来看榻的尺寸较床的尺寸来说是比较窄长。榻上侧卧一人，还有类似于衣物的织品，大抵是小憩时用来遮盖的吧。

榻是低坐时期的代表性家具，在宋代家具的转型时期榻依然表现出其重要性，整体来说宋代的榻比较朴素简洁，这种特征是与当时政府大力提倡节俭是有着非常重要的关系，榻在早期结构的基础上进行了发展，很多的榻具有宋代榻的典型特征，为后来明式经典家具奠定了基础。

小故事："卧榻之侧"成语的来历

公元 960 年也就是北宋初期，赵匡胤先后攻灭了荆南、湖南、后蜀等国，但当时还有一些还存在割据的状态，为了全国的统一。他召南唐后主李煜到汴京朝见，李煜担心自己被扣押拒绝来京朝见，就派徐铉到汴京求和，徐铉到京后拜见赵匡胤讲"我们是小国，你们是大国。小国听从大国之命，我们没有什么罪过，陛下为什么要讨伐我们？"而宋太祖直截了当地说："卧榻之侧，岂容他人鼾睡乎"，表明自己的势力范围不容他人侵占，毫不掩饰地表达自己的政治雄心，后人用"卧榻之侧"比喻自己的势力范围，沿用至今。

图 6-105 《妙法莲花经》中的高方榻

图 6-106 《薇亭小憩图》中的榻

5.绘画中的其他家具

（1）抽屉橱

宋代家具的新发展还在于抽屉的出现。在河南壁画上有一案，案上放小橱一件，该橱上有五个抽屉，这是迄今所见到的最早的抽屉形象（图6-107）。

（2）柜

在《蚕织图》（图6-108）中有柜子的形象，画中描绘蚕织户养蚕织帛的生活场景，从图中来看储物柜的两扇柜门向前开，里面分为四格户，从柜子和人物的整体比例关系来看，柜子形体不是很大，大小尺度恰当。值得一提的是从这两幅画中，柜子的搁置都在桌案之上，看来在宋代时期柜子与桌案之间是紧密联系的，成为室内陈设布局的两件重要的家具类型。在宋代这一时期还出现了一类坐柜的形式，它是集储存和坐具于一体的一种柜子。

在《五学士图》（图6-109）中出现的书柜是宋代出现的新兴家具，书柜和《蚕织图》中的柜子一样都是搁置到桌案上，书柜的顶部和正面是有多个正方形方格，书柜一共分为三层，从绘画中来看书柜门并不大，柜子为前开活门，一般书柜会在柜门前刻上藏书的名称以及册数，藏书人的姓名身份等便于检索找藏。画中的书柜连接处都用铜件固定，铜件铜黄色的铜件与黑色的书柜框架相得益彰，尽显书柜的风采。

（3）箱子

箱子在宋代所描述的并不多，其中在刘松年的《西园雅集图》（图6-110）中有两个人用木棍抬着箱子。从绘画中可以看出箱子一共分三层，第一层

箱子是带有箱盖，每层箱子的正面有花纹装饰，另外最下面的一层箱子底部带有矮足，从绘画上来看箱子的材质为竹藤。箱子里会盛有物品再加上箱子本身的重量可见整体分量不轻。

（4）屏风

宋代的屏风和前代相比有了很大的进步，在造型上、装饰上更为丰富，宋代屏风的形式很多，有独扇式、二折式、三折式屏风，另外独扇式的还有插屏式的屏风，此外还有布屏风、锦屏风、小屏风等。

①独扇式屏风

刘松年的《琴书乐志图》（图6-111）中有展示屏风的局部，屏风中绘有山水，同时在宋代很多的屏风中都绘有山水、人物、花鸟等绘画题材，屏风的四周有对称的花卉，展示着对称美，从屏风局部来看屏风下部有木制的屏风托支撑着屏风，具有复杂的曲线形成的雕刻，与上部直线流畅的造型相互呼应，既有流畅直线的简洁美也有曲线的活泼美感。刘松年的《十八学士图》（图6-112）中的屏风也非常经典，屏风绘画与所处的竹林中的场景相互衬托，非常有意境。《高僧观棋图》（图6-113）与《琴书乐志图》的插屏相似，都是有插座式，但其插座是简单的插座式没有过度的造型曲面，屏风上没有其他的装饰，非常简洁。

在《绣栊晓镜图》（图6-114）中榻上放置一小屏风，榻后放置一大的屏风。在《妆靓侍女图》中的榻后也有屏风，从绘画中能够看出屏风是宋代文人以及上层阶级家庭中必不可少的家具之一，与桌

图6-107 抽屉橱

图6-108 《蚕织图》中的柜

图6-109 《五学士图》中的书柜

图 6-110　《西园雅图集》中的箱子

图 6-111　《琴书乐志图》中的屏风

图 6-112　《十八学士图》中的屏风

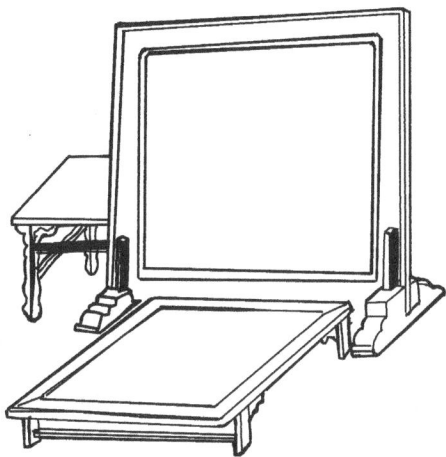

图 6-113　《高僧观棋图》中的插屏

图 6-114　《绣帐晓镜图》中的枕屏

图 6-115　《罗汉图》中的三折式屏风

椅床榻组成经典的古典家具。

②二折式屏风

二折式的屏风比较少见，在宋代佚名《白描大士像》中有一个二折式的屏风，此屏风折成"L"形，屏风比较大，屏框内有菱形宽边，屏风内有菱形的装饰，整体的装饰比较华丽，具有强烈的宗教色彩。

③三折式屏风

三折式的屏风在南宋刘松年的《罗汉图》（图 6-115）中有所体现，绘画中的三折屏其中扇稍大，两面边扇稍窄，屏上有枝叶和花草，两面边扇向外折，屏风呈现八字的形状。在《十八学士图》（图 6-116）中的三折屏三面都差不多大小，屏上绘有山水画。屏风中常有山水画作装饰，除此之外，还有书法作装饰，如南宋高宗书《女孝经图》（图 6-117）中有一屏风中以书法作装饰，另外还有以螺钿镶嵌的方式装饰屏风，使用这种装饰的屏风

一般是比较富贵的府邸才会使用，显示主人的身份与地位。

④小屏风

除以上讲述的屏风外宋代还有小型的屏风也称作小型枕屏，其长度与床榻的长度相接近，这种小型的屏风一般是放置在床头上起到遮蔽和装饰的作用，从《绣帐晓镜图》和《荷亭儿戏图》（图 6-118）中都有所展现，从绘画中可以看到这两幅绘画中的小屏风造型相似。

宋代屏风的陈设方式非常丰富，既可以陈设在室内也可以陈设在室外，屏风的使用与其他家具的组合是与所处的场合和方式灵活运用的，屏风具有遮挡、分割空间、象征身份的功能，宋代的文人在绘画或者使用屏风的时候更看重屏风位置的摆放，将审美放在首要的位置，总的来看宋代屏风的造型、装饰、陈设对后来屏风的发展具有很大的影响。

小故事：屏风在绘画中的作用

在众多的人物、生活题材的绘画、画中画中会发现都有屏风的存在，而且每当有床榻或者桌椅的场景就必定是有屏风的存在。屏风作为一件家具同时也可以说是一件艺术品，无论是在室内还是室外，屏风都有自己的所属的空间或者是地点。关于屏风有一个有趣的故事，在公元3世纪时期，画家曹不兴为孙权的宫殿中绘一件画屏。曹不兴画完后用白娟将画屏进行裱装，在裱装的过程中 不小心将一个墨点弄到了白娟上，有墨点怎么办，于是曹不兴灵机一动，将错就错，将墨点画成一只苍蝇。当孙权前来观看这幅作品时，抬手想把屏风上的苍蝇给赶走，结果发现是在屏风上画的一只苍蝇。通过这个小故事可以看出当时画家的水平高超，同时屏风这在当时的概念更进一步，也是可以当作空间的一个分隔点。

（5）瓶座

宋人喜爱插花艺术，所以出现了不少瓶座，将花瓶放入瓶座里，既起到稳固花瓶的作用，还起到装饰作用，渐渐成为室内装饰的一部分，也是文人和上层阶级社会家庭中必不可少缺少的家具。

瓶座其实是与盆架有相似的特征，所放置的都是容器，南宋佚名《胆瓶花卉图》（图6-119）中的瓶座造型非常别致，为箱型结构，四面都有开光，足间有云纹的牙头、牙条，与瓶中的花卉相映成趣。在河南禹县白沙宋墓壁画中瓶座（图6-120）的纹样非常精美，这也是符合文人的审美，也可以说宋代的文人参与了家具的设计，对宋代家具的发展起到了重要的作用。

（6）镜台

这一时期的镜台的形象非常多，镜座变低，放置到高型的家具上，垂足使用，形式多种多样。河南禹县白沙宋墓壁画（图6-121）、河南新密平陌宋

图6-116 《十八学士图》中的三折式屏风

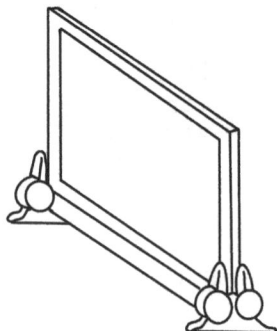

图6-117 《女孝经图》中的书法屏风

图6-118 《荷亭儿戏图》中的小屏风

图6-119 《胆瓶秋卉图》中的瓶座

图6-120 河南禹县白沙宋墓壁画中的瓶座

图6-121 河南禹县白沙宋墓壁画中的镜台

图 6-122　河南新密平陌宋墓壁画中的　图 6-123　《云笈七签》中的镜台
镜台

图 6-124　河南郑州柿园宋墓　图 6-125　河南
壁画中的砖砌落地檠　　　禹县白沙宋墓
　　　　　　　　　　　　　画中的落地檠

墓壁画（图 6-122）和《云笈七签》（图 6-123）中均有镜台的出现。

（7）落地檠

灯檠相比于前代并没有什么变化，朴素无华，河南郑州柿园宋墓壁画中的砖砌落地檠（图 6-124）和河南禹县白沙宋墓壁画中的落地檠（图 6-125）是宋代落地灯檠比较典型的代表。

这个时期绘画中的家具造型艺术，与唐代的豪华富丽有所不同，造型简约秀气，家具线脚、曲线走势丰富，结构上摒弃了前代不少笨拙盲目的处理方法，有了很多的创新和探索，家具的种类有所增加，这些为后来元代和明式家具的兴盛奠定了非常良好的基础。

6.2.2　元代绘画中的家具艺术

在元代不到百年的历史里，元代的画家们特别是那些民间画师们，在绘画中为后人留下了不少呈现当时代人生活状态的一幅幅画面，展示了元代各个阶层人们的生活方式以及日常生活中所用到的家具，这些都是非常珍贵的资料。

在绘画中可以看到元代的家具都有宋代的原型和特点，是因为元代的统治者推行汉人文化，但由于元朝的统一使宋代的南北绘画风格相互影响相互融合，使得元代的绘画的发展有了不一样的风采。在中原传统文化的基础上，多民族文化共同发展，形成了元代文化的一大特色，也是元代文人画的突出特点，元代文人画在崇尚和坚持本真的基础上，体现出打破被统治束缚的强烈心情，整体上有着表达真实情感的特点。

1. 绘画中的椅凳类家具

元代椅类家具最主要的是交椅，交椅在元代非常盛行，而且在特定的场所中交椅是身份的象征，大多是设置在厅堂供主人和贵客使用，妇女和侍从只能坐圆凳和马扎，这些在很多的绘画中都有所呈现。

（1）椅类家具

①交椅

元代的交椅十分盛行，如在元至治刻本《全相五种平话》中，交椅上铺有动物的皮毛（图 6-126），从铺搭的皮毛可以看出椅背的走向，椅背较高，围合型的椅圈扶手顺着椅圈顺下来往后弯曲成钩状，椅子的下部椅足呈现交叉状。再看元至顺刻本《事林广记》中的两个交椅（图 6-127）的基本形制是相似的，前腿部与椅圈相接，椅圈扶手顶端外卷，底端装托泥，后腿与前腿相交，椅轴为节点，顶端安横梁打眼，前腿上部横梁打眼，在量横梁眼孔中穿绳索交叉成可折叠的椅面，此做法一直延续到明清时期。再有内蒙古赤峰元宝山元墓壁画图的《主人对坐图》（图 6-128）中也出现了此类交椅，但很明显男主人坐的交椅为竹制的交椅。

在元代画家陈鉴如临摹的《李齐贤像》（图 6-129）中的交椅造型更为简洁舒展，其前置有

图 6-126 《全相五种平话》中的交椅　　图 6-127 《事林广记》中的交椅　　图 6-128 《主人对坐图》中的竹制交椅

图 6-129 《李齐贤像》中的交椅　　图 6-130 《张果见明皇图》中的圈椅　　图 6-131 山西平定四村元墓壁画中的椅

落地式长方形足承，已经颇具明式家具的风范。

②圈椅

圈椅在任仁发《张果见明皇图》（图 6-130）中有所呈现，圈椅的形制比较成熟，装饰比较华丽，线脚比较复杂，此绘画中圈椅的圈背前低后高，椅面呈现圆弧形，边抹有金属件装饰，圈椅的搭脑上方还有镶嵌的红绿宝石，使圈椅更加豪华大气，四足上有云纹牙子，足端上有雕饰，足部中间有凸牙宝珠。圈椅前有一长方形的脚踏，脚踏前有四个壶门，两内里各有一个壶门，脚踏的踏面为攒框镶板，踏板和托泥上均有金属包角，脚踏的存在更彰显了人物的身份地位。

③靠背椅

在山西平定四村元墓壁画（图 6-131）中出现了椅子和桌子，绘画中的椅子和桌子均使用布料进行了遮挡，但还是能看出椅子的基本形制，从椅子的侧面看腿足上下粗细基本一致，椅子座面比较厚实，椅子的搭脑出头向上弯曲，弯曲的幅度接近于九十度，造型比较夸张奇特。

（2）凳类家具

①圆凳

在前面提到不同身份的人所坐的家具不同，在内蒙古赤峰元宝山元墓壁画《主人对坐图》中的女主人所坐的是圆凳，此圆凳的造型比较敦厚，凳面比较厚实看起来还有类似束腰的形式，圆凳的腿足部位雕刻有卷云纹，使整体看起来更加有圆润之美。元至治刻本《全相平五种平话》（图 6-132）中也有圆凳，此圆凳与《主人对坐图》中的圆凳相似。

②方凳

元代王桢的《农书》（图 6-133）绘有方凳，方

图 6-132 《 全 相 图 6-133 《农书》
平五种平话》中的 中的方凳
圆凳

图 6-134 《修眉图》中的马扎

凳上坐着妇女，方凳的整体造型比较简约，凳面下直接连接腿足，在腿足之间有一方形的横枨，此方凳没有山西出土的陶方凳那样敦厚，整体的造型简约大方，但也比较实用。

③马扎

马扎在元代永乐宫壁画上的《修眉图》（图 6-134）中有所刻画，从绘画中能够看出一妇女坐的为非常普通的马扎，在前面也有提及马扎多为妇女和侍从所使用。

（3）宝座

元代的宝座象征着身份通常是贵族所使用的，

宝座一般都是有三面围屏，围屏上有植物的枝干藤蔓进行装饰，宝座座面上有软垫使其坐起来更加舒适，宝座前有踏板。在《旭烈兀汉在沙弗尔罕》（图 6-135）中的宝座造型直挺厚重，三面设屏，两侧有侍女，旭烈兀和妃子在座面上，身下有软垫，从宝座的正面可以看出座面前有雕刻，并且非常繁复，另外宝座前还设有一脚踏，从种种迹象可以看出在此宝座上的人物身份比较尊贵。

2. 绘画中的桌案类家具

（1）桌类家具

元代的桌案类家具有很多可以分为方桌、长桌、长案等家具。

①方桌

元代的方桌有一种延续宋代的束腰桌子但又有所不同，束腰桌是有束腰的桌子，例如，在《消夏图》（图 6-136）中有张比较特别的束腰桌，桌面收缩是与束腰的长、宽度一样，束腰桌带有托泥，而且非常值得注意的一点是在桌腿下有曲状的结构，这张不同于其他桌子的束腰桌便是元代新兴的一种桌子，桌上的曲状结构比其他的枨子更加精美，逐渐演变成为一般桌上用的霸王枨。

在元代《消夏图》（图 6-137）中有一方桌，桌面比束腰和腿足都宽出一些，束腰下为彭牙，桌腿的上部分雕刻有云纹，足部雕刻有如意形状纹样。整体形制精致，像是将矮桌的云纹状腿再加上雕饰有曲状结构的长直腿而成的高方桌。方桌的牙板与腿足之间有巧妙的结构，是用于加固牙板与腿足之间的结构，所以表明腿部与上端的牙板部件是可以进行拆分使用，更加便捷地进行使用。也可以理解为元代在草原上流行使用矮桌，将腿接长后适于在中原定居的生活所使用的高桌。这件方桌与前面所讲述的方桌有相同之处，即在桌下都有曲状的

图 6-135 《旭烈兀汉在沙弗尔罕》中的宝座

图 6-136 《消夏图》中的束腰桌

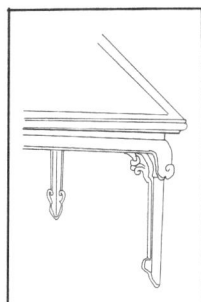

图 6-137 《消夏图》中的方桌

加固结构，但是也有不同之处，即没有托泥只在腿足处有内翻马蹄的形式。

元代木刻《金刚经注·灵芝图》（图6-138）中的方桌为无束腰的方桌，和前面所提到的两件方桌是不同的，但是腿足的基本形式相似的，腿枨结构比较简单，足下做成了云头状，腿足的线条比较流畅，这为明式家具线条的发展提供了很好的发展基础。

在山西大同冯道真墓壁画中的《道童图》（图6-139）中也有方桌，方桌为鼓腿彭牙方桌，简单、厚实，整体的造型沿袭了宋代的造型，桌子的腿足呈现内翻马蹄的形式，四周直接是横枨进行连接支撑。另外，在山西运城西里庄元代墓壁画中造型简单的方桌（图6-140）没有其他过多的装饰，只在桌腿的上方有牙子进行加固，而赤峰元宝山元墓中的方桌（图6-141）和文水北峪口元墓壁画中的方桌（图6-142），皆是方桌前后加双枨，左右加单枨，桌上放置着酒罐和食器，与山西运城西里庄元代墓壁画中的方桌略有不同。

②长桌

元至治刻本《娇红记》（图6-143）中的长桌

两腿之间的结构像是壶门结构，腿足上有云头纹装饰，桌面比腿足的接面要长出许多，整体呈现非常简洁利落的形制，可容纳六人进行餐饮、聚会、娱乐。在凌源富家屯元墓壁画中有一长桌（图6-144），长桌上放置着茶盘、茶杯，碟里盛放着食物，此长桌的造型非常简单，类似于宋代《蚕织图》中的案，整体的尺寸较小，长桌的四面都是双枨连接腿足，这个样式的长桌在元代比较流行。

内蒙古赤峰市元代墓室壁画中的长桌（图6-145）整体的造型比较简单，桌腿比较低，四周为裹腿枨，后来这种形式在明代应用到了罗汉床上。另外内蒙古赤峰元墓壁画《宴饮图》（图6-146）中的长桌上有桌围进行了装饰，这一装饰是仿照宋朝的习俗。

在萨迦北寺宣旺确康元墓壁画中的长桌（图6-147），桌面上放置着花瓶和一对杯具，花瓶里插着花，这一时期的桌类家具在造型上有了明显的民族特色和地域性特点。

（2）案类家具

元代的案类家具出现的比较少，在内蒙古赤峰元墓壁画中的《宴饮图》（图6-148）中出现了食

图6-138 《金刚经注·灵芝图》中的方桌　图6-139 《道童图》中的方桌

图6-140 山西运城西里庄元代墓壁画中的桌

图6-141 赤峰元宝山元墓中的方桌　图6-142 文水北峪口元墓壁画中的方桌　图6-143 《娇红记》中的长桌

图 6-144　凌源富家屯元墓壁画中的长桌　图 6-145　内蒙古赤峰市元代墓室壁画中的长桌　　图 6-146　《宴饮图》中的长桌

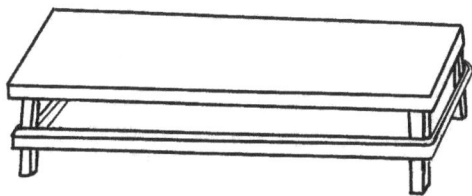

图 6-147　萨迦北寺宣旺确康元墓壁画的长桌　图 6-148　《宴饮图》中的食案

图 6-149　《事林广记》中的案　　图 6-150　翁牛特旗梧桐花元墓壁画中的长条几　　图 6-151　《听琴图》中的高几

案，食案的造型比较简单简洁，案的枨是围绕四条腿足的枨子。

元代的刻本《事林广记》（图 6-149）中案的形象与《宴饮图》中的案相似，案上放置着花瓶，从绘画中能明显地看出案面上有面心和大边，其中案的正面有枨子，侧面则没有很大区别。

3. 绘画中的几架类家具

元代绘画中出现的几有长几、花几以及高几等几类家具在几上体现出独具特色的民族风格。

（1）几类家具

①长几

翁牛特旗梧桐花元墓壁画中有件精致的长条几（图 6-150），从绘画中可以看出几面比较薄，四足雕成云纹状且外翻腿足，足底有设托泥，几面与腿足的连接处又雕刻出精美的半圆形的半腿构件，几上放置钵、托盘和瓷盅等，可以看出该长条几整体形制俊美、纤细，具有民族特色。但是整体的造型比较纤细，与蒙古族的家具的敦厚有所不同，这是比较少见的长条几。

②高几

元代的《听琴图》（图 6-151）中的高几基本沿袭宋代束腰桌的基本形式，带有高束腰和托泥，连接束腰与腿足的结构上有类似于壶门的形制，腿足连接托泥，这也充分说明了是沿袭宋代的束腰桌，只不过是加了托泥，高几上放置酒壶和茶壶的器物，展现了文人的生活状态和意趣。

图6-152　内蒙古赤峰市三眼井元墓壁画中的花几　图6-153　济南柴油机厂元墓壁画中的香几　图6-154　《伯牙鼓琴图》　图6-155　大同冯道墓壁画中的六足曲足盆架

③花几

在内蒙古赤峰市三眼井元墓壁画中有花几（图6-152）的描绘，从绘画中可以看出花几是三弯腿的样式，是典型的元代家具特征，腿部设有单枨，腿与桌面底部设弧形斜枨，可以看出已具有了霸王枨的雏形，在其他的绘画中也有花几形象，但是这件花几比较具有代表性，代表了元代花几的基本特征。

④香几

在济南柴油机厂元墓壁画中有香几（图6-153）的形象出现，香几上有一香炉，此几面为圆形有高束腰，束腰下四腿上端鼓起，然后直线顺势而下，四腿落于托泥之上。整体的造型与高几的样式是一样的，只不过是将方形变成了圆形。在王振鹏《伯牙鼓琴图》（图6-154）中有一香几，此香几为树根造型，香几上摆放着博山炉，非常有趣，一边弹琴一边焚香，袅袅清香与高雅的琴韵相得益彰，为整个场景增加了高雅的意趣。

（2）架类家具

①盆架

大同冯道墓壁画中的六足曲足盆架（图6-155）与白沙宋墓壁画中的曲足盆架很相似，继承了宋代的风格，造型上基本相似，并没有什么变化。

②衣架

济南柴油机厂元墓壁画中的衣架（图6-156）类似于宋代的衣架，衣架的两端头为对称的雕刻纹样端头，既起到对称美和装饰作用还起到挂搭衣服使其不易掉落的作用，衣架的两条支撑的腿足下部有圆形的支撑柱，可以使衣架稳固地支撑在地面。

③镜架

架类家具在元代绘画中出现的较少，但出土了很多的架类家具，如从吴王张士诚父母合葬墓出土的银镜架（图6-157），银镜架一共分为架背和支架两部分。镜架是折合式，分为前后两个支架，造型像一把豪华的交椅，支架上有出挑圆云头纹装饰，下部有一脚踏连接两条横枨，脚踏上有很多纹饰的雕刻，非常精美。架背承托着镜面，呈现斜倚状椅背式，中间透雕花纹，两端圆雕云头纹。此镜架非常精美，是元代比较典型的镜架。

4.绘画中的床榻类家具

（1）床类家具

元代的床有带壶门托泥和无壶门托泥的形式。

①带壶门托泥

在山西大同冯道真墓壁画中的《倪瓒像》（图6-158）中的床是带有壶门托泥的床，床通体为黑色，从床的正面来看是有四个壶门，从画中推测出床两侧的应该是分别有大壶门，床上的人手持书卷，床上还有其他的物件。山西永乐宫重阳殿壁画中的床（图6-159）是带有壶门托泥的床，从床的侧面可以看出只有一个壶门，这也印证了《倪瓒像》中床的侧面只有一个壶门。另外在辽宁凌源富家屯元墓壁画《探病图》（图6-160）中的床也是带有多个壶门的床。

②无壶门托泥

无壶门托泥的床比较经典，具有典型代表的是元代的刻本《事林广记》（图6-161）中的床。该床没有壶门托泥四足直接接触地面，床体很大，三面有围栏，后栏杆高，两侧栏杆低，围栏上有雕花，座面下有单枨，床面与四腿接角处均有牙头装饰，床前设有脚踏凳，形似于明代的罗汉床的雏形。

（2）榻类家具

①带壶门托泥

元代的榻具有坐卧的功能，榻造型有所变化，《全相平话》（图6-162）中榻有不同的形制，榻上所放置的器物也有所不同。榻的整体呈现箱型的长方体，榻的正面分成三块面板，侧面则是一块雕刻卷云纹的面板，榻上有席子或织物，根据不同的适用场景来决定榻上使用的器物。刘贯道的《消夏图》（图6-163）中的榻是元代榻的代表形象，画中的榻设置在室外，屏风前设置榻，非常详细地刻画了榻

的形象。此榻为带壶门托泥的榻，榻下的壶门形制还是延续宋代榻的形式，榻上有隐囊用来倚靠，其榻的造型非常简洁利落，和宋代家具的风格相似。

②无壶门托泥

冯道真墓壁画《论道图》（图6-164）中的罗汉榻是早期罗汉榻的样式，是没有壶门和托泥的榻，所以壁画罗汉榻的形制应是仿照早期的画作而进行的绘画。另外钱选《扶醉图》（图6-165）中还有竹榻的形象出现，竹榻是无壶门托泥的榻，采用的是简单的梁柱式的结构造型，榻的边抹有两圈竹片，腿足也为两根竹并列组成，从竹榻的正面来看，腿足之间有一细横枨连接两腿足，整体上来看造型非常简单。以上所描述的均是元代的床榻，元代的床

图 6-156　济南柴油机厂元墓壁画中的衣架　图 6-157　吴王张士诚父母合葬墓出土的银镜架　图 6-158　《倪瓒像》中的榻床

图 6-159　山西永乐宫重阳殿壁画中的床　图 6-160　辽宁凌源富家屯元墓壁画《探病图》中的床　图 6-161　元刻《事林广记》中的床

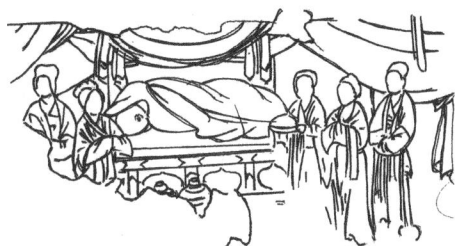

图 6-162　《全相平话》中不同的榻　　　　　　　　　　图 6-163　《消夏图》中的榻

图 6-164 《论道图》中的罗汉榻　　　图 6-165 《扶醉图》中的竹榻

榻对于明代的床榻也有很大的影响,其中元代的罗汉床很多是从宋代所延续而来的。

宋元时期最常用的坐具除了椅子就是床榻,椅子最常用的是待客家具。在家中坐床榻慢慢似乎已经成了一种习俗,尤其是文人更偏爱于既可坐又可卧的榻,在很多的诗文中有所印证,文人在属于自己的一片小天地中惬意地享受着生活。在《倪瓒像》中的文人身处在清雅明净的室内,在床榻上坐着身后有凭几倚靠,床榻后有一面山水画的屏风,人物的手中握着书卷,整体的画风中展现出文人的逸韵风神,是士人所追求的古典趣味。

5.绘画中的其他家具

元代绘画中的家桌、案、椅、凳、几和架等家具但其他的家具很少,我们可以从辽金等的绘画中看出元代的柜、箱、屏等其他的家具。

(1)柜

在河北陉柿庄六号金墓《捣练图》(图 6-166)中的大柜,从画上可以看出柜的盖子从上面可以折叠掀开,柜子的顶部是有金属的构件形成可以掀折

的形式,整体比较大,所以柜中的空间才看起来很大。从壁画中可以看出柜子的腿足是方形的,是一件非常简洁的家具,没有任何其他的装饰,比较注重实用。

(2)箱子

元代的箱类家具很少,在河北宣化辽墓中的壁画《童嬉图》(图 6-167)中出现了箱,基本的形式与宋代的箱子相似。箱子一共分为六层,箱子的盖为收角的梯形状,周边嵌入铜钉作为装饰,每层箱子的转角都有铜包角,一方面是用来做装饰,另一方面起到加固的作用,箱子都有铜质的把手环,在日常生活具有便利的使用功能,功能性比较强。

(3)屏风

屏风多见独扇式屏风和三折式屏风。

①独扇式屏风

陕西蒲城县洞耳村元墓壁画《堂中对坐图》(图 6-168)中有一件屏风,雕琢非常精美。屏风分为三个部分,上部分有山水画作为装饰,中间为雕

图 6-166 《捣练图》中的大柜　　　图 6-167 《童嬉图》中的箱子　　　图 6-168 壁画《堂中对坐图》中的屏风

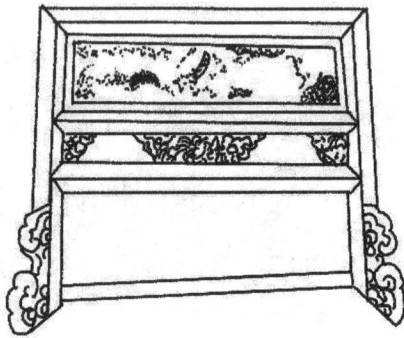

琢精美的植物花纹，下部为木板挡板，没有任何其他的装饰，在两侧有卷云纹的雕刻装饰支撑底座，整体呈现梯形状的造型。另外在《倪瓒像》中有一件屏风，屏风是与榻和高桌组合使用的，屏风由底座和屏身组成，底座上有类似于兽身的雕刻，看起来分量不轻，应该是起到装饰的同时又可以使屏风站立更稳固，屏风部分是有山水画进行装饰的，屏风上的山水与屏风前的人物相互统一，使画面更加和谐。

②三折式屏风

三折屏比较有代表性的是北京的密云元墓壁画，在壁画中一共有三件折屏（图6-169）。每件折屏的基本形式都一致，中间的屏风比较大且不折动，两侧的屏风较小且向内折，整体上呈现"八"字形，屏风下均带站立的足。三件屏风中间的屏心上都有绘画作为装饰，绘画中展现了元代的生活场

景和元代的花草植物，线条流畅利落，展现了元代家具风格特点。

元代虽然存在的时间相对来说比较短，却给后来的文化带来很大的冲击，元代家具形式以豪放简洁为特征，因蒙古族崇尚武力，反映在家具造型上，表现为形体厚重，古朴敦实有雄伟、豪放、华美的艺术风格，在结构上多用高束腰鼓腿形状，带有北方家具的特点，同时家具多用曲线，给人以浑圆曲折之势，造型饱满富足，生动奔放。

图6-169 北京的密云元墓壁画中的屏风

6.3 以桌椅为中心的生活方式

宋代采取了积极的安邦定国的政策，使得宋朝的农业、手工业、建筑以及科学技术都有了飞快发展。农业上的巨大的发展和进步，使得小生产者逐渐细化，宋代城市化的进程速度飞快，城市人口迅速增加，社会稳定发展。宋代上层阶级贵族兴修园林建筑，修筑很多规模宏大的建筑，同时手工业也日渐发展，家具行业开始蓬勃发展。

6.3.1 桌椅成为生活的陈设中心

我国古代家具在唐末五代时期开始出现变革，可以说是家具过渡的时期。从宋代开始进入高型家具发展完备的时期，同时家具的名称与功能的对应逐渐趋向精致和明确，而且在一次次的分化中使得家具的品种不断增加与完备，最具有代表性的是桌椅高型家具逐渐成为生活的重心。

1. 起居生活的变化

受魏晋南北朝时期佛教的传入和外来文化交流的影响，人们的生活方式开始发生变化，席地跪坐，伸足而坐，侧身斜坐，盘足而坐、垂足而坐等生活方式纷纷出现在人们的日常生活中。从隋唐时期，上层阶级贵族们开始在床榻边垂足而坐，或日常的休息娱乐或对外接客垂足而坐，但垂足坐在床边的生活方式是上流社会的贵族能够享受的，是被

极少部分人所使用，随着社会的发展垂足而坐才逐渐从上层阶级普及至民间全国，出现了高低家具并存的局面。一直到两宋时期人们才完成了垂足坐的生活方式和与之相应的高型家具的发展。

南宋时期，高型家具基本普及，如床、榻、椅、凳等高型家具在日常生活中使用场合非常多，特别是床榻的布局和床上用品的演变和发展，凸显了人们生活方式的变化，演变出新的生活方式。

2. 床榻到桌椅的变化

床榻在唐代时已经有了明确的分工，床是专门用于休息的卧具，置于卧室之内，榻的用途则较为宽泛，可设置在室外，可坐可卧用于休息和娱乐。随着床榻形制的演变和使用方式的演变，人们的起居生活逐渐从席转移到床榻上。唐代人们的起居生活方式是以床榻为中心，隋唐时期床榻对日常的生活非常重要，在唐代的上层阶级的贵族已经有了垂足而坐的生活习惯，为了满足垂足而坐的生活方式床榻开始由低向高转变，床榻的形制和构造也开始发生变化；床榻由壸门的形制向箱体的形制开始转变，装饰上也向华丽转变，装饰华丽是受唐代所追求的华丽富贵而影响，此外床榻还配合屏风的使用，起到遮蔽和分割空间的作用，与此同时家具开始走向组合的形式。

在两宋时期才开始完全进入以垂足而坐的生活方式，家具的形制从矮型逐渐发展为高型，人们从以床榻为中心的生活方式逐渐向以桌椅为中心的起居生活方式过渡。高型家具在两宋时期的结构、功能和形态等方面迅速发展起来逐渐步入成熟时期。其中最主要的还是桌椅类家具的发展，至此桌椅等高型家具开始成为中国古典家具，一直到两宋时期我国基本上才完成由席地而坐向垂足而坐的生活方式转变，起居方式的变化为我国古代家具的发展带来了一个重要契机。

3. 高型家具的发展

宋代高型家具的体系基本建立，家具的品种样式逐渐丰富。在唐代之前的高型坐具无靠背，不具有倚靠的功能，宋代的高型坐具在沿袭前代的基础上加了靠背并发展成具有自己的特点的家具。最具有特点的是灯挂椅，灯挂椅的搭脑两头挑出，椅背瘦高，形似江南农村灶前的油灯挂，所以命名为灯挂椅（图6-170）。宋代出现了另一种高型坐具，交椅，交椅是在凭几和胡床的形制演化而来并加上了

靠背和脚踏，座面采用编织物。与此相适应的是高桌、高案、高几等桌案类家具纷纷出现，这一时期的桌案类家具的结构主要采用台型结构；随着束腰的出现，桌类家具的壸门形制逐渐消失。桌类家具主要有方桌、长桌、交足式折桌、供桌等，并且出现了琴桌，琴桌非常符合文人的意趣，桌面下的夹层能在弹琴时形成共鸣。

在高型家具流行的早期，家具的制作工艺主要受大木作建筑营建法则的影响，梁柱式的框架结构将家具的功能性与美学相结合，取代了隋唐单一的壸门结构，外观简单，没有繁复的雕刻；家具主要采用方腿或圆腿直腿，线条的使用和变化并不多，在这一时期高型的家具大多由直线构成，例如牙板作为一个装饰的部分，还是一个稳定的结构，结构由繁杂趋向简化。

4. 桌椅的组合

在宋代产生了以桌椅为中心的生活方式，随着有了新的家具布置格局，尤其在北宋时期桌椅的使用更加广泛，有一桌一椅，一桌二椅一桌三椅甚至一桌多椅等多种组合方式。

宋代改变了传统的席地跪坐，形成了以垂足而坐的起居方式，以床榻为中心的生活起居方式形成了以桌椅家具为中心的新的起居方式，主要围绕着床榻或席为中心家具组合的格局也逐渐发生改变，室内的高型家具已广泛运用于实际生活，从许

图6-170　灯挂椅

多宋代绘画中可以看到室内多摆放桌椅，有的将桌设为中心在两旁摆放两把椅子，有的则更多，再配以凳或墩之类的家具。以《清明上河图》为例就画中有非常详细和明确的布置格局，酒馆、店铺中的陈设为中心对称的布局，且桌案后面设置一屏风。

宋代文人室内家具陈设具有自由与灵活性，家具与诗词和画意相结合，在书房或者是卧室内的布局常采用不对称的格局，由此可以推测出是因为文人的随性和洒脱对居住的室内陈设有一定的影响，人的生活中有一桌一榻或者是一把交椅，可以将起居生活安排得非常惬意，在《高阁观荷图》（图 6-171）中所展示的场景虽然存在想象向往之情，但是也能从中体现出一定的生活场景，使桌椅成为最经典的组合。宋人的日常生活中的高型家具，也大多保持着可以方便移动的特性，最常见到的是桌子和椅子，同时也是宋代最具有代表性的，桌椅家具占据着生活的重心。室内陈设的灵活性体现在《蚕织图》（图 6-172），从图中可以看到两张桌子是拼接并排到一起，是室内布置陈设的一种常用的方式，家具的布置具有灵活性。桌椅成为陈设的中心，完全进入文人的生活中，对宋代家具的式样特别是文人居室陈设的品位深刻地影响到后代，对明代家具成为中国家具史的高峰有着非常重要的影响。

宋代家具的种类和陈设有了新的面貌，家具的艺术造型不同于唐代丰富豪华的风格，宋代家具造型简洁典雅、美感精致、简洁实用。家具一般采用梁柱式的框架结构，线和脚的走向是多变的，许多盲目和多余的设计技巧在这一时期已经慢慢被摒弃，从而形成了实用的结构和简洁典雅的装饰特色，为明式家具的发展奠定了基础。

6.3.2　器物学影响下的桌椅艺术

自器物产生时就对人们的生活产生影响，器物的材料、造型、纹样与朝代的社会背景、文化潮流和精神性质的某种功能有关，例如商周的青铜器，青铜鼎。鼎的出现和使用主要与当时的社会背景有关，在保证器物基本使用的基础上，在造型上要庄重沉稳，具有神秘感。魏晋南北朝和隋唐时期，在佛教的影响下许多器物的造型采用与佛教相关联的元素，例如莲花，在器物上雕刻有莲花纹样或莲花造型的底座纹样明显地带有宗教的色彩，一直到唐以后开始有了新的转变，宗教色彩开始淡化，在器物上开始采用植物花果等用作装饰，这些都与当时的社会背景有关。

宋代垂足而坐生活方式的转变出现了很多的高型家具，同时家具在造型上，也有所转变，在以往家具的基础上演变出了具有时代特征的高型椅类和桌类家具，装饰上开始简化，多运用直线，制作上更符合人体的比例，使其舒适。所以可以看出古代的社会背景、思想文化、生活方式的变化直接推动着当时器物造型、装饰等制作工艺的变化，器物也影响着家具，正是由于不断地变化发展，才使得宋代的家具文化变得更加丰富多彩。

图 6-171 《高阁观荷图》

图 6-172 《蚕织图》

1. 器物学

中国传统器物的发展源远流长，最早的可以追溯到8000~10000年前，从新石器时代陶器的产生便揭开了器物文明的序幕，然而每个朝代都有每个朝代的不同发展与进步。器物是古代人类在长期劳动过程中发明创造的劳动工具和日常生活用具，其中包括石器、木器、陶器、瓷器等。宋代器物的出现与宋以前的社会文化思潮有着直接的关系，宋代的器物研究和收藏非常盛行，器物研究在这一时期逐渐走向成熟和繁荣，这不仅与宋代社会流行的思潮有关还受到程朱理学思想的影响。宋代统治者为了更好地统治，在传统社会的基础上形成了一批儒学家，在儒家思想和道家思想以及佛教思想的影响下，宋代的理学思想得以形成。这一时期也是古代礼教文明发展和完善的重要时期。礼乐制度受到高度重视，理学思想高度繁荣，礼乐制度和理学思想作为两种相互关联的文化现象，在宋代发展成为一种宏大的景象。这也是历史发展的必然性，它们互为条件，相互影响，从根本上决定了宋代一切社会活动的方向，从根本上来说，二者密切相关，相互影响，形成了宋代独特的文化结构。而元代的思想基本上沿袭了宋代的思想文化，思想文化得到了极大的融合和发展，器物观念必然影响到宋元家具的影响，家具推动着文化的发展与进步，实现文化的传承与发展。

2. 器物学对桌椅的影响

器物学对宋元时期的家具有很多的影响，在桌椅家具的材料上、工艺上、造型上、装饰上、雕刻上、纹样上都有所影响，这些也促进了宋元时期桌椅家具的发展。

（1）材料上

材料是构成器物的表现载体，不同的家具，不同阶层的人所用家具的材料也不同。在春秋战国时期的工艺典籍《考工记》中就有"材美工巧"的说法，讲述了关于器物的材质美，合理充分利用材料进行器物的制作展现材料的美感，受到中国哲学思想和审美文化的影响，对器物的美学判断应该是本色的美，是一种纯粹的、自然的美感，追求朴素的美。在家具上通过材质寄托文化寓意和审美情趣，体现了对自然之美的审美倾向，追求材质美的审美情趣，所以桌椅家具在制作上尽量展现木材的自然纹理的美感。

宋元时期的家具使用的材料多是木、竹、藤、革、石、玉、陶、瓷等，其中多以木材为主，木材的种类繁多且常常就地取材。

制作桌椅家具的材料最常见的是用杨木，杨木是宋代常见的木种，种植的数量多且材质比较细腻，易于加工和制作，如甘肃武威西郊林场墓地出土的长方桌就是杨木所制作，也有很多文人、僧人所使用的家具多用树枝和藤枝制成，充分展示材质天然的质朴之美。南宋佚名的《萧益赚兰亭图》（图6-173）中的禅椅也就是绳床，是用藤枝和树条制作的，此椅为四出头的靠背椅。从绘画中可以看出椅子的材质和清晰的纹理，此画中靠背椅具有古朴苍然的韵味，此椅是当时僧人用来打坐的坐具，后来成为禅椅。这种材料的家具在大理国时期，也就是和《清明上河图》同一时期的《张胜温画卷》（图6-174）中有所体现。另外还有用比较名贵的木材来制作家具，金丝楠木在元代时就是比较名贵的木材，其木材的纹理直、不易变形，桌椅家具在用材上选择耐用、便于制作的材料，在元代名贵的材料则是物尽其用。

（2）工艺上

宋元时期的桌椅家具随着朝代的更迭在制作工艺上有了很大的变化，也可以说是技术上有所进步。随着宋代科学技术的进步，一些名工巧匠编著和技术的书籍开始出现。山西洪洞县广胜寺水神庙明应王殿的墓壁画上的《渔民售鱼图》（图6-175）

图6-173　《萧益赚兰亭图》

图6-174　《张胜温画卷》

图6-175　《渔民售鱼图》

中桌子的腿足一改方形直腿或圆形直腿的方式，桌子的腿足是似葫芦的形制，这种形制的腿足可能是木料车旋出来的，足以见得是制作工艺发展的表现。

另外宋代的髹漆技术日渐成熟，达到了炉火纯青的地步，素髹设色简洁，通常是只有一两种色相，多为日常使用的器物。素髹在宋代深受喜爱这种工艺正好是符合宋代文人内敛的审美取向，漆器上所体现出的质朴雅致和含蓄温润的质感备受推崇。宋代的素髹工艺中的推光漆与抛光技术的发明与发展，使得漆器变得雅致、淳朴，而到了元代素髹的工艺变得多样繁华起来，出现了黑漆、朱漆、黄漆、绿漆、紫漆和金色等素漆的漆器，使漆器在晶莹透亮、简洁的漆质肌理之间，显示出材质的纹理变化。彩髹在汉代时期就达到了成熟的阶段，而宋元两代基本沿袭了汉代的做法，并没有什么大的发展与变化。

（3）造型上

古人认为人与自然是和谐统一的，提倡自然的文化精神，即人与自然统一的思想，中国审美文化强调含蓄美和不夸张美，尤其是到了宋代，整个的社会潮流和文化处处体现含蓄。宋元两代器物的造型以直线和曲线为主，以自然为审美标准。家具的结构主要是梁架结构，在家具上使用的夹头榫普遍带有牙头，它不光是为了装饰，主要是由结构功能上需要稳定、牢固所决定的，并非附加物。受梁柱的影响，这一时期最突出的变化是箱型壸门结构被梁柱式的框架结构所取代，结构由繁变简。新型家具长桌、圆桌、方桌、座椅、火盆架、镜台等相继出现，整体造型为立柱支撑或框架式结构。

元代家具喜欢用曲线造型，多用于腿足和牙板上，使家具整体浑圆曲折，如山西文水北峪口元墓壁画上的弯腿抽屉桌、元大同冯道真墓壁画中鼓腿彭牙的方桌、元永乐宫壁画《朝元图》（图6-176）中金母所用的宝座圈椅及小供桌等，以曲线为美，桌类家具还特别喜欢用束腰这一结构，这体现了元代家具的有松有紧、张弛有力的风格特点。

（4）装饰上

宋代以前，家具的装饰大多装饰在家具的表面，而宋代的家具则在装饰结构部件上，尤其是桌腿上。桌腿的足面除了做成的方形和圆形横截面外，通常还被做成马蹄形。桌面下开始使用束腰，桌面四周的边缘，枭混曲线的应用也非常普遍，还有大量的装饰线条，这些都是家具的装饰，这些都是受到宋代家具和器物的影响。

生活在草原上的蒙古族对大自然有着与生俱来的特殊情感，对千变万化的蓝天白云倾注了无限的情思。经过历代人细心的观察和浪漫的想象，创造出繁多的云头图案，这一点，我们可以从蒙古包、蒙古刀、蒙古靴等草原用具上得到印证。

（5）雕刻上

家具的雕刻方法种类多样，但在宋元时期家具的雕刻主要以虚实相结合，依附木材的自然属性加之木质纹理的走向，充分体现出民间工艺遵循木材本身的天然设计理念；根据木质硬度的不同，因而雕刻技艺也发生相应的变化。宋代桌椅上的雕刻主要是含蓄，而元代在桌椅上的雕刻主要是雄丽，宋元两代的雕刻风格不同。

元代家具雕刻，往往构图饱满、生动、刀法有力，用厚实的材料制成高浮雕，动物花卉镶嵌在框架中，给人以凸凹、跌宕起伏的动感之美；运用圆雕的雕刻技法，强调立体效果和远观的大体效果。将家具主要应用于宫廷和官邸，运用许多华丽的雕刻显示出其高贵的气息。

（6）纹样上

宋代家具中的纹样很少，大多是在日常使用的漆器中，一般是人物阁楼为主题，衬以山水鸟兽，边缘饰以折枝花卉等，在江苏武进南宋墓出土的戗金花卉人物瓣式漆奁、戗金人物图案长方形漆盒就是这样的纹样形式。

图6-176 《朝元图》中的宝座圈椅及小供桌

元代的雕漆是最有特色的装饰手法，装饰纹样有花卉鸟兽、山水人物等纹样。元代的花鸟纹样与宋代的花鸟纹样不同，宋代所追求的折枝、小花朵的纹样是符合当时文人的审美与意趣。元代花鸟题材的纹样则是采用大朵的花卉铺满整个画面，这也是与元代的审美有关，花卉纹样非常写实。山水的纹样一般是由三种不同形式的锦纹组成，描绘天空是用非常流畅的曲线或折回单线进行刻画形成的纹样，有点类似于并联的回纹纹样，而水的波纹是用弯曲的波纹的线条组成，描绘陆地是由方格或斜方格作轮廓，这就是三种锦纹，这三种锦纹又称天锦、地锦、水锦。人物纹样多是表现超凡的文人士大夫的形象，例如采菊东篱、河塘观景等人物纹样，人物传神，栩栩如生。

宋元时代所追求的尚理平朴之风的审美情趣都体现在器物上，影响了宋代各种器物的产生和发展，同时中国传统器物的工艺都闪烁着灿烂的文明的火花。回顾这些器物，每一时期、每一件器物都凝结着中华民族伟大的创造智慧，散发着独特的艺术魅力。

6.3.3　元代桌椅家具的新成就

元代的（1279—1368）建立结束了当时南北处于对峙的状态，将国家统一起来，后又向西夏、金、欧洲地区等地区拓展疆域，统治了亚洲和欧洲的广大地区，各个民族和国家进行交流使得各民族的文化进行了渗透与大融合。国家的统一和社会的稳定使经济快速恢复和发展起来，海外贸易和交流较之前更加繁盛，为元代各方面的发展提供了更有利的条件。元代统治者在宋代汉人统治的基础上，继续沿袭汉人方式同时也融入了元代蒙古族和各个领域放荡不羁的生活方式。因此，元代家具是各个民族之间融合的产物，必然会呈现出独特的家具风格。

1. 新形式

元代家具的新形式体现在抽屉桌上，在山西文水北峪口元墓壁画中有一件抽屉桌，抽屉桌造型奇特，是元代后期出现的新兴家具（图 6-177）。桌面上摆有餐盒、提梁壶和碗，桌上带有两个抽屉，抽屉位于桌的上部，抽屉上有装饰和圆形的金属拉环，拉环的设计使日常使用更加方便，这也体现了

元代家具的实用性，同时抽屉的容积大，可以在抽屉里放置更多的物品，抽屉的大小也决定了桌面的大小，所以抽屉桌的体量感比较强，同样说明了元代注重家具的实用性。抽屉桌的两个前腿，为典型三弯腿，腿足外翻，腿端上有花牙托角，桌脚带有托泥，后腿为直足腿方便靠墙摆放，腿足之间有横枨连接，使抽屉桌更加稳固。

在元代《消夏图》中有一方桌，此方桌为高束腰桌，桌面比束腰和腿足宽出一些，束腰下为彭牙，桌腿的上部分雕刻有云纹，足部雕刻有如意形状的纹样，整体形制精致，是将矮桌的云纹状腿加上雕饰有曲状结构用在长直腿上，形成高方桌。方桌的牙板与腿足之间有巧妙的结构，用于加固牙板与腿足之间的结构，这表明牙板上的部件是可以进行拆分使用，方便了家具的使用。

在山西大同崔莹李氏墓出土的方凳（图 6-178），用于坐具的同时也用于上马踩踏，所以座面比较厚实，在机凳的座面四周有边框，中间镶嵌有板面，四条腿足之间连接云牙板进行加固，此方凳小而精巧但是非常实用，体现出元代的家具注重实用，通过这些家具都能体现出元代家具新的形式。

元代的桌类家具除了有束腰桌外还有新的形式，表现在桌面的缩入，在《春堂琴韵》（图 6-179）、《夏墅棋声》（图 6-180）、《秋庭书壁》（图 6-181）、《冬室画禅》（图 6-182）和山西大同元冯道真墓画《道童图》中的桌子的桌面都是缩入，在桌面和腿足的连接面呈现圆滑顺接腿足，有的桌子腿足内翻或者是在腿足上有其他的装饰，这也佐证了元代的桌类家具着重在腿足上进行装饰。

2. 新结构

元代家具出现的新结构是罗锅枨、霸王枨、三弯腿、步步高、裹腿做、鼓腿彭牙等新的结构。

（1）罗锅枨

罗锅枨是指中部高、两头低的一种枨子。在《春堂琴韵》（图 6-183）就有桌子带有罗锅枨，从此绘画中能够看出此桌的腿足为圆柱形，桌面为攒框镶板，整体比较瘦高。

在山西洪洞广胜寺壁画《渔民售鱼图》中有一张方桌，桌子的腿足非常明显地能看出是多节的圆节柱的形状，这是其他的方桌所不具有的造型，方桌的牙板采用卷云纹的形式，方桌下的罗锅枨高高地拱起，不光是起到装饰的作用，更是起到加固稳

图 6-177　山西文水北峪口元墓壁画中的抽屉桌　　图 6-178　山西大同崔莹李氏墓出土的方凳　　图 6-179　《春堂琴韵》中的桌

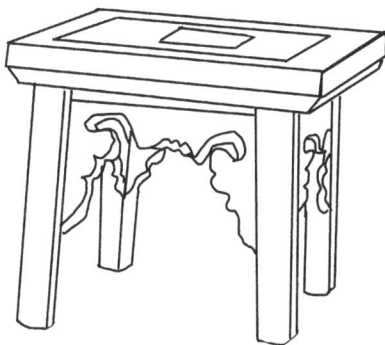

图 6-180　《夏墅棋声》中的桌　　　　　图 6-181　《秋庭书壁》中的桌　　　　　图 6-182　《冬室画禅》中的桌

定的作用，四腿足之间带有罗锅枨，摆脱了原先直枨的结构的基本形式，使得枨子的结构功能和装饰功能同时兼顾。

（2）霸王枨

霸王枨（图 6-184）是安在家具腿足的内侧，与家具板面底部连接的一种斜枨。"霸王"是形容这种枨坚实有力，既能承重又能加强形体的牢固。

在元人所绘《消夏图》中，有一件像是将矮桌腿接长后而成的高桌腿的桌子，腿足下有曲状的结构，从结构上来看是起到加固的作用，其结构形式与霸王枨的形式相似通过桌子的正面看到结构藏于桌面下。

（3）裹腿做

元代出现了方裹腿，是在桌类的腿足上方围绕一圈的一种做法，如元代《听琴图》（图 6-185）中的小方桌，横、侧两枨与腿足上端采用"方包圆"裹腿做的做法，这种做法是在桌子上省去壶门、托泥后追求稳定的做法。这种做法一直延续到明清时期，并派生出"圆包圆""方包方"等结构。

3. 新风格

长期生活在草原上的蒙古族人和生活在庭院中的宋代文人对体量感有着不同的感受，蒙古族人认同不了宋式的纤丽，更喜欢丰富的美，所以在家具的制造上，他们使用大而且厚的木料进行整体的雕琢，在家具上使用金属配件，既能起到装饰作用，又能加固家具，所以元代家具给人结实耐用的感觉。

在蒙古族崇尚自然习俗的影响下，家具的装饰纹样更多运用吸收了中国传统的古典纹样。在洞耳村墓壁画中，有两张形制相同的长方形桌（图 6-186），具有勾云如意形牙头的特征，腿足为圆形，比较高挑，在四条腿足直接有一圆细枨，桌面上有食具和插着花的花瓶，由此可见长方桌的造型比较典雅大方。赤峰沙子山墓壁画中的地桌（图 6-187）体形较小，桌面大致呈正方形，两腿之间没有枨子进行连接，但是腿的顶端有着如意云纹。这些都是比较典型的元代家具的形象。

元代前期家具上使用的纹样主要是植物卷草纹样和云纹，元代的后期进一步地融合花草纹，如卷珠纹、卷草纹、莲花纹等纹样，家具结合植物纹样和云纹，广泛雕刻在元代的家具中，无论是雕刻还是绘画都极力表现如云气流动般的气势与草叶缠绕不断、盘长延伸的繁茂，充分体现家具的气势和美感，当然元代的家具上也会体现出其他的纹样，但是更多的是体现出自然中的风光和现实生活中的场景。

陕西蒲城洞耳村元墓壁画中，墓主人身后有一扇黄色单扇大屏风，屏风宽边框，腰部有两个横向边框与立边结合，屏底两侧装置斜向云头旋雕站牙。屏框内里分作三部分，顶部为一幅横披水墨图，绘有寒山荒木，饶具情致；腰部为荷花荷叶图案，面板下部为一大方素面板，下半部分的素面板和上半部分的水墨图相结合，体现出屏风的素雅之美。

大同崔莹李氏墓出土的陶供桌（图6-188）上半部为可拆卸的围栏，围栏下部立柱设围板，上面雕刻花叶，立柱上部设置一圈横栏杆，顶端有扁圆柱形花饰；下半部为长方形桌，桌面下四周镶板，板面饰牡丹纹，腿部间旋雕花牙子券门雕刻有花纹，腿外侧与桌面结合处雕饰花牙子，屏风和陶制的供桌就是前面所提到的在家具上使用植物的纹样和其他纹样相结合最好的印证。

元代家具相对于宋代朴素含蓄之美，元代的家具更直接表现家具的风格特点，将建筑上的装饰方法用在家具上，例如描金、外罩桐油、金属包角、镶板等方式，使得元代家具更显得精美大气，除了具有本民族的特点和韵味，还结合了其他的风格和特点，演变出独特的元代家具。

4. 新布局

在元代屏风的使用发生了变化，元代之前都是

图6-183 《春堂琴韵》中的罗锅枨桌　图6-184 霸王枨

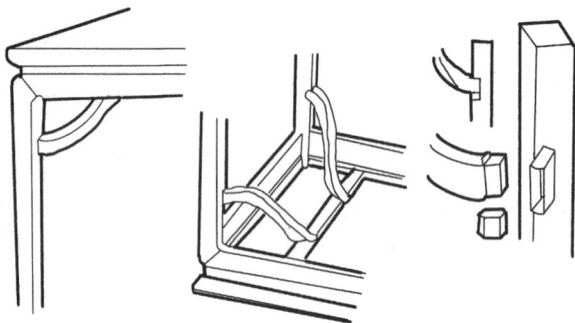

图6-185 《听琴图》中的琴桌

图6-186 洞耳村墓壁画中的长方形桌　图6-187 赤峰沙子山墓壁画中的地桌

图6-188 大同崔莹李氏墓的陶供桌

将屏风置于室内布置使用，屏前常设床榻或桌案配合使用。自元代以来屏风除了在室内陈设，又发展为可在庭院里使用，这种布置手法，可以说是从元代开始的。此后一直被人们采用并延续至清代。

元代家具新的形式和风格的形成，为此后明清家具奠定了基础。没有元代家具创造形式上不同风格的融合，就不会有明清家具发展高峰的出现。

思考题

1. 程朱理学背景下对茶文化有什么影响？
2. 诗词中描写的家具都饱含了什么情感？
3. 宋代家具的特点是怎样的？
4. 元代有什么新兴的家具？
5. 宋代家具的扶手椅都有什么特点？
6. 元代家具与宋代家具最大的不同体现在哪里？

第 7 章

明清时期的
家具文化

明朝初期，统治者推行了各种政策以改善民生、轻徭薄赋，恢复社会生产，使百姓得以休养生息，从而推动了社会生产力的发展。郑和七次下西洋，促进了国际贸易，推动了海外贸易的发展，因此明朝的海上贸易被卷入了经济全球化的浪潮中，来自海外的商品大量进入中国市场。尤为重要的是，五湖四海的奇珍异宝以及优质的木材，其中包括东南亚国家的硬木和染料，如花梨木、紫檀木、乌木以及苏麻离青等宝贵原料。到了明中期弘治、嘉靖中兴时期，手工业和商品经济更繁荣，大量商业资本转化为产业资本，出现了商业集镇和资本主义萌芽，文化艺术呈现世俗化趋势，以江南地区为影响的商品经济空前繁荣，在资本主义萌芽出现的经济背景下，人们的审美情趣也最终走向了相互融合、相互影响的阶层，在其商品的经济发展过程中不断添加文人雅士的价值追求，推动了明代家具的设计制作走向巅峰。

随着明代社会经济的繁荣发展，科技和手工业等进步的同时也兴旺发达起来。世袭贵族们、富商巨贾们的豪华家宅中，自然是少不了大量的家具用于陈设。家具的使用也不再局限于满足生活的最基本需要，而是更多地成为"时尚"消费的一部分，同时也开始了对硬木家具的崇尚，隆万年间，硬木家具便在民间富裕的家庭中普及开来。这是由于郑和下西洋带回了产于热带地区的木材，具有木质坚硬、强度高、色泽和纹理优美的特点，与当时的思想观念、风俗习惯、宗教信仰以及审美情趣相融合。硬木家具作为细木家具的上品，便成为人们争相追逐、争奇斗富的高级消费品。明代中期以后，国家的政治危机加重，传统文化受到了挑战，这种来自精神上的危机，使得一部分文人和士大夫们把兴趣和激情转移到了对传统文化物质载体的眷恋和爱惜上来，表现在家具的设计上就是拟古主义的审美观点的强化，比如爱好硬木家具气质上的古雅深沉、纹理上的自然质朴、陈设上的简朴和空灵等，借以从中得到慰藉。随着消费文明的兴起，人们的物质生活开始发生变化，包括人们的审美观、价值观和世界观。明代中晚期的市民文化、通俗文化的兴起，缩小了原先上流的精英文化和下层的民间文化的鸿沟，这也体现为明代各种通俗小说和戏曲的流行，尤其是一些描写市井生活的"人情小说"的兴起。通过这些小说，我们可以生动而真实地了解和体验明代的乡村和市井生活的具体细节和人们所使用的家具，同时这些小说所配的木刻版画更从视觉上给我们提供了丰富的感性形象。

知识分子群体是中国传统社会中最为有力的群体，特别是在知识分子群体和官僚群体高度统一的明代和外邦人士急于拉拢士林文人的清代，儒门弟子的重要性就得以凸显。早在宋代，就有儒释道合流的现象，到了明代则更为开放，甚至有儒生可以信奉西洋来的基督教而形成教义上的统一。而这种以退为进的消化和吸收保证了儒家文化体系不动摇的地位，以至于在明清时期，儒家思想已经与汉初董仲舒门下的思想有了很大的不同。明朝是一个三教合流的时代，阳明心学与实学并存，受中国传统儒家文化的影响，在天人合一、整体平衡的思维意识支配下，特别是明朝中后期，文人直接广泛参与了工艺设计和家具设计，使得民俗家具中更多地渗透着一种"以人为本"的思想观以及"自然""朴雅""精丽"的审美观。

明朝时，人们在选择家具和室内陈设过程中渐渐倾向于文人家庭的器具风格和日常生活习惯，这也客观反映了当时的审美方向和民俗特点，其中突出的特点体现在家具的造型方面。明式家具中有很多类型的家具，不管在官僚家庭还是普通百姓生活中都非常常见。家具中所蕴含的中国传统思想、道德观念、等级观念、审美观念以及各种风俗习惯等，其表现内容也体现了中华民族长期以来文化传统和精神世界的积淀，有着极其深厚的文化内涵和文化底蕴，展现出中华民族博大精深的文化底蕴和中国传统儒释道哲学思想文化以及高超的造型工艺，并促进了通俗文化与工艺美术的发展与繁荣。

明末清初资本主义的萌芽与发展，给社会、文化带来了很大的发展，尤其到了清代中期也就是康熙、雍正、乾隆时期，家具有了很大的发展，传统家具进入了一个黄金时期，家具与前代的风格形成了独特的"清式风格"。

中国家具历史悠久，在明清时期出现了高超的家具制作工艺和精美的艺术造型，达到了中国家具发展历程中的高峰，但这并不是偶然造成的，而是因中国的政治、经济、美学思想等经历了数千年的演变，在明清文人士大夫那里将简洁、空灵的审美发挥到了极致，将传统的线性造型灵活运用到造物活动中，本质中散发着质朴，高度抽象中凝聚着文人精神。

7.1　明清家具的文化内涵与艺术特征

明清家具具有时代的烙印，明清文化体现在家具的造型、装饰和纹样上，在明清家具中可以看到人们的审美和时代的追求，例如明式家具的选材和用料不单单是材质的使用，而是体现出木材的纹理，表现出材质内在、含蓄的美感，是明式家具文化的一部分，也是明式家具的标志之一，在明代后期更有一些文人骚客加入了家具的设计，将文人的思想、艺术和独特的审美观在家具中都得到了充分的体现，而清式家具尤其是宫廷家具则是注重造型和装饰，造型上注重体量感造型复杂华丽，雕刻和装饰的类型非常之多，使得家具异彩纷呈，大放异彩，具有典型清式家具的特点。

7.1.1　明代文人生活与清代宫廷文化

1. 明代文人生活

明代文人的生活和宋元时期文人的生活状态相似，明代的很多的绘画或书籍中记载着文人的生活状态：读书品茗，以文会友，吟诗作画，鉴赏字画，品玩古董等。

（1）琴

明代文人以琴来表达自己的情绪，开心愉悦之时抚琴，失意不得志时以琴声咏志，琴是情感的表达载体和宣泄口。将琴放置在琴桌或琴几上进行弹奏，琴出现的场景比较多，有时在庭院中，有时在厅堂中，又或者是在出游时。在各个朝代中都有对琴和抚琴（图 7-1）的描述，可以说琴是文人身份的一个象征。

（2）书

文人骚客一般都拥有自己的书房，在书卷中能够释放心灵，无关功利，高兴时即兴赋诗一首并抄写记录下来，在书法（图 7-2）的墨香之间感受自己的小天地，使压抑愤懑之情得到缓解和平复。文人的境遇不同，书写的文字字体都不同，甚至文字的大小也不同。

（3）茶

明代朱元璋下令取消了茶饼，改为饮用散茶，但在日常的娱乐场所（图 7-3）、会客和出游时饮茶是必不可少的。明代文人喜出游，出游时带上自己使用的家具以及喜爱的茶具，寻一静谧胜地，舀一清凉泉水煮茶，享受自然，享受茶饮。明代文人徐文长在《某伯子惠虎秋茗谢之》中便有诗云："虎丘春茗妙烘蒸，七碗何愁不上升。青箬旧封题谷雨，紫砂新罐买宜春。"在春日的情趣中准备喝茶的紫砂壶和享受制茶，也承载了当时文人的某种情怀，家具与文人有着更深一层次的联系。另外，明代的

图 7-1　《三希画堂室》中的抚琴场景　　图 7-2　《新看奇妙注释西厢记》中书写的场景　　图 7-3　《金瓶梅词话》六十三回插图　海盐腔演出场面

图7-4 《事茗图》（局部）

图7-5 《百美图》中的插花场景

图7-6 《琵琶记》中的焚香场景

唐寅对茶情有独钟，《事茗图》（图7-4）可以看出他对饮茶的喜爱之情，饮茶也是文人生活中不可缺少的一部分。

（4）花

插花一般放在花几上（图7-5），花几则是置于房间的一角，将室内的环境变得典雅文致起来。文人爱好插花，一般在花瓶中插一些时令花和有寓意的枝干，将不同颜色的花搭配起来；或者只将一种花插在花瓶中，讲究素净和雅丽。在室内使用的花几和其他家具使用的材料以木黄花梨和紫檀两者为多。黄花梨颜色华丽，雍容华贵，其制成的家具呈现出典雅华贵的气质；紫檀颜色深沉，静而不喧，其制成的家具从色调上说则清雅沉静，与室内的插花正好相互成就、相互衬托，可谓是洗尽铅华、返璞归真。

（5）香

在一些书画中会出现文人焚香鉴香的场景（图7-6），窗明几净，阵阵清香。还有一些明代文人对香料有一些研究，专门制作香。一般焚香的场景在室内室外也有但是少，香可凝神静气，使心沉静下来，也是文人身份的象征。

（6）鉴

在明代中叶以后，宫廷达官贵族以及文人士大夫风靡园林聚会，通过对书画器物的鉴赏，营造出"闲雅好古"的生活方式，因此士人雅集活动的闲情逸致与审美品位，也成为庶民大众所仿效的典范。在《人物故事图册》之竹院品古图（图7-7）中呈现出当时社会物质文化极度的精致化和艺术化，可谓晚明人们"清玩赏鉴"美学的最佳写照。在绘画中也能看到明代家具的基本形制可以看到家具是以简洁和朴素为美，并且多为文人士大夫使用，但与宫廷贵族的家具或一般的民间民俗家具也是有区别的。文人使用的家具一般忌过度雕琢，忌过度机巧，避免流于恶俗，显出"机心"，无论在形制上，装饰上，还是功能上，都追求平淡、素朴和天真的气质。

闲赏生活，就是一种休闲的生活，这样的生活不务生产、不求成圣、不求成佛、不求成仙，但求消磨闲散时光，从而获得美的享受、心灵的舒畅。正如明代高濂的《四时幽赏录》所说：春时幽赏——虎跑泉试新茶，西溪楼啖煨笋，八卦田看菜花。夏时幽赏——空亭坐月鸣琴，飞来洞避暑。秋时幽赏——西泠桥畔醉红树，六和塔夜玩风潮。冬时幽赏——雪夜煨芋谈禅，扫雪烹茶玩画。

在明朝晚期，江南物质生活极度丰富，经济的发展推动了消费水平的提高，人们不再满足于基本的衣食起居，在茶楼酒肆等娱乐场所的消费激增，消费水平的提高又促进了经济的增长，反映了当时商业和城镇的繁荣。由于人们对吃喝玩乐有了更高

图7-7 《人物故事图册》之竹院品古图

追求，因此享乐主义、奢侈风气得以蔓延开来，不只停留在文化消费层面，而是转向与雅文化相关的诗意生活，以此来陶冶情操、修身养性，如以茶会友、焚香鸣琴、诗意园林、书画人生，甚至亲自参与到具体的造物活动中。文人所造之物散发着清新脱俗的书卷气，也是在春秋战国时期《考工记》中"材美工巧"的完美体现。

2. 清代的宫廷文化

清代的宫廷文化很多，其实宫廷文化说到底就是为服务皇帝以及皇室贵族特权而形成的文化。皇帝是国家的象征，是专制主义中央集权的核心，以皇帝为核心的宫廷是国家的中心，因此宫廷家具所承载的文化是官方文化、皇家文化，或者说是宫廷文化、封建政治文化，无疑属于大传统，属于"上层"文化。

（1）礼仪

满族是一个十分注重礼节的民族，所以清代宫廷礼仪非常繁复，所有的礼仪是为皇权而设，是为了显示皇权的至高无上，就拿元旦那天的礼仪和习俗来看皇帝需要从午夜的一点开始起床祭拜后，待到早膳、再到上朝等一系列的活动，中间有非常多的礼仪。在内朝对皇后请安，时众嫔妃、公主等众人向皇后行三跪三叩礼，使用的家具也都换上寓意吉祥如意的家具，在宫廷家具大部分规定在宫廷内指定地点进行，如清宫内务府造办处。宫廷家具的设计必须按照一定的模式，有一套严格的审批程序，每件家具的设计、施工、验收以及修改过程均记录在案。特别是帝王的直接参与设计，制作分工

极细，造办处有许多装饰部门，使得木工工艺与其他工艺相结合，形成了清代宫廷家具的新形态。

（2）节日

清代的节日有很多，在宫廷中除元旦、除夕和中秋之外，比较重要的宫廷节日是皇帝的生日，也称为"万寿节"，不仅要在宫内举办隆重的庆典仪式，而且要举国欢庆。皇帝庆典时有专门的书籍记载过程和使用的器物。庆典时使用的器物上有祝福皇帝长寿的字和图案，也有承载美好寓意的物件，比较经典的是带有寿字的家具（图 7-8）和瓷器（图 7-9、图 7-10）能够体现出节日的重要性和在器物的影响。

（3）赏花

清宫中不光是嫔妃喜欢插花、赏花，就连皇帝也爱种花、赏花。雍正皇帝在作为皇子的时候在圆明园中就种植数百株的牡丹花，雍正做了皇帝后观花、赏花的兴致依旧未减，乾隆皇帝曾曰："三寸犹然未满之，簪花雅合砚旁披。"足以见其对花卉的喜好之情。在清人的绘画《雍正行乐图》（图 7-11）中的雍正正在庭院中赏荷花，在陈枚的《月曼清游·四月》（图 7-12）中描绘了一群嫔妃在庭院中赏盛开的牡丹花，并采摘插入瓷瓶中，由此可见赏花、插花是宫廷中必不可少的一项活动。

清代宫廷中的礼仪、节日和一些的娱乐活动中体现出的宫廷文化，而且清代宫廷家具是皇帝和贵胄所拥有并能够使用的家具，为了显示皇权正统和唯我独尊的地位，追求华丽、威严、气派，讲究形式，甚至成为摆设，只供欣赏和展示，这与帝王、

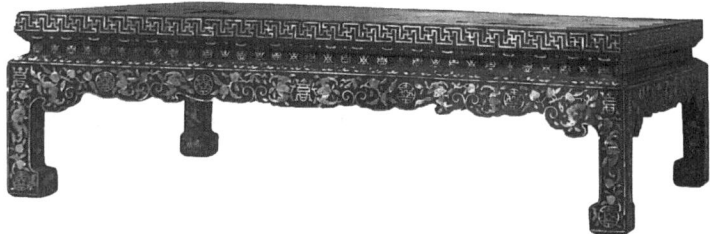

图 7-8　万寿字炕桌

图 7-9　康熙釉里红百寿字笔筒

图 7-10　康熙青花瓷百寿字花瓶

图 7-11 《雍正行乐图》

图 7-12 《月曼清游·四月》

达官显贵们特有的审美观念相适应。家具的总体风格显示出豪华富丽、厚重威严、装饰繁复。其"精神功能"为第一位，它的最大特征是"权力的本质"，重"精神"成为其文化取向。

7.1.2　明式家具的美学内涵

明式家具最大的艺术魅力就是素雅简练、流畅空灵，简练则排在首位，删尽繁华，才能见其精神，达到艺术审美的最高境界。一句"简素空灵"，把明式家具的最高审美指向表达得淋漓尽致。

明式家具是把人情感高度物化的再现，是明代江南文人借物抒情的载体，在创造过程中凝聚了独特的审美与巧妙的制作工艺。在中国美学史上，最早明确提出、强调和阐明艺术与情感关系的是儒家，儒家的美学观念也一直是中国美学思想的主流，无论对家具整体结构还是装饰纹样的结构，都起到装饰作用，并且在各方面非常好地把握"度"，在"度"的尺寸下将明式家具的美发挥到极致。

1. 材质美

天然材质的运用是明式家具艺术的一大特点，而且在对材质美的追求中，"道"的思想已深深融入明式家具的灵魂之中。老子说："道之尊，德之贵，夫莫之命而常自然"，其认为美在本真。而明式家具的用材大都是那些木质坚硬致密、色泽沉穆幽雅、纹理优美生动的珍贵木材，给人一种大自然的气息，正好与老子之说不谋而合。更为重要的是

明式家具在制作时多蜡活少髹漆，从而充分展示了木材本身的质感和纹理，这也正是道家"返璞归真"思想的完美体现。总之，明式家具的用材不仅仅是一种材质的使用，更演绎着一种特殊的家具文化现象。明式家具的用材有硬木和柴木两种。硬木多用于宫廷富宅，包括黄花梨木、紫檀木、鸡翅木、红木等；柴木则多用于民间，包括楠木、榉木、樟木和柞木等。两者相比，硬木材质地坚硬而致密，色泽沉穆而典雅，纹理生动而优美，故也颇受古代士大夫及贵族阶级的钟爱。中国传统家具的制作对于材料的选择是十分重视的，尤其是明式家具更是受儒道哲学文化的影响，充分利用木材天然的纹理和色泽，用对称式的纹理布局及柔美透明的蜡层，来表达一种含蓄的秩序美感。这亦说明了制作工艺中的选材已不是一种简单的选择行为，而是一种时代文化现象的展现，可以说冥冥中将儒道的哲学思想通过硬木材优越的自然特性与柔和蜡层的结合融入家具的灵魂当中。其他的硬木材亦然，只不过是纹理不同给人的视觉感受不同而已。

（1）紫檀

金星紫檀，是由于紫檀木的导管充满橘红色树胶及紫檀素而使通体或局部产生肉眼可见的金星金丝而得名，犹如星空万里，星光闪烁，甚为美观，同时这也是鉴别紫檀的一个参考标准之一。紫檀切面如图 7-13 所示。

（2）黄花梨

黄花梨也称黄花黎，黄花梨中文学名为"降香黄檀"，传统有"油格"和"糠格"之分。新材切

面呈紫红色或深红褐色，也有呈黄色和金黄色，具有浓郁的辛辣气，久则味香，纹理清晰，或斜或交错，活结处常带有美丽"鬼脸纹"和"漩涡纹"，是黄花梨所具有的明显特征。海南黄花梨径切面如图 7-14 所示。

（3）鸡翅木

在《红木》标准里，界定了三个树种为鸡翅木，分别为非洲崖豆木、白花崖豆木和铁刀木。缅甸产鸡翅木，学名为白花崖豆木，木材径级较大，出材率高，材色有的呈黑褐，也有的呈栗黑色，纹理布局极有规律，花纹多布满整个板面。非洲所产鸡翅木则不同，纹理卷曲、多变。缅甸鸡翅木弦切面如图 7-15 所示。

（4）红木

酸枝木主要指狭义的红木，主要是泰国、柬埔寨、越南、老挝、缅甸及东南亚、南亚传统的红木来源地所产的豆科黄檀属的黑酸枝、红酸枝和白酸枝。一些地区一般将红木分为老红木、新红木，老红木材一般呈深红色，具有明显的深色条纹，气味一般带酸醋味，尤其是新材剖面，手感虽没有紫檀温润，但也十分细腻，棕眼细长。新红木则指产于缅甸、泰国、老挝之奥氏黄檀，广东称其为白酸枝，产于缅甸的新红木，材色呈浅红，从端面看深紫色条纹夹杂着浅红色，且具规律性。产于缅甸与老挝交界处的新红木，材色较淡，且一般混杂较多的淡黄色，与老红木、紫檀相比，二者之手感皆略粗糙。老红木径切面如图 7-16 所示。

2. 造型美

子思在《中庸》中强调："和而不流"，"中立而不倚"，"中也者，天下之大本也；和也者，天下之达道也。致中和，天地位焉，万物育焉。"由此可知，中庸之道在形式上重视"中正""中行"，在内涵上则主张凡事都不要过度，要含蓄，以免适得其反。这一传统思想在中国传统家具的造型中得到完美的体现。

明清硬木家具，尤其是明式家具方中有圆，圆中有方，并善于运用线条的起伏变化及合理有序的穿插来体现其内在的文化精神，给人以美的享受。无论是大曲率的着力构件还是小曲率的装饰线脚、花纹、牙板、角牙、包角等，大多简洁挺拔，圆润流畅，而无矫揉造作之感。尤其是造型中直线与曲线的自然完美的结合，不但使造型式样具有直线的刚劲、稳健、挺拔、庄严之风，而且还具有曲线的流畅、典雅、婉约之美，更使家具造型收放有度、刚柔并济，具有形神兼备的特点。

此外，和谐的比例关系、适宜舒适的尺度亦是构成明式家具形式美的重要因素。通过对大量传世实物的测量，可以发现明式家具在整体尺寸比例及细节上的巧妙处理，同样充分体现了独特的实用匠心及儒家思想对现实、人性的关怀，且多数都符合西方几何学的比例关系。我们可以从以下家具的实例中看出家具的造型之美。

从明式黄花梨圈椅（图 7-17）中可以看到：前后腿一木连做，为圈椅制作的较早式样；椅圈三接，呈内收外张式，曲线优美生动；靠背板上部浮雕花纹一窠，由相对的螭龙组成，龙尾绹为卷草，卷卷相抵，形象生动自然，两侧施以角牙，与其一木连做；联帮棍呈"S"形曲线，富有韵律感；椅盘框架内装藤编软屉；椅盘下三面施券口牙子，迎面牙条浮雕卷草，与靠背板所雕纹样相映成趣。

图 7-13　金星紫檀切面　　图 7-14　海南黄花梨径切面　　图 7-15　缅甸鸡翅木弦　图 7-16　老红木径切面
切面

图 7-17　黄花梨圈椅　　图 7-18　黄花梨有束腰霸王枨三弯　图 7-19　黄花梨有束腰鼓腿彭牙炕桌
　　　　　　　　　　　　　　　　　　　腿方桌

另外从圈椅的俯视图看，椅圈的圆弧半径与端部弯头半径的比例正好是 2：1，且两圆外切，形成优美的曲线造型；更令人惊奇的是椅圈的半径还等于座面矩形的短边长度，而座面长和宽的比值与黄金分割比十分接近。从圈椅的正面视图看，椅腿向外倾斜，下面的宽度恰好等于座面的宽度，腿内形成一个梯形空间，而当椅面的中心点与腿足的底端连线后，恰好前后两面都是等边三角形。

黄花梨有束腰霸王枨三弯腿方桌（图 7-18）桌面外侧冰盘沿，束腰打洼，并与牙板一木连做，俗称"真两上"。牙板整体光素，与腿以抱肩榫相交。腿子为三弯腿式，腿间无枨，各施一霸王枨与面子穿带相接，足端为外翻马蹄，雕卷云头纹。

黄花梨有束腰鼓腿彭牙炕桌（图 7-19）桌面格角攒框镶板，外侧冰盘沿，束腰下牙板满雕纹饰，中间为宝相花纹，两侧为夔龙纹，边起阳线与腿外侧相连。鼓腿彭牙，腿牙以挂肩榫相交。腿上肩部位雕如意云头纹，与牙板纹样相接，腿下部为内翻

珠式足。

圆角柜的造型有方材、圆材之分，且后者多于前者。黄花梨圆角柜（图 7-20）为典型的方材圆角柜，柜顶立面不施线脚，四足与门边亦不起线，牙条光素，整体不施雕刻，视觉上给人一种朴素自然的美。

黄花梨方角顶箱柜（图 7-21）分上下两部分，上部为顶箱，下部为立柜，故名"顶箱柜"，又因成对摆设，也称"四件柜"。箱柜格对开两扇门，门上有白铜六云出头式面叶、合页及双鱼吊牌，制作甚为精美。腿子为方材，一直到底，足端部装镂花足套，既有防潮及通风之功效，又有装饰之作用，可谓一举两得。腿间有壸门牙条，牙条透雕云头纹，边部沿壸门轮廓起阳线，延伸至两侧，则变为旋卷花叶的茎，构思甚为巧妙，可谓匠心独运。

从家具的三弯腿、内翻马蹄式的腿足和各式各样的线形收边中，圆角柜腿足的收分和四出头官帽椅前枨的飘肩四件柜上的抬肩等亦有着异曲同工

图 7-20　黄花梨圆角柜

图 7-21　黄花梨方角顶箱柜

之妙,不仅传达出中庸、含蓄的"文化特性",而且还体现了儒家"中和"及"温柔敦厚"的审美思想。

总之,明式家具的造型既有儒家"天行健,君子以自强不息"的刚劲,又有道家"无为"的柔和,刚柔并济,曲直有度,虚实相生,将中国传统文人特质展现得淋漓尽致。

3. 结构美

明式家具结构一改传统之"箱体式",在基本沿用中国古代木构架建筑的梁柱式结构的基础上,借鉴传统绘画中线的组织规律,巧妙地运用侧腿、枨子、攒边、镶板、替木牙子以及各种榫卯的连接,使家具达到所需的力学强度的同时,又实现了功能与形式的完美统一,更重要的是融入了浓浓的中国传统文化的情怀,故其结构之美可以说是道与器的完美融合。这里的"道"所指的是制作者对世界本体的形而上的思考,内心情感和审美观念的表达,以及所运用的创作法则和抽象规律等,而"器"则是指明式家具本身所依存的物质材料(如木材、玉器、铜饰件等)和工艺技术,以及具有视觉效应的具现形态等,二者相辅相成,缺一不可。明式家具结构本身并不是为了形式而形式,而是其所应具有的功能性所延伸的形式,并融入了人文精神,例如,黄花梨嵌瘿木四出头官帽椅(图7-22)

图7-22　黄花梨嵌瘿木四出头官帽椅

搭脑两端微翘,长出后两腿柱,扶手长出鹅脖,故为四出头官帽椅。扶手与鹅脖均为"S"形弯材,相交处饰有角牙,角牙与椅盘相交。靠背板略向后弯,为攒框镶板,两侧与搭脑和椅盘间施以曲边形牙子,框内自上而下,依次为天然理石、瘿木、壶门亮脚,瘿木上还阴刻诗词。椅盘四角攒边框,框内为藤屉,混面边沿。椅盘与两前腿间施壶门素券口。腿间管脚枨为前后低两侧高,与步步高赶枨同为明代常见样式,迎面枨下还装有牙条。再如明式家具的构架结构具有"侧脚"和"收分"的造型特征。这种造型特征使家具自身在不同的侧面都可形成"四杆件"的刚性框架,大大提高了整体框架的刚度、强度和稳定性,更融入了"内敛""含蓄"的人文哲理。又如明式家具中的相邻枨子与其间腿部的连接多是错开的,有的是采用了"大进小出榫"的连接方式。这样一来,可以避免多个榫眼集中在某一个部位,产生集中应力,影响整体框架的坚实程度。其中椅类家具中的"赶枨"做法最为经典,既增强了器物本身的强度、刚度、稳定性,又丰富了器物本身的空间层次;再如明式椅凳类家具座面的格角攒边嵌板结构,不仅适应了木材的胀缩变形,解决了由于木材的"各向异性"产生的翘曲变形,还掩盖了边抹端面外露的截面横纹,更体现了老子"道法自然"的哲学思想。

4. 装饰美

独特的装饰艺术是明式家具显著的特征之一,其巧妙地将简练舒展的造型、精巧科学的结构、优美典雅的自然纹理及各种各样的纹样图形融为一体,既实现了装饰部件本身的实用性,又拥有了装饰和美化家具的艺术效果,可以说是技术与艺术的完美统一。简言之,其简洁的装饰、优美的线型、丰富多样的装饰题材与家具本身或构件本身之形式相辅相成,互为有无,形成了明式家具的韵味和风格特点。

简,是一种饰极返素、趋达本性之真的审美境界,是朴素与纯真的体现。明式家具不做过多繁缛的装饰,多在横材和立柱的端头、腿足、牙板、靠背、券口和挡板等部位,以适当的繁与大面积的简形成强烈对比,营造出"无物累"的简洁特质的底蕴,整体给人一种端庄、隽永的美态及清新自然的感受。例如,黄花梨螭龙纹圈椅,椅圈搭脑与扶手连接,从高到低一顺而下,整体上呈圆形,坐靠时不仅肘部可以依搁,臂部也得到了很好的支撑,身体疲劳得到了很好的缓解。靠背板满雕螭龙纹，稍向后弯曲，形成背倾角，颇具舒适性。座面为软屉，与椅圈间还装有"S"形联帮棍。椅盘下，与前两腿间施壶门券口，迎面牙条浮雕卷草纹，券口边部沿壶门轮廓起阳线。四角立柱与腿一木连做，穿过椅盘边抹，与椅圈相交，前腿与扶手相交处还饰以角牙，前后腿足间管脚枨自前向后逐渐升高，称"步步高赶枨"，寓意步步高升。另外其他椅类家具靠背板、券口及案类家具挡板上的浮雕及透雕装饰等皆是明式家具简洁装饰运用的典范。其雕刻艺术以构图灵活、形象生动、刀法圆润、疏密有度著称于世，通常以小面积的浮雕或镂雕点缀于部件的适当位置，与大面积的素底形成强烈的对比，从而起到画龙点睛的作用。其雕刻内容和题材亦丰富多彩，有以龙纹、麒麟纹、螭虎纹为代表的神兽类纹样，有以象、虎、鹿、狮等表示祥瑞的动物类纹样，有以凤凰、鹤、鸳鸯、蝙蝠等表示吉祥如意的飞禽类纹样，还有以松、梅、竹、兰、灵芝、牡丹、菊花、缠枝纹为主的植物类纹样，更有以中国传统装饰图案为题材的回纹、几何纹、方胜纹、博古纹、万字纹等；又如明式家具的配件和饰件也十分考究，尤其是那些精美的金属饰件，形式雅致，制作精美，色泽柔和，既着眼于实用，以增强其使用功能和保护功能，又起到美化的作用。如椅类家具腿部的套角、橱柜类家具腿部的套角及面板上的铜饰件、箱类家具中的包角、锁钥、合页、吊牌。明式黄花梨龙纹官皮箱（图7-23）通体为黄花梨制，上开盖，内设浅屉。正面对开门，内装抽屉。门上有铜制六云出头式面叶、合叶及双鱼吊牌，门上开光，四半出尖，似有柿蒂纹与壶门顶部弧线结

合而成，内浮雕云龙，下为海水。开光处为螭纹，取之于卷草纠结，不犯四角。盖墙雕草龙，底座上雕双螭，又颇为惹人喜爱。箱子两侧有铜制提手，便于拿取。下面施以壶门底座。

精炼、柔美的曲线造型亦是明式家具的特征之一，这与它在某种程度上受到道家崇尚阴柔之美影响有一定的关联，如《老子·七十六章》中写道："坚强者死之徒，柔弱者生之徒"。"柔"是生命之初的外象，富有无限的潜力。也正是这种柔美的哲学赋予了明式家具无限的生命力，并给人一种无限的想象空间。如明式椅类家具外圆内方的腿足给人一种柔和美的同时，又让观赏者体味出其内在的刚强力之美。又如明式家具的倒棱之技巧，使明式家具的边棱外表上给人一种坚硬的力度美，然当观赏者用手去亲自触摸时却感到无比的柔和等。其中，阴柔之美的最经典的写照要数明式圈椅外扩内敛式曲线形椅圈，其既拥有明显的古典美痕迹，又有着特别柔和的观感和触感，极具回转灵动的生命气韵。

7.1.3　明式家具的艺术特征

明式家具一词有广义和狭义之分。广义是指明代的家具，不论是杂木制的民间家具，还是贵重木材制的宫廷家具，甚至是近现代的仿制品，只要具有明式风格，皆可称为明式家具。狭义则指明至清前期造型优美、材美工良的硬木家具，其特征可以概括为：用材考究，精于选料；造型简练，比例适度；结构科学，榫卯精密；装饰精美实用；手法丰富多样。此外，王世襄先生也曾对明式家具艺术风格进行了高度的概括，提出了明式家具的"十六品"，即简练、纯朴、厚拙、凝重、雄伟、浑圆、沉穆、秾华、文绮、妍秀、劲挺、柔婉、空灵、玲珑、典雅、清新。

1.用材考究，精于选料

中国传统家具的制作对于材料的选择是十分重视的，尤其是明式硬木家具更是以用材的精选、考究著称于世，受儒道哲学文化的影响，充分利用木材天然的纹理和色泽及对称式的纹理布局，来表达一种含蓄的秩序美感。这也说明了明式家具制作工艺中的选材已不是一种简单的选择行为，而是一种时代文化现象的体现。如黄花梨优美自然的纹理展

图7-23　明式黄花梨龙纹官皮箱

现了道家"夫莫之命而常自然"的哲学思想,其细密的质地及沉穆的光泽给人以玉的视觉或触觉感受——温润、坚刚、无暇,则正与儒家尚玉的美学相适应,如荀子云:"夫玉,君子比德焉。"

明式家具的用材有硬木和柴木两种。硬木多用于宫廷富宅之家,包括黄花梨木、紫檀木、鸡翅木、红木等;柴木则多用于民间,包括楠木、榉木、樟木和柞木等。两者相比,硬木的自然纹理细腻且优美,更能体现一种文人气质,故也颇受古代士大夫及贵族阶级的钟爱。黄花梨又称老花梨,在广东一带也称其为"香枝",以海南黄花梨为精品,新材呈黄褐色略带红,老材则呈浅黄到赤紫,味香,质坚而不过重,色泽鲜明并有光泽,经过打磨、烫蜡之后,呈现出一种赏心悦目的琥珀色,给人以浓浓的亲切感及美的享受。其纹理不论是纵切纹还是弦切纹,美丽而富有变化,华贵中含素雅之美,有的呈现出层峦叠嶂的奇观,有的呈现出行云流水的形态,千变万化,使人产生自由、奔放的涌动联想,其棕眼和节疤也别有特色,形态各异,活泼可爱,给人以灵活多变、无拘无束的美的启示(图7-24)。紫檀木质坚而密,颜色深沉,黑里透红,且还有美丽的蟹爪纹,尤以金星紫檀为贵,经抛光打磨后会具有绸缎一般的质感和金属一样的光泽,颇具沉稳、厚重之美(图7-25)。鸡翅木又称相思木或红豆木,白质而黑章,具有一种特殊罕见而又明显的天然纹理,称浪形或风影形,并能随着光照时间的变化而呈现出暗红色、棕红色等不同的色调,颇受文人喜爱(图7-26)。唐代诗人王维曾诗云:"红豆生南国,春来发几枝;愿君多采撷,此物最相思。"红木质坚,味香,色泽浅红,但随着时间的延长,会逐渐变成深红或黑红的颜色,纹理光滑致密,给人一种沉穆典雅的视觉感受(图7-27)。在这些硬木材中,又以黄花梨、紫檀为上品,两者相交,明式家具更重黄花梨,清式家具则重紫檀。总之,这些硬木材优良的自然特性,对于明式家具纯正质朴、温文尔雅、清秀俊丽的艺术品位和审美感受的体现起到了至关重要的作用。

2. 造型简练,比例适度

(1) 线条流畅,轮廓舒展

明式家具善于运用线条的起伏变化及合理有序的穿插来体现其内在的文化精神,给人以美的享受。无论是大曲率的着力构件还是小曲率的装饰线脚、花纹、牙板、角牙、包角等,大多简洁挺拔,圆润流畅,而无矫揉造作之感。尤其是明代家具造型中直线与曲线的自然完美的结合,不但使造型式样具有直线的刚劲、稳健、挺拔、庄严之风而且还具有曲线的流畅、典雅、婉约之美,更使家具造型收放有度、刚柔并济,具有形神兼备的特点,如从明式圈椅(图7-28)整体上来看具有方中有圆、圆中有方的造型特征,实现了变化与统一的完美结合,从圈椅由上到下或从左到右的线型来分析,它又是曲直线型交错运用的,不是一味张扬直线的刚劲,也不是一味炫耀曲线的妩媚,而是将这两种线型的特质很好地融合在一起,整体上给人展现出一种内在含蓄的韵律美,尤其是靠背板的"S"形曲线曾被西方科学家誉为东方最美好、最科学的明代曲线。

图7-24 黄花梨木

图7-25 紫檀木

图7-26 鸡翅木

图7-27 红木

图 7-28　明式黄花梨卷草圈椅

（2）比例均匀，尺度适宜

和谐的比例关系、适宜舒适的尺度是家具造型的基本因素，也是构成家具形式美的重要因素。明式家具之所以在世界上享有很高的声誉，不仅因为明式家具具有科学的榫卯结构及优美的曲线造型，还因为明式家具的构件与人体结构及构间与构件之间存在着和谐的比例关系。通过对大量传世实物的测量，可以发现明式家具十分重视整体尺寸和谐的比例关系，以及整体与局部、局部与局部的协调，很多家具在尺寸设计上十分人性化，尤其关键部位的构件尺寸都是经过认真推敲而决定，且多数都符合几何学的比例关系。以现代的术语来说，明式家具十分注重人体工程学，如从圈椅的俯视图看，椅圈的圆弧半径与端部弯头半径的比例正好是 2 : 1，且两圆外切，形成优美的曲线造型，更令人惊奇的是椅圈的半径还等于座面矩形的短边长度，而座面矩形的长和宽又正好符合黄金分割的比例；从圈椅的正面视图看，椅腿向外倾斜，下面的宽度恰好等于座面的宽度，腿内形成一个梯形空间，而当椅面的中心点与腿足的底端连线后，恰好前后两面都是

等边三角形。可以说，也正是这些理性的几何美学的比例关系赋予了圈椅稳重、大方的整体造型及平衡、稳定的视觉美感。

3. 结构科学，榫卯精密

明式家具制造工艺技术之精湛，结构之合理，可以说是史无前例的，其在基本沿用中国古代木构架建筑的梁柱式结构的基础上，巧妙地运用侧腿、撑子、攒边、镶板、替木牙子以及各种榫卯的连接，使家具达到所需的力学强度的同时，又实现了功能与形式的完美统一。此外，明式家具榫卯的种类也更加丰富多彩，有棕角榫、扣榫（图 7-29）、托榫（图 7-30）、插肩榫、托角榫、抱肩榫（图 7-31）、银锭榫、燕尾榫、格角榫（图 7-32）等。

（1）整体结构的刚度、强度和稳定性

我国明式家具的整体构架基本沿用了中国古建筑的"梁柱式"木构架结构，具有"侧脚"和"收分"的造型特征，这种造型特征使得明式家具自身在不同的侧面都可形成"四杆件"的刚性框架。在这种框架的基础上再施以横枨、牙条、券口、角牙、罗锅枨、卡子花、矮老等构件以及榫卯结构，从而巧妙地分散了来自外部荷载所产生的作用力。与现代家具的结点不同，明式家具的结点是由腿足、横枨、面边、抹头、靠背板、穿带等框架性构件和牙条、角牙、券口、卡子花、矮老等辅助性构件共同构成的，并形成了一条连续的力的传递系统。通过这一系统可以对外力进行重新分配，使作用在物体上的外界荷载先传递到这些结点上，然后通过这些结点再把所承受的力依次传递到其他构件上，最后将作用在结构上的荷载传到最后的支点上。这样一来，可以使每个构件上的荷载减到最小，从而使整体框架的刚度、强度、稳定性大大提高。

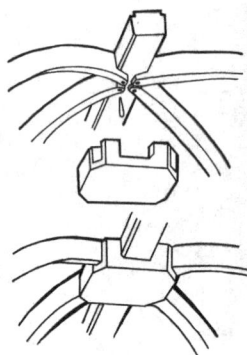

图 7-29　扣榫

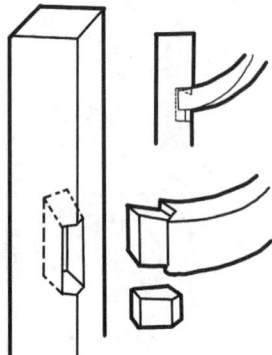

图 7-30　托榫

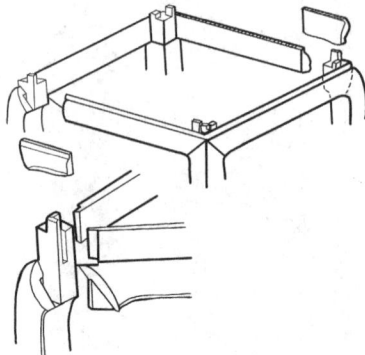

图 7-31　抱肩榫

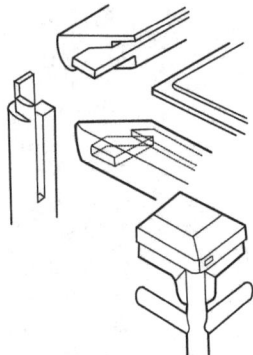

图 7-32　格角榫

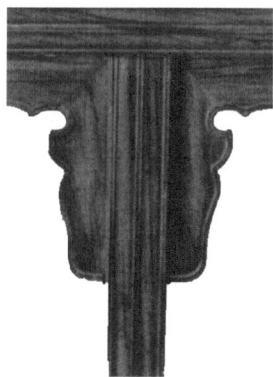

图 7-33　角牙

图 7-34　券口

图 7-35　龙纹挡板

图 7-36　蝙蝠纹亮脚装饰

（2）结构部件组合运用的科学性

材料的物理力学性能决定了家具零部件的结构和接合方式。但反过来，家具零部件的结构和接合方式又影响着材料的物理力学性能的发挥。明式家具的用材多为木材，其具有各向异性的物理性质，如果不遵循木材这一特性来使用，就会影响家具的整体强度。明式家具梁柱式的框架结构及其构件巧妙的组合方式就很好地解决了由于木材的"各向异性"而造成的负面影响。其构件大多采用线材，在这样的构件上，如果有多个榫眼集中在某一个部位，构件和整体框架的坚实程度就会受到影响。因此，在进行线材构件的组装时，一般会采用榫卯或构件互相避让的方法，从而减小构件受损的程度，以提高整体框架的强度和刚度。其中最具特色的就是椅类家具中的"赶枨"制法、架格中的"大进小出"榫、柜类家具中的"三碰尖"等做法。

4. 装饰精美实用，手法丰富多样
（1）装饰与结构相结合

明式家具构件的装饰大多从实用的角度出发，实现结构功能的同时，再配以优美的艺术造型，很少有矫揉造作的装饰成分。其大部分构件都是集科学性和艺术性一身，巧妙地融合了简练舒展的造型、精巧科学的结构及优美典雅的自然纹理，可以说既实现了物质功能的实用性，又拥有了家具艺术效果的装饰性，是千百年家具艺术的高度发展和总结，如在横材和竖材的交接处运用牙子装饰（图 7-33）；在四周边框之间采用造型简练、富于变化的各种券口和挡板（图 7-34、图 7-35）；在靠背板下面设置亮脚装饰（图 7-36）；运用各式各样的腿足造型，等等。

（2）装饰手法丰富多样

明式家具的配件和饰件十分考究，以精湛的细木工工艺为基础，综合运用了戗金（图 7-37）、雕刻、描金（图 7-38）、牙刻、镶瓷、百宝嵌（图 7-39）、琢玉、嵌螺钿、刻灰等各种传统手工艺，使家具具有俊秀挺拔的文人气质的同时，又有几分雍容华贵。这里值得一提的是那些精美的金属饰件。由于其独特的质感和优美的艺术造型，给明式家具增色不少。

图 7-37　云龙纹戗金细钩填漆长盒

图 7-38　紫檀描金大两件柜

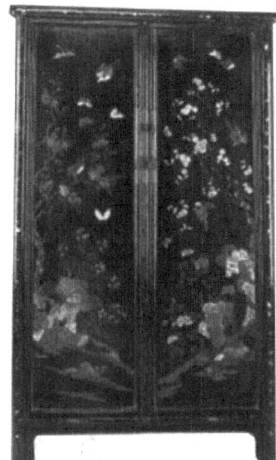

图 7-39　百宝嵌圆角柜

7.1.4　不同区域的家具风格

木作之装饰功用主要体现在两个方面：一方面是木材的色泽、纹理的展现，另一方面是卯榫交接构成新的视觉形式。前者为自然造化，后者为凿枘工巧。按生产地域的不同，主要可以分为"苏作""京作""广作""晋作""宁作""仙作"等。其中以"苏作""京作"和"广作"最为著名，被称为明清家具的三大名作。它们的木作艺术，尤其是珍贵硬木制品，材质细腻，纹理优美，各具特色，独具风韵。

1. 苏作

苏作家具是指以苏州为中心，集中于江苏的苏州、扬州和松江一带生产的家具。其造型艺术在意境深邃的吴门文化的滋养下逐渐形成了简洁、俊雅的文人格调。也正因为这些文人雅士的参与，使得明中期到清初的苏作家具以高逸脱俗的美学意境著称于世，成为明式家具的典范。如果说文人的审美情操赋予了苏作家具美的灵魂，那么聪慧的匠师们所施展的高超的木作技艺则是承载这一灵魂的技术基础。苏作家具利用建筑大木梁架结构的方式，完善了自宋以来家具的独立框架构造的造型能力，又能运用装饰部件表现各种式样的变化，增强艺术效果。但是乾隆以后，由于广作家具的盛行，苏作家具的造型艺术也随之一变，出现了两类：一类完全按照广式家具的品类和式样制作，另一类则按照"苏式"传统的品类和式样，并继续沿袭苏州硬木生产的传统做法，但在装饰手法和图案上，却是模仿广式或带有明显外来文化影响的红木家具。我们今天见到的很多所谓的"苏作家具"当属这一时期的制品，并不能够代表苏作家具的最高水平。苏作家具传统的工艺做法以"惜料如金"闻名于世，常常运用攒接、斗簇工艺将小料攒成各式图案应用于家具中（图7-40）。这既体现了苏作匠师对于木料的尊重，又在一定程度上展现了苏作匠师高超的木作手艺。除此之外，"包镶"工艺也体现了苏作匠师们的智慧。所谓"包镶"，即指以柴木为骨心框架，外面贴一定厚度的珍贵硬木薄板。苏作家具中很多大件器物多采用此法。技术高超之匠师常把拼板接缝处理在棱角部位，不仅保证了木纹的顺畅相接，而且保证了家具的整体美感。制作精良者不仅

木纹看不出来拼接，而且若不用心观察，用手掂量也很难发现是包镶家具。

2. 京作

京作家具主要是指北京地区生产的满足宫廷、王府生活所用的家具。清初期仍延续明式家具做法。自雍正朝开始，家具崇尚精雕细刻、镶石嵌玉的错彩镂金之美。审美风尚的变迁使得入清后期的"京作家具"在选材、造型等方面均发生了巨大的变化。材料选择上以紫檀为最上品，黄花梨次之，其他更次。造型上追求一种厚重沉稳、华贵威严的气势。纹饰上吸收了古代青铜器和玉石的纹饰艺术，体现了帝王、贵胄的审美趣好。最终，形成了雍容大气、绚丽豪华的"京作"风格（图7-41）。由于清造办处的工匠主要来自苏州和广州，因此，在宫廷式样的总体设计下，不同的工匠所做的家具又有一定的倾向性，即京作家具之中常常能表现出"苏味"或"广味"来。这是京式家具对"广式"和"苏式"兼而有之的重要原因之一。但是其与二者所不同的是用料比苏式家具大，却比广式家具小。这一木作技艺在乾隆年间达到顶峰，嘉庆、道光以后逐渐流散于民间。

虽然，皇家制器所用木材资源相对丰富，但是像紫檀、黄花梨这种珍贵硬木至乾隆中期已出现了紧张之现状，再加上一车木料由广州运往京城少则数月，多则一年有余，沿途人力、物力花销极大，故紫檀制器需先画样呈御览，准奏后再用别木制样，最后才用紫檀制器。或许也正是因为如此，清代宫廷造办处的工匠们亦常采用"包镶"工艺。据清宫档案记载，皇家的车船、轿辇等交通器具上所用的家具，常用楠木、榆木等轻软木材做胎骨，上包紫檀、花梨等名贵木材做装饰，可兼收轻便与高贵之效。尤其是清宫的内檐装修及家具上的包镶工艺极其精致，从选材、干燥到工艺、工序、拼接等都十分讲究。并使用"大鳔"（即鱼鳔胶）来黏接，十分牢固精细，有的接口细如毫发，历经数百年都难以察觉，大有登峰造极之感。更有"格角贴""骑缝贴""委角贴"挂漆里及包铜套脚等工艺的综合运用，使得清代家具的包镶技艺日臻完善，已到了炉火纯青的地步。在清宫廷的包镶家具上，往往还有贴竹簧、嵌黄杨、拼百纳等工艺的共同使用，形成了清代包镶家具丰富多彩的风格。

图 7-40 紫檀描金卍福纹扶手椅　　图 7-41 紫檀透雕西洋花长条桌　　图 7-42 紫檀雕西洋卷草纹顶竖柜

3. 广作

清代以来，取红木为主要材料，以广州为中心生产的家具均被称为"广式家具"。红木在广东地区叫作"酸枝"，红木家具也称"酸枝家具"。因其形体造型、装饰手法、艺术风貌都与传统明式家具不同，并自乾隆以后影响全国各地，举国上下成为一种风尚，并处于主导地位，所以广式家具一直被视为清式家具的主要代表。广作家具的风格形成于广州独特的地理位置，到明清时期广州已成了南方唯一的贸易大港。清朝中叶以后，随着外贸商业的迅速发展，这里便成了东方文化与西方文化融合之地。而此时，洛可可与巴洛克风格是西方艺术的主流。此种风格的建筑、家具及其他艺术随着西方文化的植入一起传入广州，在当时的外国使馆和外贸商业区的十三行一带及外国华侨居住区十分盛行。这类建筑空间陈设的刚性需求和外来贸易订单的不断增多，直接导致了广东家具逐渐脱离传统的家具式样，在延续传统家具结构工艺的基础上，吸收了巴洛克与洛可可风格家具的造型特点，创造了独一无二的广作家具（图 7-42）。这一风格的家具形式多样，用材硕大，注重雕刻和镶嵌，给人一种雄浑稳重、富贵华丽的视觉感受。这也迎合了清朝宫廷讲求排场的生活特点，并逐渐成为宫廷家具的主要代表。与苏作家具相比，广作家具用材硕大，腿足、牙条无论多大弧度均是一木挖成，雕刻面积宽广，流行通体满雕或透雕，充分彰显了清代宫廷的皇家气派。

明清时期各地区的家具除了苏作、京作、广作外，还有晋作、鲁作、川作、仙作、陕作、宁作等区域风格的家具，展现了不同区域、不同民族的特色的同时，也体现了中华民族的整体特色，在世界家具体系中是独一无二的，具有很高的艺术造诣。

7.2 以功能为基础的明清家具类型

明清时期是我国家具完备和成熟的时期，形成了精美、实用、完善的家具体系。这一时期的家具品种齐全，造型丰富多样，形成了独特的明清家具风格。按照家具的使用功能，明清家具可以分为坐具、卧具、庋具、承具、屏具等类型，每件家具都有自己的特点和自己的使用功能，各个阶级的人使用的家具不同。例如宫廷以及上层阶级使用的家具比较注重装饰和用材，以此来显示自己的身份地位，而平民阶级则没有那么注重装饰和使用的材料，而是有什么便用什么，注重家具的实用性和日常生活中使用的便利性。

7.2.1 坐具

坐具类家具分为椅类、凳类、墩类等，椅类家具又可以分为靠背椅、扶手椅、圈椅、交椅、宝座等，而凳类家具又分为长凳、机凳、交机等，墩类又分为坐墩、鼓墩等。在每一类坐具中都还有更进一步地种类划分，这些坐具不断为明清两代的生活带来便利。

1. 椅类

椅类家具是最具有典型性的高足家具，明清时期的椅类家具品种多而且制作工艺非常精美。

（1）靠背椅

靠背椅是椅类家具最简单的形式，是指没有扶手只有靠背的椅子，主要有一统碑椅、梳背椅、灯挂椅等几种形式。

①一统碑椅

一统碑椅（图7-43）是最普通的靠背椅，也是最早出现的椅子形态。椅子的形体比较小，椅背比较高，搭脑两端不出头。这类椅子的尺寸一般根据使用场景来进行调整，一般成对使用。

②梳背椅

梳背椅（图7-44）的造型与一统碑椅的造型相似，只不过是将一统碑椅靠背中的靠背板换成了多根立松形成了如同梳齿形的靠背。

③灯挂椅

灯挂椅（图7-45）搭脑中部顺势而下形成内收弧线与靠背相接。靠背板造成"C"形，下大上小，以现虚空之韵。腿足侧脚收分，边抹外侧冰盘沿打洼宽线条压边线，收边塑形。椅盘下券口牙子锼出壶门式轮廓，内侧起阳线。腿足下端安管脚枨，与腿足交圈。后枨与前枨同高，山枨上移，大大丰富了椅盘下空间之节奏美感。三面椅盘下安刀牙板，后面安整板牙条，既明确了正面入座之方向，又增加了不同维度空间的视觉观赏性。

（2）扶手椅

扶手椅是有扶手的靠背椅，主要有玫瑰椅和官帽椅这两种形式。

①玫瑰椅

"玫瑰"是京作对其工匠的惯称，玫瑰椅（图7-46）在南方称为"文椅"，明式的玫瑰椅靠背比扶手要高出一些，但是靠背也比较低，一般靠窗台陈设，使用时不致高出窗沿，造型别致。常见的式样是在靠背和扶手内部装券口牙条，与牙条端口相连的横枨下又安短柱或卡子花，也有在靠背上作透雕，式样较多，别具一格。玫瑰椅流行于明末清初，常见的玫瑰椅多为明中期之后制作。

②官帽椅

明清时期官帽椅分南官帽椅和四出头式官帽椅两种。很多的南官帽椅（图7-47）全身光素，造型挺拔，颇具威严，椅盘下腿足皆为方腿，三面步步高赶枨与其呼应，简洁有力。腿足间三面装注堂肚券口，且不用阳线收边，后面和管脚枨下各安素牙条。椅盘以上，后腿一木连做，由方变圆，与搭脑相接，前腿上截向后退缩，自椅面喷出，再与扶手相交，交角处安扶手牙头。扶手呈"S"形，与靠背板相呼应，至端部以圆形结束。搭脑为典型带枕式，顺靠背板"S"形曲线向后延伸，不仅在使用上给坐者带来一份舒适，在视觉上也非常具有美感。

所谓四出头官帽椅（图7-48），实质就是椅子的搭脑两端、左右扶手的前端出头，背板多为"S"形，而且多用一块整板制成。南官帽椅的特点是在椅背立柱和搭脑相接处做出圆角，由立柱做榫

图7-43 一统碑椅

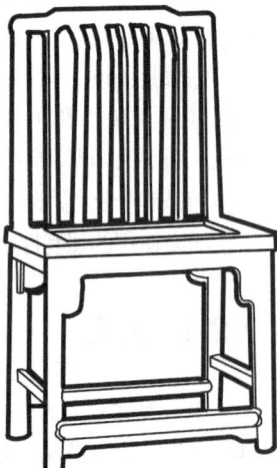

图7-44 梳背椅

图7-45 灯挂椅

图7-46 黄花梨透雕六螭捧寿纹玫瑰椅

图 7-47　南官帽椅　　　　图 7-48　四出头官帽椅　　　图 7-49　有束腰雕花圈椅　　　图 7-50　曲背交椅

图 7-51　红雕漆勾莲纹宝座　　图 7-52　长凳　　　　　　图 7-53　无束腰裹腿罗锅枨加卡子花方凳

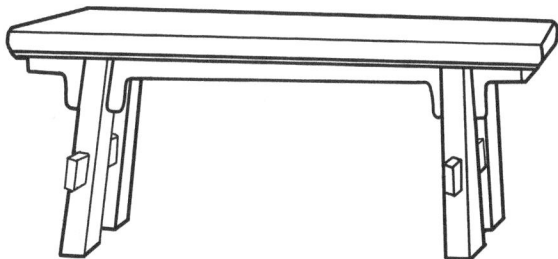

头，横梁做榫窝的烟袋锅式做法。椅背有使用一整板做成"S"形，也有采用边框镶板做法，雕有图案，美观大方。而所谓"南官帽椅"是四处无一处出头的。可见名为官帽，并不在搭脑出头还是不出头。

（3）圈椅

圈椅俗称罗圈椅，是明代常见的椅子样式（图 7-49），属于等级较高的坐具。圈椅的搭脑与扶手以曲线相连，流畅圆润，扶手两端或出头向外翻卷或不出头直接与鹅脖相接而下，形成完整的椅圈。有的圈椅在背板中心设一组雕饰图案，有的于两端扶手顶端或云头上雕花，还有的背板上端突出圈外向后微卷。大部分圈椅的两扶手到端头处向两侧微张，成外张内敛的守势，也符合中国传统理学思想所提倡的文人雅士精神。

（4）交椅

交椅是带有靠背的马扎，由胡床发展而来，宋元时期其形制已相当完善，在明代十分流行，它有轻巧的扶手，可以折叠，游猎时方便携带。交椅有直靠背和曲靠背（图 7-50）两种形式，曲靠背交椅的椅圈由三接或五接制成，整个椅圈是一条流畅自

如的曲线，座面有皮制与绳编之分，背板有光洁与雕嵌之别。

（5）宝座

一般宝座（图 7-51）的使用者身份地位较高，常见于宫廷中，一般是设置在正殿中，周围有其他家具辅佐使用。

2. 凳类

（1）长凳

明清时期的长凳（图 7-52）多在民间使用，所用的材料一般为硬杂木，结构简单，所以制作起来也简单，在民间受欢迎，使用的场景比较多。凳的座面一般比较窄，长度根据使用的人数来决定。

（2）杌凳

杌凳有方凳（图 7-53）和圆凳（图 7-54）之分，杌凳是普通的家具，上至官宦，下至平民，都可以使用。杌凳在用材和工艺上有所不同，有的全用木料制成，有的用硬杂木制成。明式圆凳，造型优美，线条流畅，当属经典之作。凳面攒框装独板，边框外侧混面压边。凳面以下采用鼓腿彭牙适法，五足上端格肩出榫，穿过牙条、束腰与凳面相接，自肩以下向外鼓出，直至下端，内卷云勾，出

图7-54　圆凳

图7-55　交杌

图7-56　束腰梅花形鼓墩

图7-57　拔步床

直榫与托泥相交。整体造型简洁圆婉，美感十足。

（3）交杌

交杌也就是"马扎"，是从胡床发展而来的。明式交杌（图7-55）形体比较大，高度与机凳相差无几，而清式交杌则比明式交杌装饰更加豪华，除此之外没有什么差别。

（4）坐墩

坐墩（图7-56）的基本形态与圆鼓相似，以圆形为造型的基础，四周的装饰比较随意；同时形体比较小，布置与陈设时也比较随意，一般陈设在书房、秀阁和内室等小空间，为室内增添很多的情趣。

7.2.2　卧具

卧具简单来说就是床和榻，床和榻在明清两代非常丰富。床可以分为拔步床、架子床、罗汉床等床类家具。榻类家具主要包括折叠榻和罗汉榻等榻类家具。

1. 床类家具

（1）拔步床

拔步床流传下来的数量很少，在德国学者艾克的《中国花梨家具图考》中记录的一件花梨木拔步床是一件经典的作品（图7-57），从床的造型和结构上来看，床顶是平封顶，床围与床沿用小木料攒成团纹样，床下有台座，台座下共有12个内翻马蹄足，造型简洁明快，是具有明式家具特点的一件家具。

（2）架子床

架子床在《鲁班经匠家镜》中称为"藤床"。其做法通常是四面攒边装围板，床下施四足，床面穿藤屉，床四角立柱，柱顶加盖，这种盖的前身便是汉魏时期的床帐。因为床上立有带盖的架子，故称"架子床"。图7-58的架子床为带门围子六柱式

床，为架子床的基本样式。门围子采用攒斗工艺，做成十字连委角方格，格内八卷相抵。挂檐采用扁灯笼框式，皆由小料攒接造成。挂檐下装浮雕卷草牙条。床体为罗汉榻式。榻面攒框装影子板，边抹外侧起线压边。束腰与牙子一木连做，两端造成格角与四足相连。四足内侧起阳线收边，至足端内翻马蹄结束，苍劲有力。

（3）罗汉床

罗汉床在明清常见的形式为三围板式和透雕棂格状围屏式（图7-59）两大类型。一般来说，罗汉床是放在室内用于休息的，在功能上更具有床的特点。

2. 榻类家具

榻的形制为身窄而长，可坐可卧，只有榻身，没有床架，大部分没有床围。主要为日间起居而用，榻的形式多种多样，如束腰直足（图7-60）、束腰曲足、三弯腿、鼓腿彭牙等多种式样。

（1）折叠榻

明黄花梨六足雕花折叠榻（图7-61），榻面无围，大边做成两截，以合页连接，可以进行折叠。

图7-58　门围子架子床

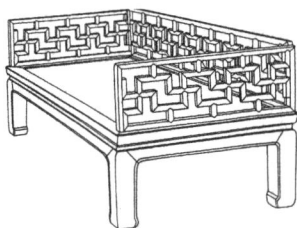

图 7-59　卍字围屏罗汉床　　　　图 7-60　束腰直足单人榻　　　　　图 7-61　黄花梨六足雕花折叠榻

图 7-62　卷搭脑透雕拐子纹罗汉榻　　　图 7-63　五屏式罗汉榻　　　图 7-64　一封书式方角柜

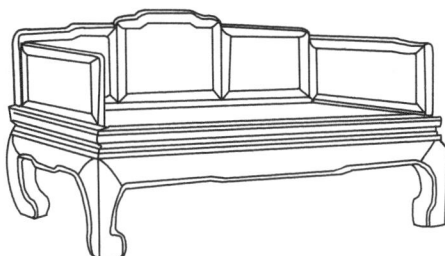

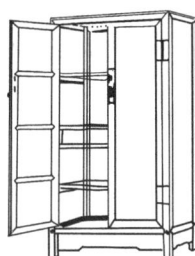

（2）罗汉榻

罗汉榻的形制介于床榻之间，名为床实为榻，榻面之上有三面矮围子，在围子的做法上正中的一块稍高，或有的整板加一些浮雕花纹，图案或简或繁；另一种是围子四周有边框，中部用短材攒接出各种各样的花纹（图 7-62）。罗汉榻的围子有三屏和五屏（图 7-63）之分，也叫三开或五开，明代以三屏较多。

7.2.3　庋具

明清时期的庋具的种类比较多，有柜类、橱类、箱类。其中柜类家具的种类比较多，根据使用的功能可以分为方角柜、圆角柜、亮格柜、矮柜、炕柜等柜类庋具。

1. 柜类

（1）方角柜

方角柜的柜体上下垂直，无柜帽，四条腿全用方料制作，没有侧脚，一般与柜体以合页结合，有硬挤门和安门杆两种形式，四角交接为直角，柜门采用明合页构造。按其顶部是否有箱体结构可分为"一封书式方角柜"和"顶箱立柜"两种形式。

①一封书式方角柜

一封书式方角柜（图 7-64）是无顶箱的单独立柜，从外形上来看像是有函套的线装书，柜门对敞开，有金属配件，柜中的空间被分成大小不一的格子，用来放置不同的衣物。方角柜的腿足比较高，可避免直接接触地面，以免潮湿，腿足处四面有牙条，可以遮挡腿足与地面不接触的空间。

②顶箱立柜

顶箱立柜又称作四件柜（图 7-65），是立柜上加了顶柜，除了柜子的数量多外，其实与方角柜的形式一样，只不过是尺寸变大，储物空间变大，是比较经典的组合家具。

（2）圆角柜

圆角柜（图 7-66），顾名思义边角是圆的。圆角柜的四边与腿足是一木连做的，使用的是圆材。

图 7-65　四件柜

图 7-66 圆角柜　　图 7-67 攒万字亮格柜　　图 7-68 三屉矮柜　　图 7-69 炕柜

这种柜的形体一般比较高大，但是使用的材料为轻质材料。圆角柜与方角柜相比收角比较明显，四足侧脚收分，内方外圆，上与柜帽以高低双榫相接，至足端与横枨相连，横枨之下再安素面牙子。柜帽攒框装独板，边抹起混线压边。柜门攒框装独板，以上下木轴与柜帽、下枨相接，柜门之间设活动式闩杆，门下有柜膛。柜内有三层，层层攒框装板，用以承物，最下层面板以下另装抽屉两具。整体造型清秀，典雅宜人。

（3）亮格柜

亮格柜是用来盛放书画的柜类家具，一般用在书房和客厅中，亮格柜的上部做成通透的亮格，下部做成柜子，其实就是柜子与两格的结合体，既美观又实用。有一攒万字纹亮格柜（图 7-67）腿足侧角收分，内方外圆，与柜帽相接，柜帽边抹混面压边线。柜体分上下两格：上格三面用攒斗工艺造成万字，万字一面打洼，在呈现考究工艺的同时，更增强了上层柜格的空间开敞性，空灵而通透；下格四面封闭，前面柜门攒框装独板，纹理对称，选材考究，至中间部位将下格空间划分为上下两层，增设抽屉一对。上下柜门独自攒框，再与柜侧用白铜合页相连，两门之间各安闩杆一根。柜体下部略去闷仓，近足端安素牙条。

（4）矮柜

矮柜主要有三屉矮柜（图 7-68）和四屉矮柜，外观整洁，用来存放衣物，柜的抽屉也可以用来存放其他物件，矮柜上的金属饰件纹样美雅致。

（5）炕柜

炕柜（图 7-69）多出现在北方地区，柜子是用来放置衣物和被褥。炕柜的长度根据炕的长度来制作，一般造型比较简单，有一些"一封书式"的韵味。柜门上有金属构件的门锁，整体的造型简单明了，线条流畅。

2. 橱类

（1）闷户橱

闷户橱（图 7-70）的形体和高度与案相似，橱面可以用来放置物品，通体光素。柜橱面攒框装心，面心由独板做成，边抹外侧混面压边，中部略平，阔水平之延展。橱面下装抽屉三具，水平排列，故为"联三柜"。抽屉脸为一木三分，木纹断而虚空相连，别有雅趣。前面两道横枨之间装挡板，安门两扇。各横竖材均混面压边线，与腿足相呼应，与柜橱边抹相合。腿足外圆内方，大侧脚，小收分，挺拔盎然。腿足下端横材下四面再安素牙条，与上部吊头下之素牙呼应成趣。在抽屉下有一个封闭的空间，将抽屉拉出后可以存放物品。闷户橱一般靠墙而设，一般尺寸比较大的闷户橱常放在厨房内使用。

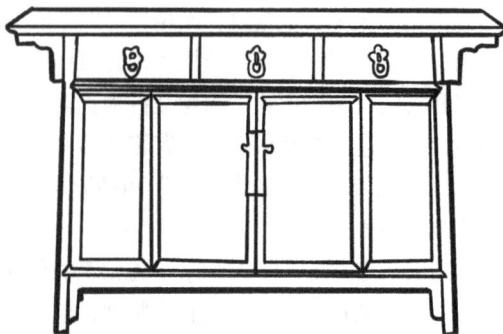

图 7-70 三屉闷户橱

（2）立柜式橱

立柜式橱也叫"柜橱"，兼有柜和橱两种功能。明清比较常见的一种橱柜（图7-71）的特点是"上柜下橱"，上面采用柜的双开门形式，其内加樘板或屉，柜下连通深仓。这种柜橱综合了柜与橱双重优点，有的地方也称为"衣橱""衣柜"，是存放衣服被褥最理想的家具。

3. 箱类

明清时期的箱类家具比较有特色，在用料上比较讲究，在制作工艺上也丰富多样，箱体的做工十分精密，箱体上常有金属件进行加固装饰。

箱类家具的类型主要有衣箱、百宝箱、官皮箱等箱类家具。

（1）衣箱

衣箱（图7-72）的箱体比较方正，箱盖在箱体的三分之一处，有铜闩，箱底有托座，是一件比较典型的明式衣箱。

（2）百宝箱

清代百宝箱（图7-73）的造型比较精美，在箱盖的四角有金属包角，在箱门的两侧有金属合页，对门上有拉环，箱体两侧有手提。从这些金属构件中可以看出清代的百宝箱，一是加固结构，二是注重装饰。箱体的下部有台座，继承了明代箱类家具的结构造型。

（3）官皮箱

明代的官皮箱（图7-74）是从宋代的镜箱演变而来的，主要是用来放置化妆用品以及贵重物品的器物。箱体前的两扇门里面有多层小抽屉，用来放置物品。官皮箱的整体造型素净光洁、古朴典雅，

具有明式家具的风骨。

7.2.4　承具

承具根据使用功能可以分为桌类、案类、几类、架类以及格类，每一类又有各种不同使用功能的家具。

1. 桌类

明清桌类家具在可以分为方桌、条桌、圆桌、画桌、琴桌、炕桌、酒桌等，每一类又有其他的种类。

（1）方桌

方桌的桌面呈正方形，是使用最广泛的家具。桌面长宽约三尺三寸，适宜坐八个人，尺寸略小些的叫六仙桌、四仙桌，尺寸较大的一般是称为八仙桌（图7-75、图7-76）。

（2）条桌

条桌的用途非常广泛，是一种长方形桌面的桌子。其造型区别于案的主要特点是四腿与桌面基本上成直线，腿子不向里缩。明代的条桌（图7-77）一般带有高束腰，腿足之下有牙条进行加固。

（3）圆桌

圆桌有圆桌和半圆桌之分，半圆桌也称为月牙桌，通常由两件半圆桌组合成一张圆桌。

①圆桌

圆桌的类型有很多，比较有特点是独腿圆桌（图7-78）。这类圆桌在清代非常流行，桌面是圆形，在边沿上有装饰，在桌面下的中心处有圆柱式的独腿，分为两节，在圆柱式的独腿下，有一圆形立足面，接触地面的下侧雕刻有纹样，上下的装饰

图 7-71　五抹门圆角立橱　图 7-72　带托泥衣箱　　图 7-73　清 百宝箱　　图 7-74　明 小官皮箱

图 7-75　绳纹八仙桌　　图 7-76　一脚三牙方桌　　图 7-77　高束腰条桌　　图 7-78　带托泥双面车子组合大圆桌

　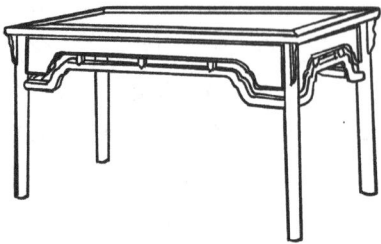　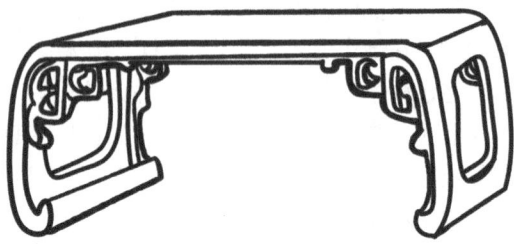

图 7-79　三弯腿月牙桌组合　图 7-80　罗锅枨加矮老画桌　　图 7-81　卷书式琴桌

图 7-82　琴桌　　　　　　图 7-83　炕桌　　　　　　图 7-84　夹头榫剑腿酒桌

纹样相互呼应，精致高雅。

②半圆桌

半圆桌也称月牙桌，是取圆桌的一半。月牙桌有直腿、三弯腿等样式，腿下为马蹄足或带有托泥。清代的月牙桌（图 7-79）与明代的月牙桌相比装饰多，造型更加敦厚沉重，月牙桌的线条比较流畅，具有明显的清代特点。

（4）画桌

画桌无抽屉，基本造型与条桌相同，因其用于书写和绘画，所以较条桌略宽些。明代的画桌（图 7-80）造型一般仿照方桌的造型，罗锅枨上带有矮老与牙板连接，腿足为圆形，造型上圆与方相互映衬。

（5）琴桌

琴桌在明清时期非常常见，与桌案的形式比较相似，但是高度比一般的桌案要矮一些，这是为了便于弹奏而设计的，在明清时期也有一些造型比较

新颖的琴桌。例如，图 7-81 的琴桌由三块板制作而成，琴桌两侧的板做成足部圈曲的样式。两侧有板面，挖有圆形方洞，一方面起到装饰作用，另一方面也能节约用材。除了卷书式的特点，还有镂空的牙板为琴桌的整体造型起到了更好的装饰作用。另外还有一件琴桌（图 7-82）的做法与卷书式的琴桌的做法相似，但是两侧的板没有做成曲形的卷书式，整体比较简单文雅。

（6）炕桌

炕桌（图 7-83）是北方特有的家具，具有体积小、低矮、重量轻、易于搬动的优点。在夏季，炕桌还可以移到室外。炕桌造型美观、式样丰富，用材和做工十分讲究。

（7）酒桌

酒桌是一种小型的长方桌，是从唐宋时期的炕桌或者炕案演变而来的。明代时期的酒桌一般比较雅致，比较常见的是带有夹头榫的酒桌（图 7-84），

图 7-85　平头案

图 7-86　翘头案

图 7-87　架几案（a）

图 7-88　架几案（b）

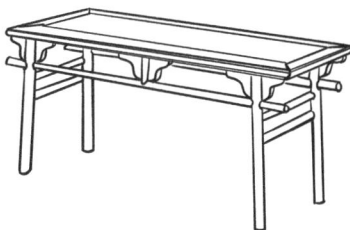

图 7-89　条案

图 7-90　绦环纹卷头画案

酒桌的两侧加双横枨，一方面起到稳固的作用，另一方面使酒桌腿足上带有装饰效果。到了清代，酒桌开始减少，逐渐退出历史的舞台。

2. 案类

案与桌最大的不同在于腿与台面的关系：案的腿足不在四角而是案面两侧往里收进一些的位置上。明清时期的案类家具可以分为平头案、翘头案、架几案、条案、画案等。

（1）平头案

明式家具中平头案（图 7-85）的式样较多，其设计起源于中国古代建筑大木梁架的造型与结构。桌面以格角榫攒边打槽平镶面心。边抹冰盘沿上舒下敛。腿足侧脚收分，上端开口嵌夹揣揣榫接合带牙头的素面牙条。足间安两根椭圆形直枨。造型简洁光素，线条优美有力，质朴中带着时尚，平淡中带着独特的味道。

（2）翘头案

翘头案的案面两端装有翘起的飞角，故称翘头案，翘头案大多设有挡板，并施加精美的雕刻。明清时期主要是供陈设箱的承具，常依墙而设，明间常设在正中间，案上摆放花瓶以及其他器物，陈设比较灵活。清代的翘头案（图 7-86）的牙板和两侧的挡板有非常精美的雕刻和装饰，其中圆雕、透雕和浮雕等雕刻手法效果异常精美，陈设在室内与其他家具相统一，形成高雅和谐的布局效果。

（3）架几案

架几案（图 7-87）造型特征是两端用两件几架起案面。其特点是两件几子与案面不是一体的而

是分体的形式，装配灵活，搬运方便，受到历代文人的喜爱。有的架几案模仿翘头案，两侧设翘头（图 7-88），形成新的品种。

（4）条案

条案的案面为窄长的长条形，案面长度往往超过案面宽度的三四倍，尺寸较大。有的条案的造型比较新颖（图 7-89），不光在四条腿足设牙板，还在两侧长边中间设牙板，起到稳固和装饰的作用。

（5）画案

明清这两个时期的画案比较有特点的是清代的画案（图 7-90），可以看到此画案的造型比较复杂，在案面的两侧有卷书式的造型，非常精美，并且在前后两腿之间有绳结造型的装饰，使得画案的造型和装饰更加精美绝伦。

3. 几类

明清时期的几类家具种类比较多，有条几、香几、茶几、琴几、花几、炕几和凭几等，但凭几在明清时期已经不流行了，明清时期所见到的凭几多为对前代的仿制。

（1）条几

条几又称为长几（图 7-91），常常与条案相混

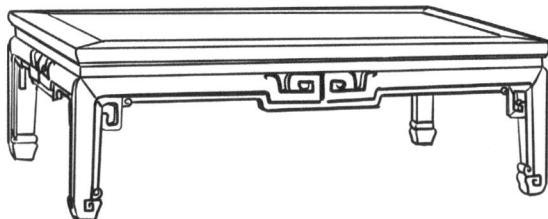

图 7-91　条几

称。一般的条几尺寸为一丈，宽一至二尺之间，高度在三尺左右，而条几一般是靠墙设置，因而又称为"挑山几"。条几上一般陈设有精致的物品，如珊瑚、盆景、音乐钟这些室内的装饰摆件，或是书函、文件等。

（2）香几

明清的香几（图7-92）使用场景主要为文人的书房和祠庙。香几的形体一般来说比较粗笨，装饰过于夸张，方便人站立使用，放置香炉或点香、上香，也作为花几来陈列花瓶、盆景等。其基本形状有圆形、方形和多边形，但是生活中最常见的还是圆形的香几。

（3）茶几

明清时期的茶几多用于日常的会客或宴会。明代的茶几（图7-93）造型比较简单，装饰比较少，可以看到很多茶几腿足为三弯腿并且带有束腰，整体的尺寸比较小，显得典雅秀美。清代的茶几（图7-94）的造型与装饰比较繁复，可以看出清代的审美与对家具的追求。

（4）炕几

炕几较炕桌窄长，有少数的高束腰三弯腿炕几（图7-95）与前面的茶几相似，也有的为桌形或案形结构。其适于在炕的两头使用，上面陈设陶瓷日用器皿之类，一般较低矮，适于盘腿打坐时使用。

（5）花几

明清的花几在室内和室外都可以陈设，花几造型是随着环境变化的，例如，在室内的花几（图7-96）造型比较规整，在室外的花几造型常与盆景和山石花草等相呼应。花几一般是成对出现。

4. 架类

架类家具有面盆架、巾架、衣架、镜架和灯架等。面盆架有高低花素之分；巾架、衣架也有花素之别；而灯架则品种繁多，形式多样，至今在民间依然还有留存的明代衣架。

（1）衣架

明清时期的衣架（图7-97）形体普遍较大，又称"衣搭"，专用来搭衣服。此衣架上端搭脑中部为直材，两侧混面压曲边两端化作灵芝结体。搭脑与腿足立柱之间另安线形挂牙。中牌子棂格造成仰俯山式，山字虚实相接。中牌子下装光素牙条，整板挖成，边部起宽阳线，至两端变为内翻灵芝。下部两根横材间，装开孔绦环板。立柱两面做，混面

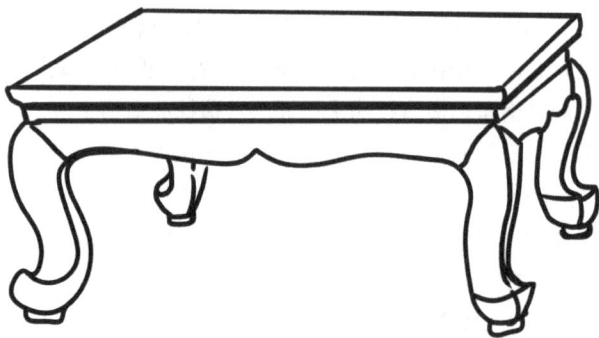

图7-92　高束腰六足　　图7-93　明茶几　　　　图7-94　清茶几
香几

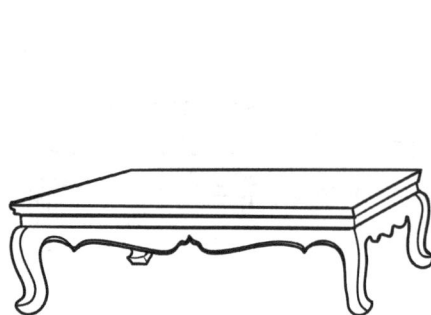

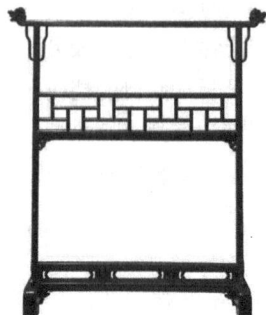
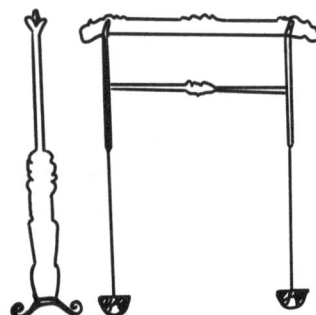

图7-95　高束腰炕三弯腿炕几　　图7-96　花几　图7-97　衣架　　　图7-98　铜巾架

压曲边，有侧脚，无收分。墩子宽面中间部位向上凹进，以助推站牙向上之生命力，窄面两端打洼，顺边线喷出，线条简洁有力。墩子与腿足之间的站牙以攀错的灵芝交织成纹，顺势盘延翻转，十分灵动。

（2）巾架

巾架（图 7-98）与衣架形似，使用功能上与衣架一样都是用来搭挂物品的。巾架在明清时期不多，只有在贵族和宫廷中比较常见，一般与盆架配合使用。其相比起衣架形体比较小，一般比较矮，下部常做成圆座或十字形座，中间插立柱，柱上设置扁球状或十字形座。巾架整体造型比较秀雅别致。

（3）盆架

盆架在明清时期有了飞速的发展，在做工、造型、装饰、功能上都形成了自己的特色。而盆架主要有单体盆架以及与巾架复合的盆架两大类型。

①单体盆架

明清单体盆架的造型和宋元两代的造型基本相似，有三足、四足、六足（图 7-99）这几种类型，造型比较简单。

②复合盆架

复合盆架一般比较高，装饰比较豪华，与单体盆架的朴素形成对比。清代的酸枝木雕云龙纹龙首盆架（图 7-100）是宫廷中使用的盆架，不论装饰还是造型都非常的精美，搭脑的龙首、两侧的牙板和架框中的牌子的龙纹都栩栩如生，可以说是清代盆架的代表了。

（4）花架

花架（图 7-101）与花几的作用是相同的，只是结构和形体不太一样。花架是清代晚期出现的新的家具品种，相比于面盆架来说比较高，这是为了更好地展示盆植。花架一般设置在厅堂的各角或条案两侧，可以使室内的环境典清新，同样也能够显示出主人的品位和身份地位。

（5）灯架

明清时期的灯架主要分为两种类型，挑杆式和屏座式。

①挑杆式

挑杆式灯架（图 7-102）的底座为须弥式，上有屏式柱，灯杆为横向高挑，上有透雕凤纹，下垂挂方形大吉葫芦方形玻璃灯，四角上带有流苏，十分美丽。

②屏座式

屏座式灯架（图 7-103），顾名思义造型为屏座式，但是形体从总体上来说比屏风小，在屏的中间加以圆棍支撑灯罩。

5. 格类

（1）博古格

博古格也叫"多宝格"（图 7-104），是专门用

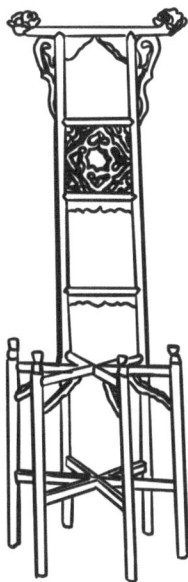

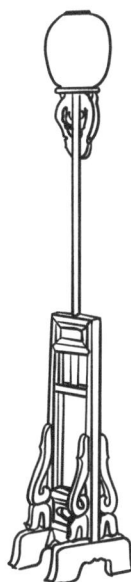

图 7-99　酸枝木雕凤首六足盆架　　图 7-100　盆架　　图 7-101　花架　图 7-102　紫檀透雕凤纹挑杆式灯架　图 7-103　屏座式灯架

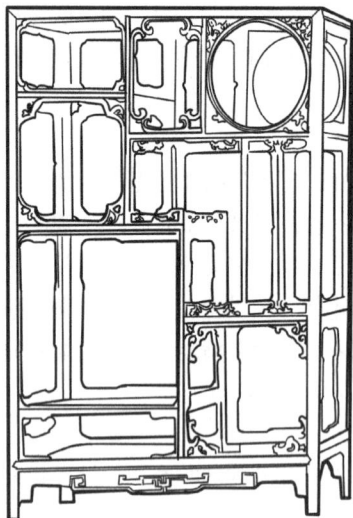

图 7-104 博古格 　　　　图 7-105 紫檀棍格书格 　　　图 7-106 座屏

来陈设古玩器物的家具，清代中期才开始流行。在博古格上用木料做出不同大小的格子，形成横竖不等、高低不齐、错落参差的一个个空间，可以根据空间上的大小和高度，摆放不同大小的陈设品。在视觉上打破了横竖连贯等极富有规律性的格调，可以说傅古格是一件绝妙的工艺品。

（2）书格

书格是专为放书的架格，也称书架（图 7-105）。书格没有门，这是与书橱最明显的区别。其四面透空，在每一层的两侧和后面设置围子。这样做一是为了让书摆放整齐，二是使书不掉落，四面透空可以方便阅览书籍的名称以及书籍的查阅与摆放，常见在书格正中平装抽屉两三个，其作用一为加强书格的牢固性，二来还可以放些纸墨等用具。书格大都成对陈设，是书房、客厅的必备之物。

7.2.5 屏具

明清时期的屏具，有座屏、折叠屏、插屏和挂屏这几种形式，在明清时期屏具不光是实用的家具，更是室内必不可少的装饰品。

1. 座屏

座屏也称"八达马"屏（图 7-106），屏风上有透雕卷草纹样，有的在屏心位置有装饰，有的直接是透过去的。每扇屏风之间用走马销衔接，下边框

装有插销，插入底座的孔中，边有站牙使得屏风的总体比较牢固。这类屏风常用于宫殿内的正殿中，与宝座、香几、宫扇等组成庄严的陈设。

2. 折叠屏

折叠屏也叫软屏风、围屏（图 7-107），折叠屏没有底座，屏数一般是成双数的二、四、六、八面，有的甚至高达十面。折叠屏的屏框采用的材料类型可以是多样的，有的是柴木，有的是比较名贵的木材，屏心的装饰有书法、绘画等。

折叠屏多用于临时性陈设，由于整套屏风被连成一体，只需将屏风打开一定角度，屏风便可直立。其特点是根据室内空间可长可短、可曲可直，在较大的空间内分隔开间，轻巧灵活、运用自如。

3. 插屏

插屏（图 7-108）一般都是独扇的，形体上有大有小，根据房间和门户的大小，来确定插屏的高度。小插屏主要陈设在桌案上，用于观赏，它和多扇座屏的作用相差不多。

4. 挂屏

挂屏（图 7-109）在清初出现的比较多，起到装饰作用，可以代替画轴悬挂在墙壁上，一般成对或成套出现。例如，四扇一组称"四扇屏"，八扇一组称"八扇屏"，也有在中堂两边各挂一扇对联挂屏的。这种陈设形式在雍正、乾隆两朝风行于宫廷中，皇帝和后妃们的寝宫内，几乎处处可见挂屏。

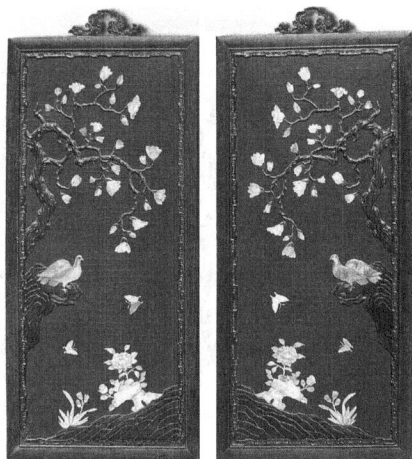

图 7-107　折叠屏　　　　　　　　　图 7-108　插屏　　　　　图 7-109　紫檀嵌百宝花鸟挂屏

7.3　明清家具的造物法则

7.3.1　因材施艺

"因材施艺"是明式硬木家具制作的基本原则。因材施艺指的是根据木材的材性、质地、色泽、纹理、形状等不同方面的具体情况而采用不同的工艺做法，以达到"材尽其用"的目的。明清硬木家具用材多为珍贵硬木，尤其是紫檀、黄花梨，它们生长周期长，成材率低，即使在木料充裕的明清时期，要得到一根大径级且具有一定长度的木料亦十分困难。与获得玉石上等料一样，不仅要有充足的资材做基础，更重要的是能够具有与生长了几百年的硬木相伴终生的缘分。这在某种程度上也就决定了明式硬木家具的制作多是凭料而造，即先有木料，再根据木料具体情况来制作与之相应的器具，而并不是先设计好器具图稿，再按图索材。这不仅是因为珍贵硬木木材的千金难求，更多是因为即使是同一树种的硬木木材，在相同的生长环境下，木材的材质、径级、色泽、纹理、形状均存在着很大的差异。故因材施艺是明式硬木家具制作的基本原则，其主要是指按质择工。这也是《考工记》中所提出的"审曲面势"。具体而论，按质择工指的是在充分了解自然物材的形状、性能的基础上，根据材料本身的材性，融以巧工，制以实用之器。

明式硬木家具主要用材有紫檀、黄花梨、鸡翅木、铁力木、花梨木、乌木、红木等。它们在质地的软硬、质性的艮脆、纹理的曲直、色泽的润涩方面存在很大的区别，也正是这些区别造就了不同树种之间气质的差异，并直接导致了工艺做法的不同。

1. 质坚性艮

质坚性艮者，诸如紫檀、黄花梨之类，材质坚硬，纹理细密，油性大，变异性小，不阻刀，适雕刻，宜打磨，属上等材质，制作工艺要求十分精细。由其所造器物既可以做到非常纤细灵巧，又可以进行复杂纹样的雕琢和各种线型的刻画，还可以进行精细打磨，且越磨越润、越磨越有光泽。这无疑为创造明式家具线性的造型艺术、画龙点睛的装饰手法和细腻柔和的视觉美感奠定了物质基础。如存世的紫檀扇面形南官帽椅便是一例（图 7-110）。其造型舒展凝重，四腿足一木连做，有侧脚收分，座面制成扇面形，全身光素，润泽如玉，只在靠背板上画龙点睛，铲地浮雕牡丹纹团花纹饰，地子平整光洁，花活枝叶生动灵巧，细微之叶柄、叶脉和花蕊亦清晰可见，券口边部造灯草线，线型柔顺流畅，光滑无比。可以说，这种艺术魅力的形成非用紫檀料制作所不能达。

2. 质坚性脆

质坚性脆者，诸如乌木之类，虽然坚硬如铁，光泽如漆，但其性脆，且少有大材，若进行大面雕刻，一来很难入刀，二来时间长了随着木材的干裂会导致花活纹样的破坏，故在制作器物时不宜雕琢纤巧的花活纹样，应选择少有雕刻花活或没有花活

图 7-110　紫檀南官帽椅　　图 7-111　乌木扶手椅

的细木工艺，注重磨工，以抛其光，以挥其色。由其所造大件器物所传甚少，故宫所藏清初七屏式扶手椅（图 7-111）当为一经典力作。其整体由乌木造成，全身光素，靠背扶手连成一体，仿窗棂灯笼锦式，做成七屏，座面采用攒框做法，以下用矮老与罗锅枨相连，腿足下端施四面平管脚枨，左右两侧及后面还用云形角牙与足端相接，前面则施罗锅枨与上部呼应，造型圆润而空灵，饰面亮如黑漆，可与紫檀制器相媲美。

3. 质坚纹美

质坚纹美者，诸如黄花梨、鸡翅木之类，不仅材质坚硬，而且纹理清晰，肌理细腻，还常因受到不同生长环境的影响而形成美丽的山水、人物、动物等天然纹理，如花梨木类之猫眼、鬼面，鸡翅木类之虎皮、鸡翅等。故在制作器物时，应该巧妙地将这些天然形成的纹理融入进去，或以纹为饰，或以型顺纹，型为外，纹为内，纹随型而变，型随纹而走，相互映衬，若筋骨之相连，宛若天成。这也是明式硬木家具艺术最妙处之所在。如杨耀先生所著《明式家具研究》中收录的一件黄花梨圈椅便是一经典的例子。就其中直材形构件而论，腿足上之木纹随着腿型而蜿蜒直上与椅圈相接，赶枨上之木纹则随着直枨呈直线形与腿足相连。就其中曲材形构件而言，椅圈上之木纹随着椅圈弧度的变化而变化，联帮棍上之木纹则随着"S"形曲线而流动，靠背板上的木纹波浪更是随着"）"形的变化向搭脑层层相涌，韵律之美，妙不可言。当然，这并不是说质坚纹美者不能进行雕斫，而是说若施以雕斫手法，应注意将纹理之自然变化融入花活当中去，以更好地做到"以纹理型"和"以纹塑型"。

7.3.2　顺性而用

"顺性而用"是明式硬木家具制作的具体法则。顺性而用是指顺着木材的固有属性而用，采用合理的加工方法，避其短，而扬其长。木材的固有属性主要包括三个方面的内容，具体为视觉特性、物理特性和力学特性。其中视觉特性主要是指木材的色泽、纹理，物理特性主要是指木材的吸湿与解吸，力学特性则主要是指木材的塑性、弹性、强度。对于器物制作而言，木材的这些特性有好也有坏，有利也有弊，一切全在于如何用。方法得当，不仅会使优良特性更突出，而且还会将不良特性化于无形；相反，方法不得当，不仅会使优良特性发挥不出来，还会使不良特性更突出。可以说，千百年来，聪慧的匠师们在实践活动中不断地体悟各种硬木材性变化规律，并形成了许多"顺性而用"的方法。这些方法不仅很好地将硬木木材优美的自然纹理和色泽发挥到了极致，而且还巧妙地将木材的干缩湿胀、各向异性隐遁于无形。从中折射出来的智慧更体现了匠师们对一切物本性的深刻认知和对树木生命本体的尊重。具体而论，"顺性而用"主要可以概括为三点，分别是巧用色、善用纹、顺木性。

1. 巧用色

"巧用色"有两层含义，一为单一硬木色泽的展现，二为不同硬木材色之间的巧妙搭配。由于木材所含抽提物的成分和含量不同，使得明式家具硬木用材材色呈现了丰富的色彩变化。如紫檀木色呈橘红到深紫，黄花梨呈金黄到深红，乌木呈栗褐到墨黑，铁力呈暗红到黑褐，黄杨呈淡黄到褐黄，等等。这一系列丰富暖色系的色调变化及其自身所特有的质地是人工材料所不能比拟的，它们在彰显自然美的同时，不仅使人产生亲切、温暖的视觉感，还赋予了硬木木材不同的美感，如紫檀的静穆典雅、黄花梨的温润柔美、铁力木的敦厚质朴等。明代文人士大夫们特别青睐和推崇黄花梨之色泽美，并与匠师们一起创造了质朴自然、简洁明快、空灵俊秀的造型形式与之相应，型为外，色为内，自然柔美的视觉色感与型之柔婉空灵交相辉映，可谓是型色相依。还需要指出的是硬木材色变化不仅丰富了明式硬木家具的视觉色感，而且还给匠师们提供了更为广泛的材料搭配的选择空间。但材色搭配的方法并不是随意的，而是具有一定的规律性，并在几百年的制作过程中逐渐形成了一些固定搭配。张德祥先生将其总结为："楠配紫（紫檀），铁配黄（黄花梨），乌木配黄杨。高丽镶楸木，川柏配花樟（樟木瘿子）。苏作红木楠木瘿，广作红木石芯膛。榉木桌子杉木底，榆木柜子杨木帮。"除了张先生总结的这些搭配之外，常用的还有鸡翅配紫檀、花梨（黄花梨）配楠木（图 7-112）、紫檀配黄杨、桦木配紫檀、紫檀配瘿木（图 7-113）等，其整体的原则或以深衬浅，或以浅显深。

2. 善用纹

"善用纹"指的是科学合理地利用硬木材优美的自然纹理（木纹）。木纹由生长轮、木射线、轴向薄壁组织等解剖分子相互交织，且因其各向异性而当切削时在横切面上呈现同心圆状花纹，径切面上呈现平行的带状条形花纹，弦切面上呈现抛物线状花纹。明式硬木家具用材不仅具有丰富的材色变化，而且还具有多样的纹理特征，如顺、倒、斜、直、缠、盘、曲等，为塑造不同的视觉美感提供了很大的选择空间。但是这里"善用"二字并不是指简单地利用木材纹理的顺、倒、斜、直形成视觉上的肌理对比，而是巧妙地运用在满足明式家具各构件力学承重需求前提下自然显现的木材纹理。其中纹理的差异性并不是故意的安排，而是家具各部位对用材材性需求所致。这与传统建筑大屋顶的优美曲线是随着举架的层层升高而形成具有异曲同工之妙。木材原木不管是径切材还是弦切材均可分为心材、中材、边材三部分，其中边材部分材性最差，质软色浅，易受虫蛀；心材部分材性较好，虽易裂，但纹理最优美，多做装饰材；中材部分材性最佳，质坚性稳，宜做框架材。可见，木材的部位不同，材性纹理亦各异。明式硬木家具为框架结构，各类家具的腿、枨等框架材起主要的承重作

用。其用材不仅要求材性稳定，而且要求具有很好的抗压强度。由前面的探讨可知，木材顺纹方向的中材部位材性最稳定，抗压强度也最佳，正所谓"立木顶千斤"。因此，明式家具腿、枨等框架材的用材选择以顺纹中材为最佳部位。其最佳的纹理美感自然为中材的纹理特征。而中材的纹理特征又跟腿、枨等框架材的形式有关，当腿、枨等框架材为直线型时，其选材当以具有直线纹理的中材部位为主；当腿、枨等框架材为曲线型时，其选材当以具有曲线纹理的中材部位为主，尽量做到"依纹取材"。"依纹取材"的另一目的是"以纹塑型"。直纹与直型构件相应，曲纹与曲型构件相合，型在外，纹在内，型变则纹动，纹动则型变，这样一来既满足了承重功能的需求，又增强了腿、枨等构件的视觉力量感。其最难把握的是木纹变化的视觉导向性。所遵循的原则是型向内者纹向内，型对称者纹对称。与腿、枨等框架材不同，各类家具中的镶板，如椅子座面板、靠背板、桌案面芯板（图 7-114）、柜膛板、柜门板、箱门板等则主要起辅助性承重作用，以装饰美感为主。木材心材部位的纹理最优美，不仅给人以生命的韵律感，而且还给人以和谐流畅的自然感。因为在生理学上，木材纹理沿径向的变化暗合人体生物钟涨落节奏。日本学者武者利光的研究表明：木材构造所呈现的功能谱符合 $1/f$ 的分布方式，这一方式与人脑波的涨落和心动周期变化的 $1/f$ 谱分布形式均相吻合。就硬木木材的纹理美感而论，以黄花梨之木纹最为多变，不论是纵切纹还是弦切纹，美丽而富有变化，华贵中含素雅之美，有的呈现层峦叠嶂的奇观，有的呈现行云流水的形态，千变万化，使人产生自由、奔放的涌动联想。其棕眼和节疤也别有特色，形态各异，活泼可爱，给人以灵活多变、无拘无束的美的启示。因此，明式家具中各镶板的用材当以具有优美曲线纹理的心材部位为最佳。其最佳的纹

图 7-112　黄花梨嵌楠木　　图 7-113　紫檀嵌瘿木　　图 7-114　黄花梨平头案面心板

理美感自然便是心材丰富多变的纹理特征。但在心材部位取材时，应注意心材纹理变化规律所形成的视觉中心与镶板纹理的视觉中心位置的融合。若镶板为独板自然很简单，只要控制好心材部位纹理变化的尺寸范围即可。而若镶板为多块心板拼接而成时，则要注意板与板之间纹理的对接及拼接完成以后整块镶板纹理变化的视觉中心位置。

3. 顺木性

"顺木性"主要指的是在顺应木材的强度、硬度、塑性、干缩湿胀的基础上，采用物理的加工方法，遮其短而扬其长。任何事物都具有两面性，木性亦如此。有其好的一面，就有其坏的一面。万事皆在于"度"的把握，对于木性的掌控亦在于此，不能与其拧着来，要顺其而行，给其一定的空间，将其优良之性发挥到最大，将其不良之性限制到最小。也正是在这样的法则下，古人才创造了经典的明式硬木家具。另外，还值得一提的是古人制作硬木家具是建立在尊重木材生命的前提下进行的，对于硬木与生俱来的固有属性尽量不作任何改变。

木材是一种强度很大的材料。按其性质可以分为顺纹抗拉强度、横纹抗拉强度、顺纹抗压强度、横纹抗压强度、顺纹抗剪强度、横纹抗剪强度等。其各方向强度的大小主要由木材胞壁的骨架物质纤维素、硬固物质木质素和起填充及胶着作用的半纤维素决定。其中纤维素链状分子大多沿细胞壁的长轴平行排列，以C—C、C—O键结合，横向则以氢键（—OH）结合形成纤维丝。显然，后者分子间的能量要比前者分子间的能量小得多。这决定了木材横纹抗拉强度远小于顺纹抗拉强度，一般只有顺纹拉力的1/40~1/30。而且由于木材的干缩可能引起

木材的开裂，使其完全丧失横纹抗拉强度。因此，在明式硬木家具构件中，无论是承重材还是装饰材只用顺纹构件（图7-115），不用横纹构件。木材的横纹抗拉强度与抗劈力存在线性关系，木材的横纹抗拉强度低，故木材的顺纹抗劈力就低。古之匠师裂解原木先在原木端面加楔子，沿顺纹劈开，便是利用木材的这一特性。这在明式家具结构中亦有体现，"吃线""压线"的适度掌握便是出于对卯榫的胀缩而容易撑裂腿料的考虑。如步步高赶枨中同一腿上的赶枨相互错开亦是为了避免榫头过于集中形成应力集中点，若遇到超大外力时纤细的腿料定会先产生顺纹裂解而折断。再如券口、牙板、角牙（图7-116）的最重要的作用是使连接的局部构件形成刚性结构，在提高榫卯连接稳定性的同时，也避免了因卯榫之间的松动而可能产生的腿料或枨料的顺纹裂解。

木材抗压强度的大小主要由木质素决定。因为木质素主要赋予木材硬度和刚性。木材的硬度越大，刚性越大，抗压强度就越大。一般情况下，其应该与木材的密度成正比。而明式家具硬木用材密度都很大，有的甚至入水则沉，由此而推知各种硬木材的抗压强度都应很高。尤其是木材顺纹抗压强度单纯而稳定，具有很好的效果。如实验表明，一块仅重21克，25.4厘米见方、长57厘米的杉木，顺纹承重能承受4525千克的力，相当于3辆汽车的重量。这也是匠师们为什么认为最佳腿料应在径切材的顺纹中材部位选择的内在原因。至于横纹抗压强度则较顺纹抗压要小很多，约是顺纹抗压强度的15%~20%。这也是明式家具中水平的框架材的厚度尺寸要小于深度尺寸的原因之一。

图7-115　黄花梨翘头案插肩榫腿足的顺纹取材　　图7-116　凤纹角牙与横竖材形成的三角形刚性框架

木材的抗剪强度亦可以分为顺纹抗剪强度和横纹抗剪强度。其中顺纹抗剪强度较小，平均只有横纹抗剪强度 10%~30%。在实际的应用中很少发生横纹剪切的现象，若产生，也非单纯的横纹剪切，总是要横向压坏纤维产生拉伸作用。但顺纹剪切却经常出现在腿、枨等构件端头的榫肩部位。故虽然其影响很小，也应注意。硬木材为阔叶材。阔叶材的弦面剪切强度要高出径面剪切强度 10%~30%，并随着木射线的发达程度而呈线性变化，木射线越发达，弦切面与径切面之间的差异越大。故明式硬木家具各构件端头开榫时多将榫头与榫肩之间做成弦切面剪切，匠艺精微，妙不可言。前面也讲到明式家具用材的密度都很大，故其硬度均很高，属于刚性很强的材料，而且硬度越高，刚性越强，塑性则越小，这也决定了硬木木材具有优良的抗变形性能。这种特性有好有坏，好的一面是为加工明式家具各式各样精细的卯榫结构（如穿销挂榫结构中挂榫实际加工仅 3~5 毫米的厚度，非硬度和刚性很强的木材加工才能把卯榫结构强度发挥到最大）提供了物质基础，不好的一面则是限制了弯曲加工大曲率曲线型构件的可能。但聪慧的匠师们并没有被木材塑性小难住，他们在实践中发现硬木虽不能像柴木中的柳木一样用"火烤"的方法进行曲型加工，却可以利用硬度大、不易变形的特性进行攒接成型，如圈椅中椅圈的三接、五接做法及圆香几座面或托泥的三接、四接做法均是如此，真是匠心独运。

7.3.3 以线塑型

李泽厚先生在其《美的历程》中曾论述道："汉字书法的美也确乎建立在从象形基础上演化出来的线条章法和形体结构上，即在它们的曲直适宜，纵横合度，结体自如，布局完满。""甲骨、金文之所以能开创中国书法艺术独立发展的道路，其秘密正在于它们把象形的图画模拟，逐渐变为纯粹化了（即净化）的抽象的线条和结构。这种净化了的线条——书法美，就不是一般的图案花纹的形式美、装饰美，而是真正意义上的'有意味的形式'。一般形式美经常是静止的、程式化、规格化和失去现实生命感、力量感的东西（如美术字），'有意味的形式'则恰恰相反，它是活生生的、流动的、富有生命暗示和表现力量的美。"

明清家具虽不同于书法艺术，但却与其一样有着规律性的线条章法和形体结构，这在前面曲直相依、方圆共体、虚实共生的章节中已有所论及。可以说，明式硬木家具造型艺术并不是为了造型而造型，而是一种真正意义上的有意味的形式，所表达的是一种生命的力量。而这种生命力量的传达则是通过具有丰富情感的线性构件实现的。明式硬木家具线的造型已提炼概括到简练、流畅、舒展和刚劲，并善于运用线条的起伏变化及合理有序的穿插来体现其内在的文化精神，给人以美的享受。无论是大曲率的着力构件还是小曲率的装饰线脚、花纹、牙板、角牙、包角等，大多简洁挺拔、圆润流畅，而无矫揉造作之感。这在明式圈椅造型中体现得最为淋漓尽致，从圈椅由上到下或从左到右的线型来分析，它又是曲直线型交错运用的，既不是一味张扬直线的刚劲，也不是一味炫耀曲线的妩媚，而是将这两种线型的特质很好地融合在一起，整体上给人展现一种内在含蓄的韵律美，尤其是靠背板的"S"形曲线曾被西方科学家誉为"东方最美好、最科学的明代曲线"（图 7-117）。讲到这里，读者们可能已经朦胧地感受到明式家具中"线"的魅力。那么这些丰富的"线"与造型之间又有着怎样的关联？其又是如何塑造整体造型的生命感的呢？在回答这个问题之前，我们首先要了解明式家具中用来塑"型"的"线"的类型。可将其分为两类，分别为天然木纹和线脚艺术。

图 7-117 圈椅中的线造型

1. 天然木纹

天然木纹是指木材与生俱来的自然纹理，有直纹理、斜纹理和乱纹理之分（图7-118至图7-120）。其中直纹理常不显花纹或为年轮等结构特征所形成的条状花纹。斜纹理呈螺旋状，其扭转角度自边材向心逐渐减小。乱纹理（不规则纹理）则常呈现为各种花纹图案，如波状、鸟眼状、卷曲状等。这是木材不同于其他任何材料的一个特质。其不仅作为一个传达生命的载体在诉说着树木成长的生命力量，而且还作为一个表达时间的语言在诉说着树木成长的时间痕迹。因此，木材纹理本身不仅具有生命性，而且具有时间性。对于明式家具造型视觉美的塑造而论，这两者都起着非常重要的作用。那木纹又是如何塑造造型的呢？大部分观者在欣赏明式硬木家具时，多为其简练舒展的线型所折服，对于木纹的关注则很少，有关注者也只是从其装饰性的角度来进行解读。

天然木纹本身生长的力量不仅具有很强的视觉导向性，而且具有强大的生命力。木纹自然的变化规律不仅是一种视觉的装饰语言，更重要的是一种生命力量的象征。经典的明式硬木家具造型无论是构件自身造型还是整体造型都体现了这一点，做到了型纹相依的境界。所谓"型纹相依"指的是以"型"顺"纹"的同时以"纹"来理"型"。明式家具造型中的曲直是多变的，应做到曲型用曲纹，直型用直纹，也只有这样才能将"型"与"纹"进行巧妙地融合，即"型"在外，而"纹"在内，"型"变则"纹"动，"纹"动则"型"走。其内在法则在前面的章节里已有所论述，自不必多言，在这里仅对"纹"之线的生命力量与"型"之线的生命力量之间的契合进行补充。首先"纹"之线的生命力量与木材生长的力量是等同的，也是等向的。以地表面为参照物，从地下向地上的生长方式是一切植物生命成长的自然顺序，这一点也导致了木材纹理生长的方向性也呈现自下而上的规律，而明式家具的使用亦是以地面为载体的。因此，木纹自然生长的方向性与构件自身型面走向的契合与否直接影响到明式家具生命力量的表达，其与叶脉决定着树叶的"型"和骨骼决定着人体的"型"异曲而同工。木纹不仅决定着原木的直径，还决定着原木的长度。更具体一点，木纹不仅决定着明式家具构件自身的"型"，还决定着明式家具整体"型"的生命。若没有"纹"的支撑，明式家具的"型"则会变得相对软弱无力，这或许便是傲骨清风的明代文人们多喜爱黄花梨而少喜爱紫檀的原因之一。型纹合一的目的就是将二者巧妙地融在一起。这也是经典明式家具的竖向构件型面的木纹走向往往是接近根部的一端在下。而接近梢部的一端在上的根本原因。这看似差别不大的一正一反，却直接影响着明式家具自然美的体现。木材年轮和年轮之间的节奏与人心脏跳动节奏的相似性似乎说明了一些什么。当然，这只是一种猜测，重要的不是得出树木与人类生命起源相关联的结论，而是想说明作为观赏者的我们对于明式家具美的认知的根本。前面也讲到明式硬木家具造型是自然之道与人文之道的共同体，二者的融合并不是一种偶然，而是一种必然，因为它们所表达的是一种生命的秩序。当我们欣赏与我们生命有着共同节奏的器物时又怎能不被它那自然的生命节奏所吸引？尤其是当我们静心观物和感物时，这种感觉更为明显，且是自然而然的。明式家具造型的美与不美就在于这种生命秩序的"和"与"不和"。"纹"与"型"的融合则是实现"和"的最基本的前提。此外，木纹具有很强的视觉导向性，在保证垂直性构件的木纹走向是生长方向的同时，还应该保证对称性构件的木纹走向的对称性、相同水平性构件木纹走向的一致性及组合部件纹理走向的流畅性。

图7-118　直纹理

图7-119　斜纹理

图7-120　乱纹理

2. 线脚艺术

线脚是一种明式家具构件型面常用的装饰手法，常用在家具的腿足、边抹、券口、帐子等部位，有面、线之分。其中"面"分平、盖、洼，"线"分阴与阳。如王世襄先生在其著作《明式家具研究》中总结道："线脚在明及清前期家具上的施用，主要在边抹、帐子、腿足等部位。他们全仗面和线来构成其形态。粗略地概括，十分简单，面不外乎平面、盖面（鲁班馆语，即混面或凸面）和洼面（即凹面）。线不外乎阴线和阳线。唯根据实物做细微区分，则又十分复杂。边抹即使同高，枭混也基本相似，但曲线舒敛紧缓稍有变换，顿觉殊观。阴线或阳线，则因其造型之异而有不同的名称。"其目的有二：一为提高构件型面的丰富性，打破平面构件的死板；二为强化构件自身的线性感，增强家具在空间里的节奏感。如劈料与打洼，线的处理则多出现在构件外侧端面的边缘部位或中间部位，主要是对构件型面中转折部位的界定与明确，如灯草线、一炷香线等。两者相较，前者是通过构件型面的凹凸处理的连续性，在破、立之间来塑造构件自身的线性感；同时，这种凹凸处理的连续性又将家具整体框架型材外侧端面巧妙地连续在了一起，增加了家具形体变化在空间中的流畅性和韵律感。后者则通过构件型面边缘部位线性处理的连续性，在构件自身形体转折之间，强化了构件自身的线性感。同时，这种线性处理的连续性不仅强调了构件自身形体的型面特征，还明晰了家具整体轮廓的外形特征，在构件自身的凸凹变化之间、构件自身的线性与家具的空间体量之间、家具的空间体量与其所划定的虚空之间形成了强烈对比，强化了构件自身形体、构件与构件及家具形体本身与空间虚实之间的韵律感。

7.3.4 功在理性

明清家具造型并不是为了造型而造型，而是一种有"意味"的形式。这种有"意味"的形式在曲与直、方与圆、虚与实的对抗与融合的节奏中不仅展现了文人士大夫们追求简远、高逸、雅致、天然的生活态度，还展现了匠师们对于各种硬木木材天然材性掌控的高超技艺。因此，明式家具造型艺术最妙处不在"型"本身，而在于由"型"所彰显的

文人性情的纯粹及由"型"所梳理出的用材材性的巧妙。简言之，便是"以型显性"和"以型理性"。一个是人文之性的传承与弘扬，另一个是自然之性的疏导与规制。这看似不搭的两个方面却在同一器物上表现得相得益彰。这不仅说明了在明代中晚期文人雅士与匠师配合融洽，而且说明了古人器以载道的思想在明式家具中得到了完美展现。那么，明式家具造型所彰显的人文之性包括哪些？其所承载的匠艺哲思又体现在哪些方面呢？下面便从"以型显性"和"以型理性"说起。

1. 以型显性

"以型显性"是指通过对明式家具造型自身变化节奏的巧妙处理，营造出素雅之象，并最终形成能够与观者交流的内在的"神"。这是明代文人思想在明式硬木家具中进行传承与发扬的重要手段，其中的"神"也就是我们常说的"意境"。宗白华先生在谈到中国艺术境界是什么时，曾在其著作《美学散步》中论述道："因欲返本真，冥合天人，而有宗教境界。功利境界主于利，伦理境界主于爱，政治境界主于权，学术境界主于真，宗教境界主于神。但介乎后二者的中间，以宇宙人生的具体为对象，赏玩它的色相、秩序、节奏、和谐，借以窥见自我的最深心灵的反映；化实景而为虚境，创形象以为象征，使人类最高的心灵具体化、肉身化，这就是'艺术境界'，艺术境界主于美。"明式家具造型的艺术境界也是主于美，具体一点讲，其是通过色之纯、序之和、韵之雅的相互转化，使得形体的空间式样与其所展现的节奏韵律相协调，最终达到质朴而素雅的中和之美。我们也可以理解色之纯、序之和、韵之雅对应的便是材之真、型之善和韵之美。这三者是递进的关系，而并非平行的关系，前者为基础，中者为过渡，后者为结果。其中材之真所承载的便是自然之本真。老子说："道之尊，德之贵，夫莫之命而常自然"，其认为美在本真。明式硬木家具主要用材多为珍贵硬木，珍贵硬木不仅质地坚硬、色泽柔和，而且纹理优美，冥冥中给人一种大自然的气息。这些优越的自然特性正好与道家思想中的。以虚静之心观物，无为而返璞归真，相契合。其不仅为明式家具造型表达天然静观的美感提供了物质基础，而且是造型美之"象"所反映的明代文人雅士们的"持物之怀"思想认识的物质载体。这种天然静观的自然美感指的不仅是

色泽和纹理本身，而且是其自身所引申出来的生命性。生命性是自然的，由其折射出的生命节奏也是自然的，并与造型本身的生命节奏是相合的，这也是文人们所追寻的自我灵魂的归宿。如南京博物院所收藏的一件明万历年间制作的黄花梨画案（图7-121），其一足的上部用篆书题写道："材美而坚，工朴而研，假而为冯，逸我百年。"这一题铭不仅充分体现了明代文人们对于日常所用器物的珍爱与赞美，还体现了文人们寄情于物的人文情怀。正由于此，我们对木材色泽、纹理的理解不能只停留在装饰层面，还要站在生命力量的角度来进行感悟，若把造型本身比作人体，那么他们便是支撑人体造型的骨骼、肌肉或是动脉。型之善所承载的是至善之和美。明式家具方中有圆、圆中有方的造型，善于运用线条的起伏变化及合理有序的穿插来体现其内在的文化精神，给人以美的享受。造型中直线与曲线、实体与虚空的自然完美地结合，不但使造型式样具有直线的刚劲、稳健、挺拔、庄严之风，而且还具有曲线的流畅、典雅、婉约之美，更使家具造型收放有度、刚柔并济，具有形神兼备的特点。如明式桌凳鼓腿彭牙式、三弯腿式及内翻马蹄式的腿足（图7-122），座面大边和抹头边部各式各样的线型收边，圆角柜腿足的收分（图7-123），四出头官帽椅前枨的飘肩、四件柜上的抬肩等构件的不同造法，不仅传达出中庸、含蓄的"文化特性"，还体现了儒家"中和"及"温柔敦厚"的审美意蕴。

其至善之美还体现在造型本身和谐的比例关系、适宜舒适的尺度方面。通过对大量传世实物的测量，可以发现明式家具在整体尺寸比例及细节上的巧妙处理，同样充分体现了独特的实用匠心及儒家思想对现实、人性的关怀，且多数都符合西方几何学的比例关系。如从圈椅的俯视图看，椅圈的圆弧半径与端部弯头半径的比例正好是2∶1，且两圆外切，形成优美的曲线造型，更令人惊奇的是椅圈的半径还等于座面矩形的短边长度，而座面长和宽的比值与黄金分割比十分接近。从圈椅的正面视图看，椅腿向外倾斜，下面的宽度恰好等于座面的宽度，腿内形成一个梯形空间，而当椅面的中心点与腿足的底端连线后，恰好前后两面都是等边三角形。韵之雅所承载的则是明代中晚期的文人们尚雅的社会风尚。曹林娣在其《明代苏州文人园解读》一文中论述道："明代苏州园林的主人，有勇退归来的台阁重臣，有'园庐无恙客归来'的隐退者，有视功名利禄如过眼烟云的'肥遁'清流，有'不使人间造孽钱'的名士，也有乡绅、富商、致仕卸任的京官等。他们大多属于中国的文化精英，讲究文品与人品同构，他们以隐逸出世的情趣、思想、达与穷的相反相成构成了文人阶层完整的人格和精神支柱，他们在'游于艺'中净化着人格，在'隐于艺'中涤荡性灵，享受人生：雅藏、雅赏、雅集，读书、绘画，澡溉涤胸，既是表现古代文人生命情韵和审美意趣的生活方式，又作为一种文化模式积淀在后代文人的内心深处。"明式家具造型从至善之美上升到韵雅之美便是受这一风尚影响所致。明式家具造型可以分为三个层次：第一个层次是木材纹理、色泽自身的特性所呈现出的雅韵，第二个层次是造型自身的变化节奏所呈现出的雅韵，第三个层次则是由造型自身引申出来的虚空变化所呈现出的雅韵。第三个层次是明式家具造型美的最妙处。正所谓"大象无形"，大象之美在于无形，无形之美便是明式家具造型中的虚空节奏。当我们从第一、第二层次上升到第三个层次的理解时，便是进入到接受美学中的二级阅读，并在完成对虚境想象空间的"创造性填补"和"想象性连接"中获得了明代文人雅士们的审美感受和生命感悟。

图 7-121　黄花梨画案

图 7-122　罗汉床腿足的内翻马蹄

图 7-123　圆角柜的侧角收分

2. 以型理性

"以型理性"是指在以"型"顺"纹"的基础上，通过家具构件纹理走向在空间里的变化来梳理木材的各向异性。这里主要是指匠师们在制作明式家具时对木材自然之性的疏导和规制。所谓以"型"顺"纹"，是指在"审材质""观部位"的基础上，尽量做到直型材顺直纹，曲型材顺曲纹。其重点主要体现在对构件自身造型特征与构件用材自然纹理变化规律之间关系的把握。以黄花梨圈椅为例，其中椅圈、联帮棍、靠背板竖边框、靠背板嵌板均是曲线型材，应根据各自自身造型曲线弧度的大小来选择与之相应纹理走向的用材部位下料，且要保证单个构件和对称性构件纹理走向的一致性和对称性如椅圈（图 7-124）。搭脑部位应在顺应近似抛物线纹理走向的同时，尽量保证以其最大弧度处为中点，向左右月牙扶手方向延伸构件纹理的对称性，而左右月牙扶手则要在近似"S"形曲线纹理走向的中材部位选料，且要保证二者从扶手端部开始向搭脑方向延伸构件纹理的一致性；靠背板竖边框亦为"S"形的特征，应在具有与之形式特征相对应的纹理曲线的中材或边材部位选料，且要保证左右构件纹理走向的对称性；至于靠背板的嵌板则应在心材部位选料，且要以嵌板宽面中心为参考点，保证其周边上下左右各方向纹理变化走向的一致性。其中前后腿、步步高赶枨、下

图 7-124 黄花梨圈椅

牙条、券口均是直线型材，应根据自身的线性特征来选择与之相应纹理走向的用材部位下料，且要保证单个构件和对称性构件纹理走向的一致性和对称性。如前后腿应在径切板材的中材部位选料以求得最佳的线性纹理，且要考虑到侧脚收分的特征，以使用材纹理走向与侧脚收分大小方向保持一致。最后还要保证左右前腿之间、左右后腿之间、左前腿与右后腿之间、右前腿与右后腿之间的纹理对称性；步步高赶枨仅是直线型构件，前后枨、左右枨互相平行，无收分，故在径切板材的中材部位选料的基础上，还应保证前后枨、左右枨的纹理对称性；前券口由三部分组成，分别为上横牙条、左右竖牙条，其中横牙条与竖牙条采用揣揣榫相连，竖牙条又分别与左右腿相连，这也就决定了在保证前后券口、左右券口各部分纹理一致性的同时，还应保证各券口竖牙条纹理走向的对称性、各竖牙条与各自相连腿纹理走向的一致性及各横牙条与各自相连竖牙条年轮曲线的对应性，至于各下牙条则只要保证前后下牙条、左右下牙条纹理走向的一致性和对称性便可。

7.4 明清民俗家具的类型与装饰艺术

民俗文化的一种说法是指一个国家或者民族在历史和社会发展进程中所创造和传承的生活文化。"民"指民间，"俗"是指风俗，指在一定的群体中约定俗成、代代相传的风尚、礼节和习惯。而另一种说法是指社会生产活动所包含的农业生产、商业、手工业以及礼仪民俗。这两种说法总结了民俗文化的基本概念，民俗是每个区域文化的重要内容和表现形式，同时也是每个地区的政治、经济、文化各方面的具体反映。明清时期的民俗文化对日常生活的影响非常深远，从而影响到了家具风格的发展与演化，衍生出许多风格的家具，并且在使用上、制造上和装饰上有很大的发展。甚至有些民俗文化在人们的不知不觉中慢慢沿袭下来，人们在民俗中倾注了大量的感情，对于这些有一个明确的

态度。

明朝是一个三教合流的时代，阳明心学与实学并存，受中国传统儒家文化的影响，在天人合一、整体平衡的思维意识的支配下，特别是明朝中后期文人直接参与了工艺设计和家具设计，民俗家具中因此更多地渗透着一种"以人为本"的思想观以及"自然""朴雅"和"精丽"的审美观。如在明代每到七夕节也就是乞巧节之时，民间的妇女便会在庭院里设上香案，供奉果品，烧香祈愿，所以人们把乞巧节用的香案、香桌又称为"乞巧桌"。再如中秋时节一家人团聚之时常用圆桌，寓意团圆。再如从乡村家具的装饰色彩中我们可以看到家具的漆饰大多用纯色、亮色、对比色，如大红配大绿、大黄配大紫，显得热烈、活泼和野性；更加直接的表现在于家具中雕刻和镶嵌的纹饰，大部分为自然纹饰，如缠枝花草纹、花鸟纹、折枝花卉纹、西番莲纹等。

7.4.1 从《鲁班经匠家镜》看民俗家具的类型

《鲁班经匠家镜》这一著作出自南方，至今已流传五六百年。"匠家镜"旨为营造房屋和家具的指南，共分为三卷。明万历年间，北京提督工部御匠司司正午荣将从春秋时期起2000多年间中国人的木工实践汇编成《鲁班经》，由建筑和家具两部分组成。后来增加了"小木作"，即家具器物的制作，并改名为《鲁班经匠家镜》。《鲁班经匠家镜》对民俗家具进行了详尽的分类，例如可以将家具分为坐具、卧具、庋具、承具、屏具，而每一类家具又有详细的划分。

1. 坐具

《鲁班经匠家镜》（图7-125）中可以看到杌凳的形象，后世的杌凳（图7-126）腿足也是直落地面，外圆内方，但是四足下端向外撇，上端向内收，侧角显著。直枨正面一根，侧面一双。结构吸取了大木梁架的造法，与平头案同源，素牙子起边线，牙头有小委角，四腿足也起边线。

明清时期的长凳分为长方凳和长条凳，在《鲁班经匠家镜》中统称为板凳，其造型比较精巧，做法与杌凳类似，有的是放置在床前当作床踏，桌面比较宽的还可以放于炕上当作炕几使用。

还有一种称作"搭脚仔凳"的矮板凳，也可以称为滚脚凳（图7-127），在后世中也有很多的存在（图7-128），滚脚凳的面边做成冰盘沿，并压直线收边。面心被中枨分为两块，每块中间留有长条空间，安中间粗两端细的活轴。凳面以下有束腰，腿足内翻马蹄。其常与画案、画桌搭配使用，主要是舒缓足底涌泉穴，具有很好的保健功能，备受古代文人雅士们的喜爱。

2. 卧具

在《鲁班经匠家镜》中卧具的分类有很多，光床类家具就有架子床、拔步床、凉床等，另外还有榻类卧具。其中架子床在《鲁班经匠家镜》中称为"藤床"（图7-129），做法是四面攒边装围板，床下有四足，床四角有立柱，柱顶加盖，这种加盖在汉魏时期已经开始流行了，在顶盖的周围有横栏，在床四周的围栏多用小木料用榫卯构件拼成各种几何图案，因为在床上立有带盖的架子，所以称为架子床。

在后世的作品中可以看到很多架子床的身影，带门围子六柱式床为架子床的基本样式。门围子采用攒斗工艺，组成十字连倭角方格，格内八卷相

图7-125 《鲁班经匠家镜》中的杌凳　图7-126　杌凳

图7-127 《鲁班经》中的案、滚脚凳　图7-128　束腰滚脚凳

图7-129 《鲁班经 图7-130　八仙桌
匠家境》中的架子床

抵。挂檐采用扁灯笼框式，皆由小料攒接造成。挂檐下装浮雕卷草牙条。床体为罗汉榻式。榻面攒框装影子板，边抹外侧起线压边。束腰与牙子一木连做，两端造成格角与四足相连。四足内侧起阳线收边，至足端内翻马蹄结束，苍劲有力。

3. 藏具

《鲁班经匠家镜》中描述"高五尺零五分，深一尺六寸五分，阔四尺四寸，平分为两柱，每柱一寸六分大，一寸四分厚。下衣横一寸四分大，一寸三分厚。上岭一寸四分大，一寸二分厚。门框每根一寸四分大，一寸一分厚。其橱上梢一寸二分。"做衣橱可以取为五尺零五分高，一尺六寸五分深，四尺四寸宽。两柱立于两端，这是衣橱最基本的尺寸。此类衣橱的顶箱柜柜身通体光素，仅在下部大牙条雕出如意云头，至两端再镂出卷草花纹，作为点睛之笔与白铜饰件呼应。柜体分上下两件。上件顶箱，箱门攒框装独板，中间安闩杆。下件为柜体，柜门两扇，面心为独板，中间装活动式闩杆，门下为柜膛，装有两盖板。柜内分三层第一层为屉板，有二层屉板连抽屉架安抽屉，第三层则为柜膛盖板。

4. 承具

在《鲁班经匠家镜》中将承具分为桌类家具将近十种，分别有桌、八仙桌、小琴桌、棋盘桌、圆桌、一字桌、折桌、案桌等，书中记载的八仙桌的尺寸为"高二尺五寸，长三尺三寸，大二尺四寸，脚一寸五分大。"从图7-130中可以看到八仙桌的整体光素，不起阳线，直接以构件自身的轮廓变化而来构建整体空间造型的视觉力量。腿足下大上小，侧角收分，上施罗锅枨加卡子花结构。桌面攒框装板，边抹外侧做成冰盘沿，下部压边线，边线打洼，收边塑型。罗锅枨大弧度拱出，顺侧角收分

之势，张力十足，截面方中带圆，化力于无形。更为巧妙的是卡子花做成如意云纹，既有分力之巧，又有画龙点睛之妙。

在《鲁班经匠家镜》插图中可以看到长案的样式，案为内翻马蹄，桌下带霸王枨，整体光素，线条优美，比例适度，婉转曲直，处处匠心，可称得上是明式家具的杰作。

5. 屏具

在《鲁班经匠家镜》中描述的屏坐类家具主要是屏风式和围屏式这两种屏风。"大者高五尺六寸，带脚在内。阔六寸九尺，琴脚六寸六分大，长二尺，腿二尺四寸高，四寸八分大，四框一寸六分大，厚一寸四分。外起改竹圆，内起棋盘线，平面六分，窄面三分，绦环上下俱六寸四分，要分成单，下勒水花分作两孔，雕四寸四分，相屋阔窄，余大小长短依此，长仿此。"屏风包括柱脚在内高为五尺六寸，宽为六尺九寸，琴脚为六寸六分，长为二尺，这是书籍中记载的屏风式屏风的基本尺寸和样式，但在实际的制作中需要根据屋子的大小来调整其大小。后代中的屏风尤其是小屏风（图7-131）多陈设在桌案一端，是文房常用器具之一。屏扇与屏座分体而造。屏扇攒框装阴沉金丝楠影子板，边抹前后宽面做打洼处理，四棱线边缘内收造成委角。立柱内侧开槽，与屏扇边抹外侧曲线相应，两柱四面交接线部位亦做成委角线，柱间安一横枨，略去绦环板，横枨下装垂直式牙板，牙板起边线，为两面做。两柱下部开两榫垂直插入墩座，二者之间夹角处，各安两立站牙。其墩座为经典抱鼓式，两面雕，线条优美，刀工凝练。

而围屏式屏风在《鲁班经匠家镜》中记述为"每做此行用八片，小者六片，高五尺四寸正，每片大一尺四寸三分零，四框八分大，六分厚，做成五分厚，算定共四寸厚。内较田字格，六分厚，四分大，做者切忌碎框。"在《鲁班经匠家镜》的插图中可以看到围屏的基本样式（图7-132），在明清时期的屏风中，尤其是清代的屏风很多为八扇屏（图7-133），此八扇屏比较高，隔断中有棂格，顶部和下部镂雕龙纹和兽纹，虽然尺寸比较大，但是非常容易移动和组合使用。

明代的乡村和市井平民的生活，在晚明时期商品化大潮的影响下，逐渐摆脱了自然经济的自给自足，而呈现分工细化、市场扩大和商品繁荣的景

图7-131 小座屏风

图7-132 《鲁班经匠家境》中的围屏

图7-133 八扇屏

象。民间家具的种类在晚明时期异常繁多，从万历年刊的《鲁班经匠家镜》中可以看出，这时的"小木作"包含的家具和生活器物品种可谓五花八门。我们通过明代小说中的描述和记载，更加生动地了解到明代一般百姓的日常生活和家具的使用，同时可以想象出明代乡村和市井百姓的家居生活蕴涵的审美气质。

7.4.2 民俗文化影响下的装饰题材

民俗文化反映了生活在民间的百姓的风俗、生活以及文化，在家具中的具体体现是吉祥纹饰以及山水字画纹饰的运用。它们反映出百姓的愿望、向往以及生活理想，家具制作的工匠们将民间百姓丰富的生活情趣用雕饰的手法展现出来，如将各种动植物和几何纹饰组合成另有寓意的吉祥纹饰。其中有寓意家庭幸福的，有寓意婚姻美满的，还有寓意事业兴旺和前程似锦的各种体现民众理想的吉祥图案，多用寓意、谐音、符号等手法来表达这些美好的愿望。还有众多的山水字画以及其他的生活场景纹饰，山水字画纹饰大多体现出文人雅士的古朴的、自然的情怀，也打破了用纸张记录的传统并且流传下来。而生活场景的纹饰记录下了更多当时人们的服饰、用具以及生活模式等信息，提供和体现了装饰纹样的历史价值，在清式家具中尤为常见。因清代出现了几个鼎盛时期，不论是社会经济还是文化发展，都是空前的繁荣，所以人们在解决了温饱问题之后，就会有进一步的生活追求。清式家具不再像明式家具那样简洁淡雅，而是变得雍容华贵，装饰纹样面积不断增大，原本木材的天然纹理和色泽基本上都被覆盖，彰显出庄重威严的风格。

濮安国先生在其著作《明清家具鉴赏》中总结到："在我国古代工艺美术史上，装饰纹样浩如烟海，从形式到内容，都是中华民族文化最珍贵的遗产和财富。明清家具上出类拔萃的花纹图案，同样有着极其重要的地位。无论是花卉草虫、山水树木，还是人物故事、珍禽异兽，都给今人留下了古代丰富的生活气息和人文含义，即使是那些抽象的行云流水和几何形图案，所表达的也是民族长期以来积淀的文化传统和精神，内涵广阔，博大精深。"可以说，作为文化的承载者，其不仅诉说着区域文化的差异性，而且还可以作为明清家具断代的一个非常重要的衡量标准。

明清家具纹饰题材习惯上是指依附于明清家具各部位的形态各异的纹样。就所搜集的资料来看，装饰纹样题材大致有五类：以龙、麒麟、螭虎、凤凰、鹤、鸳鸯、蝙蝠、象、虎、鹿、狮等为主的珍禽瑞兽类纹样；以松、梅、竹、兰、灵芝、牡丹、菊花、缠枝纹等为主的植物花草类纹样；以回纹、锦纹、万字纹、福、禄、寿等为主的几何文字纹；以方胜纹、博古纹、佛八宝等为主的法宝博古类；以百子图、五岳真形图、八仙纹、三国演义故事纹、封神演义故事纹等为主的人物山水纹。虽然明清两朝家具装饰纹样题材内容相近，但是各有所倾向擅长。二者相较，明代家具纹饰更雅致脱俗，清代中前期家具纹饰更富贵庄严，中后期则流于世俗。

1. 珍禽瑞兽
（1）狮子纹

狮子为百兽之王，原本生于美洲、非洲和西

亚等地。西汉时期从西域传入中国。《汉书·西域传赞》中有所记载："明珠、文甲、通犀、翠羽之珍盈于后宫，蒲梢、龙文、鱼目、汗血之马充于黄门，巨象、师子、猛犬、大雀之群食于外囿。殊方异物，四面之至。"这是目前所知最早的关于狮子的文献记载。古人又名狻猊。《尔雅》中曰："狻猊，如猫，食虎豹"，注曰："即狮子也，出西域。"也正因为其体魄雄壮，威服百兽，故有驱灾辟邪之寓意。

作为瑞兽最先应用于我国陵墓的镇守，而后才被广泛应用于衙署、宅第、家具、玉器、瓷器等。在佛教中狮子象征法力，故佛说法为狮子吼，佛座又称狮子座。文殊菩萨以狮子为座骑便是很好的例证。其还常应用于佛教宝座、香炉、供案、神龛等器具装饰。随着吉祥民俗文化的普及，至少从宋代开始，狮子开始走下不食人间烟火的神坛，作为吉祥寓意的瑞兽开始广泛应用于上至皇宫官邸，下至园林、宅院的建筑。如明《如梦录》中记载到："周王府大门外有石狮子一对，连座高丈五尺，狰狞古怪，宋之镇门狮子也。"因"狮"与"师"谐音，古又有太师、少师之官职，故狮子又象征权力、富贵。到了清代更是明确以狮子头部之毛卷球个数来代表官职的等级，一品官门之个数为十三，依次而下，逐级减少，至七级官员为止。

狮子的造型艺术，始于东汉，盛行于唐代，定型于宋代，普及于明清。就狮子之形象而论，当以唐朝虞世南所撰《狮子赋》描绘的最为真切生动："筋骨纤维，殊恣异制，阔臆修尾，劲豪柔毛。钗爪锯牙，藏锋蓄锐，弥耳宛足，伺间借势……遂感德以仁。"在明清时期，狮子纹样为家具装饰的吉祥纹样之一。清代较明代更为流行，组合形式有单狮、双狮、群狮、狮子戏绣球、太狮、少狮等。例如，在宝座靠背和腿上又或者在架子床的床檐板上的狮子纹样，有吉祥幸福的寓意（图7-134）。

（2）马纹

马为天地之精灵，象征吉祥，作为瑞兽，历史来源更为悠久，可追溯到商周时期。瑞马亦有天马、海马之别。其中有翼者为天马，无羽者为海马。关于天马在《山海经》中已有论述："又东北二百里，曰马成之山。其上多文石。其阴多金玉。有兽焉。其状如白犬，而黑头，见人则飞。其名曰天马，其鸣自叫。"关于海马在《易经·系辞上》中曰："河出图，洛出书，圣人则之。"西汉孔安国

注："河图者，伏羲氏王天下，龙马出河，遂则其文，以画八卦。"其中所云龙马即海马。如《礼记》又曰："圣人用民必从，天不爱其道，不藏其宝，故河出马图。"注曰："海马负图也。"

汉代马纹传承商周之造型，按有无飞翼分为两类。其中无翼者当以马踏飞燕享誉世界。隋唐马纹少见有翼者，有双翼者为天马。其他马纹装饰增多，马尾短扎，鬃毛呈垛状，以昭陵六骏最为著名。随着吉祥文化的普及，神马之飞翼逐渐退化，至少从宋代开始已由飞翼演变为火焰。元、明两朝之马纹多呈现此种形式。如《元史》中记载道："玉马旗。赤质，青火焰脚，绘白马，两膊有火焰。"至清朝则多为写实之马。明清家具中出现的有关马的纹饰有天马、海马负图、八骏图等。其中八骏马有二说，一说皆因其毛色为名，如《穆天子传》中的记载："天子之骏：赤骥、盗骊、白义、逾轮、山子、渠黄、华骝、绿耳。"另一说以其行迹而名，如《拾遗记》中的记载："（穆）王驭八龙之骏：一名绝地，足不践土；二名翻羽，行越飞禽；三名奔霄，夜行万里；四名超影，逐日而行；五名逾辉，毛色炳耀；六名超光，一行十影；七名胜雾，乘云而奔；八名挟翼，身有肉翅"（图7-135）。

（3）羊纹

羊，性情温顺，忠厚善良，商周时期常用于祭祀，地位仅次于牛。其形象出现甚早，在新石器时代已出现陶塑的羊。商周时期已广泛应用于青铜器、玉器。目前出土的殷商时期的四羊方尊便为国之重

图 7-134　太师椅靠背板上的太狮、少狮

图 7-135 椅子靠背板上的飞马

器。至少从汉代开始羊已被看作是吉祥的象征。如：《说文解字》中曰："羊，祥也。"汉代董仲舒在《春秋繁露》中更是将"羊"赋予了仁、义、礼三种儒家最重要的美德，如："羔有角而不任，设备而不用，类好仁者；执之不鸣，杀之不啼，类死义者；羔食于其母必跪而受之，类知礼者。故羊之为言犹祥与，故卿以为贽。"古代"羊"又与"祥"相通，如刘熙《释名·释车》中曰："羊，祥也。祥，善也。"

羊纹作为吉祥纹饰在汉代得到了广泛应用。依汉代风俗在门前挂羊头可以辟邪和招富。自此而下，代有美名。但是至少自宋代开始便开始出现不祥之寓意，如宋《五灯会元》卷十六中便记载："悬羊头，卖狗肉，坏后进，初几灭。"明朝的堪舆相术中又强化唐宋以来羊属相不吉之说法。明清时期为风水学泛滥时期，这一说法最终加速了"羊目四白"主破贫之民俗风尚的流行。这在《金瓶梅》《麻衣相术》中多有记载。这或许是明朝羊纹应用较少的原因之一。到了清朝"三羊开泰""九阳启泰"之吉祥纹饰又渐渐兴起。"三阳开泰"，亦作"三羊开泰"或"三阳交泰"。以"羊""阳""太"皆谐音，加之"羊"字又是"吉祥"之"祥"的古字。故象征新年伊始，万物复苏之吉祥气象。这在明清时期的建筑砖雕、瓷器纹样中可得到证实，但在明清家具的应用则较少见（图 7-136）。

（4）鹤纹

古人以鹤为仙禽瑞兽，其地位仅次于凤。《相

鹤经》云："鹤，寿不可量。"《淮南子·说林训》又云："鹤寿千岁，以报其游。"故其有仙鹤之美名，寓意长寿。

至少在春秋战国时期其形象已被应用在青铜器物装饰上。相关实物以郑韩故城内发现的青铜莲鹤方壶为最早。其工艺考究，造型优美，仙鹤栩栩如生。壶体双层镂雕莲瓣盖上展翅欲飞的仙鹤不仅传达着当时百家争鸣的思想解放，而且还诉说着动物造型肖像化已成为当时青铜器纹饰艺术的潮流。除此之外，秦始皇陵园 7 号陪葬坑内亦发掘出了青铜仙鹤。仙鹤脚踏青铜祥云，低头觅食，形态生动，活灵活现。这在进一步证实秦始皇帝寻仙成道的同时，还证实了仙鹤祥云已进入民俗纹饰的世界。古之修道成仙者多驾鹤而去，故有仙驾、仙驭之说。而成仙者多道骨仙风，故仙鹤又象征高雅圣洁之品质。这一品质为后世文人所推崇，亦有养鹤之风尚。

春秋之卫懿公和宋朝之林逋皆为爱鹤、养鹤之人。只不过前者以鹤误国，后者则是以鹤养性。除了象征高雅之气，仙鹤亦蕴有吉祥之意。群鹤起飞则象征着一派升平，国泰民安。这在顾恺之《女史箴图》和赵佶之《瑞鹤图》中皆有描绘。到了明清时期，仙鹤以"一品"之美誉体现在文官服饰中。我们所熟悉的"一品当朝"之说便是指此。此外，在这一时期的建筑、家具、瓷器中，仙鹤又与象征福、寿的动植物组合来表达吉祥寓意，如与松结合的纹饰有松鹤常春、鹤寿松龄、与动物结合的纹饰有福禄同春等（图 7-137）。

（5）猴纹

猴在我国生肖文化中扮演着很重要的角色。传统生肖有十二位，猴为申，是其中之一。汉代王充在《论衡·物势》中曰："申，猴也。"在甲骨文中，"申"字之形象为两只猴子相对而立，亦可进一步证明。古代"猴"与"侯"相通。最开始"侯"是对美侯的称赞，引申为一种美。在《诗经》中曰："海直且侯"，《韩诗》解释说："侯，美也。"后来，古律将贵族爵位分为"公、侯、伯、子、男"五等，"侯爵"泛指封有爵位的地方君主，如春秋战国时期的列国诸侯。

在秦汉时代，封侯拜将。于是封侯使"猴"增添了一种吉祥寓意。猴纹也因此而受到各代人们的喜爱，成了吉祥纹样，被广泛运用于各代的青铜器、玉器、瓷器、家具等领域，至少从西汉开始已

图 7-136　紫檀十二生肖椅中的羊纹

图 7-137　鹤纹

图 7-138　绦环板上的猴纹

出现在青铜镜或玉璧纹饰中。如在西汉中期的铜镜中已出现"宜侯王，乐未央。"（内区）"侯氏作镜大毋伤，巧工刻之为文章，左龙右虎辟不阳（祥），七子九孙居中央，夫妻相保如威央兮。"（外区）；"君宜高官。"（内区）"富且昌，乐未央，师命长，宜侯王。"（外区）等字样。唐宋以后，猴纹还常与马、鹿、松等动植物结合来表达吉祥寓意。明清时期将这一吉祥文化进一步普及，常见吉祥纹样有马上封侯、辈辈为官、喜鹿封侯等（图 7-138）。

（6）鹿纹

鹿，以角之有无可分为两类，作为装饰至少在商周时期已出现。《说文》："鹿，兽也，象头角四足之形。《山海经》中亦云："扭山之阳……有兽焉……其名曰鹿蜀，佩之宜子孙。"郭璞注曰："佩谓带其毛皮。"可见作为吉祥之瑞兽由来已久。伴随着神仙之学的兴盛，鹿又与仙人道者相连。《楚辞·哀时命》中曰："骑白鹿而容与。"

古人以白鹿为祥瑞，因鹿满五百岁则色白。湖南长沙马王堆西汉墓漆棺上，画有仙人骑鹿，可与文献互相印证。此外，后世《水经注》中有"鹿皮公化仙"，《潜确类书》中亦有"鹿娘化仙"等众多优美动人的故事流传至今。以白者为吉，古亦有之。三白九紫之说当为根本。《抱朴子》曰："鹿寿千岁，满五百岁则色白。"《述异记》中亦曰："鹿千岁为苍，又五百岁为白，又五百岁为玄。玄鹿骨亦黑。为脯食之，可长生之。"故鹿亦为长寿之象征，用以表达祝寿、祈寿、繁荣昌盛的美好愿望。唐宋以来，古人借鹿与禄之谐音，将福禄寿喜，官运亨通，应用更加广泛。如《符瑞志》中载："鹿为纯善禄

兽，王者孝则白鹿见，王者明，惠及下，亦见。"明清时期有将鹿与鹤结合表达天地四方同春，象征幸福长寿；有将鹿与松结合表达长寿福禄；有将双鹿与石榴融合寓意夫妻和美，多子多孙；有将双鹿与喜鹊、猴子结合寓意喜报封侯等（图 7-139）。

（7）喜鹊纹

喜鹊属鹊类，因灵能报喜，故名之喜鹊。作为吉祥鸟早在西汉初期就已广为流传。《淮南子》中所云"乌鹊填河成桥"便讲述的是我们耳熟能详的牛郎会织女的故事。五代王仁裕所撰《开元天宝遗事》中又记载道："时人之家，闻鹊声皆以为喜兆，故谓喜鹊报喜。"可见唐朝仍传承汉之风俗，以喜鹊作为喜兆的象征，但使代表喜事之范围进一步扩大。宋朝更是如此，出现了《十全报喜图》。图中绘有十只喜鹊以应十全之意。所谓十全有两种说法，一种是指福、禄、寿、财、丁、贵、康、宁、有、终；另一种是指一本万利、二人同心、三元及第、四季平安、五谷丰登、六合同春、七子团圆、八仙上寿、九世同居、十全富贵。从此图内容可知至少从宋代开始，"喜"字含义已完全超越了原始男女婚庆之喜。明清时期，喜鹊纹很少单独使用，有与梅结合形成"喜上眉梢"以表达人逢喜事精神爽的状态；有与爆竹结合形成"早春报喜"寓意喜事的降临等。其中以"喜鹊登梅"为这一时期最喜闻乐见的吉祥纹饰（图 7-140）。

（8）燕纹

燕子，古代称之玄鸟，瑶光星散而化为燕，所以燕为灵物。如《春秋运斗枢》中曰：瑶光星散为燕。传说是殷商的祖先，为商代先民的图腾。如

《诗经·玄鸟》中记载："天命玄鸟，降而生商。宅殷土茫茫。古帝命武汤，正域彼四方。方命厥后，奄有久有。"随着人类文明的开化，我们的祖先从燕子春天社日（古代祭祀土地神的节日）北来和秋天社日南归的生活轨迹中注入了大地回春、万物峥嵘的情怀。故而在唐宋时期文人们寄情于物，多在诗词中用燕子归来象征春天的美好加以赞颂。如唐代韦应物在《长安遇冯著》中曰："客从东方来，衣上灞陵雨。问客何为来，采山因买斧。冥冥花正开，飏飏燕新乳。昨别今已春，鬓丝生几缕。"欧阳修在《采桑子》中又抒发道："笙歌散尽游人去，始觉春空。垂下帘栊，双燕归来细雨中。"此外，在这春来秋归的过程中燕子还有两种情怀被人们所喜爱。一种是双飞双栖，另一种是恋旧重归。前者用于颂扬比翼双飞的爱情，后者用于表达念旧恋旧的情怀。唐宋以来，其作为吉祥鸟广泛应用于瓷器、木雕、玉器等器物装饰中。明清家具中的燕子纹饰（图7-141）亦传承古之寓意，表达吉祥。正如古诗所云："杏林春燕榜高中，燕子飞入吉祥家。"

（9）虎纹

虎纹，是古代吉祥寓意的纹样之一。虎纹最初主要形成并流行在内蒙古东南部（赤峰）至燕山南北麓（河北、北京）地区。就目前所知出土的相关实物而论，最早的虎纹发现于商代墓出土的彩漆雕花板上。这一时期的虎纹多为俯卧状。春秋中期到春秋晚期的虎纹仍没有完全摆脱前段虎纹的特点，身体多为素面，作蹲踞匍匐状，生理特征不明显，爪、尾及各个关节部位多用圆环及漩涡纹表示。自战国初期开始，伫立虎纹增多，伏卧虎纹反而减少，咬斗纹也逐渐增多。这一时期漆器

虎纹之代表作非出土于湖北省江陵县的虎座鸟架悬鼓莫属。在古代，虎纹有两种寓意，一种象征威武之力，一种象征仁爱之德。前者之意在这款器物中被展现得淋漓尽致。古人造物多以意化形。伴随着战鼓声响起，鼓声化为凤鸟鸣叫和老虎的怒吼，可谓妙哉！这或许便是虎纹多为历代将军所钟爱的原因之一。

除了武德之象征，虎纹还象征着忠义仁信四德。故在古代其还作为吉祥之物驱邪纳瑞。《风俗通义》中曰："虎者，阳物，百兽之长也，能执搏挫锐，噬食鬼魅。"汉代画像砖中亦常刻虎纹，有压邪之意。汉唐以来其便位列在镇墓兽之中，寓意识忠奸，辨曲直。至明清时期虎纹不仅应用于四品武官的官服，而且还广泛应用于墓室壁画、建筑装饰等民间艺术中，并与赵公明、张道陵等神仙图像融合在一起，除瘟辟灾，镇宅辟邪。在明清家具纹饰中，虎纹虽非主流，却也经常出现（图7-142）。在晋作家具中的虎纹一般做跑状，大张口，背微凹，尾向上翘起。

（10）蝙蝠纹

蝙蝠纹是我国古代吉祥纹饰中应用最为广泛的纹样之一。其又称为"服翼""飞鼠"。汉代《尔雅》中曰：蝙蝠，服翼也。晋崔豹《古今注》中又曰："蝙蝠，一名仙鼠，又曰飞鼠。五百岁则色白脑重，集物则头垂，故谓倒挂鼠。食之得仙。"因"蝠"与"福"谐音，其摇身一变成了"福"的象征，寓意子孙满堂、富裕康宁、国泰民安等。除了与"福"关联，其还寓意"长寿"。如《抱朴子》中记载道："千岁蝙蝠，色如白雪，集则倒悬，脑重故也。此物得而阴干，末服之，令人寿四万岁。"《尚书·洪范》中记载古有五福："一曰寿，二曰富，

图7-139　鹿纹

图7-140　架子床挂檐板上的喜鹊登梅图

图7-141　插屏嵌板
上的燕子纹

三曰康宁，四曰攸好德，五曰考终命。"其中"寿"列于五福之首。正所谓先有"寿"而后有"福"。故历代王侯将相、官贵百姓皆想尽办法追求长寿。蝙蝠汇这双重的吉祥寓意于一身，故蝙蝠纹样（图 7-143）得到了历代官、民的青睐。到明清时期，其广泛应用于各类家具的装饰艺术中。在具体的实践中，除了单独应用外，其还与桃子、古钱结合寓意寿福双全；与如意头、寿字结合寓意福寿如意，与卍字、寿字结合寓意福寿万代，与寿字、盘长结合寓意福寿绵长，与云纹结合寓意洪福齐天；与鹿、连钱组合，取"蝠"与"福"同音，"鹿"与"禄"同音，"钱"与"全"同音之意，组成福禄双全等。

（11）象纹

象的性情温和，有儒雅之象，呈中和之气。自汉代佛学传入，因"象生教"和作为普贤菩萨坐骑以象征德行之说，更使其成了人们心中的吉祥之物。其早在商周时期就已出现。如《吕氏春秋》中载："周成王立，殷民返。王命周公践伐之。商人服象，以虐于东夷，周公遂以师逐之，至于江南。乃为《三象》，以嘉其德。"甲骨文中，亦有殷王猎象的记载。汉唐以来，历代帝王多以象来寓意太平盛世。古人以白色为吉，故白象现世又是祥瑞之兆。这在宋《符瑞志》中多有记载。又因其身躯伟岸，体量庞大，稳如泰山，常作为镇墓兽出现在帝王陵墓。至少在明清时期象纹在家具上已出现，多应用在案类家具的牙头、挡板，椅类家具的靠背板等部位。从具体的实例中可知，其多与宝瓶结合寓意太平有象，亦与卍字结合寓意万象更新（图 7-144）。

（12）鱼纹

鱼纹作为传统吉祥纹样之一，早在仰韶文化时期，就已出现在陶器上面。西安半坡遗址所出土的人面鱼纹彩陶盘便是例证。这或许与生殖崇拜有关。因鱼是一种具有极强生命力和生殖力的动物。正是由于远古的先民们期望自己的部落能像鱼一样有旺盛的繁衍子孙的本能需求，鱼纹才广泛应用于人类制造的各类器物的装饰中，并在历代均受到人们的喜爱。生殖崇拜的延续使鱼成了远古人类部落的图腾之一。部落与部落的融合与重组所造就的中华龙图腾便拥有鱼图腾的影子。可以说二者与人类的起源均有着密切的关系。这在《山海经》中均有论述。或许正是因为此种关系才产生了鱼与龙之间的诸多故事。周汉以降，鱼亦是一种瑞兽。如《风俗通》中曰："伯鱼之生，适用镈孔子鱼者，嘉以为瑞，故名鲤，字伯鱼。"汉代画像石中，鱼纹大多为鲤鱼，并常常与龙、凤纹饰搭配。但鲤鱼跳龙门之传说非起于汉而是兴于宋。宋仍承鱼为祥瑞之说。《宋书》中所载周武王孟津遇白鱼为经典故事之一。至明清时期这一纹饰的应用更加普遍。随着吉祥文化的普及，这一时期对于鱼纹吉祥寓意的阐释进一步扩大。在传承生殖繁盛、多子多孙的寓意之外，又因"鱼"与"余""玉"谐音，又象征富贵有余、金玉满堂等吉祥含义。在具体应用中以双鱼居多，且常与莲、古钱、磬结合使用（图 7-145）。

（13）龙纹

龙作为我华夏民族的图腾，早在六七千年前的新石器时代就已出现。传说其为鳞虫之长，能兴云雨利万物，使风调雨顺。如《说文》中记载道："鳞虫之长，能幽能明，能细能巨，能短能长，春分而登天，秋分而入渊。"关于其特征《尔雅》中论述最详，称龙有九似，如："龙者鳞虫之长。王符言其形有九似：头似蛇，角似鹿，眼似兔，耳似牛，项似蛇，腹似蜃，鳞似鲤，爪似鹰，掌似虎。"但商周之前，龙纹大体有两类，分别为兽形和蛇形。

图 7-142　虎纹　　　　图 7-143　蝙蝠纹　　图 7-144　翘头案牙头上的象纹　　图 7-145　顶箱面板上的双鱼纹

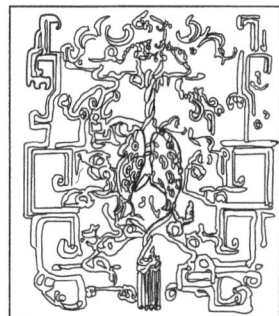

至商周时期，才长出各式龙角，并在兽形和蛇形的基础上又创造出了曲折线、波状线与龙头结合的变体龙。类型上主要有蟠龙、螭龙、夔龙三大类。这一时期的龙纹多是先民原始图腾崇拜的心理反应。与商代的龙不同，汉代的龙虽然也是在以实用意识为主的社会中产生，但其审美都相对商发达完备得多，人们在追求实用的同时也自然地将审美情感投入创作中去，而且在求得最佳的视觉效果后，图像的象征性也被巧妙地展现出来。自汉开始则具有了明显的统治者的意愿与意志。至东汉时期龙已经演变成性格各异、具有各种神力的瑞兽。《广雅》中称有鳞者为蛟龙，有翼者为应龙，有角者为虬龙，无角者为螭龙，独角一足者为夔龙。自佛学传入中土，至南北朝时期，龙纹因受佛教艺术的影响已开始出现腾离地面的态势。至唐朝龙纹已完全摆脱了原始的图腾崇拜，没有了商周的神秘与敬畏，显得更为平和。头部刻画强调角、须，龙角已出现分叉，龙颈细长盘曲，躯干丰腴，四肢强劲，龙爪有力，为三爪，再加上与云纹的巧妙搭配，气势磅礴，雍容华贵。宋代在延续唐代龙纹特征的同时，使其变得更为华美，至此龙的形态已趋于定型化。如宋代郭若虚在《图画见闻志》中明确提出了画龙的"三停九似"："画龙者折出三停（自首至膊，膊至腰，腰至尾也），分成九似（角似鹿，头似驼，眼似兔，项似蛇，腹似蜃，鳞似鱼，爪似鹰，掌似虎，耳似牛也），穷游泳蜿蜒之妙，得回蟠升降之宜。"元代的龙纹融入了草原文化的特色，龙嘴上唇长而尖，下唇短而翘，头较小，龙颈细长，龙头与龙身的比例与蛇相仿，身躯盘曲如蛇。到了明清时期龙纹则达到了全盛期。

明代的龙纹多种多样，大体上有云龙、海水龙、火珠龙、团龙、螭龙、龙凤呈祥、鱼龙变幻等，形态端庄，威严雄伟，躯体较元龙粗壮，角、发、须、眉、鳍、鬣、肘毛一应俱全，龙头硕大，额部隆起，大目圆睁，发部多为向后飞扬，双角后扬，龙口或张或闭，龙鼻多做如意状。明初期多为闭口龙，至中期多为开口龙，并有火焰、宝珠从口中喷出。入清以后，顺治时期龙纹仍有明代遗风；自康熙开始龙发不再向上而是呈发散状，向左右飞扬，龙身细而长，上鄂较下鄂短，舌伸出，呈下垂状，舌尖上卷；至乾隆时期龙眼突起如珠，龙尾稍稍卷起，变得较秃，尾鳍呈放射状，鳞与腹甲排列

细密整齐；清晚期龙纹过于装饰化，结构松弛，龙爪呈风车状或者并合在一起，龙头处显现出七个圆包，显得臃肿并且呆板，失去了飞腾活跃的神韵（图 7-146）。

（14）凤纹

凤凰，又称为凤皇、玄鸟、朱雀、青鸟等。其为百鸟之长，为古代华夏民族东方部落的图腾。其中雄为凤，雌为凰，雏为鸑，统称为凤。古人将其视为仁、义、礼、智、信五德的化身，象征着吉祥。如《山海经》中载道："丹穴之山……有鸟焉。其状如鸡，五采而文，名曰凤皇，首文曰德，翼文曰义，背文曰礼，膺文曰仁，腹文曰信。是鸟也，饮食自然，自歌自舞，见则天下太平。"因此在古代，其既用于代指有圣德之人，又用于象征天下太平。秦以前专指天平盛世，秦以后代指圣德之人或皇帝、皇后，凤城、凤诏之名当源于此，唐以后流传至民间则指夫妻，寓意夫妻恩爱。关于其形象，商周时期有多齿冠凤纹、长冠凤纹、华冠凤纹、且（祖字）冠凤纹四类。多为抽象之形，春秋战国趋于写实，秦汉时期融入生活气息，南北朝时期追求仙风道骨，常与云为伴，至唐代则融前代众家之长，嘴衔花枝、绶带，常与花草相搭，富丽华贵，宋代云纹凤冠定型，蛇头燕颔，龟背鳖腹，鹤颈鸡喙，鸿前鱼尾，青首骈翼，鹭立而鸳鸯思，羽尾修长，常作四列；至明代仍为云纹凤冠，眼睛细长有神，头颈为蔓藤式，羽尾锯齿式，不带眼翎；至清代则更趋于写实，头为公鸡头，躯干似雏鸡，腿、颈取法于鹤，翼羽来源于鸳鸯，尾屏摘于孔雀。由于吉祥文化的影响，至明清时期，在家具上这一纹饰得到了广泛应用，单凤多为团凤，常与牡丹组合凤穿牡丹，寓意吉祥富贵；与太阳组合丹凤朝阳，寓意光明吉庆；与龙组合龙凤呈祥，寓意喜庆（图 7-147）。

（15）麒麟纹

麒麟，为古代四灵之首，是最受历代人们喜爱的瑞兽之一。汉《说文》中注释道："麟，仁兽也，麋身牛尾，一角。麒，牝麒也。"汉《毛诗正义注疏》中又记载道："麟，麋身，马足，牛尾，黄色，圆蹄，一角，角端有肉，音中钟吕。背毛五彩，腹毛黄，不履生草，不食生物圣人出，王道行则见。"宋《符瑞志》中亦载道："麒麟者，仁兽也。牡曰麒，牝曰麟。不刳胎剖卵则至。麋身而牛尾，狼项而一角，黄色而马足。含仁戴义，音中钟吕，步中

图 7-146 柜门 图 7-147 桌子上的凤纹
上的龙纹

规矩，不践生虫，不折生草，不食不义，不饮洿池，不入坑阱，不行罗网。明王动静有仪则见。"可见，古之麒麟为二兽，麒为雄，麟为雌。其为麋鹿身，头有一角，角上有肉，牛尾，马足，圆蹄，鱼鳞皮。其中"音中钟吕"是指麒麟所发声音为黄钟十二律中之中吕、林钟、南吕的中和之音。故其被视为儒家中庸、礼乐、仁慈之化身，为仁兽，寓意圣人出世，象征吉祥如意、天下太平。

从相关的图像资料来看汉代麒麟多为鹿身，独角；北魏时为兽身，马足，牛尾，独角；北宋时多为龙首（或鹿首），狮虎形兽身，马足，足前有火纹，牛尾；至元代多为鹿首，牛蹄，马尾，亦有虎首、马首、狮爪之形；明清时期首尾则均变为龙形，或马足，或牛足，亦有变兽蹄为爪。在这一时期的家具上经常出现，或蹲或站，或回首望日，或口吐玉书，或昂首驮童子，或与凤鸟组合。除了椅子靠背板之外多出现在架子床和拔步床的檐板上，以求子纳福。其中麒麟送子纹饰最受欢迎，多以麒麟、孩童为主题，儿童手执如意骑在麒麟上，寓意吉祥平安、多子多福（图 7-148）。

（16）瑞兽纹

瑞兽是汉族神话传说中吉祥之神兽。古有四大瑞兽，为青龙、白虎、朱雀、玄武，或为龙、凤、龟、麟。除此四大神兽之外，在传统的纹样中还存在着一些非牛非马、似狮似虎的怪兽，如龙生之九子、斗牛、角端、飞鱼等。这些纹饰统称为神兽纹。民间传说中有许多关于它们驱邪招福的故事。这在明清家具中亦有应用（图 7-149）。

（17）螭纹

螭，又称为螭虎、螭龙、草龙，是古代传说中的一种神兽，属龙类。《说文·虫部》有释："螭，若龙而黄，北方谓之地蝼。从虫，离声，或云无角曰螭。"《三才图会》又注曰："螭亦龙类，但无角。"此提法与《广雅》中所载相同。关于螭的起源有二说：一说是称蚩尾，是一种海兽；二说是龙之二子螭吻。其在商周时期就已出现在青铜器的装饰上。春秋战国时期广泛应用于玉器、青铜器的装饰。战国以前之螭龙纹多有角，与夔龙十分相似。至汉代定型，头部结构简单，面额较宽，有的呈三角形，无角，身躯多盘曲蜿蜒或攀缘匍匐爬行状。明清时期广泛应用于家具的纹饰艺术中，为明清家具中最具代表性的纹饰之一。其形象特征明显，无角，无麟，或龙首，或虎首，兽足，身躯蜿蜒盘曲，多做双尾，呈卷草型或拐子型。具体应用有单独和组合之分：单独时，多用团螭；组合时，常与寿字结合双螭捧寿，寓意吉祥长寿，与灵芝结合螭龙闹灵芝，寓意喜庆吉祥，还有与花枝结合攀枝龙纹，寓意吉祥（图 7-150）。

（18）夔龙纹

夔龙，是古代神话中一种象征祥瑞的神兽。如《山海经》中记载到："东海中有流坡山，入海七千里，其上有兽，状如牛，苍身而无角，一足，出入水则必有风雨，其光如日月，其声如雷，其名曰夔。"或许其驾驭风雨之能力与龙同，也是后人将其归属龙类的原因之一。

图 7-148 柜子上的麒麟纹 图 7-149 桌腿足上的瑞
兽纹

图 7-150 镜箱嵌板上的螭龙

夔纹在商代，其体躯变化不大，有稚抽感，并多填以云雷纹。到了周代，则变化为回首形，呈 S 状。其形态为龙形的，称为夔龙纹；其形态为凤纹的，称为夔凤纹。在殷商初期，并没有夔龙纹的说法，人们习惯于把所有具备单腿这种特征的动物纹样（包括夔龙纹和夔凤纹）叫作夔纹。而从周代开始，随着夔纹形态的多样变化，其形态像龙的夔纹，便称为夔龙纹。还有一种观点，认为夔并非龙类。如曹俊先生将"虎"区别于其他动物的标志性特征归纳为弯卷的唇部、张开的大口。并将其形象与同时期夔纹进行比对，结果发现"夔纹"除了身短、尾卷等有同"虎"相同的特点之外，最为重要的便是它们均具有弯卷的唇部或者尖利的獠牙，而身体的其他部位如耳部则是或有或无，侧视的腿足部或表现为完整的双足，或省略为单足甚至无足，这些表现特点与商周人眼中的虎的显著特征很是接近，进而推测夔纹当源于当时现实世界的虎而非龙。这一观点也不无道理。后世螭虎之形象或许与此有所关联。

关于夔龙还有另一种传说。夔龙是虞舜时期的两位大臣，夔为乐官，龙为谏官，二人为百官之首。如《尚书》中记载到："伯拜稽首，让于夔龙。"或许也正因为此，夔龙纹在后来的吉祥文化的影响下，除了象征寓意祥瑞之兆外，还象征有真才实学的能臣。因此，在明清家具中夔龙纹应用十分广泛，尤其是在雍正时期塑造得最惟妙惟肖，且在明代三爪夔龙纹的基础上，又发展出五爪夔龙纹。五爪为龙纹的最高等级，从这一点来看雍正皇帝对于夔龙纹是十分钟爱的。夔龙纹与螭龙纹形象特征非常接近，在类型上也相同，按尾部特征均可分为拐子型和卷草型，统称为拐子龙。所谓拐子龙是指由夔龙首（螭首）与纵横曲直的几何纹、卷草、缠枝构成，俗称"拐子"。因"拐"与"贵"谐音，故其象征富贵贤达，子孙昌盛。又因"拐"之形式构成与盘长一样的曲折蜿蜒、绵延流长，故又象征天长地久、

福意绵绵。它常被用于明清家具上，有吉祥如意、幸福平安之意。拐子龙纹在具体应用时，或单独作装饰，或两个拐子龙相对而视，或中间夹以寿字等，主要出现在扶手椅和太师椅椅背和扶手处、牙条牙板和角牙处、抽屉桌的屉面处以及罗汉床的围板和架子床的檐板上等部位（图 7-151）。

2. 植物花草

（1）卷草纹

卷草纹，又称蔓草纹，卷枝纹，唐草纹，是明清家具中非常流行的装饰纹样之一。其造型法则以蔓草枝茎的生长规律为基础，向左右或上下伸展弯曲，做连续波卷状变形，形成波卷缠绵的基本式样，通过叶、茎、须有节奏地分枝，交相呼应，营造出委婉多姿的视觉美感。南北朝时期佛教装饰艺术中有一种名为忍冬纹的纹饰应用非常广泛，并影响到当时的世俗装饰。卷草纹便是在其构造规律的基础上演变而来，也可以看成是形式的借鉴，意蕴的升华。在那曲折蜿蜒的花枝叶蔓的盘曲中，流动着祥云的律动，呈现着起始返终的轮回。宋代之后，卷草纹逐渐式微，缠枝纹逐渐兴盛。在明清家具中多呈二方连续或多变的带形边饰，可以组成短短的两卷一束，作为透雕或浮雕开光的边缘装饰，也可以向宽广方向自如延伸，用以装饰较长的构件（图 7-152）。

（2）缠枝纹

缠枝纹，又名"万寿藤"，是明清时期甚为流行的一种吉祥纹样。它是一种以藤蔓、卷草生长规律为基础，以卷曲、缠绕为主要特点的传统吉祥纹样。其构图与卷草纹相同，但在表现形式上，缠枝纹大多枝、叶、花区分明确，结构突出，尤其是纹样所表现的植物特征较为明确，委婉多姿，灵动优美。因其结构连绵不断，具"生生不息"之象，故寓意吉庆绵绵。其在明清家具中十分流行，常以柔和的半波状线与切圆组合成二方连续、四方连续或多方连续的装饰带出现在牙板、牙条、门芯板等部位。其显著的造型特征是在切圆空间位置上缀以形式各样的花卉纹饰，同时在波状线上填以枝叶，叶、花交相呼应，甚为美观。因缠枝的花朵不同而有各种名称，以牡丹为花头的称缠枝牡丹纹，以菊花为花头的称缠枝菊纹，以莲花为花头的称缠枝莲纹，以牡丹、莲、菊等多种花为花头的称缠枝四季花，以人物和鸟兽组成的称人物鸟兽缠枝纹。缠枝纹约起源于汉代，盛行于南北朝、隋唐。元、明、

图 7-151 椅背中的夔　图 7-152　罗汉床上的卷草纹
龙纹

图 7-153　黑漆长方盘上的缠枝莲纹

清各代缠枝纹得到进一步的发展，线型更加优美婉转、流畅自然（图 7-153）。

（3）莲花纹

莲花纹，是中国古代汉族传统纹饰之一。莲花又被称为荷花、芙蕖、藕花、水芙蓉、净客、玉环等，花朵大而优美，果可赏可食，叶圆形突，至迟在我国春秋时期已出现。如《尔雅》中记载道："荷，芙蕖。其茎茄，其叶蕸，其本蔤，其华菡萏，其实莲，其根藕，其中菂，菂中薏。"

到秦汉时期，莲花纹已广泛成为瓦当、画像石、画像砖以及铜镜等日常器物上的装饰题材。自东汉佛教传入我国，便以出淤泥而不染的气质，与佛教所宣扬的以无欲至清静之境的思想相融合，最终成了佛教文化精神的象征，代表"净土"，象征"纯洁"，寓意"吉祥"。到了南北朝时期，佛教盛行，莲花纹作为吉祥纹饰也得到了大发展，经常出现在宝座、藻井中心、头光和背光中心的装饰中。其变化极为丰富，或独立，或四方延展，以仰莲居多，亦有雕刻成立体状的莲花。宋代的文人雅士亦对其青睐有加，如大文豪周敦颐在《爱莲说》中便将其以君子来比喻。

至明清时期，莲花纹不仅象征着顿悟的圣洁，而且还象征着不屈高贵的人格魅力。由此而得到了更多文人雅士们的喜爱，并广泛应用于明清家具的装饰艺术中，形式各样，或仰莲，或俯莲，或缠枝等。这一时期最为流行的纹样有缠枝莲、一品清莲。前者以缠枝蔓草为主体杆、茎，以莲花为果实，寓意福泽绵延；后者由一茎莲花组成，因"莲"与"廉"谐音，寓意廉洁清正（图 7-154）。

（4）葡萄纹

葡萄纹是一种汉代从西域传入的吉祥纹样。如《汉书·西域传·大宛国》中载道："汉使采蒲陶、目宿种归。"明《齐民要术》中又曰："汉武帝使张骞到大宛，取葡萄实，如离宫别馆旁尽种之。"葡萄传有黑、白、黄三种颜色，食之味美，有益气延年之功效。汉代之葡萄纹多与瑞兽融合，至南北朝时应用日渐广泛，唐朝葡萄纹盛行，且常与瑞兽凤鸟、折枝花卉、缠枝卷草等纹样搭配使用，形态美观，华丽富贵，彰显了大唐盛世的辉煌灿烂。至宋代随着文人花鸟画的兴起，则渐渐式微。因葡萄有子，且成串组合，故多子，寓意多子多福。在佛教中菩萨手持葡萄则表示五谷不坏，故其又寓意五谷丰登。再加上缠枝花草的"富贵绵延"之寓意，到明清时期，尤其是清朝得到了人们的喜爱，被广泛应用于瓷器、家具的装饰之中，以求子孙绵延、富贵发达（图 7-155）。

（5）石榴纹

石榴，又称为安石榴、丹若、天浆等。其原产于古波斯，传是张骞出使西域时带回。如晋《博物志》中载："张骞出使西域，得徐林安石榴归。"因其花开红颜，味美肉甜，多为唐宋文人赞颂，且常与缠枝卷草融合应用瓷器、织锦的纹饰中。又因其籽多，如潘岳赋："千房同蒂，千子如一。"故被视为多子的吉祥果。宋《营造法式》中所列图案花纹十一种，其位列之首。如："其所造华文制度有十一品：一曰海石榴华；二曰宝相华；三曰牡丹华；四曰蕙草；五曰云文；六曰水浪；七曰宝山；八曰宝阶；九曰铺地莲华；十曰仰覆莲华；十一曰宝装莲华。或于华文之内，间以龙凤狮兽及化生之类者，随其所宜，分布用之。"可见宋朝其已应用于建筑装饰。到明清时期广泛应用于瓷器、漆器、家具中，多与蝴蝶搭配，寓意多子多福，与折枝花草搭配，寓意榴开百子（图 7-156）。

（6）宝相花纹

宝相花，又称为"勾子莲""宝仙花"。宝相花纹样约形成于北齐，和莲花一样是随着佛教的广泛传播而形成的。南齐王简栖《头陀寺碑》中有载："金资宝相，永籍闲安。"其中有宝相一词，传宝相花的名称来源于此。"宝相"一词在佛教中专指佛、法、僧三宝的"庄严相"。故而宝相花被认为是象征圣洁与端庄的吉祥纹样。在唐代得到了广泛推广，在佛像壁画、建筑、器物中多有应用。宋代《营造法式》中亦有相关记载。其构造呈"放射对称规律"排列，平面团式，花头以荷花、莲花、菊花、牡丹、大丽花、蔷薇等为原型，以逐层、多面的法则进行变化和组合而成，常以八片平展的莲瓣构成花头，以八个小圆珠和八瓣小花组成花心。明清家具中亦有所应用（图7-157）。

（7）牡丹纹

牡丹，又称为鹿韭、鼠姑，享有国色天香之美誉。宋代又被称为"富贵之花"，以花色著称于世。品种有二：一为姚黄，为千叶黄花，为花王，出于民姚氏家；一为魏紫，为千叶肉红花，为花后，出于魏相仁溥家。因其花色之美被誉为国花，备受唐宋文人贵胄的喜爱。故牡丹纹在唐朝应用非常广泛，织锦、铜镜、建筑、金银器、漆器、家具等皆有应用，其中尤以石刻最为精美。

牡丹纹的流行始于开元。开元年间，从宝相花、海石榴花纹开始向牡丹纹转化。牡丹纹（图7-158）的突出特点是花头肥短，复层花瓣，花瓣边缘有云曲瓣，花形丰满，体现其世人所赋予的"富贵"的内涵。与海石榴纹相比，牡丹纹的瓣形较短，翻卷的势态要小得多；与宝相花纹相比，牡丹纹的造型更加写实、具象，花头以正侧面或大半侧面居多。五代时牡丹纹样已经开始写实，但在构图形式上仍然基本对称，受唐代装饰花鸟纹样的影响。宋代牡丹纹样逐渐摆脱了唐代牡丹纹样的程式化，受绘画的影响，开始出现灵活秀雅的写生牡丹纹样。除了采用单一的牡丹组成多种纹样形式以外，牡丹纹题材各异，还将牡丹与动物、人物或其他花卉纹样结合起来，组成更加生动多彩的吉祥纹样。如牡丹婴戏纹、凤采牡丹纹等。元代的牡丹纹多为横带式二方连续构图，亦有环绕式四方连续构图，纹饰布局严谨，花瓣边缘为多组圆曲形状，并突破了宋代牡丹花只有正、侧面的造型的束缚，俯

仰相应，千姿百态。

明清时期更受欢迎，构图较元代更疏朗大方，花叶的角裂增多。在明清家具中亦应用广泛，或单独，或组合，主要有折枝牡丹和缠枝牡丹两种形式。其中折枝牡丹纹常用作主题纹饰，雕刻或者彩绘在柜门或靠背板上，而缠枝牡丹纹则常用来作为边饰。也有将牡丹作为单独纹样装饰在椅背板等处。组合纹样中以凤穿牡丹、凤喜牡丹等寓意福贵无边及光明幸福。

（8）菊花纹

菊花，又名节华、延年、阴成、周盈等，原产于我国，素有长寿花之称。早在汉代就已经在家中种植，至春秋战国时期就已成为代表性花卉，如《礼记·月令篇》中记载："季秋之月，鸿雁来宾，雀入大水为蛤，菊有黄花，豺乃祭兽。"唐代品种进一步增多，至宋代达到发展的鼎盛，深受当时文人士大夫的喜爱。周敦颐在《爱莲说》中曾赞叹其内敛之性情。故其多象征超凡脱俗的高士，与梅、兰、竹被称为四君子。可能受到文人花鸟画的影响，宋代的菊花清新秀雅，超凡脱俗，其中缠枝菊花以自然平和取胜，折枝菊花则以天然野趣增色。

明清时期此纹样应用更为广泛，或单独，或组合，组合构图多以二方连续的折枝菊花或缠枝菊花为主。与梅兰竹搭配彰显文人的气节；与桃花、荷花、梅花搭配四季平安，以四季更替的祥瑞之气来寓意四季吉祥、平安如意；与枫叶、鹌鹑、菊花搭配安居乐业，因"鹌"与"安""菊"与"居""落叶"与"乐业"谐音，故寓意安定幸福、家庭美满（图7-159）。

（9）四季平安

四季平安是明清时期流行的吉祥纹样（图7-160）。纹饰以菊花、桃花、荷花、梅花四季

图7-154　莲花纹

图7-155　葡萄纹

图7-156　石榴纹

图 7-157　案牙板上 图 7-158　靠背板上的牡丹花纹样
的宝相花纹

图 7-159　　图 7-160　柜门上的四季平安
靠背板上的菊
花纹

花卉和瓶组成。这四季花卉均是吉祥花，寓意四季
幸福美满。而"瓶"与"平"又谐音，四季平安寓
意平安幸福。

（10）四君子

四君子是指梅花、兰花、翠竹、菊花，寓意
圣人高尚的品德。古人以这四种植物比喻傲、幽、
澹、逸四种德行。其中，梅花迎寒傲雪，喻高洁志
士；兰花深谷幽香，喻贤达之士；翠竹清雅澹泊，
喻谦谦君子；菊花凌霜飘逸，喻隐遁高士。这四类
人皆具有高尚的人格，没有媚世之言，均以圣人之
行修身（图 7-161）。

（11）岁寒三友

岁寒三友是指梅、松、竹三种组合纹样。早在
宋代就已把松、竹、梅称为岁寒三友了。如宋林景
熙《霁山集·五云梅舍记》中记载："即其居梁土
为山，种梅百本，与乔松、修篁为岁寒友。"其中
"修篁"即指修竹。此三植物中，竹、松遇寒冬而
不凋谢，梅花迎寒而开花，傲骨迎风，寓意挺拔坚
强之生命力和坚贞不屈之情操，是明清时期家具中
流行甚广的吉祥纹饰之一（图 7-162）。

（12）梅花纹

梅花，又有玉妃、清客、清友、香英、状元
花、报春花、玉雪等美誉。梅花迎冬而开，不折不
挠、坚韧挺拔的勇气象征高尚的人格情操，备受古
代文人雅士的喜爱。一句"宝剑锋从磨砺出，梅花
香自苦寒来。"成就多少古往今来的怀揣梦想的文
人雅士。此外，梅花开五瓣，分别代表了福、禄、
寿、喜、财五福。五福具备之追求古往今来从未

间断，可以说是历代人们的梦想。因此，梅花纹
样是明清时期最受欢迎的吉祥纹样之一。明清时
期的梅花多以较为写实的手法出现，或单独，或组
合。组合纹样中与竹子、松树组成"岁寒三友"寓
意坚忍不拔、不畏严寒的品行；与竹子、绶带鸟组
合而成"花卉绶带鸟纹"寓意着夫妻恩爱、白头到
老（图 7-163）。

（13）竹子纹

《竹经》中载到："植物之中，有物曰竹，不刚
不柔，非草非木，或茂或水，或挺岩路。"竹子有
节，虚其内，坚其外，既有虚怀若谷之度量，又有
坚忍不拔之勇气，迎寒冬而不凋，气节彰显。故自
古以来文人雅士们皆爱竹、赞竹。如大文豪苏东坡
在《于潜僧绿筠轩》中赞道："宁可食无肉，不可居
无竹。无肉使人瘦，无竹令人俗。人瘦尚可肥，俗
士不可医……"清代大艺术家郑板桥在《竹石》图
中亦题诗高度赞扬竹子不畏逆境、蒸蒸日上的秉
性，如曰："咬定青山不放松，立根原在破岩中。千
磨万难还坚劲，任尔东西南北风。"在明清家具中
竹子纹是重要的装饰纹样之一。它在椅凳类、几案
类，床榻类家具上均有使用，有的通体雕刻竹子
纹，有的局部运用（图 7-164）。

（14）桃子纹

桃子纹为传统吉祥纹饰，寓意长寿。如《神农

图 7-161　四君子

图 7-162　门罩上的岁寒三友　　图 7-163　梅花纹　　　　　　图 7-164　棋桌上的竹子纹

经》云："玉桃服之，长生不死。"玉桃，即指仙桃，仙桃又称蟠桃。又如《山海经》云："沧海之中，有度朔之山，山上有大桃木，其屈蟠三千里。"蟠桃之名或由此来。传说吃了蟠桃可以长生不老。因此，民间也称桃子为寿桃，寓意长寿。而"寿"为五福之首，故人人皆喜爱之。明清家具中皆有应用桃子纹，除了与佛手、石榴组成三多吉祥纹饰外，多与折枝结合单独应用，或者与寿字融合。但是使用时桃子的个数也十分讲究，多采五、六、八、九之数（图 7-165）。

（15）海棠花纹

海棠花，又有川红、名友、海红、蜀客等美称。其花开似锦，素有"花中神仙"的美誉，是明清时期常用的吉祥纹样。海棠花姿优美，色红而不俗，常用来比喻文人的高贵风雅。故历代多得文人咏赞。如北宋黄庭坚就曾咏叹："海棠院里寻春色，日炙荐红满院香。"也用来表达喜气欢快的情感。这一点赢得了民众的喜爱。应用时多用组合纹样，常与玉兰、牡丹搭配玉堂富贵。古时"玉堂"指翰林院，牡丹象征富贵，而"棠"与"堂"谐音，与玉兰组成"玉堂"，象征指日高升。故玉堂与牡丹搭配寓意富贵荣华，升官晋爵。其还与荷花、海棠和燕子搭配河清海宴，寓意天下太平。如唐代郑锡《日中有王字赋》中记载道："河清海晏，时和岁丰。"明清时期其广泛应用于建筑的花窗、漏窗、门洞等部位。在家具中的应用或取其花形，或用其组合纹样（图 7-166）。

（16）西番莲纹

西番莲纹，又称为西洋纹，是清代家具中最具象征意义的吉祥纹样之一。相传由西方的商人和传教士带到中国。受到西方文化的影响，从雍正时期开始，逐渐在皇亲、贵族们之间形成竞相模仿西方装饰的风气。这一风气直接影响到了清代家具的装饰纹样的选择，并导致了中西方装饰纹样的又一次融合。其中最典型的纹饰就是外国的西番莲纹与缠枝牡丹纹的结合，枝叶错落盘旋，花头交相辉映，赋予了西番莲纹华贵富丽的视觉美感。这种纹饰在乾隆时期十分盛行，深得乾隆皇帝喜爱，从其所咏《西番莲赋》便可知其对西番莲十分钟爱。具体应用时或独用，或组合。组合纹样常与中国传统龙凤结合，寓意富贵吉祥（图 7-167）。

（17）三多纹

三多纹又称为"福寿三多"，是应用广泛的吉祥纹样之一。其典故源于"华封三祝"之故事。如《庄子》中载道："尧观于华封，华封人祝曰：使圣人寿，使圣人福，使圣人多男子。"因"佛"与"福"谐音，象征福禄，桃子又取寿桃之意，寓意长寿，石榴多子，寓意多子多福。故

图 7-165　桃子纹样

图 7-166 架子床挂檐板中的海棠花纹

图 7-167 西番莲纹

图 7-168 方桌上的三多纹

图 7-169 瓜瓞绵绵

图 7-170 一路连科

图 7-171 供桌上的灵芝纹

传统的三多纹由佛手、桃子和石榴组成，寓意多福、多寿、多子。具体应用中有的以佛手、桃子和石榴组合于一盘，有的使三者并蒂，也有的以三种果物作缠枝相联。 在明清家具中应用非常广泛（图 7-168）。

（18）瓜瓞绵绵

瓜瓞绵绵是一种传统吉祥纹饰。其构图有二，一类是大瓜、小瓜和瓜蔓；另一类是瓜加上蝴蝶纹饰，取"蝶"与"瓞"同音，寓意子孙昌盛，事业兴旺。关于其名称于《诗·大雅·锦》中有所记载。后世潘岳《为贾谧作赠陆机》中亦有描述，如："画野离疆，爰封众子。夏殷即袭，宗周祭祀，绵绵瓜瓞，六国互峙。"瓜指大瓜，瓞指小瓜，绵绵则指瓜茎连绵不断。其以瓜在瓜茎由小到大的成长过程来形容事业的发展，进而代指人事，寓意子孙兴旺。这一纹饰在清代家具中应用尤多（图 7-169）。

（19）一路连科

一路连科，又称为"喜得连科"。 其由鹭鸶、莲花、芦苇搭配组成。鹭，水鸟名，有白鹭、苍鹭等。因"鹭"与"路"、"莲"与"连"谐音，再取芦苇棵棵连成片的谐音，故寓意科举高中，是清代家具中常见的吉祥纹饰。此外，还有一种搭配，即由鹭鸶、荷花、芦苇组成，寓意仕途高升（图 7-170）。

（20）灵芝纹

灵芝纹有"仙草""瑞草"之称。自古以来就被认为是吉祥、富贵、美好、长寿的象征。民间传说吃了灵芝，可以起死回生，祛病延年。故被人们视为祥瑞之物。灵芝纹是明清时期非常流行的吉祥纹饰之一。在明清家具中经常所见。明代灵芝纹趋于写实，生动灵巧；清代灵芝纹则趋于程式化，至清朝末期更是呆板无神。应用时或单独，或组合。组合纹样常与云纹组合，寓意祥瑞之兆；与竹、石组合，象征长寿与气节；与缠枝和折枝卷草搭配，生动优美，寓意福寿延年（图 7-171）。

3. 几何文字

（1）锦纹

锦纹是采用织锦或建筑彩画上的图案为纹饰的吉祥纹样。因其常被作辅助纹饰，起地纹作用，故又称"锦地纹"，或者直接用作边饰。常以几何图形连续构成，有菱形、龟背、八达、桂花、古钱、十字、卍字、云纹、水波等各式样的图案。其上再绘花卉纹者，称为锦地花，又称锦上添花，寓意吉祥如意（图 7-172）。

（2）回字纹

回字纹，是一种中国传统吉祥纹饰。其从我国古代青铜器和陶器中的雷纹演变而来。其构图是以一个点为中心，以横竖短线折绕组成连续的方形回旋线条或以弧线旋转成螺形几何纹。因其外形看起来和汉字"回"字十分相似，故称为回字纹，寓意吉利深长。但与"回"字所不同的是回字纹是以一点向外折绕，尾处并无封口。苏州民间称为"富贵不断头"当源于此造型规律。回字纹在明清家具中随处可见。应用时或单独，或组合。单独使用时，常以二方连续的形式用作边饰，也有以四方连续的形式用作锦地，俗称为"回回锦"。组合使用时，常与龙、凤结合（图 7-173）。

图 7-172　柜门上 图 7-173　方凳上的回字纹　　　　　　图 7-174　围床栏上的卍字纹
的锦纹

（3）卍字纹

卍字纹是一种护身或者带有宗教意义的符咒。卍字在梵文中作室利棘蹉（Srivatsa），被译为吉祥海云相，意为吉祥之所集。佛教上认为它是释迦牟尼胸部所现的瑞相，为三十二相之一，用作万德吉祥的标志。古代也有认为是太阳或火的象征符号。我国在唐代武则天长寿二年时，将此字读为万，故被称为"卍字纹"。因为随着佛教传入中国，"卍"字纹饰逐渐盛行起来。其构图有二方连续、四方连续两种方式，变化丰富，韵律优美。明清家具中卍字纹装饰形式多样，明代多依正卍字做排列，清代则以卍字作相互沿连，或二方，或四方，有的在互连中还构成复式，显得十分华丽，寓意吉祥连绵不断、永无尽头（图 7-174）。

（4）冰裂纹

冰裂纹，也就是开片，又叫断纹瓷，是古代泉青瓷中的一个品种，因其纹片如冰破裂，裂片层叠，有立体感而称之。明清家具中的形似碎冰开裂的纹饰也称为冰裂纹，也有称冰格纹。后者之创意当源于前者。聪慧的匠师将杂乱无章的"冰纹"梳理成规律的几何排列，采用攒斗工艺将小料攒接成秩序优美的"冰裂式"图案，可谓是匠心独运。这也是苏作家具精湛制作技艺的完美体现。这一纹饰广泛应用于明清各类家具的装饰艺术中（图 7-175）。

（5）钱纹

钱纹是一种传统的吉祥纹样。纹样的形式来源于我国的古铜钱。在战国时期就已经出现圆孔铜钱。从出土的钱纹砖来看，钱纹至少在两汉时期就已经出现。古代钱币有压胜、辟邪的功用，钱纹的出现便因为此。最早的钱纹当为原始彩陶中的玉璧和贝壳纹饰。随着铜钱的出现，圆孔铜钱纹、连璧纹、连钱纹才相继出现。其构成规律多为独立纹样、二方连续、四方连续等。其主要用作辅助纹饰和锦地纹饰，也有作主题纹饰的。其应用时或单独，或组合。单独使用时以钱币独立纹样为主；组合使用时，或与绳纹结合，或与钱纹结合，或与植物花草结合，或与鸟兽结合等，可谓是丰富多变，灵活多样。在明清时期，尤其是在清代家具中得到广泛应用（图 7-176）。

（6）龟背纹

龟背纹，又称灵锁纹、锁纹、龟甲。其是一种以六边形为基本单元连缀而成的四方连续纹样，因形似龟背纹路而定名。龟在古代为四灵之一，常用于占卜，来决定国之大事。如《淮南子》中记载："必问吉凶于龟者，以其历岁久也。"故自古代龟被视为具有神力的象征物而被崇拜。随着谶纬之学的兴盛和吉祥文化的发展，其逐渐演化为吉祥纹饰。宋元以后其应用进一步扩大，到了明清时期，其广泛应用于建筑、家具、瓷器等（图 7-177）。

（7）云气纹

云气纹是古代汉族传统吉祥纹样。其是一种由多变而流畅的圆涡形线条构成的云朵状图案。云气纹一直深受历代人们的喜爱，体现了中华民族文化理念、宗教信仰和审美精神。从战国时期开始云气纹开始孕育萌生，作为陪衬的纹样，到汉代在神仙家思想影响下，云气纹成为主体地位突出的纹样，到隋唐时期在佛教思想的影响下，云气纹和外来植物纹样以及飞天纹样组合运用；到宋、元、明、清时期在佛、道、儒三种思想的影响下云气纹又出现了不同的形式，在宋代的文人风格和道教思想的影响下宋代的云气纹形态简洁、云气清秀、云尾飘逸；到明朝时期在道教思想的影响下，形成了三股或者四股的云气形式，有一种飞翔之感，出现了和龙结合在一起的云气；到清朝时期云气纹的装饰性加强，云头变成如意云头的形态，出现了很多云

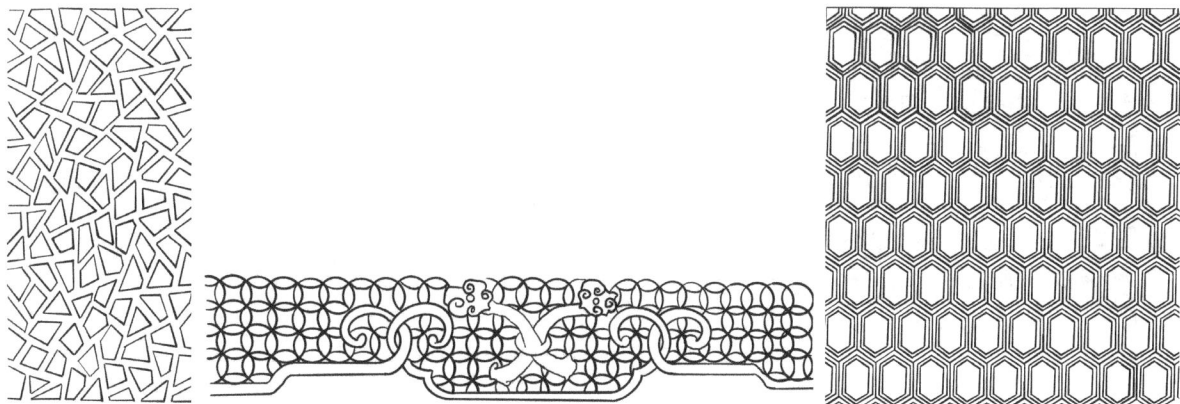

图 7-175　柜门上的　图 7-176　钱纹
冰裂纹

图 7-177　龟背纹

气和龙、凤结合在一起的形式。它是明清时期云纹家具上非常流行的装饰纹样，寓意"高升""敬天"和"如意"。其主要用作陪衬纹饰，常见的有四合云、如意云、流云等，并且经常与龙纹、凤纹、蝙蝠纹等神兽纹饰融合，寓意吉祥（图 7-178）。

（8）如意纹

如意原为挠痒之物，用其补手臂长之不足，扒搔尽如人意，故名之如意。约始于战国，宋高承《事物纪原》中记载到："吴时，秣陵有掘得铜匣，开之得白玉如意，所执处皆刻螭彪蝇蝉等形。胡综谓秦始皇东游，埋宝以当王气，则此也。盖如意之始，非周之旧，当战国事尔。"魏晋以后其端部渐作灵芝或云叶纹，柄微曲，演变为摆设器玩，成了一种中国传统的吉祥器物。如意纹则多是取其端部心形、云纹形、灵芝形等造型特征，是明清家具中常见的装饰纹样之一。其应用或单独，或组合。单独使用时多采用如意一端心形的造型，常用来装饰案类家具的挡板、椅类家具的靠背开光及亮脚。组合使用时通常和瓶、戟、磬、牡丹等其他纹饰结合，寓意平安如意、吉庆如意和如意富贵等（图 7-179）。

（9）火珠纹

火珠纹，又称"背光""火焰纹"，是汉族传统寓意纹样之一，早在商周时期就已非常流行。当时先民认为火纹为太阳的标志，因此，它的特征是圆形。东汉佛教文化传入。火焰，是佛教中佛法的象征，寓意光明。两种文化的融合造就了明清时期的火珠纹。在这一时期的镜台、佛龛家具中非常流行，寓意平安、富贵及光明（图 7-180）。

（10）柿蒂纹

柿蒂纹是传统吉祥纹样之一，日本学者多称

"四叶纹"。其是汉代非常流行的纹饰。其形式创意来源于柿子下部的蒂子形状。通常为四瓣，其特征是"一尖两弯"。关于"柿蒂"之名早在唐代已出现，如唐刘恂《岭表录异》卷中："倒捻子……有子如软柿头，上有四叶如柿蒂，食者必捻其蒂。"随着吉祥文化的发展，又因"柿"与"事"谐音，寓意吉祥如意、事事如意、百事如意等。柿蒂纹广泛用于明清家具的装饰中（图 7-181）。

（11）盘长纹

盘长，又称为"符图"，是佛门八宝之一，是明清时期最具特色而又广泛流传的装饰纹样之一。盘长纹是将线纹在盘曲之后，两端首尾连接而成。它以线纹、环绕，两端首尾连接为形式三要素，巧妙地展现了人自身生命无始无终或者是起始返终的生死轮回。其应用或单独，或组合。单独使用时或抽象为方，或体现为圆。组合使用时，除了八宝纹之外，还经常穿插缠绕、卷曲连环，中间点缀葫芦、蝙蝠等吉祥纹样，巧妙地展现了人们对幸福生活的向往和祈求（图 7-182）。

（12）绳纹

绳纹是新石器时代陶器中最常见的纹饰之一。绳纹的出现是在制作陶坯时，为了使其更牢固，用缠有绳子的工具拍打陶坯所留下的痕迹，多出现在陶器的腹部。由于拍打的方式和过程不同，其又有纵、横、斜之别，并有分段，错乱，交叉，平行等多种表现形式。这才是纹饰的真正意义所在，不是为了装饰而出现，而是为满足某种功能而自然演化。商周以后渐渐消失，宋元渐渐兴起，到明清时期又被广泛应用于建筑、家具的装饰艺术之中。在明清家具中的应用或单独，或组合。组合使用时多与钱币、

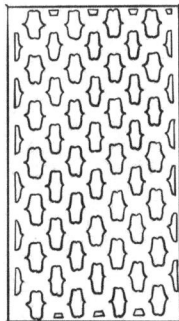

图 7-178　云气纹　　　　　　　　　　　　图 7-179　靠背板中的如意云头　图 7-180　靠背板上的　图 7-181　柜门板
　　　　　　　　　　　　　　　　　　　　　　　　　　　　　　　　　　　　火珠纹　　　中的柿蒂纹

玉璧结合，也有和狮子结合的（图 7-183）。

（13）瑞花纹

瑞花纹又称"雪花纹""瑞雪纹""瑞锦纹"。纹样基本形呈发射式，结构多取"十""米"字两种。在唐代非常流行，到明清时期，在家具中亦有应用。其应用或单独，或组合，尤其是后者吸收缠枝纹之妙处，变化极为丰富。因其与雪花形似，故取其"瑞雪兆丰年"之美好寓意（图 7-184）。

（14）一根藤纹

一根藤纹是明清时期常见的吉祥纹样之一，寓意福寿绵长。其造型来源于藤的自然生长规律和特征。聪慧的匠师们将其抽象、提炼形成各式各样卷曲的线。这些线连绵不断，交相辉映，在虚体的空间中翻转、迂回、缠绕，犹如翔龙戏云，纵横自如，给人一种刚柔相济的视觉美感。其应用或单独，或组合。单独使用时，以藤线交织为美；组合使用时则多与"寿"字、"福"字、夔龙、夔凤等各种吉祥纹样图案结合，与缠枝花卉异曲同工（图 7-185）。

（15）文字纹

文字纹是在纹样中应用文字或用文字作为装饰的纹样。文字纹的起源甚早，若从当今视觉艺术的层面看，商周时期的甲骨文就已经是很优秀的典范了。但从装饰的意义出发，至少从汉代开始文字纹便具有明确寻求吉祥意义的目的，并得到了非常广泛的应用。汉代织锦、瓦当、铜镜等器物上所出现的大量的装饰吉祥文字，便是有力的证明。唐宋时期在题材上进一步扩大，除了吉祥寓意的字词，又融入了名家诗词，广泛应用于该时期的瓷器、漆器等。尤其是宋代士人文化的兴盛使书法艺术成了那一时代的风尚。这种风气影响了整个社会，加上对文学的重视和工艺美术品装饰技艺的提高，人们更

是喜欢用文字做纹饰的器物。而且受当时书画艺术形式的影响，往往将诗书画集于一体，本身的形制又与各种开光、卷草、花卉结合，无论是线条的运用、色彩的组合，还是画面与文字关系的安排，都相互融合，形成独特的装饰形式。元代以文学作品中的诗词作为器物的装饰当为这一时期的独创。这些都为明清时期以福、禄、寿、喜、财为题材的各类纹样和名人诗词在家具装饰艺术中大放异彩奠定了基础（图 7-186）。

4. 法宝博古

（1）太极图

太极图，俗称阴阳鱼，是中国传统吉祥纹样中最原始的图形之一。其构图是以"S"形曲线将圆分为两个部分，一黑一白，共同围绕着圆形的中心旋转，体现的是阴消阳长的自然规律，揭示了万物生成变化的根源。从图形学意义上来看其展现的是一种互相转化、对立统一的形式美法则，体现了我华夏民族传统意象思维的模式，也是我国传统纹样结构规律的本体。其与周易八卦理论的融合更是将其推向了宇宙一切现象的根源。或许也正是因为此种意义，伴随着吉祥文化的发展，其摇身一变成了趋吉避凶的法宝。自宋代其图形由陈抟传出之后，逐渐被应用在建筑、瓷器等装饰上。在明清家具中亦有体现（图 7-187）。

（2）八卦图

八卦图传为伏羲所创。如《太平御览》中记载到："伏羲坐于方坛之上，听八风之气，乃画八卦。"其先由阴阳而化，再由四象而生。如《易传·系辞上》："易有太极，是生两仪，两仪生四象，四象生八卦，八卦定吉凶，吉凶生大业。"八卦即八个卦象，分别为乾、坤、震、巽、坎、离、艮、兑，分别象征天、地、雷、风、水、火、山、泽八种自然

图 7-182 椅子上的盘长纹

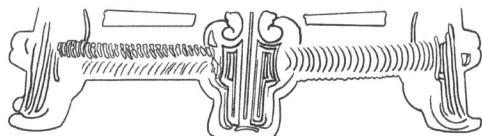

图 7-183 绳纹

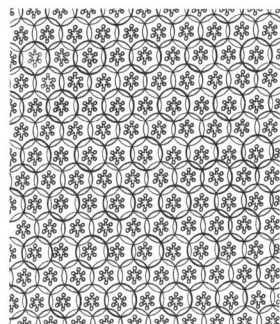

图 7-184 瑞花纹

图 7-185 一根藤纹

现象。唐宋以来，其实物图已较多见，常见于铜镜之上，但八卦图与阴阳图的融合当在宋之后。在过去其常与道家符箓文化融为一体，以推万物之变化，运转乾坤。随着谶纬之学和风水学的泛滥，八卦图逐渐衍变为驱凶避祟、趋利向善的吉祥图符。正所谓"八卦之图，百无禁忌。"元代道教文化得到蓬勃发展，故八卦纹饰亦非常流行。在明清时期广泛应用于建筑、瓷器、家具等装饰艺术中（图 7-188）。

（3）八吉祥纹

八吉祥，又称为佛八宝。其是藏传佛教中的八件法器，可以趋吉避凶。因此，由这八种象征平安富贵的符号所组合的纹样组合称为八吉祥纹，又称为八宝纹。这八件法宝是法螺、法轮、宝伞、白盖、莲花、宝瓶、金鱼、盘长结。《雍和宫法物说明册》中对这八件宝物之功用有详细阐释，如"法螺，佛说具菩萨果妙音吉祥之谓。法轮，佛说大法圆转万劫不息之谓。宝伞，佛说张弛自如曲覆众生

之谓。白盖，佛说偏覆三千净一切药之谓。莲花，传说出五浊世无所染着之谓。宝瓶，佛说福智圆满具完无漏之谓。金鱼，佛说坚固活泼解脱坏劫之谓。盘长，佛说回环贯彻一切通明之谓。"

其在元代已传入中原，但到明清时期才广泛流传。功能上没有脱离佛教的范畴，主要还是体现在法器、供器的装饰，而且八宝排列次序并没有很明确的规律性。从明代开始形成一定规律，分别为轮、螺、伞、盖、花、鱼、瓶（罐）、长（结），视觉美感也经历了元的粗犷豪放变到庄重典雅，再到轻盈别致，最后到规整秀丽的变化。明晚期到清中前期则将鱼、瓶（罐）的位置进行了互换，构图的形式非常丰富多样，且已完全融入了当时社会的方方面面。这一时期八宝的排列顺序通常为轮、螺、伞、盖、花、瓶（罐）、鱼、长（结）。大约在乾隆之后其排列次序又出现了不规律性，且构图的艺术性也日渐衰退。在明清家具中八宝纹多与莲花组合，或折枝，或缠枝，在枝叶的盘旋交织中灼灼生辉，恰似那莲花盛开的吉祥（图 7-189）。

（4）道八宝纹

道八宝纹，又称为暗八仙纹，是中国传统吉祥纹样之一。与八吉祥一样，道八宝也是八件法器。只不过不是佛教法器，而是专指道教八位神仙

图 7-186 靠背板上的寿字纹样

图 7-187 太极图

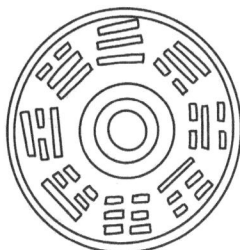

图 7-188 八卦图

图 7-189 柜门上的八吉祥纹

图 7-190　道八宝纹　　图 7-191　博古纹

图 7-192　翘头案上的杂宝纹

所手持的八件宝物，分别为鱼鼓、宝剑、花篮、荷花、葫芦、扇子、阴阳板、横笛。关于这八件宝物的神仙归属，在民间有一首歌谣唱道："钟离宝扇自摇摇，拐李葫芦万里烧。洞宾持起空中剑，采和一手把篮挑。张果老人知古道，湘子横吹一品箫。国舅曹公双玉板，仙姑如意立浮桥。"关于这八件宝物的功用寓意，最流行的说法是宝扇可起死回生，葫芦可普济众生，宝剑可镇邪制魔，花篮能广通神明，渔鼓能星卜命理，横笛令万物生灵，阴阳板使万籁无声，荷花可修身养性。民间对于"暗八仙"的"暗"字的解释，一是指没有直接出现八仙形象，二是指八种器物各有仙气神法，能化凶为吉，有暗中保护之意。暗八仙纹是明清时期非常流行的纹饰之一。其在瓷器上的应用始于康熙时，但传世品甚罕，雍正、乾隆时期较多，并基本贯穿整个清代。在清代家具中亦非常常见（图 7-190）。

（5）博古纹

博古纹是以古代的各种器物，如青铜器、瓷器、玉器、石器、雕刻、漆器以及织绣等为内容，进行排列组合，作为装饰的一种纹样。其因《宣和博古图》而得名。该书共三十卷，著录宋徽宗宣和内府所藏商至唐代青铜器 839 件，可以说是集宋代所藏青铜器之大成。故名之博古。这一纹饰广泛应用于明清时期的建筑、瓷器、家具中，尤其是在清代尤为普及。"博古图"有博古通今、崇尚儒雅之寓意，故常用于书香门第或官宦人家的宅第装饰和家具装饰。随着文人文化的兴盛，博古图的纹样范围也由最早各种类型的青铜器扩大到了瓷瓶、玉件、盆景、书画等。其应用或单独，或组合。组合使用时多点缀花卉、果品，故又名"博古花卉"或"博古团"。但其纹样多以博古器物如古瓶、玉器、鼎炉、书画和一些吉祥物配上盆景等各种象征清雅

高洁的器物组成，整体画面古色古香，给人以美的视觉享受（图 7-191）。

（6）杂宝纹

杂宝纹是一种传统的吉祥纹样。其在元代已出现，至明清时期非常流行。所谓杂宝，其本意指诸色珍宝，这里指其所包含的宝物比较杂。在《西京杂记》中有相关记载，如"武帝为七宝床、杂宝案、厕宝屏风、列宝帐，设于桂宫。时人谓之四宝宫。"杂宝中所包含的器物主要由佛教法器、民间宝物及吉祥器物组成。元明清各有所不同。元代杂宝主要包括双角、犀角、银锭、火珠、火焰、法螺、火轮、双钱、珊瑚等。其中双角指犀角，明代又新增祥云、灵芝、方胜、艾叶、卷书、笔、磬、鼎、葫芦等。因其常无定式，任意择用，故而称杂宝。也有任取其中八品组成纹饰者，称八宝，但不同于八吉祥纹。元代杂宝纹多作辅助纹饰描绘在器物肩部或胫部的变形莲瓣内，后者又称为八大码。明代杂宝纹多散于主纹以外的空间。清代杂宝纹除作辅纹外，也有用作主纹的（图 7-192）。

（7）方胜纹

方胜纹简称方纹（图 7-193）。两个菱形压角相叠，称为"方胜"，古时指古代妇女的一种首饰，是"祥瑞"之物。如《山海经》中就论述道："……玉山，是西王母所居地。西王母其状如人，豹尾虎齿而善啸，蓬发戴胜，是司天之厉及五残。"郭璞注："胜，玉胜也。"其构成组合除了两个方形相交以外，还有相套、错位、连结等不同形式。如"套方""斗方"。到明清时期，其已成为非常流行的吉

图 7-193　架子床上的方胜纹

祥纹饰之一，常用于建筑、家具、石刻、染织、刺绣等。因其形为两物相交，故除了"胜"之祥瑞优美之意，其又可代指同心吉祥、幸福昌盛。如王实甫《西厢记》中写"不移时把花签锦字，叠作个同心方胜儿。"

5. 人物山水

（1）百子图

百子图，又称为百子迎福图。顾名思义，其是由 100 个儿童为主题的装饰纹样。这一百个儿童姿态各异，有的戏玩、有的打鼓、有的耍龙灯、有的读书、有的参禅、有的跳绳，等等。关于婴戏的题材约在唐朝已出现。至宋代已非常流行，并出现了百子图的称谓。如宋代辛弃疾《稼轩词·鹧鸪天·祝良显家牡丹一本百朵》中便以牡丹比喻百子："恰如翠幔高堂上，来看红衫百子图。"再如苏汉臣所做《百子嬉春图》亦是此种寓意的典型代表作品。

到了明清时期这种纹饰得到广泛应用。百子图在中国传统文化中具有特殊的意义。因为传宗接代、子孙满堂以及追求高官厚禄等中国民间传统伦理思想与儒学思想的影响，"子嗣绵延"便成了古往今来家家户户的愿望。因此与"瓜瓞绵绵"一样备受广大人民的喜爱。如果说前者是以不同大小的瓜来表达子孙昌盛的寓意，那后者则用一百个不同的小孩来寓意子孙昌盛。"百"是指大或者无穷的意思，"百子"自然也就寓意子孙生生不息，体现了一种生命延续的美好愿望（图 7-194）。

（2）五子登科

五子登科是我国传统吉祥纹样之一。最初来源于民间故事，传说五代后周时期，燕山府有个叫窦禹钧的人，先后得五子，五子品学兼优，先后登科及第，故而称之"五子登科"。《三字经》中又曰："窦燕山，有义方，教五子，名俱扬。"可见，"五子登科"的故事在唐宋时期已很流行。其寓意子孙昌盛、登科及第及父母望子成龙的美好愿望。在明清时期亦非常流行（图 7-195）。

（3）连生贵子

连生贵子是传统吉祥纹样之一。其多由莲花、桂花、芦笙和儿童组成。因"莲"与"连""笙"与"生""桂"与"贵"谐音，再取"连生"之吉祥、桂花之富贵寓意，比喻多子多福、喜得贵子。在清代家具中应用广泛（图 7-196）。

（4）吉庆有余

吉庆有余是汉族传统吉祥纹样之一。纹饰构成有二，一种是以一儿童执戟，上挂有鱼，另手携玉磬组成；另一种是因"戟磬"与"吉庆"谐音、"鱼"与"余"同音，故寓意吉祥喜庆。亦有的在类如"八"字的磬形中，作双鱼纹，取"磬"与"庆""鱼"与"余"同意的寓意。清代家具、木雕上常见应用（图 7-197）。

（5）郭子仪拜寿

郭子仪拜寿为明清时期流行的吉祥纹样之一。郭子仪为唐朝杰出名将，其在平定安史之乱中立有赫赫战功，被封为汾阳王。在朝为官期间兢兢业业，勤政为民，赢得了皇帝、臣民的爱戴。郭子仪夫妻在七十双寿诞时，他们的七子八婿个个为官，前程似锦，都来为二位老人庆寿，合家团圆，其乐融融。这就是郭子仪拜寿的故事，广为百姓流传。其纹样内容通常为郭子仪夫妇端坐正中，七子八婿身着官袍，跪拜堂前，为双老庆寿，

图 7-194　柜门上的百子图　　图 7-195　架子床挂檐板上的五子登科　　图 7-196　连生贵子　　图 7-197　柜门上的吉庆有余

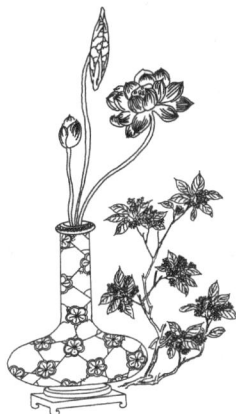

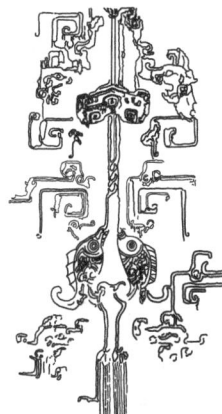

寓意为国立功、积德行善、合家团圆、洪福齐天等（图7-198）。

（6）和合二仙

和合二仙，又称为和合二圣，是中国传统吉祥纹饰之一。和合神在中国民间流传甚广，以前每逢结婚等喜庆场合中必挂悬于花烛洞房之中，或常挂于厅堂，以图吉利。其形象通常为两个蓬头笑面的童子，一人持荷，一人捧盒，相亲相爱，笑容满面，十分惹人喜爱，寓意和合美满、吉祥如意、百年好合等。

相传唐朝有个人名叫万回，因为父母挂念远赴战场的兄长而哭泣，不远千里，去往战场探亲，带回家书，以报兄之平安。因从家乡到战场有万里之遥，却能朝发夕返，故名"万回"。此故事寓意家人和合美满，也是和合神的雏形。如唐《酉阳杂俎》中记载到："僧万回年二十余，貌痴不语。其兄戍辽阳，久绝音问，或传其死，其家为作斋。万回忽卷饼茹，大言曰：兄在，我将馈之。出门如飞，马驰不及。及暮而还，得其兄书，缄封尤湿，计往返一日万里，因号焉。"自宋代开始祭祀作"和合"神，至明清时期这一故事流行更为广泛，相传为唐代僧人寒山、拾得化身，至清雍正十一年（1733）即敕封寒山为妙觉普度和圣寒山大士，拾得为圆觉慈度合圣拾得大士。如翟灏《通俗编》中记载到："今和合以二神并祀，而万回仅一人，不可以当之矣。国朝雍正十一年封天台

图7-198　郭子仪拜寿

图7-199　门楣板上的和合二仙

寒山大士为和圣，拾得大士为合圣。"在明清家具中也有应用（图7-199）。

（7）三星高照

三星高照是明清时期传统吉祥纹样之一。福、禄、寿为三位神仙，深受历代百姓的喜爱。其中福星指的是天官，禄星指的是文昌，寿星指的则是南极老人。三位神仙的故事起源都很早，但合在一起称为"三星"却较晚。明《观相玩占》中有这三星的记载："老人一星弧矢南，一曰南极老人，主寿考，一曰寿星。"在清代屏类家具、床榻类家具中常见此种纹饰，寓意幸福长寿。其纹样内容通常为福星手拿一个"福"字，禄星捧着金元宝，寿星托着寿桃、拄着拐杖（图7-200）。

（8）渔樵耕读

渔樵耕读是一种传统吉祥纹样。其由渔夫、樵夫、农夫与书生组成。这四种职业象征着农耕社会的四个群体，代表了民间人们的基本生活方式，表达了人们对这种田园生活的意趣和淡泊自如的人生境界的向往，寓意生活幸福（图7-201）。

（9）五岳真形图

五岳真形图，道教符箓，据称为太上道君所传，有免灾致福之效。今河南登封嵩山中岳庙内存有此图的碑刻。五岳的形图，各有特点，彼此形象表明什么，历来说法不一。有的说，五岳图是表示五岳形状的，东岳泰山形体庞大，如巨人端坐，老态龙钟，肃穆威严，因有"泰山如人坐"之说；西岳华山形体陡峭奇险，壁立如削，因有"华山如壁立"之说，南岳衡山形体如鸟翼，光泽秀美，腾空而飞，因有"衡山如鸟飞"之说；北岳恒山，高峻谷深，飞岭纵横，如猿攀跃，因有"恒山如猿行"之说；中岳嵩山形体如人卧，外观奇伟，内含奥妙，因有"嵩山如人卧"之说。也有人说，五岳真形图是代表"五行"演化而来的五个方位和五种物化。东岳图表示"木"，西岳图表示"金"，南岳图表示"火"，北岳图表示"水"，中岳图表示"土"，木、金、火、水、土，大地上"五行"俱全，况且古代"五行"说对五岳观念的产生稳定都起过重要的作用。还有人说，五岳真形图是"四象"和土神的形象表示。东岳图绘的是青龙，西岳图绘的是白虎，南岳图绘的是朱雀，北岳图绘的是玄武（龟蛇），中岳图绘的是庙内住土神。如此等，众说纷纭（图7-202）。

图 7-200　插屏嵌板中的福禄寿三星 龚娇绘

图 7-201　渔樵耕读

图 7-202　五岳真形图

（10）海水江崖纹

海水江崖纹，也称为江崖海水纹。其由"海水纹"和"山崖纹"两个部分构成，且常与八吉祥纹搭配组合。因此，又被称为"八宝立水纹""八宝平水纹"。其中海水纹，又有"平水"和"立水"之分。平水纹指图案上方螺旋状卷曲的横线曲线。立水纹则表现为图案下方的并列的斜向排列的波浪线，比平水纹长且卷曲弧度小，俗称"水脚"。在封建社会中，海水江崖纹中海水纹的元素象征着江海湖泊，山崖纹也为姜芽，意为山头重叠，和姜的芽一样，象征着江山，两者组合意指"封建统治"。海水江崖纹暗含着上层统治者美好寓意，隐喻"江山一统""万世开平"和"国土永固"之意（图 7-203）。

（11）海屋添筹图

海屋添筹图，也称为海屋筹添图，是明清时期常见的吉祥纹样之一。海屋当源于司马迁《史记》中的关于三座仙岛记载："蓬莱、方丈、瀛洲此三神山在渤海中。"因此，海屋即指海上的仙屋。筹是指古代用竹、木制成的计数工具，故添筹则引申为添寿。这一典故源于宋代苏轼的《东坡志林·三老语》："昔有三老人相遇，或问之年。一人曰：五年不可纪，但忆少年时与盘古有旧；一人曰：海水变桑田时，吾辄下一筹，尔来吾筹已满十间屋；一人曰：吾所食蟠桃，弃其核于昆仑山下，今已与昆仑山齐矣。"因此，海屋添筹比喻神仙增寿，以此为祝福长寿题材。另外，在明代《林冲宝剑记》

中亦有明确记载："仙苑春长，北堂景暮，欣逢日吉良时，海屋添筹，南山寿祝无疆。"民间还有另有一传说，即海中有一楼屋，里面藏着世间人们的寿数，用筹插在瓶中，每令仙鹤衔一筹添入瓶中，则可多活百年。故海屋添筹也寓意长寿无疆。这在明清家具装饰艺术中，尤其是清代家具中非常流行（图 7-204）。

明清家具的装饰题材，反映了社会各阶层人们的民族思想观念、民族道德观念、民族行为模式以

图 7-203　海水江崖纹

图 7-204　海屋添筹图

及审美趣味等，与各种题材的组合以及在家具上的使用，数千年来，它始终是与社会的政治、经济、文化，人们的风俗、信仰、生活方式，以及严格的等级观念紧密结合在一起的。

思考题

1. 明代文人的生活情趣都有什么？
2. 明清家具的艺术特征有什么不同？
3. 明代的坐具与清代的坐具有什么不同？
4. 清代屏具有什么特点？
5. 总结一下明清家具的造物法则都有什么。
6. 明代木材纹理对家具的美有什么影响？
7. 明清时期的民俗文化在家具上有哪些影响？
8. 简述民俗家具纹饰的特点以及风格。

第 8 章

民国时期的
家具文化

民国时期是自 1912 年民国的建立直至 1949 年新中国成立，这一中国历史上大动荡大转变时期。随着辛亥革命的胜利推翻了清朝的封建统治，持续了 2000 多年的封建制度结束，中西方社会文化交流急剧扩大，新思潮文化和新文化运动等思想启蒙运动迅速发展，中西方文化开始了真正意义上的全方位接触。西学东渐在这一巨大的历史变革中深深地影响着国人的生活和文化。同时，明清家具的风格也受到了西方文化的强烈冲击，改变了发展走向，将东方的高贵雍容与西方的华丽摩登充分结合，逐渐形成富有近现代工业化色彩、中西融汇风格的民国家具。

8.1 传统家具的挽歌

民国这一时期作为中国传统家具发展的重要转型期，此时期的家具既是中国传统家具的挽歌也是中国近代家具的序曲。民国家具的开端应追溯到清代康熙年间的海禁开放，发展至民国时期其风格特征逐渐定型，并渐臻成熟。清中期以后，西方科技文化率先进入广州，从这时起西风东渐的思潮逐渐渗入中国传统绘画、服饰、雕刻、建筑以及家具领域。到了民国时期，家具的变革发展使中国传统家具逐渐走上了西化的道路，这也表现了其包容性与现代性的一面，另外也体现了中国近代家具发展的变化和进步。

民国时期的家具起到从明清家具过渡到现代家具的桥梁和纽带作用。在经历了中国封建制度的消亡和西方新思潮新文化的冲击后，受当时中国上流阶层审美观念西化的影响，随着西风东渐、盲目崇洋之风、西式建筑的兴起，西式建筑、家具和洋货等西方文化的象征，被人们推崇备至。在这一社会剧烈变革、文化交融的时期，艺术和风格没有一个统一的时尚流向，出现了庞杂芜乱、歧枝旁出的局面，民国家具在这样的大背景下，自然会形成风格多样的类型。在不同派别的风格中大体上分为三种。一种是拿来主义的"复制派"，这是由外国人进入中国租界形成的，是对外国家具样式的复制。另一种是亦中亦西的"互补派"，是中国人按照自己的理解和使用习惯对西方家具的改造。还有一种是小改小革的"改良派"，既无法抵制西风东渐的浪潮，又不愿放弃传统。

这一时期随着外来文化的不断渗透，不同地域、不同历史背景和不同区位条件影响下的民国家具体现出较强的地域性，其中特点较为明显的有作为民国家具主流的海派家具以及独具特色的宁作（甬作）家具。

8.1.1 海派家具

海派家具是指 1843 年上海开埠以后直至新中国成立这一时期发展形成的家具。它是以上海为中心辐射江浙一带的家具，其开始的时间早，延续的时间长，体现出了中国传统家具的与时俱进性，形成了晚清、民国时期的中西文化交融的独特审美意趣。江浙一带大批的手艺工匠到上海谋生，从而促进了上海的家具厂发展，而这些匠人又将上海的流行家具式样带回家乡，所以江浙地区也逐渐出现了各种式样的海派家具。

1. 海派家具概述

上海在原有的以江南吴越文化为主的中国传统地域文化基础上融汇吸收了西方文化，形成了以上海为中心向周围辐射的海派文化。上海作为当时中国最摩登、最洋气的商业"大都会"，由于经济迅猛发展以及设立租界的原因，外国人大量涌入上海，人口急剧增加，于是采用西洋风格的结构形式建造了大量西洋建筑，同时也刺激了上海家具行业的发展。

建筑风格影响了家具风格，家具方面的改变又推动了建筑的改革，两者具有保持一致协调统一的特点，于是在设计上适应了时下潮流的海派家具成为民国家具的主流，其实用性和与建筑的匹配性也使得中国家具的面貌为之一变，并影响到了周边地区。在建筑上，上海新建的房屋中除了中国传统建筑外，还出现了两类不同的建筑，一类是纯粹的西式建筑，另一类是中西结合的建筑，如作为上海建筑典型的石库门建筑（图 8-1），可以说它是海派家具成长的摇篮。石库门里弄住宅成片成片地拔地而起，满足了中产家庭的居住需求。由于石库门的布局极为小巧紧凑，介于我国四合院和西方联排式住宅之间，家具也随着建筑样式和生活文化方式

图 8-1　上海石库门门头式样

的改变而变化。此时，以保留传统工艺为基础进行大胆创新的红木家具脱颖而出，并渐渐形成了海派家具的雏形，这不仅能够满足人们对于生活的需求，又有西式的新潮和中式的传统，还出现了家具的许多新类型。

2. 海派家具风格特点及工艺特征

海派家具将西方艺术文化思潮和江浙一带的中国传统家具完美结合，在风格特点上结合了同时期西方的新艺术运动、装饰艺术运动、包豪斯设计理念等几大艺术思潮运动和中国传统家具的特色。海派家具在发展中主要采用西式外观、中式工艺的做法。这种做法不仅满足了人们对于西式家具外观的需要和喜爱，而且也利用了自身所掌握的技术特点，而不是一味盲目地追求西化。民国时期的海派家具风格不仅反映了西方文化思潮的影响，也包含着中国传统思想的延续。

首先，上海是近代中国的经济文化中心，信息发达，文化名人荟萃，文化视野开阔。不同于以北方文化为基调的京城文化，上海形成了以南方商业文化为底蕴的海派文化，从而使商业与艺术在这里得到很好的结合。

其次，上海处于儒家思想文化与西方文化的边缘，受其影响相对较少。但是几千年的儒家思想文化对中国民众的心理影响是根深蒂固的，这必然在海派文化中有所反映。所以在多种因素的影响下，海派家具在风格特点上呈现出中西结合的特点。

（1）材料的多样化

海派家具受巴洛克和洛可可的家具风格影响很大。洛可可风格也是在巴洛克的基础上演变发展而来的。这两种风格家具在雕刻技艺上对海派家具都有重要影响，在材料的运用上，不但选用实木，而且增加了皮质、玻璃、瓷砖、胶合板、薄木、金属等现代工业新材料。

在海派家具的制作中将胶合板代替实木板材在中国家具史上是材料工艺方面的一大革新。生产的胶合板在弥补了实木板材幅面小、易变形等缺陷的同时，还可以根据装饰和功能需要进行图案设计和材料选择，既保留了木材本身的纹理和色泽，又简化了烦琐的加工流程，能够实现工业革命带来的机械化高速生产，对产量和质量都有较大的提升。

随着各种新材料被广泛应用在海派家具上，家具的装饰性与实用性增加。特点之一是使用玻璃。这与上海的建筑风格有着直接的关系，当时的西式建筑中使用大量五色玻璃做装饰，因此磨边玻璃和五彩玻璃在海派家具中有大量的使用。如通透的玻璃橱柜、穿衣镜、梳妆台等。玻璃质感特殊，不但使海派家具的形式更加多样，也为它增添了不少西式风格色彩，成为当时的一种时髦并影响至今。如无腿的东洋风格陈列柜（图 8-2），通过玻璃的使用，将原本避光的实木变成透光，使由架格发展而来的清式多宝格向陈列柜这一新式家具转变，从外观上看颇具东洋风格也有着明显的欧式风格，玻璃和金属的使用给家具增添了高光与色彩，雕刻纹饰也使其变得绚烂多姿。这也是海派家具有别于国内其他风格家具的一个重要标志。

在家具的台面上镶玻璃、瓷砖主要是为了追求实用，如不怕油污、不怕水渍、易于擦拭。同时，在无门的地方加上玻璃门，不仅通透美观，还能在展示物件的同时隔绝灰尘。

民国时期，随着金属冶炼技术的提高，铝合金、铜、铁等材料被大量应用在家具上，如铜制的床、全铜的办公桌，以及铝合金铸造的仿竹藤圈座椅（图 8-3）。

（2）结构的近代化

在结构上，海派家具中新材料的大量应用使得写字台、沙发、镜橱等西式家具相继面世，这些家具工艺简单、成本低廉，由传统的框架式结构发展成板式结构，且适用于机械化批量生产，形成了工业化家具制作。因此海派家具也可归为近现代家具一类，只是海派家具较同时期其他地区的家具更具特色，是近现代家具中最有代表性的一种地域家具。

同时，在中西方文化的影响下，建筑和家具都接受了"穿靴戴帽"的中西合璧独特样式。所谓"穿靴戴帽"是指在家具中起装饰作用的顶部和底座是可分离式的，家具的底座为其"穿靴"，起到支撑和承重的作用并增加了美化效果。"戴帽"则起到了现代钢筋水泥建筑的"圈梁"作用，使家具聚拢起来，顶部的装饰增加了家具自身的华丽。这是对西方建筑结构的借鉴，并将其运用到家具结构上，其"穿"与"戴"也是家具制造技术的进步，充分地利用了木料，在搬运移动时也更为方便，也使家具在视觉上增加了体积感，如这件夔龙足雕花衣橱（图8-4）。

（3）造型的西式中用

海派家具在造型上受到了中西方文化的造物思想影响，延续了具有中国传统特色的造型，同时兼收西式的家具造型特征，使家具在视觉效果上具有中西结合的特色，这也体现了中西方哲学理念在一定程度上的融合。在中国近代时期，代表着西方古典家具的巴洛克、洛可可和新古典主义风格对于民国家具产生了重要的影响，而代表着现代设计风格的新艺术运动、艺术装饰运动和现代主义对民国家具也产生了重要的影响。它们不仅影响了民国家具的设计风格，也影响了民国家具的设计思想，为民国家具的设计带来了清新简洁之风。

这一时期的留洋学者、政界要员、商界精英大都集中在上海及其周边地区，他们对新事物的接受程度很高，所以在海派家具中又出现了很多传统家具中没有的样式，如梳妆台、牌桌、转椅等。由于特殊的历史文化等因素推动了海派家具的迅速发展，工匠们创造出许多既实用又美观的海派家具。

受中国传统观念的影响，海派家具无论是采用直线或曲线造型，都是规规矩矩的，常常以直线为主，并在家具的局部饰以中国传统纹样，这使得家具在造型上既具有中国传统家具的特色又让直线造型有了施展的空间。如在南京中国近代史遗址博物馆中的回纹扶手椅（图8-5），其椅腿呈方形，采用前直后弯形制，并在家具的扶手、前腿和后腿的端部均饰以中国传统的回纹。这把造型典雅庄重的椅子既具有中国传统家具的古典韵味，又具有现代家具的简洁特点。

（4）装饰的多元化

海派家具在造型上也深受西方建筑的影响。在装饰上融合中西方装饰元素，在中国传统家具造型中融入西方家具装饰元素或在西方家具造型中融入中国传统家具装饰图案。在保留西式家具整体造型的前提下，提取中国传统建筑中的装饰元素融入家具，如中国传统窗棂、屋顶形式、建筑装饰纹样等。

艺术装饰风格的建筑和家具以其简约、现代的气质在近百年的岁月里深刻地影响着上海的建筑景观和生活于此的人们。艺术装饰风格演变自19世纪末的新艺术运动，新艺术运动是当时的欧美（主要是欧洲）中产阶级追求的一种艺术风格，其常常以自然界的有机线条如花草、枝叶、藤蔓等，以及对比强烈的色彩来表现风格特点。而后来的艺术装饰风格表现为不排斥机器时代的技术美感，典型图案如扇形辐射状的线条、齿轮线条以及对称简洁的几何构图等；还有中东、希腊、罗马、

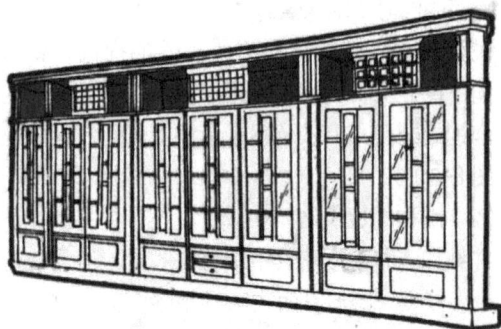

图8-2　无腿的东洋风格陈列柜　　　　图8-3　仿竹藤圈座椅　　图8-4　夔龙足雕花　　图8-5　回纹扶手椅
衣橱

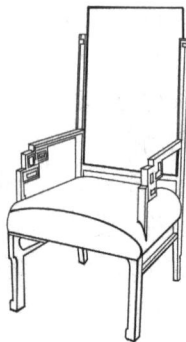

埃及和玛雅文明等古老文化的代表性物品和图腾，均作为艺术装饰风格的素材来源。如这件橱柜（图8-6），明显体现了艺术装饰风格特点。橱柜呈方形，扇形线条为艺术装饰风格经典的元素，几何图案层次明确、棱角分明。

在上海艺术装饰风格建筑的纹样中，最常见的雕刻纹样有：太阳光放射形、螺旋形、三角形、六边形、喷泉状，以及各种取自花卉、植物的呈阶梯状、锯齿状的变形纹样。例如，坐落在上海外滩的和平饭店中具有典型艺术装饰风格的局部墙面（图8-7）；还有这一极具艺术装饰风格特色的百乐门建筑外观（图8-8）。这些都是海派特色的艺术装饰风格典型代表，不仅体现上海的地域特色，也是上海"万国建筑博览会"重要的一部分，更奠定近代上海城市风貌的基础，并为世人留下了珍贵的文化财产。

（5）工艺的机械化

中国传统家具的工艺特征之一便是手工制作，民国时期家具走向了机械化生产的道路，而机械化生产的模式也推动了我国家具现代化的发展。

首先，是材料的革新。胶合板、化学胶水的传入，实心板和夹板相结合的工艺，改变了中国传统家具全实木的选材形式，为海派家具提供了大量的原材料，促进了中国传统家具由框架式结构家具向板式结构家具的转型。板式家具先进行表面处理再组装的工序，也大大提高了家具的生产和运输效率。

其次，是装饰和造型方法的革新。贴面加工工艺丰富了中国传统家具的装饰手法，贴面加工工艺是指将木材切割成薄片之后，再进行裁剪，在剪成合适的形状之后，通过热压技术将裁剪好的薄片层层叠加，再涂刷打磨。这样的装饰方式对比中国传统的雕刻装饰工艺，其效率更高，报废率更低，而且成本也更低。

在造型方面，旋制杆件在海派家具的腿足和立柱上的应用十分广泛，木工机床的运用提高了工人制作这些部件的效率和精度，降低了球形、柱形等不同形状部件的报废率。

总之，技术的革新能够提高家具的制作效率，提高家具的质量和精度，丰富家具的装饰形式和种类。但是，中国传统家具中蕴含的深厚文化底蕴和人文情怀是机械化生产的家具所无法媲美的。所以，从一定程度上来讲，海派家具在中国家具史上，既是进步，也是后退。

3. 海派家具样式类型及文化内涵

民国时期人们受西方生活方式的影响，在居住空间上较明清时期有了许多不同，民国家具开始随着空间区位的不同而产生样式上的差别。按照家具的使用场所，可以将其分为客厅家具、书房家具、卧室家具。同时，随着近代女性地位的逐渐提升，卧室家具在样式上、功能上、种类上也达到了空前的创新，其中片子床、衣柜、梳妆台也成了海派家具新形式的主体。在功能上，家具开始逐渐向功能复合型的方向发展。在家具种类上，海派家具增加了中国传统家具中没有的沙发、片子床、衣柜、梳妆台等新类型。

（1）桌类

民国时期的桌类家具受西方思潮的影响，形式常常呈现出中西结合的特点。材料上，传统实木逐渐被新材料所代替，常常在保留中国传统家具形式的基础上应用新材料或是与实木相结合。功能上，常常呈现出功能复合的特点，这是对中国传统家具

图 8-6　橱柜　　　　　图 8-7　和平饭店墙面细节　　　　　图 8-8　百乐门建筑外观

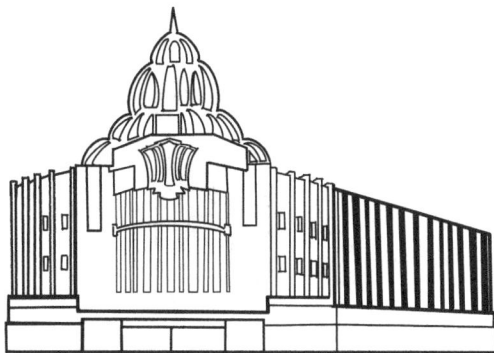

功能形式的突破与创新。其中以写字桌、牌桌、梳妆台等样式的桌类家具较有特色。

①写字桌

民国时期的写字桌一般由桌面和柜体组成。柜体上可以安排抽屉，也可设置开门，每侧柜体一般都由四根木质桌腿支撑。但是，受到西方家具新材料的影响，家具的柜体支撑常被更加坚固耐用、可塑性更强的钢管代替，如这张老海报（图8-9）中女子身后的这件写字桌，改变了传统的由四条桌腿支撑侧边柜体的做法，以两根弯曲的钢管支撑起整个桌柜，并延伸至桌面下方，其手法与马塞尔·布劳耶设计的写字桌（图8-10）十分相似。

民国家具在功能上，具有功能复合性的特点，如这件专供女性使用的集梳妆与写字两种功能于一体的桌类家具（图8-11），其腿部使用了旋制杆件制作工艺，民国家具中出现了许多带有西方工艺特点的旋制杆件，这便是工艺机械化的结果。桌体上方的梳妆架采用左右对称的造型格局，设置了许多隔板供放置笔类或化妆品等，梳妆架的顶端为一椭圆形镜子，镜子与周围的西洋植物纹饰构成了一个三角形构图。桌面下部有两大、三小共五个抽屉，其中两个大抽屉采用左右对称的造型格局，呈对称分布，抽屉上设置了金属拉手，方便取物。

②牌桌

牌桌是民国家具中重要的类型之一，是民国家具中一个新兴的家具种类，是在西方18世纪沙龙文化影响下的产物。清末民初时期，打麻将、扑克成为国内民众的主要娱乐活动，棋牌桌因此应运而生。棋牌桌在造型上有传统八仙桌的造型样式，也有比较西洋化的带有小抽屉、可以放牌的西式棋牌桌造型。如这件明显模仿了西式造型的棋牌桌（图8-12），其桌面呈正方形，四角处理为圆弧状，四边以拦水线为装饰，桌体四边设置有四个小

抽屉，这种造型的棋牌桌在民国时期并不少见。在四条桌腿上分别安装有三个搁板，可以放置一些杂物，设计十分精巧，家具整体上造型简洁，具有实用功能。

③梳妆台

在中国传统家具的种类中，并没有梳妆台，通常都是在卧房的桌案上放置一个镜箱或一个镜台，构成了一个为梳妆使用的桌面。民国时期的梳妆台是家具种类当中一个独特的家具类型，且在使用上具有功能组合性，其结构主要分为上部镜面和下部柜体两段式。为了迎合广大摩登女性的生活需求，梳妆台在功能和造型上力求符合女性审美观和使用便利性。

作为梳妆家具，梳妆台的装饰和造型普遍较为小巧精致。如这件造型方正精巧的海派梳妆台（图8-13），几何形的阶梯状线条简练摩登，不失现代气息。

（2）椅凳类

海派家具的座椅在样式上大多承袭了清代椅凳类家具特点，并在其基础上融入了西方装饰雕刻样式和造型形式，呈现出不同于中国传统家具的风格特点和造型特征。此外，还有一些直接引进的西方座椅。

受西方家具的影响，椅类家具主要有以下几点变化：

首先，有的椅子的尺寸规格逐渐变小，更加追求使用舒适性。

其次，中国传统文化思想中为了讲究"坐有坐相"，让人们在坐的时候仍然保持坐姿的端正，所以中国传统家具中的椅子椅背和椅座一般相互垂直。而海派家具中的椅子为了提高椅子的舒适性，靠背往往会微微向后倾斜。

再次，明清时期的椅子，凳面一般为木面或是

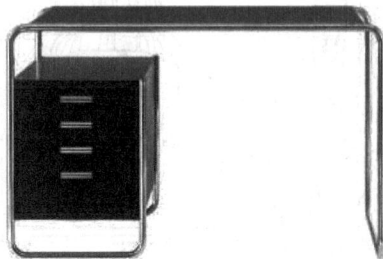

图8-9　老海报　　图8-10　写字桌

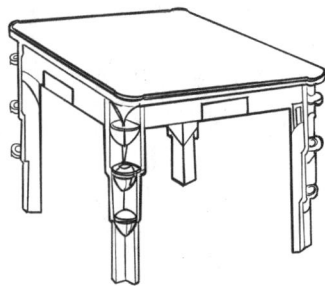

图8-11　车腿花板梳妆台　图8-12　棋牌桌

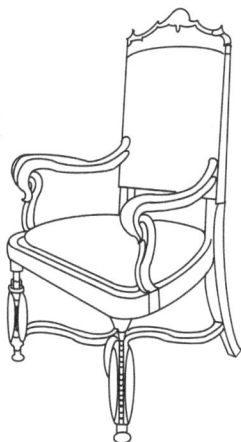
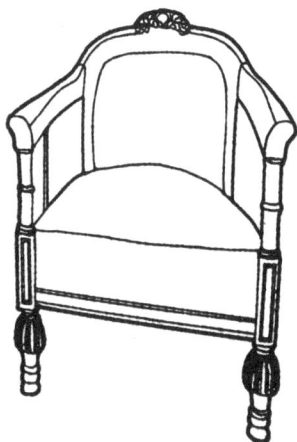

图 8-13　海派艺术装饰风格梳妆台　　图 8-14　卓别林所坐的靠背椅　　图 8-15　海派扶手椅　　图 8-16　红木沙发

大理石面，有时为了增加座面弹性会采用藤面的座面，总体来说还是较硬，而海派家具中的座椅一般会进行软包，增加使用时的舒适性。

最后，腿足的变化，受西方巴洛克、洛可可装饰风格的影响，海派家具腿足常呈现弯曲状。同时，工艺的机械化，使得旋制腿也常常出现在海派家具的座椅当中，以及有兽足腿的出现。

①靠背椅

首先，海派家具为了提高家具使用时的舒适性，往往会选择在家具表面进行软包，这样不仅提高了家具的舒适性还为家具的装饰提供了更广阔的空间，人们可以任意选用喜欢的纹样或颜色装饰在家具上。大面积的软包直接代替硬质坐面成为椅类家具的主要构成部分，在体现良好装饰效果的同时，更加贴合人体曲线，因而坐感更加舒适。

例如，喜剧大师卓别林于 1936 年 3 月 9 日晚在上海接受记者采访时所坐的靠背椅（图 8-14）。照片中卓别林先生的座椅靠背与扶手相连，织锦覆面，整个家具整体挺拔舒适，大方美观。

其次，是椅子座面的倾角发生了明显变化。在中国传统家具中若非专供休息使用的椅子，座面一般与地面平行，这样的设计有利于人们在椅子上保持端坐。而海派家具则更加讲究人性化，充分吸收了西方家具舒适的特点，将座面向后倾斜，更便于人们倚靠，也减轻了臀部的压力。海派家具受洛可可风格的影响，其靠背、扶手、腿足等部位常常设计成幅度更大的曲线造型，较中国传统家具多了一份柔和美。如这件颇具洛可可风格的海派扶手椅（图 8-15），其简洁的曲线装饰线条丰富了家具的

造型，座面向后倾斜，扶手前伸向下弯曲呈卷曲状，后腿后背一体连做向后弯曲呈弯刀状，总体感觉承袭了西方建筑装饰曲线造型的柔和韵律，但没有打破整体对称、相对平衡的格局。

最后，贴面加工工艺的传入提高了家具纹饰和家具表面颜色的自由度，海派家具在颜色的选择上采用了与中国传统家具不同的鲜艳颜色，在室内环境中十分醒目且具有与众不同的即视感，但又不会过于突出而影响到室内环境色彩上的整体和谐，如具有欧式雕花的红木沙发（图 8-16）。

②收纳凳

这件海派收纳凳（图 8-17），其造型简单、结构稳固，而且每一张凳子都可以收纳到大一号的凳子下方，节省了大量空间；但这些凳子也并非完全收纳，而是留有一部分在外，使得这一套凳子收纳起来也极具立体感。

（3）床榻类

受上海民众审美和当时家具时尚潮流的影响，出现了具有新功能、新样式的海派床具。这不仅是对床具的功能性和舒适性的改良，更改变了当时人们卧室的布置格局。同时，建筑影响了家具，建筑空间布局的改变同样对海派床具的体量、造型、用材产生了一定的影响。

在民国家具床类中，最有特色的是"片子床"，是清晚期受西方欧式家具的影响而形成的一种床的新形式。上海夏季闷热潮湿因此便流行可挂帐子的架子床，民国时期片子床开始流行，并逐渐取代了架子床。所谓"片子床"，是指由两块一高一低的片子状结构的床屏所组成的床。床屏分高屏和低

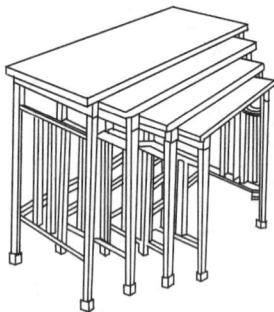

图 8-17　海派收纳凳　　　图 8-18　红木雕花旋木藤面双人床　　　图 8-19　海派片子床

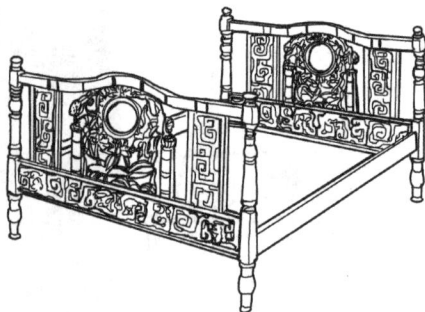

屏，用两根床梃连接从而形成床架，在床架上再放置木制床板和西方传入的席梦思弹簧床垫，或直接放置由棕绳编织而成的床垫，俗称棕绷。

片子床流行主要有两个原因：

其一是受当时新建的西式建筑影响。当时房屋居室向小型化发展，由单层向多层进化，从本土式到洋式，如上海的石库门以及后来的新式里弄住宅与公寓住宅、花园别墅等，这些住宅的变化也改变了家具的生产制作。

其二是人们思想意识的解放。中国传统家具中的拔步床、架子床以及罗汉床等，都是靠墙放置单面上下，这就有主次和先后的等级观念，而西式的床则是床头靠墙陈设于卧室中央，两面都可以自由上下，没有了中国传统家具的拘束。到了晚清至民国初期，西方文化冲击了中国传统封建思想文化，卧房中床的使用不再不可见人，人们开始接受床的开放形式。同时，在这种演变过程中，家具的实用性成为第一选择的要素，这一时期的家具也不再是权力和财富的象征，而更加追求舒适与方便。

这件藤面双人床（图 8-18）的造型以欧洲 19 世纪哥特式风格为主。其双面雕卷草带状花纹，以旋木柱式相结合，在三弯足的肩部雕有玫瑰花纹饰，床面为藤面。选用藤面是考虑江南地区夏季炎热多雨的天气，使人们身体不适难以入睡。在海派片子床（图 8-19）中的两片床屏雕刻纹饰采用了中国传统家具中的植物纹样，十分华丽精美。

（4）柜类

民国时期的柜类家具以明清时期的柜类家具为基础并融合西方家具，按照这一时期的社会生活习惯进行革新改造。根据其造型和实际使用功能性的不同，民国时期的柜类家具可以分为：衣柜、床头柜以及酒柜等，其中衣柜还可分为大衣柜和小衣柜。

①大衣柜

中国传统家具中没有大衣柜，因为古时候人们的衣物都存放在箱子里。民国时期，新式服装传入中国，以西服为代表的西方服饰也传入中国，同时还有悬挂衣服的方式，大衣柜也随之传入中国。发展到海派家具中，大衣柜是一重要类型，有两开门和三开门的，最大的是四开门，其宽度可达两米多，且一般高度也达两米多，如此之庞大，在明清家具中不可想象。衣柜主要分为三个部分：檐帽、柜身、底座。衣柜内置搁板、抽屉、挂衣棒，外部有时候还会安装镜子。大衣柜（图 8-20）是以挂衣为主，兼备叠放衣物的功能，也称为竖柜。其柜门大多上下通顶，装有玻璃制穿衣镜，腿足有兽足弯腿和旋木车腿等形式。

②小衣柜

小衣柜又称抽屉柜，主要用来放置短衣和叠放衣物，有的放置在床榻两边，其尺寸介于梳妆台和大衣柜之间，同时家具的结构比例和房间的尺寸与整个房间相协调统一。通常不设柜门而只设几个大抽屉的柜子。在位于上海宋庆龄故居内有一小衣柜（图 8-21）。该小衣柜有以下特点：其一，腿脚为典型的新古典主义直线腿形，上面雕有浅凹槽，腿足为球形；其二，抽屉上方衣柜的开门中央和衣柜上方的望板处采用藤材编织雕刻手法；其三，藤材上贴制受到新古典主义风格影响的植物花卉纹饰。

③床头柜

明清时期流行的架子床常常床前设榻，榻侧设几。民国时期，随着西方片子床的传入，床头柜也随之传入中国。这是放在床边的矮柜，一边一个或只放一个。床头柜的样式多样，多追随床的样式，与

图 8-20　海派大衣柜　　图 8-21　宋庆龄故居内的小衣柜　图 8-22　海派艺术装饰风格的床头柜

床的装饰样式保持一致。

海派艺术装饰风格的床头柜（图 8-22），其顶部的造型特征明显来自中东或埃及文化，这是艺术装饰风格的一个显著特征。当时西方艺术装饰元素的来源受到欧洲、西亚北非等地古老文化的影响，其中包括古墓的陪葬品、非洲木雕上的图腾等，这些艺术装饰风格元素都在民国海派家具上广泛体现。

④酒柜

由于洛可可风格产生的时候也曾受过"中国风"的影响，所以民国时期人们对洛可可风格的接受程度要远高于其他风格的家具。如在上海石库门博物馆中的这件酒柜（图 8-23），其造型明显模仿了安妮女王式家具。此酒柜采用欧式建筑顶，顶上雕刻着植物藤蔓与果实，精致纤巧，在柜子下端雕刻中国传统纹饰中的"蝙蝠纹"和"S"形兽脚腿足，将中国传统家具中的纹饰和造型融入了以洛可可风格为主的酒柜中。

（5）以屏风、穿衣镜为主的其他类

屏风发展到民国时期由于时代的变迁和居住条件的改变，其很多品类失去实际使用功能或发展出许多新的使用功能。如以隔断为主的折屏，因居室小而失去作用。还有为烛灯挡风的灯屏由于电灯的发展而无须挡风。

①屏风

随着中西方思想文化的交融和新材料应用在各行各业，屏风在民国时期也有了新的发展和进步。民国时期景德镇"珠山八友"发明了瓷板画，由于其制作精美而深受喜爱，瓷板画被镶嵌在插屏、挂屏、炕柜和衣柜等家具上，成为民国家具的一大时尚，如图 8-24 所示的"王大凡""汪野亭""毕伯涛""邓碧珊"款四景曲屏。

②穿衣镜

民国时期随着玻璃和镜子普及到人们生活中，出现了落地的穿衣镜。如藏于南京中国近代史遗址博物馆中的这面穿衣镜（图 8-25），是一件采用中国传统插屏式结构并用红木制作的典型中西结合式海派家具。其用一根横木连接两条三弯腿的爪抓球腿足，腿部上端雕有狮子纹饰。上植旋木立柱，由前后两块透雕站牙抵夹。两根旋木立柱夹扶住镜框，镜子顶部受西方建筑的影响，设置檐帽。两根横枨连接立柱下方，中间和下方分别安装透雕百吉

图 8-23　上海石库门屋里厢的酒柜

图 8-24 四景曲屏

图 8-25 百结纹插屏式穿衣镜

纹的镶板和牙板。

总而言之，海派家具有着鲜明的地域和时代标志，是中国传统家具的传承，也是西方家具在中国江南地区的融合表现，并且丰富了中国家具的种类，在风格特点上集合了西方家具的浪漫开放和中国传统家具的含蓄内敛。海派家具为我国现代家具的发展奠定了基础，也让中国家具在世界舞台上进行了一次"国际化"的尝试，甚至作为出口商品贸易海外。

8.1.2 宁作家具

1. 宁作家具概述

宁作家具是指自明清时期以来宁波地区制作生产的，以紫檀、花梨木等优质硬木以及楠木、榉木、樟木等当地材料为主要用材的民间传统家具。宁波地区的家具有着悠久的历史，宁作家具得以成为一个家具流派，离不开对中国传统家具文化的继承和发展。其大多继承传统式样，融入宁波当地的制作工艺、审美情趣和风俗习惯，在材料运用、制作工艺、形制结构、装饰风格等方面有着独特的风格特点。"甬"是宁波地区的简称，故人们又称宁作家具为甬作家具。

西方家具对宁作家具产生的影响始于鸦片战争以后，中国的大门被西方列强的坚船利炮强行打开，西方各种思想文化如潮水般涌来。20世纪初，中国沿海地区尤其是通商口岸，人们生活的各个方面都受到西方文化的渗透和影响。1844年1月1日，宁波正式开关通商，作为与人们生活密切相关的家具，同样深受西方家具影响。

2. 宁作家具风格特点及工艺特征

在家具风格特点方面，宁式家具作为一种地域性家具，在制作工艺、装饰手法等方面都具有一致性的风格特点，但是在一段特定的时间或一个特定的区域，也许受到时尚潮流等外来文化的影响，所以民国时期的宁作家具常常体现出中国传统家具与西方家具相互交融、互相促进的特点，进而产生了式样新颖的宁作西式家具作品。在历史上，宁波同苏州、广州、北京等地一样作为中国传统家具的制作中心，分别形成了宁式、苏式、广式、京式等不同地域的家具风格。

宁作家具既结合了实用且美观的当地民俗文化，又借鉴了西方家具种类繁多的样式，积极迎合市民阶层。所以，宁作家具在继承了明清家具风格特点的基础上，又在家具造型、结构、装饰、材料运用、工艺等方面形成了自身的独特风格，具有浓郁的地域人文气息。

（1）宁作家具造型特点

首先，宁作家具在造型上具有稳重朴实，外形亲和的特点，因为其主要面向的对象是小康的殷实人家或平常人家，所以经济实惠是它的宗旨，并且在民间广泛使用，是近代家具商品化的产物。

其次，宁作家具在造型上对点、线、面的运用十分得当。

点在宁作家具中的运用体现在装饰和功能部件上，如"吉子"这种装饰部件的运用，以及在家具造型的重点部位进行处理，以此表现出形体的关键部位。

而宁作家具主要的造型特点就是外部轮廓的线条光滑圆润，尤其讲究线条的运用，往往具有直线挺拔、曲线流畅的特点。

在面的运用上，常体现出平面为主、曲面为辅的造型形式，平面常以矩形、圆形、梯形等各种造型进行装饰，为了保证面与面之间的自然衔接，在平面转折处常以曲面进行衔接。

（2）宁作家具结构特点

首先，宁作家具在结构上具有悠久的历史文化积淀，既继承了传统的结构形式，又在后来的不断发展中呈现出独特的地域性特点。

"栲头"，俗称"一根藤"工艺，是宁作家具匠人们的伟大创作，这种工艺的使用为宁作家具在装饰上增添了强烈的地方色彩。据传"一根藤"制作工艺是宁波手工艺师傅们代代相传、绝不外传的。

浙东宁波地区的文明可以溯到遥远的新石器时代，位于宁波余姚的河姆渡文化是我国南方地区母系氏族繁荣时期典型的文化遗存，在河姆渡遗址中出土的榫卯部件、企口木作技艺充分反映出当时的干栏式建筑技术已经比较全面，七千年前的榫卯部件、象牙雕件和大量漆器等发现中，无不体现了宁作（甬作）家具所蕴含的悠久历史文化。

其次，宁作家具中对榫卯技艺的充分利用，使得坚固耐用成为宁作家具的重要结构特点之一。榫卯工艺制作的类型较多，有人字肩榫、格角榫、粽角榫、夹头榫和燕尾榫等。不同家具选择不同的榫卯结构，通过不同的榫卯结合承受不同力的支撑。在家具内部错综穿插着各种榫卯结构，使宁作家具的每一个结构部件，既有使用功能，又有装饰功能，起到了装饰美化的作用。

（3）宁作家具装饰特点

首先，在家具装饰手法方面，宁作家具继承和发扬了自清代以来的传统装饰工艺，如朱金木雕、骨木镶嵌、泥金彩漆等，雕刻、镶嵌、漆艺、装饰构件等装饰工艺被工匠师傅融于一体，应用在宁作家具中。

雕刻工艺中，朱金木雕、泥金彩漆是宁波地区传统手工艺的两大装饰手法。朱金木雕是指以当地的软木为主要用材，集朱金彩漆工艺和木雕技艺于一身，通身饰以朱漆，并用金箔点缀雕刻纹样的重点部分。木雕和漆器技艺结合是宁作家具中独特的地域风格，这种装饰手法多见于红妆家具。其中，民国时期宁波工匠们耗时一万多个工时打造的"万工轿"可以说是朱金木雕之最（图 8-26）。从整个花轿的局部细节能清晰地看到这顶轿子极致的精致。整个轿子全部使用榫卯结构，朱漆打底金箔贴饰，远望一片金碧辉煌。轿子上人物雕塑 200 余个，吉祥图案有天官赐福、独占鳌头、麒麟送子等，还有许多戏曲场景的雕刻，可以说是每个角度、每个位置都是一个独立的场景。

骨木镶嵌家具按家具镶嵌材质的不同分为骨嵌家具、木嵌家具、骨木合嵌家具。按形式可分高嵌、平嵌和高平混合嵌三种，前期多高嵌，后期多平嵌。高嵌似浮雕高起，平嵌以剪影平贴图案，布局匀称，轮廓形象生动，工艺精密细致。根据不同的题材内容和形式可分两种，一种是以临摹当时画家作品制成骨嵌的所谓"丹青体"，另一种是民间手工艺匠人设计的装饰性民间绘画的"古体"纹样，两种装饰各得其美，各具特色。

宁作家具中的骨木镶嵌应用十分广泛，且品种繁多，如床榻、柜橱、衣箱、桌案、椅凳等中国传统家具。而体现中西合璧的家具有大衣柜、抽屉柜、梳妆台、写字桌、穿衣镜以及镜箱等。如宁作家具中骨木镶嵌的西式红木大衣柜（图 8-27、图 8-28）。西式的衣柜形式和传统的红木材料施以骨木镶嵌工艺，造型灵动秀美。

髹漆工艺也是宁作家具的重要装饰手法之一，既能够起到保护家具的作用，又能够美化家具。宁作家具主要的漆饰手法可以分为生漆涂饰、朱金彩漆两种，得益于宁波地区良好的自然环境，工匠们在获取天然漆料上具有得天独厚的条件。同时，宁波地区天然的螺钿资源也极大地丰富了宁作家具的装饰艺术。

其次，宁作家具的受众人群以市民阶层为主，所以其装饰手法和装饰纹样常常以反映宁波地区人们的审美情趣和时代特征为主，散发出浓厚的生活气息。宁作家具通过精美的装饰表达着宁波人民对于美好生活的种种期望。

"吉子"的雕刻纹饰是宁作家具装饰的主要方面，装饰纹样常常采用谐音或象征的手法，使得家具中的纹样含有吉祥的寓意。例如，用动植物图案如蝙蝠、鹿、桃子来表示福、禄、寿；用八仙手中的道具加上风带象征"暗八仙"；用神话、戏剧故

图 8-26 朱金木雕万工轿

图 8-27　宁作骨木镶嵌　图 8-28　宁作骨木镶嵌　图 8-29　吉子装饰　　　　　　　　图 8-30　小姐椅
西式红木大衣柜（a）　　西式红木大衣柜（b）

事中的人物来表示喜庆之意，等等。"吉子板"一般用方榫插入连接在"栲头"图案中，丰富了"栲头"图案的寓意、韵律和节奏。在宁作千工床的门罩上常用黄杨木雕吉子（图 8-29）等作为装饰部件。

最后，装饰上的中西合璧也是宁作家具装饰的特点之一。常常以中式的工艺制作手法配以西式的家具造型。如这把小姐椅（图 8-30），就是中西结合的典范，其上部以宁作家具中传统的"一根藤"工艺进行造型，带有着明显的中式风格；而下部则以西方古典家具中椅子的"兽脚"作为腿足，是典型的西洋造型。

（4）宁作家具的材料特点

宁作家具在材料上常常呈现出地域性和精打细算的特点。宁作家具在选料时，以花梨木、紫檀等优质硬木以及楠木、榉木、樟木等当地木料为主要用材。宁作家具经常就地取材，所以柴木的使用也十分广泛。宁波本地出产的木材主要以软木类为主，几乎不出产硬木。大多遵循因地制宜、就地取材的原则，采用白木制作，主要有樟木、杉木、柏木、榉木、银杏、黄栀等木材。

宁作家具多以经济实用为宗旨，迎合大众审美，就算是宁作家具中常见的装饰工艺，如朱金木雕和泥金彩漆，它们对木材的要求都不是很高。因为通过髹漆工艺，既可以保护家具防潮、防裂，又可以弥补木材纹理或是雕刻中的不足。

当然，宁作家具也不乏有红木制作的家具。宁波作为历史上重要的通商口岸之一，经常有珍贵硬木在此流通，进口硬木的使用也为宁作家具精湛的制作工艺创造了条件。不过红木的稀缺也让宁作家

具在制作上有着惜木如金的特点，在一件家具中可能需要多达四五种材料的拼凑。对于贵重材料，宁波工匠心怀崇敬，为达到尽可能省材料，但又不影响功能和美观的目的，贵重的材料通常只用在最关键的器具和部件上。同时，为了节省贵重木材的用量，宁作家具常常把纹理优美的硬木用在家具的正面，而把质地坚硬、来源丰富的本地木材用于家具的两侧或背面等人们观察不到的地方。这种节省贵重木材的做法不仅降低了家具的造价成本，从一定程度上来讲，也发挥了不同木材各自的功能，是一种合理用材的表现。此外，宁作家具还常常以牛骨、象牙、螺钿、云石、铜和铁等作为装饰材料。

（5）宁作家具的工艺特征

民国时期，宁作家具的工艺特点其一就是其继承了自明清以来宁作家具中传统的制作工艺，其家具制作工艺十分丰富且具有强烈的地域性，呈现出独具特色的家具风格。

宁作家具的收藏家吴慈先生曾说过，宁作家具有十六大工艺技术，且对传统工艺中的朱金木雕、泥金彩漆、骨木镶嵌这三者进行了充分的利用。其最大的工艺特点就是费工而不费料，这一方面体现了宁作家具制作工艺手法的丰富性，另一方面也表现出宁作家具在材料使用上的精打细算。在宁作家具中，骨木镶嵌是镶嵌工艺中的重要手段。在装饰上，宁作家具以骨木镶嵌著名，骨木镶嵌是宁波家具的代表性装饰手法。它是在木坯上先挖槽，再在槽中嵌入用骨木或是其他装饰材料切割成的花纹，经过雕刻、髹漆而成。宁作镶嵌家具从清初至道光时期，先后经过"木嵌—黄杨木与象牙嵌—骨木合

嵌一骨嵌"等几个不同的发展阶段,道光后主要采用骨嵌,也有用螺钿作镶嵌。

其二,宁作家具的手工制作十分精巧,工艺十分考究,常以表达出宁波民风民俗为重点,民俗韵味浓厚。宁作家具的制作者在处理榫卯结构时,有着独特的工艺方法,其在结构制作上的"一根藤"工艺独具特色,更是宁作家具中榫卯工艺最具代表的体现。

"一根藤"还常常连接"吉子","吉子"又称"结子"或"节子"。这是宁波的工匠师傅经过长期积累形成别具一格的制作工艺。"吉子"最初类似于矮老卡子花,只是在雕刻部件之间起到结构连接作用,后来由于工匠们的刻意追求,在形状上逐渐多样化,从方形、圆形的固定模式,变化为可按照部件之间的空隙创造出各种各样的形状。"吉子",含有吉利、吉庆之意,其雕刻题材也常常以表达吉祥喜庆为主,从单纯的吉庆图案逐渐向中国绘画艺术方向发展,装饰题材十分广泛。

3. 宁作家具样式类型及文化内涵

（1）桌案类

宁作家具中的桌案类家具,在继承了传统桌案类型的基础上又有了新的创造。从明清时期流传下来的八仙桌、圆桌、半圆桌以及画案等在此时仍然有实用意义,另外,写字桌、麻将桌、梳妆台等样式的出现也丰富了人们的文化生活。

①八仙桌

八仙桌在宁波人的家中起到供桌的作用,一般家中用八仙桌的不会再用供桌,八仙桌在不同的节日里会扮演不同的角色并有不同的称呼,但是其作为供桌的性质并未有所改变。为了使用的方便,还有半八仙桌,又称为半桌。所谓"半",是其大小只有正常八仙桌的一半,平常一般单独使用,当桌子不够大的时候,可用两张半桌拼合使用。

②圆桌

圆桌又称"圆台桌",多为富贵人家使用,所以圆桌的材料多为红木。根据尺寸大小的不同,其腿足的数量也有所不同,大者六足,小者五足,但从未见过四足者。圆桌多以雕刻镶嵌进行装饰,工艺复杂,从材料和工艺上可以窥见其使用者的经济实力和社会地位。如这套通体髹红漆的圆桌墩组（图 8-31）,属于"十里红妆"家具。其圆墩做成仿藤条形态,也是圆墩的常用做法。

③半圆桌

半圆桌,顾名思义,是一种呈现半圆形的桌,也称为月牙桌,通常靠墙设置,有时单独使用,也常常会将两张桌子进行拼合,组成一个圆桌,放在厅堂与椅凳配套使用。

④案类

案是中国传统家具的种类之一,样式极具文人特色。根据使用功能的不同,宁作家具将案分为香案、书案、画案、架几案等。

香案是放置香、烛、佛像、古玩的家具,一般作翘头样式。

书案,也称书桌,供人写字读书所用,带有抽屉和隔层供放置书籍等用品。

画案,供写字绘画使用。宁波历来文人墨客层出不穷,所以在上层社会人家,画案是家中必不可少的家具之一,因中国绘画的特殊性,为了不折损纸张,画案案面一般既长又宽,样式十分之多,制作也极为讲究。

琴案,供弹琴使用,与书案相比,琴案案面窄而修长。为与其文人性质相适应,琴案的制作工艺和雕刻装饰一般较为精致考究。如这件卷头造型的琴案（图 8-32）,其案面两端向下向内卷曲,案面下为串钱孔装饰,卷头处为灵芝纹装饰,整体古雅精致。

⑤写字桌

写字桌,是在西方写字台的影响下,结合宁作家具的制作工艺,形成的融合中西方特色的架几式书案。主体由桌面和两个架几组装而成,可拆卸,所以桌面和抽屉也常被叫作"乌龟壳"。

⑥麻将桌

麻将桌是在民国时期受流行娱乐方式影响下出现的新型家具。桌面常以攒边做法做成,桌的四个面分别带有抽屉,因骨牌碰撞桌面时常常发出"碰碰"的声音,所以在宁波地区又被称为碰和台或碰换台。

⑦梳妆台

梳妆台是在清代末期由西方传入的家具样式,如骨嵌抽屉式梳妆台（图 8-33）采用骨木镶嵌工艺加以点缀,是当地传统制作工艺与西方家具样式相结合的典范。

（2）床榻类

在宁作家具中,床是最具有代表性的家具种类

图8-31 红漆圆桌墩组

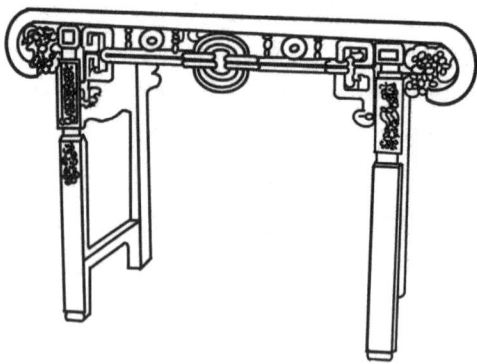

图8-32 卷头琴案

图8-33 骨嵌抽屉式梳妆台

之一，宁作床以其做工和装饰的繁复著称，其耗费巨大人力、物力和财力制成。主要可分为两大类，一类为宁式晾床，另一类为宁式大眠床，都可称为千工床，它们常常呈现出结构复杂、造型和制作极具地方特色、华丽富贵的特点。千工床中，既有朱髹床，也有镶嵌床。其中，镶嵌床尤为独特，其用材往往五种木材并用，一方面寓意"五树（世）其昌"，另一方面也通过色彩的对比起到装饰效果；造型外方内圆、方圆结合，打破了明清以来拔步床和架子床等均为方形的特征；在床的装饰方面，栲头、吉子、骨嵌、透雕、彩绘等多种技法并用，体现了宁作家具装饰艺术的最高水平。

①晾床

晾床是指一种带有床帐架子，架子外面可罩蚊帐，且在床的正上方带有一个挂面的架子床。晾床的挂面具有很强的装饰性，是其主要的特点。之所以称为"晾床"，是取清凉透气之意。晾床的种类很多，根据做工的简繁大致可以分为：三弯、七弯甚至有八弯、九弯的晾床。如方大脚型七弯晾床（图8-34），床上带床冠，有门罩、飞檐，还有顶盖，正面床围采用圆洞门形，门洞内有榫卯攒接而成的栲头，曲直相接成藤状，用"一根藤"结合吉子雕刻部件装饰，玲珑剔透。

当然也有普通的架子床，可供一人独睡，或是偶尔休憩所用，如古代女子闺房设置的小姐床以及在书房内设置的供午休、闲谈、休息的小型晾床，这些晾床一般形式较为简洁，做工也没有大晾床那么繁复，不设置独立的门罩，可以直接挂床帐。

②大眠床

大眠床也称拔步床，体积庞大，有的甚至带有一个卫生间和一个化妆间。大眠床的整个外观形似一个精雕细作的小屋（图8-35），上带顶盖，下带踏步，前有廊庑，四面还设有围屏，廊庑之间可放置马桶和衣橱。

（3）椅凳类

在民国时期的宁作家具中，椅凳类家具受到西方家具传入的影响，借鉴了许多来自西方的家具样式和工艺，在中国传统椅凳类家具之外还出现了许多功能和样式更加丰富的新家具类型。如旋木靠背椅、休闲椅、箱椅和童椅等。

①靠背椅

旋木装饰是民国时期的流行装饰，体现了受西洋风格传入的影响。靠背椅在靠背、椅腿、牙子上均采用旋木装饰，但在形态上仍保留中国传统风格的装饰。如旋木花卉纹靠背椅（图8-36），也是民国时期的宁作椅凳类家具中的典型代表之一，在装饰纹样和造型上都融入了西洋风格。靠背采用浮雕和透雕结合的花卉图案，其靠背上端为向上出头的灯帽雕刻装饰；座面呈梯形，前端呈弧状。

②休闲椅

自清末以后，从西方传入的休闲椅有摇椅和转椅等类型。摇椅一般是在扶手椅或靠背椅的基础上，在椅腿处安装左右各一条弧形木条，依靠弧度使椅子能前后摇摆。如这件民国时期的摇椅（图8-37），其靠背和座面均为藤面，梯形座面，舒适稳定。

转椅的座面一般为圆形或扇形，靠背为圈椅式，下面用可旋转的金属螺杆支撑座面，与支架式的四脚相连，座面可在一定角度内转动。如这件扇形座面的雕刻西洋花草纹饰的藤面转椅（图8-38）。

③箱椅

箱椅是一种特别的样式，是一种由箱和椅结合而成的特殊椅子，它的座面以下部分是一个方形的

图 8-34　方大脚型七弯晾床

图 8-35　宁作镶嵌揩漆大眠床

图 8-36　旋木花卉纹靠背椅

图 8-37　藤面摇椅

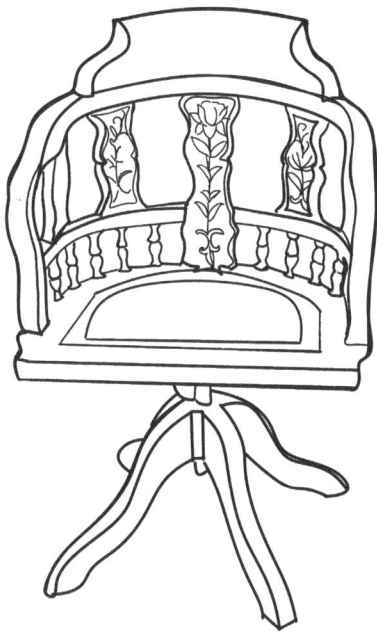

图 8-38　藤面转椅

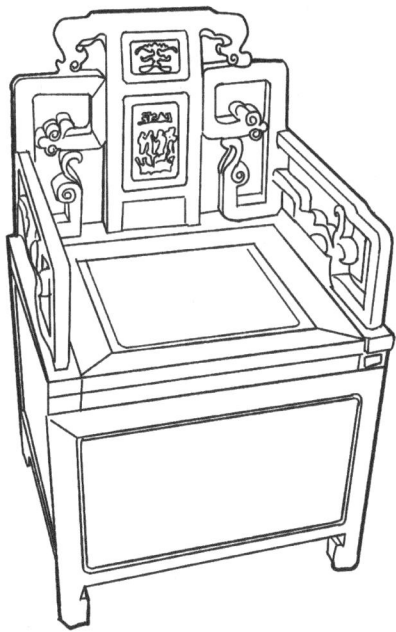

图 8-39　骨嵌马桶箱椅

箱子，箱子里可以放置衣物和棉被等物品。

在箱椅中有一种下端部分像马桶的箱椅，所以也叫马桶椅。如这件制作于民国时期的宁作骨嵌马桶箱椅（图 8-39），其上部分为太师椅形制，背板为骨嵌神话人物图案，下部分为箱体形制，座面板可翻起。

还有一种箱椅很特殊，座面有一个可以投钱的椭圆形口子，这种椅子是商人把钱币放在箱子里用来"坐钱"的，据说这样能财源广进。如这件屏板式带投钱孔箱椅（图 8-40），其靠背较低，三扇屏

板和扶手连成一片，素板无装饰；下部分为箱体造型，座面较宽，可翻起，中部有一铜制投钱孔。

④童椅

在清末至民国的近代时期还产生了专供儿童使用的座椅，称为童椅。根据各个年龄段的儿童设计座椅，这也体现了这一时期民间家具形制繁多、科学合理并更加人性化的特点。如这件折叠式童椅（图 8-41），其折叠式的巧妙设计既可用于儿童推车，四个轮子落地；又可将两个轮子连带椅面部分翻折而起，成为高型的儿童餐椅，并有护栏和置脚

图 8-40 屏板式带投钱孔箱椅   图 8-41 折叠式童椅   图 8-42 骨嵌三抽屉对开门灯橱   图 8-43 八门四抽屉朱金彩绘舍橱

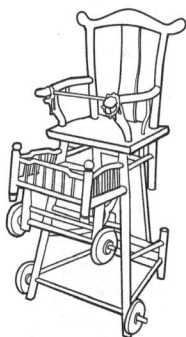

处，充分体现了其设计的合理性。

（4）柜橱类

宁作柜橱类家具中有代表性的是灯橱、舍橱和箱等。

灯橱的形体不大，高度相当于桌案，橱面可当桌面使用。因橱面通常放置灯盏，故宁波人称其为灯橱。橱面下设置两个或三个抽屉，或对开两扇橱门，这种灯橱在室内陈设中颇为奇趣，一向为人们所喜爱，至今还在民间使用。如骨嵌三抽屉对开门灯橱（图 8-42），其形体端正，门扇和抽屉面处以骨嵌雕饰。

舍橱（图 8-43）是晚清时期流行的样式，其四个立柱与腿用一木做成，粗壮结实，担负起全橱的重量；对开两扇门，中间为橱鼻梁穿眼，用以落锁；内置一屉斗和数层槢板间隔，下部为一个闷仓，可以放物。其各种雕饰广布橱面，美观耐看。

箱是中国古代储存物品必不可少的家具之一。在许多宁波人的家中，或多或少都保留着祖辈留下来的樟木箱或朱漆箱，可见宁波人对箱的重视程度。如螺钿多宝格柜（图 8-44），其镶嵌技法上完全是宁作家具风格，多宝格的造型主体是明清家具风格，但在宝格的部分和宝格的顶部却有着强烈的 19 世纪英国工艺美术运动风格。

（5）其他类

在宁作家具中，其他类别的小件家具也十分具有特色，其小巧精致、玲珑剔透。如梳洗用品、厨房用品、女红用品、架类和彩礼箱等。

①梳洗用品

梳洗用品中的梳洗用具多种多样，细节雕饰精美，设计实用，如这件梳头盘（图 8-45）。

镜箱是古代宁波女子房间里的必备品，也是十里红妆小件类家具中的一个重要类型。从材质上主要可分为两类，为骨木镶嵌红木镜箱和朱漆白木镜箱。镜箱多制成翻盖折叠的形式，使用时把镜子翻起，不用时放下。箱身做成两层抽屉，可储存梳妆用品和金银首饰。如这件装饰精美的朱漆镜箱（图 8-46），在其镜板处镂空透雕蝴蝶形图案，头部挑出，浮雕喜鹊图案，正中祥云纹镶嵌绿松石。箱身处有两层抽屉，上层为左右两格，下层一格，屉身处施以朱金木雕，铜制吊牌。整个镜箱纹样秀美，体现了浓厚的闺阁情趣。

②厨房用品

宁波地区的厨房用品形制多样，雕饰精美，形成了独特的风格。如朱漆小提桶（图 8-47），便于外出携带，内装礼品食物，提桶漆质光润，把手曲线优美，造型和谐。

③女红用品

女红用品也是"十里红妆"家具中不可缺少的一部分，通常造型小巧，使用合理。线板（图 8-48）就是其中的代表之一，体现了美与功能的统一，装饰纹样通常为各种吉祥花卉。

④架类小件

架类分为脸盆架、衣架、屏架和笔架等。

脸盆架即承托盆类容器的架座，按下端形制分为架式和椅式。架式脸盆架有四腿、五腿、六腿、八腿等几种形式。还有和椅子做法相似的直背椅式脸盆架（图 8-49），其下部分为椅式造型，椅面下有一小抽屉存放梳洗用品，向下有壶门牙板，带托泥。

衣架即悬挂衣服的架子，一般陈设在居室之中。横杆的形式是两侧有立柱，下承木墩底座，两座之间有横板或横枨。完整的衣架（图 8-50）具备上横梁和中牌子两道横杆，衣服脱下后就搭在横杆上。

图 8-44　螺钿多宝格柜

图 8-45　梳头盘

图 8-46　朱漆镜箱

图 8-47　朱漆小提桶

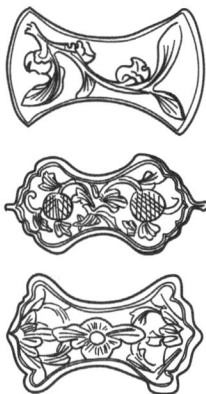
图 8-48　一组造型精美的线板

图 8-49　直背椅

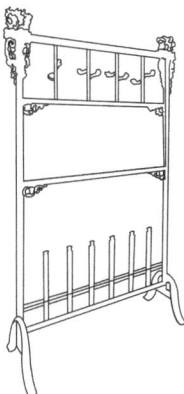
图 8-50　朱漆衣架

图 8-51　屏架

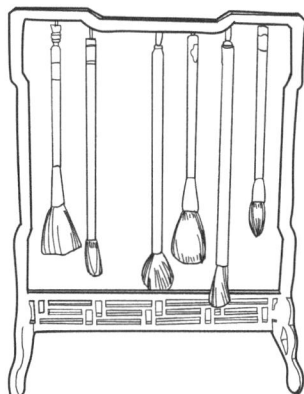
图 8-52　笔架

　　还有屏架（图 8-51）和笔架（图 8-52）等陈列于桌案上的小件家具，它们做工精细，将美观性和实用性结合于一体。

　　以海派家具、宁作家具为代表的民国家具作为中国传统家具的晚歌，连接了中国传统家具与现代家具的桥梁，也是研究中国传统家具历史与发展不可或缺的一部分，而民国家具带给当代家具设计的启示，不亚于明清家具对现代家具的影响。

8.2　民国家具的纹饰艺术

　　民国时期的家具纹饰继承了中国历代家具纹饰的艺术特色，但受西方家具的文化影响，民国家具不论是在种类上还是在纹饰上都呈现出与以往不一样的特点。中国传统纹饰崇尚纹样所代表的象征性意义，而西式纹样则更多追求形式美和视觉冲击力。在家具纹饰的具体运用中，既有对中式和西式纹样的单独使用，又试图寻找到二者纹饰中的共性，并加以融合和简化，应用到民国时期的新式家具中。民国时期的家具纹样比较复杂，既有中国传统的极富寓意的中式纹样，又有完全西式的植物与动物纹样，还有东西结合的纹饰。这一时期受西方文化思潮的影响渗透，其中有不少传统纹样被西方纹样所取代，还有在装饰造型上的改变，但在其家具的整体上仍是以中国传统家具的形式为主体并融入西方元素。民国家具中的纹饰图案也始终贯穿着共同寓意，即人们对美好与希望的憧憬和对吉祥与幸福的追求。

　　民国家具在纹饰上仍以雕刻装饰手法为主，相较于明清家具棱角分明的雕刻特点，尤其是满布雕花的清式风格有所减弱。民国家具的雕刻纹饰表现得更为柔和，并以更适度的纹样和装饰不多的线脚表现得更为高贵典雅。还有旋制杆件和薄木镶嵌工艺的频繁应用也是民国家具西式化的一大显著特征。

8.2.1　民国家具的中国传统纹饰

（1）植物类

植物纹样是民国家具装饰纹样当中的主要纹样之一，根据不同的形态样式，可以将其分为：花叶纹、灵芝纹、果实纹三类，其中花叶纹还可分为荷花纹、牡丹纹、梅、兰、竹、菊纹；果实纹可以分为葫芦纹、桃纹和石榴纹等，这都是民国家具对中国传统纹样的继承。在表现其象征寓意时，通常借助不同植物的生物属性进行借物喻志，所以这些纹样通常不仅具有装饰性还带有更深层次的寓意，即"图必有意，意必吉祥"。

①荷花纹

荷花纹作为中国传统装饰纹样，常出现在器物上，这应该与魏晋南北朝时期佛教的兴起有关，其运用在家具纹饰上有多种含义，因为莲和"连"谐音，便产生了很多与"莲"有关的意象，例如其莲蓬多子、一蒂两花的特点就被寓意成了"连生贵子""连中三元""喜得连科""一路连科"等寓意，又因其"出淤泥而不染"的特性常常形容为人"一品清廉"等。

因其多层饱满的花瓣和花叶形态，所以在选取图像时一般以主视图作托盏状或俯视图作仰覆状呈现，表现形式较为多样（图8-53）。

②灵芝纹

灵芝在古时被人们认为是"仙草""瑞草"。在

图8-53　荷花纹

道家文化的影响下，灵芝被历代帝王天子所崇敬，认为"王者有道行者，则芝草生"，宫廷中摆放灵芝寓意国泰民安、风调雨顺。在中国历史上灵芝就是神圣、高尚的象征，更因为灵芝的药用价值加上灵芝层层叠叠形似团云，所以自古以来人们都认为灵芝是安康吉祥之兆。

灵芝纹是中国传统家具中的典型纹样，常常出现在中国传统家具中，但在民国时期西风东渐带来的西式家具中却少有应用，宁作家具作为地方家具，仍然保留着这类纹样。灵芝纹的表现形式较为单一，主要分为卧倒单支灵芝纹和正向团簇灵芝纹。卧倒的灵芝纹多作圆雕出现在椅子的扶手、横枨处；团簇形的灵芝纹，通常出现在椅背部分。在宁作家具中常用灵芝的形象做靠背（图8-54），以此祝愿坐者"福如东海、寿比南山"。

③牡丹花卉纹饰

牡丹花卉纹饰，是中国传统纹样之一，自唐代以来开始流行，因其雍容华贵、艳压群芳，所以贵为花中之冠，官民皆以其为富贵的象征，并将其作为吉祥图案。更有人绘牡丹吉祥图画，表示对达官富贵的祝颂。牡丹纹在家具当中应用十分广泛，常常在柜门和家具的靠背板作为主要纹饰对家具进行装饰（图8-55）。

④梅兰竹菊

梅兰竹菊因其傲、幽、坚、淡的品质被古人称为"花中四君子"。为了标榜自己高尚的品行，梅兰竹菊的形象常常作为主要装饰题材应用到中国传统家具当中，在民国时期虽受到西洋纹饰的影响，应用的频率有所降低，但是在中国传统家具中仍能看见它们的身影（图8-56）。

（2）动物瑞兽类

动物瑞兽类的吉祥图案中大多为龙凤、蝙蝠、鹿、鹤、喜鹊、鸳鸯等祥瑞神兽动物。

①龙凤纹

龙和凤是中华民族神话传说的象征，由二者组成的"龙凤呈祥"纹饰是最受崇尚的吉祥纹饰，也是祝颂国泰民安的寓意。龙凤不仅形象生动、优美，而且赋予了很多神奇的色彩。

龙的图案在家具上的造型有云气环绕的"云龙"、腾龙而起的"飞龙"、盘成圆形的"团龙"、头部成正面的祥龙、头部呈侧面的"望龙"、头在上尾在下的"升龙"，尾在上头在下的"降龙"。凤

居百鸟之首，象征美好和平，曾被作为封建王朝最高贵女性的代表，与其作为帝王象征的龙相配，便成为最常见的"龙凤呈祥"图案，表达的是高贵、华丽、祥瑞、喜庆和对新婚夫妻和顺美满的祝贺，如象征吉祥、尊贵、喜庆的云龙题材圆形雕刻纹饰（图 8-57）。

②蝙蝠纹

在我国传统家具的吉祥图案中，蝙蝠的"蝠"谐音为"福"，所以常常作为吉祥动物纹饰出现，在各种吉祥的民间艺术中也常常出现。在宁作家具中也有不少蝙蝠形象，而且经常与寿字纹结合在一起，意为"福寿双全"，还有四个蝙蝠环绕一个寿字就是"四福捧寿"，五只蝙蝠和一个寿字组合就是"五福齐天"。在装饰的时候常常取蝙蝠的俯视图作为家具中的重点视图来进行装饰，也常常与其他吉祥动物组合在一起来表达吉祥的寓意，如宁作家具上的蝙蝠纹与龙纹结合纹饰（图 8-58）。

③飞鸟纹

在民国家具中鸟类纹饰以喜鹊、麻雀、鸳鸯等常见的鸟类居多。喜鹊，又称为"报喜鸟"和"吉祥鸟"，是家具中的吉祥动物纹饰。发展到民国时期，相比于凤纹等带有浓厚传统色彩的纹饰，飞鸟纹在此时逐渐减少，如宁作镶嵌黄杨木西式红木床

中的鸳鸯纹和麻雀纹（图 8-59）。

④动物与植物结合纹样

宁作家具中的吉祥动物形象还有鹿、仙鹤等，鹿与仙鹤都有灵性，"鹤鹿同春"就寓意了人们祈求国泰民安的美好愿景。如在骨木镶嵌家具上的梅花鹿吉子板（图 8-60），图中梅花鹿叼着灵芝，身旁也被灵芝纹样包围着，完美地表达了人们对向往生活的美好寓意和文化内涵。

（3）抽象几何类

几何纹样是指用点、线、面等基本的几何要素组成规则或不规则的几何纹样。在民国家具中，几何纹样主要以直线组成的连续纹样为主。其中以对称的二方连续和四方连续纹样以及不规则、不对称的冰裂纹为主。

①冰裂纹

在我国的传统艺术中，冰裂纹作为家具的装饰图案，具有极为典型特色的残缺之美。冰裂纹是在烧瓷的过程中产生的，虽然是一种缺陷，但却被工匠作为一种装饰巧妙地利用起来，足以体现古代工匠们的技艺高超。这些纹样常被用来以透雕和榫接的形式装饰在床的围栏、椅背、透空的橱门以及茶几或桌子的下搁板处。这不仅满足了特定的家具部件需要"透空"的功能，又极大地丰富了家具的形体和装饰效果（图 8-61）。

图 8-54　灵芝纹饰吉子板

图 8-55　宁作家具靠背板上的牡丹纹饰雕刻

图 8-56　竹纹与菊纹

图 8-57　云龙纹饰

图 8-58　宁作家具上的结合纹饰

图 8-59　宁作西式红木床中的鸟类纹饰

图 8-60　梅花鹿吉子板　　　图 8-61　冰裂纹　　　图 8-62　二方连续几何纹

图 8-63　四方连续几何纹　　　图 8-64　三星报喜吉子板　　　图 8-65　和合二仙吉
　　　　　　　　　　　　　　　　　　　　　　　　　　　　　　　　子板

②二方连续、四方连续几何纹样

民国家具中的二方连续和四方连续几何纹样是指由一个直线构成的几何图案向左右两边或是上下左右又或是顺、逆时针旋转重复排列，构成一个对称且形态规整的几何纹样。该几何纹样常常作透雕装饰在椅背部分（图 8-62、图 8-63），类似于中国古代传统建筑中的窗棂。

（4）人物故事类

人物故事类纹饰有八仙过海，三星形象的福、禄、寿等，这些都包含着人们对美好生活的向往与憧憬。在宁作家具中人物故事类图案也是主要的表现对象，虽然表现人物需要高超的技艺，但是能工巧匠们却深谙此道。人们常用"福如东海，寿比南山"祝愿长辈幸福长寿。道教创造了福、禄、寿三星形象，迎合了人们心中的这一愿景，"三星高照"成为一句吉祥话，如三星报喜吉子板（图 8-64）。

"和合二仙"是民间传说中主婚姻和谐之神，是我国民间的爱神，其手持的物品样样都有讲究，

荷花是并蒂莲的意思，宝盒象征"好合""和合二仙"的雕刻形象（图 8-65）经常被用在宁作家具中的婚床装饰上，寓意婚姻幸福美满。

8.2.2　民国家具的西洋纹饰

民国时期，传统的明清家具都增加了西方的艺术语言符号。首先，家具整体的装饰较明清时期有所简化，出现了许多几何纹样的装饰形态。

其次，在保留中式形态特征的基础上，装饰图案逐渐西化，传统的牡丹纹、祥云纹、缠枝纹等，或被西方的玫瑰、葡萄、莨苕叶等纹样取代又或是同时出现，形成中体西饰的典型特征。

再次，中式的装饰寓意被西式的写实风格取代，具有谐音和辟邪寓意的图案被狮子、鹰、羊等具体写实风格的图案所取代，以及基座上的雕刻兽头和爪抓球式的家具腿足，这一头一爪充分地展示了西风东渐的痕迹。

西洋纹饰比较注重图形纹样本身的视觉冲击

图 8-66　莨苕叶和山茶花纹饰

图 8-67　陈列柜上的卷草纹饰

力，注重写实，不太注重图案纹理的寓意，纹样本身讲求对称，形成比较强的秩序感。按照种类来分可以分为植物纹饰和动物纹饰两类。

动物纹饰则以狮子、鹰、羊最为流行，风格写实。这些西方纹饰的流行改变了明清家具中"图必有意，意必吉祥"的装饰理念。有的是在纹饰上采用中西结合的样式图案（图 8-66）；还有的是经过变形处理，形成了一种非中非西的新样式。

（1）植物类

植物纹样中最常见的有莨苕叶的变体纹样、卷草纹、玫瑰花纹、葡萄纹、旋涡纹、垂花蔓草纹和麦穗纹；还有一种扇贝形图案（俗称"摩登花"）常装饰于家具显眼的位置。

①卷草纹

卷草纹可以说是一种世界性的纹饰，但是在不同的社会环境、宗教背景和审美习惯下，它们往往会呈现出不同的表现形式。在西方人眼里，因莨苕叶强大的生命力，所以被看作是复活和再生的象征，关于卷草纹的起源有两种说法，第一种说法是卷草纹由一种欧洲本土生长的叫作莨苕草的植物叶子演变而来的；第二种说法是卷草纹由葡萄的藤蔓演变而来的葡萄卷草纹。

莨苕叶是一种低矮的草本植物，因奇特的锯齿形叶子和优雅的藤蔓枝叶，所以在古希腊和古罗马时期被广泛地运用在了建筑中，成了古希腊和古罗马建筑中柱头的典型纹样。

卷草纹常常以二方连续或是四方连续的形式在民国家具中展开装饰。由于欧洲人在装饰习惯中对空白的恐惧，所以在装饰中常常以叶子作为主要构成部分进行装饰。并以带状装饰在家具的柜门等方框周边做辅助纹样，除了带状的纹样形式以外，莨苕叶也常常单独装饰在家具的顶部，尤其是带有西式特征的椅子靠背板或靠背板顶部，或是在大衣柜顶部做装饰，一般呈对称状，这可能是受欧洲建筑柱头装饰形式的影响，如民国时期陈列柜面板雕刻的纤细卷曲纹饰（图 8-67）。

这件海派家具法院用椅（图 8-68），其椅背高大笔挺、威严庄重，雕刻细腻对称。扶手曲线流畅，细致地雕刻了卷草纹，复杂而精细。椅腿厚重敦实，用了几个较大的涡卷球型装饰，使整个椅子重心端正稳重，椅面使用了巴洛克家具中常用的皮质软包并用泡钉固定。在雕花纹饰上，简化了的卷草纹和涡卷纹样式，使整体看起来更加朴素轻巧。这件法院用椅与明清家具中的官帽椅在形制上又有些许相似，但在装饰上却复杂得多。由于这类高大挺拔的椅子自带威严的气势，深受当时官宦士族们的喜爱。

②玫瑰花纹

玫瑰花的花朵饱满，在民国时期带玫瑰花纹饰的民国家具风靡上海，并逐渐代替了同样是花卉纹饰的牡丹纹。玫瑰花纹饰（图 8-69）因其是甜蜜爱情的象征所以备受女性的喜爱，引领了民国家具纹饰艺术的时尚潮流。

③葡萄纹

民国时期，葡萄纹饰大量使用在家具中，并逐渐代替了以荷花、灵芝、寿桃等为主的中国传统植物纹饰，葡萄和葫芦一样多叶多籽，枝蔓茂盛连绵不绝，象征着子孙满堂、枝繁叶茂。葡萄纹饰在中国传统家具中也有所应用，通常是以四或五颗重点刻画并以垂直悬挂形态的主视图出现在家具上，西方的葡萄纹饰（图 8-70）多与繁茂的枝叶、果盘和果篮共同出现。

（2）动物类

中国传统家具中的动物纹样常常表现得写意抽象，而西洋纹饰中的动物雕饰多是具象、逼真且形象凶猛威严。所以在民国时期，受到西洋图案的影响，民国时期的雕刻图案也慢慢趋于写实。同时在民国家具中，腿足在这一时期的变化也很大，这是受到西方兽足纹饰的传入影响。西方的动物纹饰一般有狮、虎、鹰、鸽、羊以及贝壳等图案，通常在动物的周边还会加以花卉增添其装饰性。

①狮纹

狮子在西方人眼中是权力和地位的象征，同

时也代表着勇敢、高贵、威猛等一系列褒义词，所以在民国时期，家具使用者为了凸显自己的身份地位，常常会将狮子的头和身雕刻在家具上，且一般为立体雕刻，其鬃毛和腿足通常描绘得十分逼真。如这幅狮身雕刻纹饰，其毛发的刻画增添了纹饰上的写实色彩（图8-71）。

②鹰、鸽纹

鹰是欧洲鸟类纹饰之一，鹰是勇猛的代表，同时也是权力的象征，经过高度装饰化的鹰常常会出现在家具的顶部，也许是借鉴了欧洲建筑中的装饰做法。还有鸽子纹，在西方的神话故事中，鸽子是和平的象征，在家具中的装饰手法与鹰类似，通常出现在西式类型的衣柜顶部（图8-72）。

③兽腿足

曲线型的兽腿足最早出现在清代时期的广作家具中。众所周知，独树一帜的广作家具是中西方家具融合的典范，直至民国时期，这种曲型兽腿足达到了历史的巅峰。兽腿足一般表现为"三弯腿"的样式，整体内收，上端装饰果实、枝叶或是其他花饰，下端向内弯曲成兽爪形有时还做爪抓球形，当然也有向内弯成漩涡状的，在民国的椅凳类和桌案类家具中得到了广泛应用（图8-73）。还有笔直向下，在端部制成兽足的直腿式兽腿足（图8-74）也应用十分广泛。

（3）抽象几何

民国家具中的抽象几何图案受装饰艺术运动的影响很大，喜爱用不规则的几何形和折线对家具进行装饰，代表图案有太阳放射形图案、闪电形图案、扇形放射形图案，如这件海派片子床（图8-75）。其床体矮屏上采用了扇形放射状图案，高屏上装饰着具有构成主义特征的几何图案。前后屏板均由简单的几何形体构成。整个床体造型简约，色彩对比强烈，具有鲜明的艺术装饰风格特征。

扇形放射状的装饰是建筑和家具中常用的装饰样式，具有典型特征的就是纽约克莱斯勒大楼的造型（图8-76），每一层间的三角装饰呈放射性发散并以半弧形层叠向上，大厦向上延伸缩小，极具特

图 8-68 民国法院用椅　图 8-69 玫瑰花纹饰

图 8-70 西洋葡萄纹饰

图 8-71 图8-72 鸽子雕饰　图 8-73 弯腿式兽腿足
狮纹

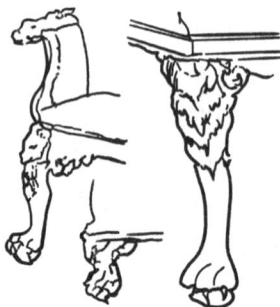

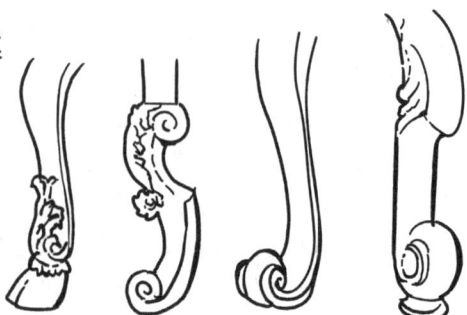

图 8-74　直腿式兽腿足　　　　图 8-75　海派片子床　　　　　　　　　　　　图 8-76　克莱斯勒大楼

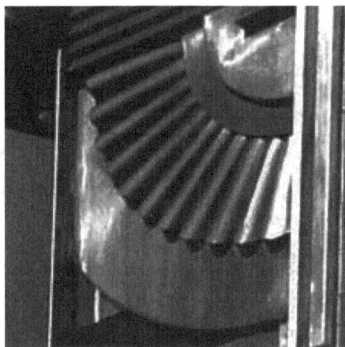

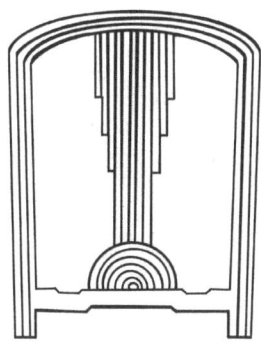

图 8-77　胡蝶照片　　图 8-78　扇形放射状图案　　图 8-79　1945 年墨西哥城摩洛　图 8-80　海派靠背椅上的几何
　　　　　　　　　　　　　　　　　　　　　　　大厦　　　　　　　　纹饰

色。这样的建筑造型在家具装饰上的体现是在三角形的外轮廓中其内部图案层叠向外放射，在民国时期上海明星胡蝶的照片（图 8-77）中就能看见，在她坐的沙发左手搭放的位置，其沙发由纯粹的几何形体构成，左右扶手不对称，均呈方形，扶手顶端为艺术装饰风格的典型图案（图 8-78）。

艺术装饰风格建筑造型的引入表现在民国家具上有一个明显特征，即融入了建筑上的装饰艺术运动元素。正如海派家具在吸收艺术装饰风格家具的同时也借鉴了许多建筑上的艺术装饰风格。在艺术装饰风格的典型建筑造型中，其阶梯状样式的几何立体感极强，如墨西哥城摩洛大厦（图 8-79），这种建筑风格造型在海派家具的椅子上多有体现（图 8-80），这个椅背极具艺术装饰风格上的建筑元素特点，其图案十分像倒过来的摩洛大厦，装饰图案呈层层阶梯状，几何线条的运用十分简洁，靠背的外轮廓中间雕刻凹槽，如同圆弧状的拱门，而这种造型也常用于建筑装饰上。

8.2.3　民国家具的中西结合纹饰

中西方结合纹饰是将东方的纹样和西方的纹样在造型或制作方法上结合在一起。东西方家具纹样即使在审美文化上有不同的表现，但是还是有很多的共同点的，中西方结合的纹饰就是找到二者的共性，并将其联系在了一起。通常表现为将东方的纹样用西式的装饰手法表现或是与西式纹样结合在一起组成新的纹样。其中具有代表性的有西番莲纹饰以及中式的石榴纹饰和瓜果纹饰。

① 西番莲纹饰

西番莲纹饰是典型的西式中作纹饰，在明代时期传入我国，到清代达到鼎盛。西番莲纹饰造型优美，常常与中国传统纹饰中的云龙、蝙蝠图案结合在一起，是红木家具中典型的雕刻纹样。西番莲纹饰的布局是长短呼应、疏密有致，常见的形态便是以花蕊为中心的发散形图案。

如在海派片子床的床尾板上采用西洋雕刻的纹

饰图案（图 8-81），其雕刻精美的扇贝纹饰和西番莲纹饰，并镶贴实木装饰线条，更增加了中国传统红木家具的立体感。

②石榴纹饰

石榴纹在这时常常和西洋纹饰组合在一起装饰家具，中国传统家具中的石榴纹为了表达其吉祥寓意，一般会表现其内部的石榴果粒，但在西式家具中，家具比较注重装饰的视觉表现力，所以有时会取完整石榴的正视图作主要纹饰，并在周围辅助以西式卷草纹，或是将其扒开与果盘组合在一起。还有在梳妆台中的石榴纹饰（图 8-82），其主镜架上方雕有中国传统家具的石榴和花盆图案，一半石榴皮裂开构成"榴开百子"纹饰图案（图 8-83），其寓意多子多福，与下方的扇贝图案相呼应，中西结合特征十分明显。

③瓜果纹饰

瓜果纹圈背椅是受美国殖民地后期风格影响的一种民国家具新样式。这种椅子结合了中国传统的圈椅和机凳等元素，使其成了一种中西方家具结合体。椅圈由四根圆柱和三块雕有葡萄、茄子等瓜果纹饰（图 8-84）的透雕靠背组成。

图 8-81　床尾板的纹饰图案　图 8-82　石榴纹样　　　图 8-83　"榴开百子"纹饰　　　图 8-84　瓜果纹饰

思考题

1. 简述民国家具中主要流派的风格特点。
2. 简述民国家具都分为哪些种类以及造型特点。
3. 简述民国家具在区域地理差异上形成的原因。
4. 简述民国家具纹饰的风格特色。
5. 简述民国家具纹饰的样式种类及受到的艺术文化影响。
6. 论述民国时期中西纹饰的差异以及演变成因。

参考文献

《续修四库全书》编纂委员会，2002. 鲁班经匠家镜 [M]. 上海：上海古籍出版社.

艾兰，2010. 龟之谜：商代神话、祭祀、艺术和宇宙观研究（增订版）[M]. 北京：商务印书馆.

爱德华·谢弗，2005. 唐代的外来文明 [M]. 西安：陕西师范大学出版社.

安徽省文物考古研究所，2001. 安徽马鞍山东吴朱然墓发掘简报 [J]. 文物（2）：12-15.

白延辉，2017. 夏商周巫史文化特色及其演变 [J]. 当代中国价值观研究，2（6）：31-37.

北京大学历史系考古教研室，1979. 商周考古 [M]. 北京：文物出版社.

北京市玉器厂技术研究组，1976. 对商代琢玉工艺的一些初步看法 [J]. 考古（4）：229-233，286-287，290.

曹峻，2012.“夔纹”再识 [J]. 考古（11）：68-75.

曹林娣，2006. 明代苏州文人园解读 [J]. 苏州大学学报（哲学社会科学版）（3）：90.

曹喆，2012. 紫檀鉴赏与收藏 [M]. 上海：上海科学技术出版社.

曾维华，2002. 论胡床及其对中原地区的影响 [J]. 学术月刊（7）：75-83.

陈从周，章明，1988. 上海近代建筑史稿 [M]. 上海：三联书店.

陈鼓应，2001. 庄子今注今释 [M]. 北京：中华书局.

陈佳冀，2018. 中国当代动物叙事的类型学研究 [M]. 北京：中国社会科学出版社.

陈圣意，2016. 民国时期装饰艺术风格解读 [D]. 上海：上海戏剧学院.

陈寿，1982. 三国志 [M]. 北京：中华书局.

陈戍国（点校），1989. 周礼·仪礼·礼记 [M]. 长沙：岳麓书社.

陈树，2015. 浅谈楚文化的浪漫主义特质 [J]. 文史博览（理论）（4）：19-22.

陈彦堂，左超，刘维，2004. 河南信阳长台关七号楚墓发掘简报 [J]. 文物（3）：31-41.

陈又林，2012. 传统吉祥纹样“暗八仙”及其审美意蕴 [J]. 民族艺术研究（2）：92.

陈于书，2008. 20 世纪中国家具艺术风格解读 [D]. 南京：南京林业大学.

陈于书，2009. 家具史 [M]. 北京：中国轻工业出版社.

程雅娟，2015.“后裾”至“缺骻”——中国古代“席地而坐”至“垂足而坐”对服饰形制的影响研究 [J]. 装饰（3）：78-80.

程艳萍，2008. 楚鬃漆家具纹饰之美 [J]. 艺术百家（6）：269-270.

程艳萍，2011. 中国传统家具造物伦理研究 [D]. 南京：南京林业大学.

大成，2007. 民国家具价值汇典 [M]. 北京：故宫出版社.

翟睿，2010. 中国秦汉时期室内空间营造研究 [M]. 北京：中国建筑工业出版社.

丁帆，杨九俊，2014. 普通高中课程标准实验教科书·语文（必修二）[M]. 南京：江苏凤凰教育出版社.

董伯信，2004. 中国古代家具综览 [M]. 合肥：安徽科学技术出版社.

董玉库，彭亮，2019. 世界家具艺术史 [M]. 天津：百花文艺出版社.

杜游，2013. 文献所见几种稀见商周家具略论 [J]. 家具与室内装饰（11）：36-37

段安节，1985. 乐府杂录 [M]. 北京：中华书局.

敦煌文物研究所，1987. 中国石窟·敦煌莫高窟（一）[M]. 北京：文物出版社.

范桂娟，2020. 从出土文献看"因"的本义 [J]. 长春大学学报，30（9）：47-50.

范韬，2014. 中国的文字与建筑 [J]. 重庆建筑，13（8）：20.

弗雷泽，1987. 金枝：巫术与宗教之研究 [M]. 北京：中国民间文艺出版社.

傅举有，1992. 马王堆汉墓文物 [M]. 长沙：湖南出版社.

傅举有，2007. 中国古代漆器的锥画艺术和锵艺术 [J]. 故宫博物院院刊（4）：66-91.

傅熹年，1998. 傅熹年建筑史论文集 [M]. 北京：文物出版社.

傅熹年，2001. 中国古代建筑史（第二卷）[M]. 北京：中国建筑工业出版社.

甘怀真，1981. 唐代家庙礼制研究 [M]. 台北：台湾商务印书馆.

高丙中，1994. 民俗文化与民俗生活 [M]. 北京：中国社会出版社.

高承，1985. 事物纪原 [M]. 北京：中华书局.

高正，2020. 从红妆到洋妆——民国时期宁式家具设计艺术的"随俗为变" [J]. 民艺（4）：85-89.

葛洪，2006. 西京杂记：卷一 [M]. 西安：三秦出版社.

葛洪，2013. 抱朴子外篇 [M]. 张松辉，张景，译. 北京：中华书局.

葛兆光，2013. 中国思想史 [M]. 上海：复旦大学出版社.

苟琳，2016. 溯源：中国传统文化之旅 [M]. 上海：上海社会科学院出版社.

谷芳，2014. 宋代瓷器文字纹装饰考 [J]. 中国陶瓷，50（4）：73.

谷莉，2018. 宋夏辽金装饰纹样研究 [M]. 北京：中国戏剧出版社.

故宫博物院，2010. 故宫青铜器图典 [M]. 北京：故宫出版社.

郭承波，王道静，2014. 中西装饰艺术交融的南京民国家具 [J]. 美术大观（11）：64-65.

郭添泉，2020. 清代宫廷元旦的礼仪和节俗 [J]. 大众文艺（6）：271-272.

郭欣欣，2011. 儒家思想对汉代法制的影响 [D]. 长春：吉林大学.

韩非子，2017. 韩非子全鉴典藏版 [M]. 北京：中国纺织出版社 .

郝胜男，2019. 海派家具中的西方文化与吴越风韵 [D]. 南京：南京师范大学 .

何宝通，2019. 中国传统家具图史 [M]. 北京：北京联合出版公司 .

何堂坤，1996. 平木用刨考 [J]. 文物（7）：91-92.

河南省文物研究所，淅川县博物馆，1991. 淅川下寺春秋楚墓 [M]. 北京：文物出版社 .

洪石，2006. 战国秦汉漆器研究 [M]. 北京：文物出版社 .

侯幼彬，1997. 中国建筑美学 [M]. 哈尔滨：黑龙江科学技术出版社 .

胡德生，1989. 古代的茵席 [J]. 故宫博物院院刊（4）：88-94.

胡德生，1997. 中国古代的家具 [M]. 北京：商务印书馆 .

胡德生，2006. 明清家具鉴藏 [M]. 太原：山西教育出版社 .

胡德生，2008. 明清宫廷家具 [M]. 北京：故宫出版社 .

胡德生，2016. 中国古典家具 [M]. 北京：文化发展出版社 .

胡建，2007. 南越国"熊"纹饰的寓意 [J]. 文物世界（5）：11-16.

胡景初，2013. 中国家具木工工艺发展简史研究（下）[J]. 家具与室内装饰（10）：9-13.

胡娟，2012. 楚文化影响下的髹漆家具研究 [D]. 北京：北京林业大学 .

胡俊红，2007. 中国家具设计的民族性研究 [D]. 长沙：中南林业科技大学 .

胡铭，王荻，2019. 从民国海派家具看中西方家具的融合与生长 [J]. 文化产业（21）：33-35.

胡平生，张萌（译注），2017. 礼记 [M]. 北京：中华书局 .

胡文彦，1988. 中国历代家具 [M]. 哈尔滨：黑龙江人民出版社 .

胡文彦，于淑岩，2002. 中国家具文化丛书：家具与佛教 [M]. 石家庄：河北美术出版社 .

胡文彦，于淑岩，2002. 中国家具文化丛书：家具与礼 [M]. 石家庄：河北美术出版社 .

湖北省博物馆，1989. 曾侯乙墓（上)[M]. 北京：文物出版社 .

湖北省荆沙铁路考古队，1991. 包山楚墓 [M]. 北京：文物出版社 .

湖南省博物馆，1973. 长沙马王堆一号汉墓 [M]. 北京：文物出版社 .

湖南省博物馆，首都博物馆，2015. 凤舞九天·楚文化特展 [M]. 北京：科学出版社 .

霍维国，霍光，2003. 中国室内设计史 [M]. 北京：中国建筑工业出版社 .

籍祥，2020. 黄庭坚茶词与宋代茶文化 [J]. 文化学刊（6）：209-213.

加藤常贤，2019. 中国古代宗教思想 [M]. 东京：东京大学出版社 .

江西省文物考古研究所，南昌市博物馆，1972. 南昌火车站东晋墓葬群发掘简报 [J]. 文物（11）：23-41.

姜维群，2014. 民国家具鉴藏必读 [M]. 北京：北京联合出版公司 .

姜修尚，2009. 甲骨文书法常用字汇编 [M]. 重庆：重庆大学出版社 .

解希恭，2007. 襄汾陶寺遗址研究 [M]. 北京：科学出版社 .

赖永海，戴传江，2010. 梵网经 [M]. 北京：中华书局 .

黎斯琦，2018. 先楚国髹漆家具的纹饰特征及其内涵 [J]. 中国生漆，37（3）：9-11.

李丹丹，2014. 民国椅类家具造型研究 [D]. 哈尔滨：东北林业大学 .

李丹丹，宋魁彦，2014. 民国棋牌桌造型特征 [J]. 美与时代（2）：88-89.

李昉，李穆，徐铉，1992. 太平御览 [M]. 台北：台湾商务印书馆 .

李济，1977. 李济考古学论文集 [M]. 台北：联经出版事业公司 .

李静，2008. 汉代云气纹的装饰风格及其流行成因 [J]. 淮北煤炭师范学院学报（哲学社会科学版）（4）：143-146.

李萌，2019. 器物文明视角下国宝的影像叙事与文化认同建构——以纪录片《如果国宝会说话》第一季为例 [J]. 新闻爱好者（1）：29-33.

李孟真，2019.《燕行录》中清代辽东地区民俗文化研究 [D]. 哈尔滨：黑龙江大学 .

李清泉，2020. 巫鸿与中国美术史的新格局 [J]. 美术观察（1）：63-69.

李希凡，2013. 中华艺术通史简编（第二卷）[M]. 北京：北京师范大学出版社 .

李先登，1984. 试论中国古代青铜器的起源 [J]. 史学月刊（1）：3-10.

李晓莉，2018. 禁酒令前后的祭祀与宴飨——浅论《酒诰》对商周时期青铜酒器种类的影响 [J]. 文物鉴定与鉴赏（19）：62-63

李修建，2011. 生活美学：书写中国美学史的新视角——兼论李泽厚的中国美学研究 [J]. 文艺争鸣（5）：98-101.

李学勤，2011. 三代文明研究 [M]. 北京：商务印书馆 .

李延寿，1975. 南史 [M]. 北京：中华书局 .

李雨红，于伸，2000. 中外家具发展史 [M]. 哈尔滨：东北林业大学出版社 .

李允鉌，2014. 华夏意匠：中国古典建筑设计原理分析 [M]. 天津：天津大学出版社 .

李泽厚，1999. 美的历程 [M]. 合肥：安徽文艺出版社 .

李泽厚，2003. 美学三书 [M]. 天津：天津社会科学院出版社 .

李泽厚，2009. 美的历程 [M]. 北京：三联书店 .

李泽厚，2014. 由巫到礼 [J]. 中国文化（1）：27-38.

李浈，2004. 中国传统建筑木作工具 [M]. 上海：同济大学出版社 .

李宗山，2001. 中国家具史图说 [M]. 武汉：湖北美术出版社 .

梁旻，2016. 宋式家具：中国传统家具的形制转型及风格流变 [M]. 南京：东南大学出版社 .

梁思成，2006. 工程做法则例图解 [M]. 北京：清华大学出版社 .

林干，1983. 匈奴史论文选集（1919—1979）[M]. 北京：中华书局 .

林乾良，李葆荣，2014. 甲骨文与书画印 [M]. 杭州：西泠印社出版社 .

林沄，1993. 古人的坐姿和坐具 [J]. 中国典籍与文化（1）：72-77.

刘超英，陈立未，2008. 宁式家具艺术 [M]. 北京：中国电力出版社 .

刘静伟，2019. 博物馆里的中国设计与风格 [M]. 北京：化学工业出版社 .

刘军社，王占奎，辛怡华，等，2013. 陕西宝鸡石鼓山西周墓葬发掘简报 [J]. 文物（2）：1-4，54，97，98.

刘沛林，2000. 理想家园——风水环境观的启迪 [M]. 上海：上海三联书店 .

刘伟，2010. 帝王与宫廷瓷器 [M]. 北京：紫禁城出版社 .

刘熙，1939. 丛书集成初编本 [M]. 北京：商务印书馆 .

刘熙，1939. 释名 · 释床帐 [M]. 北京：商务印书馆 .

刘熙，2008. 释名疏证补 [M]. 北京：中华书局 .

刘向，2011. 战国策 [M]. 上海：上海古籍出版社 .

刘笑敢，1996. 老子之自然与无为概念新诠 [J]. 中国社会科学 (6)：136-149.

刘学莘，2019. 中国古典家具 [M]. 北京：高等教育出版社 .

刘一星，于海鹏，赵荣军，2007. 木质环境学 [M]. 北京：科学出版社 .

刘昱奇，2012. 元代家具装饰艺术研究 [D]. 长沙：中南林业科技大学 .

刘源，2015. 释"床"说"榻"——中国古家具床、榻之辩 [D]. 南京艺术学院学报（美术与设计版）（4）36-42，205.

刘珍，2016. 论汉画像砖的考古学价值 [J]. 中国民族博览（9）：233-234.

卢金花，2004. 汉字说猴 [J]. 学子（2）：57.

罗威尔，2017. 知中 · 一本读懂山海经 [M]. 北京：中信出版社 .

吕九芳，2018. 中国传统家具榫卯结构 [M]. 上海：科学技术出版社 .

吕九芳，葛林毅，2012. 民国家具的风格特点及其收藏的评价标准 [J]. 家具与室内装饰（9）：27-29.

吕九芳，吴智慧，2012. 古旧家具修复与保护 [M]. 北京：中国林业出版社 .

吕玲，2013. 春秋僭礼现象研究 [D]. 山西：山西师范大学 .

马承源，2003. 中国青铜器 [M]. 上海：上海古籍出版社 .

马飞，2010. 从椅类家具的成型看宋代生活起居方式 [J]. 安徽文学（下半月）（2）：107-109.

马飞，2010. 家具的嬗变——宋代高型家具研究 [D]. 太原：太原理工大学 .

玛利亚 · 西西斯阿尔伯特，2013. 中国古典家具设计基础 [M]. 姬勇，于德华，译 . 北京：北京理工大学出版社 .

孟彤，2014. 唐代建筑与家具结构关联性初探 [J]. 美术研究（3）：82-85.

米尔恰 · 伊利亚德，2023. 熔炉与坩埚：炼金术的起源与结构 [M]. 王伟，译 . 西安：陕西师范大学出版总社 .

南京市博物馆，1972. 南京象山五号、六号、七号墓清理简报 [J]. 文物（11）：23-24.

聂菲，姚湘君，2002. 从汉画看汉代家具及陈设 [J]. 南方文物（3）：77-83.

聂菲，张曦，2016. 古雅精丽：辩藏中国古代家具 [M]. 天津：百花文艺出版社 .

牛晓霆，郭伟，曹静楼，2012. 明清家具匠师划线的工艺原则及措施 [J]. 西北林学院报，27（6）：3-4.

欧阳周洲，2015. 中西方文化在海派家具中的融合与创新 [D]. 长沙：中南林业科技大学 .

彭德，2014. 中国美术史 [M]. 上海：上海人民出版社 .

彭林注，2012. 仪礼 [M]. 北京：中华书局 .

彭杨，2021. 楚凤鸟图式及其精神研究 [D]. 长沙：湖南师范大学 .

濮安国，2011. 明清家具鉴赏 [M]. 杭州：西泠印社出版社 .

濮安国，2012. 中国红木家具 [M]. 北京：故宫出版社 .

濮安国，2012. 明清家具纹饰艺术 [M]. 北京：故宫出版社 .

钱佳湧，刘辰辰，2019. "交通"天人：商周时期巫文化演进的传播学考古研究 [J]. 国际新闻界 .41（11）：89-114.

戎莉，2015. 唐代室内空间营造研究 [D]. 西安：陕西师范大学 .

容庚，1984. 殷周青铜器通论 [M]. 北京：科学出版社 .

阮智富，郭忠新，2009. 现代汉语大词典 [M]. 上海：上海辞书出版社 .

三星堆博物馆，2019."发现三星堆"纪念三星堆遗址发现九十周年特展 [Z]. 广汉：三星堆博物馆 .

邵晓峰，2007. 宋代家具材料探析 [J]. 家具与室内装饰（8）：15-17.

邵晓峰，2010. 中国宋代家具 [M]. 南京：东南大学出版社 .

沈辰，2011. 中国秦兵马俑展 [M]. 多伦多：皇家安大略博物馆出版社 .

沈长云，2017. 中国大通史·夏商西周 [M]. 北京：学苑出版社 .

首都博物馆，湖南博物馆，2015. 凤舞九天：楚文化特展 [M]. 北京：科学出版社 .

司马光 . 资治通鉴 [M]. 上海：上海古籍出版社 .

司马迁，1959. 史记 [M]. 北京：中华书局 .

司马迁，1988. 史记 [M]. 长沙：岳麓书社 .

宋秀平，2019. 中国古代弈棋文化的历史考察 [J]. 汉字文化（S1）：177-179，187.

宋镇豪，2013. 甲骨金文中所见的殷商建筑称名 [J]. 甲骨文与殷商史（1）：5-34.

孙晓楠，2011. 商周青铜器纹样在家具设计中的应用 [D]. 长沙：中南林业科技大学 .

孙运芳，2010. 唐代长安家庭衣食住行风俗变迁 [D]. 曲阜：曲阜师范大学 .

田延峰，2014. 石鼓山西周墓所出的"楙"及"酒以成礼"[J]. 宝鸡文理学院学报（社会科学版），34（2）：47-50.

田自秉，1994. 中国工艺美术史 [M]. 上海：上海人民美术出版社 .

田自秉，2003. 中国纹样史 [M]. 北京：高等教育出版社 .

田自秉，2010. 中国工艺美术史 [M]. 上海：东方出版中心 .

田自秉，吴淑生，田青，2003. 中国纹样史 [M]. 北京：高等教育出版社 .

铁源，2001. 明清瓷器纹饰鉴定（龙凤纹饰卷）[M]. 北京：华龄出版社 .

铁源，2002. 明清瓷器纹饰鉴定——图案纹饰卷 [M]. 北京：华龄出版社 .

王春雷，2012. 谈民国家具造型与装饰 [J]. 山西建筑，38（36）：241-242.

王春雨，2011. 先秦室内家具陈设探源 [J]. 文艺争鸣（8）：82-83.

王德峰，2005. 艺术哲学 [M]. 上海：复旦大学出版社 .

王冠力，2020. 汉青龙纹瓦当造型艺术研究 [J]. 戏剧之家（3）：113-114.

王宏建，袁宝林，1994. 美术概论 [M]. 北京：高等教育出版社 .

王继英，1993. 巫术与巫文化 [M]. 贵阳：贵州民族出版社 .

王世襄，1982. "束腰"和"托腮"——漫话古代家具和建筑的关系 [J]. 文物（1）：78-80.

王世襄，2008. 明式家具研究 [M]. 北京：三联书店 .

王先谦，1984. 后汉书集解 [M]. 北京：中华书局 .

王晓毅，2015. 陶寺考古与"节用"思想 [J]. 史志学刊（2）：7-10.

王雪萍，2010.《周礼》饮食制度研究 [M]. 扬州：广陵书社 .

王永杰，2000. 从胡文化"汉化"看生态环境的迁移对文化转型的影响 [J]. 阴山学刊（社会科学版）（4）：83.

王玉莲，2008. 浅析商周战国时期青铜器中装饰图案的审美 [J]. 中国新技术新产品（17）：175-176.

王壮壮，2017. 论董仲舒儒学与黄老"无为"思想的渊源 [J]. 青岛农业大学学报（社会科学版）（2）：67-70.

魏微，1973. 隋书 [M]. 北京：中华书局 .

温馨，2007. 魏晋时期的隐士研究 [D]. 武汉：华中科技大学 .

巫鸿，2007. "纪念碑性"的回顾 [J]. 读书（11）：108-118.

巫鸿，2008. 美术史十议 [M]. 北京：三联书店 .

巫鸿，2009. 中国古代艺术与建筑中的"纪念碑性"[M]. 上海：上海人民出版社 .

巫鸿，2017. 重屏：中国绘画中的媒材再现 [M]. 上海：上海人民出版社 .

巫鸿，文丹，2009. 重屏：中国绘画中的媒材与再现 [M]. 上海：上海人民出版社 .

吴丹丹，2019. 花卉与宋代文人生活 [D]. 合肥：安徽大学 .

吴山，2009. 中国纹样全集（新石器时代和商、西周、春秋卷）[M]. 山东：山东美术出版社 .

吴霞，2009. 中国传统家具腿形艺术研究 [D]. 昆明：昆明理工大学 .

吴艳辉，2013. 历史的界河——论先秦"礼崩乐坏"之"乐坏"[D]. 保定：河北大学 .

奚传绩，2002. 设计艺术经典论著选读 [M]. 南京：东南大学出版社 .

夏宾，2013. 马王堆漆器纹样在新中式家具中的装饰应用 [D]. 长沙：中南林业科技大学 .

夏岚，2008. 论中国古代建筑空间机能的完善对家具设计的影响 [J]. 中南林业科技大学学报（社会科学版）
（5）：94-97.

谢玲，2011. 论民国海派家具风格的成因 [D]. 金华：浙江师范大学 .

熊隽，2015. 唐代家具及其文化价值研究 [D]. 武汉：华中师范大学 .

徐典，2020. 先秦时期楚式漆器的生命美学研究 [J]. 美与时代（下旬刊）（1）：49-51.

徐晓阳，2020. 浅谈中国传统器物的设计美学 [J]. 轻纺工业与技术，49（9）：79-80.

徐正英，常佩雨，2014. 周礼（中华经典名著全本全注全译）[M]. 北京：中华书局 .

许慎，2015. 说文解字——中华经典藏书 [M]. 长春：吉林美术出版社 .

薛晗，薛生健，2018.《考工记》中的适存设计思想研究 [J]. 美术大观（5）：52-53.

严克勤，2016. 仙骨佛心：家具、紫砂与明清文人 [M]. 北京：三联书店 .

扬之水，2005. 北魏司马金龙墓出土屏风发微 [J]. 中国典籍与文化（3）：34-41，45.

扬之水，2007. 关于棜、禁、案的定名 [J]. 中国历史文物（4）：2,49-55,97.

扬之水，2010. 古典的记忆——两周家具概说（下）[J]. 紫禁城（6）：54-63.

扬之水，2015. 唐宋家具寻微 [M]. 北京：人民美术出版社 .

杨伯峻，2009. 春秋左传注 [M]. 北京：中华书局 .

杨晨，2018. 论汉灵帝的正面作用：对胡乐流行的积极作用 [J]. 戏剧之家（12）：62.

杨怀靓，2010. 中国近代家具文化的嬗变 [D]. 南昌：江西师范大学 .

杨森，2005. 敦煌壁画中的胡床家具（一）[J]. 敦煌研究（5）：25-31.

杨远，2015. 透物见人：夏商周青铜器的装饰艺术研究 [M]. 北京：科学出版社 .

杨之水，2015. 唐宋家具寻微 [M]. 北京：人民美术出版社 .

姚继东，沈敏荣，2020. 礼崩乐坏下的政治改革：仁学为政思想研究 [J]. 学术探索（12）：19.

姚之洁，2000. 从工艺美学观看龙纹演变 [J]. 浙江工艺美术（1）：31.

叶小燕，1983. 我国古代青铜器上的装饰工艺 [J]. 考古与文物（4）:84-94.

殷义祥，丹枫，2001. 楚文化的特点及影响 [J]. 吉林大学社会科学学报（2）：93-97.

尹思慈，2002. 木材学 [M]. 北京：中国林业出版社 .

于民，2013. 春秋前审美观念的发展 [M]. 合肥：安徽教育出版社 .

于伸，2006. 木样年华：中国古代家具 [M]. 天津：百花文艺出版社 .

于伸，易欣，2016. 中外家具发展史 [M]. 哈尔滨：东北林业大学出版社 .

余静贵，2017. 巫文化视域下的先秦楚绘画审美探析 [J]. 文化发展论丛，3（3）：49-64.

余静贵，2019. 生命与符号：先秦楚漆器艺术的美学研究 [M]. 北京：人民出版社 .

余英时，2014. 论天人之际：中国古代思想起源试探 [M]. 北京：中华书局 .

袁晶，2019. 巫鸿：《"空间"的美术史》[J]. 国际比较文学（中英文），2（1）：137-140.

袁永春，2010. 元代北方家具的初步研究 [D]. 呼和浩特：内蒙古农业大学 .

臧燕，2008. 从春秋战国时期的传播活动解读传播对文化的建构作用 [D]. 湘潭：湘潭大学 .

张炳晨，2007. 明清宁式家具（一）：宁式家具的历史渊源 [J]. 家具（1）：92-97.

张勃，2010. 宗法制度对中国家具的影响 [D]. 长沙：中南林业科技大学.

张德祥，2007. 鉴宝专家张德祥谈家具收藏 [M]. 北京：北京出版社.

张飞龙，2010. 中国髹漆工艺与漆器保护 [M]. 北京：科学出版社.

张光直，2009. 中国青铜时代 [M]. 北京：三联书店.

张加勉，2010. 中国传统家具图鉴 [M]. 北京：东方出版社.

张十庆，2006. 关于胡床、绳床与曲录 [J]. 室内设计与装修（6）：118-119.

张天星，2011. 中国传统家具的创新与发展研究 [D]. 长沙：中南林业科技大学.

张万财，王昌盛，2012. 中古时期佛教寺院经济的管理问题 [J]. 濮阳职业技术学院学报（5）：26-28.

张维慎，2020. 谈"踞坐俑"及其相关问题 [J]. 文博（2）：53-60.

张锡勤，杨明，张怀承，2015. 中国伦理思想史 [M]. 北京：高等教育出版社.

张晓娅，2012. 马王堆汉墓五彩画屏风浅论 [J]. 收藏家（1）：7-11.

张欣，2008. 宁式家具现代化的研究 [D]. 长沙：中南林业科技大学.

张雁勇，2016.《周礼》天子宗庙祭祀研究 [D]. 长春：吉林大学.

张懿隆，2014. 华丽润妍的唐代家具 [J]. 环球人文地理（16）：210.

张颖泉，2013. 西方设计流派对民国家具风格的影响 [D]. 南京：南京林业大学.

张正明，1887. 中国文化丛书：楚文化史 [M]. 上海：上海人民出版社.

张中华，许柏鸣，2020. 中国唐代家具风格划分与特征分析 [J]. 家具与室内装饰（1）：62-63.

赵惠娟，2013.《甲骨文字典》前七卷释义辨正举例 [D]. 大连：辽宁师范大学.

赵敏婷，2007. 传统漆器设计元素的研究与应用 [D]. 西安：陕西科技大学.

赵囡囡，2019. 中国陈设艺术史 [M]. 北京：中国建筑工业出版社.

赵宁，2007. 宋代古器物学的文化背景及北宋古器图录综考 [D]. 天津：天津师范大学.

中国科学院考古研究所，1959. 上村岭虢国墓地 [M]. 北京：科学出版社.

中国青铜器全集编辑委员会，1993. 中国青铜器全集 [M]. 北京：文物出版社.

中国社会科学院考古研究所，1999. 张家坡西周墓地 [M]. 北京：中国大百科全书出版社.

周洋，2009. 甬作家具的研究 [D]. 长沙：中南林业科技大学.

朱单群，2008. 中国云气纹的发展演变研究 [D]. 苏州：苏州大学.

朱凤瀚，1995. 古代中国青铜器 [M]. 天津：南开大学出版社.

朱琨，2012.《周礼》中的圜丘祀天礼研究 [D]. 郑州：郑州大学.

朱琳，张继娟，张仲凤，2019. 唐朝建筑文化对其家具的影响研究 [J]. 家具与室内装饰（5）：70-71.

朱淑姣，2011. 夔龙纹小考 [J]. 河南商业高等专科学校学报，24（2）：89-91.

朱小绩，2019. 商到西周时期青铜器龙纹的设计研究 [J]. 美术教育研究（8）：30-31.

朱小平，朱丹，2003. 中国建筑与装饰艺术 [M]. 天津：天津人民美术出版社 .

朱志荣，邵君秋，2003. 商代青铜器纹饰的审美特征 [J]. 安徽师范大学学报（人文社科版）（1）：98-102.

庄周，1989. 庄子 [M]. 上海：上海古籍出版社 .

宗白华，2002. 美学散步 [M]. 上海：上海人民出版社 .

左琰，张开屏，李淑一，2020. 从奁匣到台桌：民国时期梳妆台文化成因及风格特征研究 [J]. 建筑与文化（7）：36-39.